“十三五”国家重点出版物出版规划项目

中国城市地理丛书

国家出版基金项目
NATIONAL PUBLICATION FOUNDATION

③

中国新城

周春山 ／ 著

科学出版社

北京

内 容 简 介

改革开放之后，中国出现了不同类型的新城，它们不仅为城市产业发展、人口聚集、生态环境建设等提供了空间，促进了城市健康发展，而且为城市空间结构调整、城镇体系重构提供了动力，在中国城市化快速发展及经济腾飞中起到重要作用。

本书从地理学、城乡规划学视角，分析了新城及其特征，回顾了中国新城发展的演变过程，阐述了中国新城发展的动力机制、中国新城建设现状，并详细分析了工业新城、居住新城、商务型和贸易型新城、知识型新城、交通枢纽型新城及其他新城等专业化新城的背景与历程、基本特征、主要类型，总结了新城对城市发展的影响、中国新城建设的主要问题，最后对中国新城的未来发展做了一定展望与思考。

本书可为城乡规划与管理工作人员，特别是新城建设与管理的广大工作者提供理论依据和决策参考，也可作为城市地理、国土空间规划等研究工作者和大专院校相关专业师生的参考书。

审图号：GS（2020）5819 号

图书在版编目（CIP）数据

中国新城 / 周春山著 . —北京：科学出版社，2021.1

（中国城市地理丛书）

"十三五"国家重点出版物出版规划项目　国家出版基金项目

ISBN 978-7-03-066432-7

Ⅰ.①中… Ⅱ.①周… Ⅲ.①城市规划－研究－中国　②城市建设－研究－中国　Ⅳ.① TU984.2

中国版本图书馆 CIP 数据核字（2020）第 201084 号

责任编辑：杨　红　赵　晶 / 责任校对：何艳萍
责任印制：肖　兴 / 封面设计：黄华斌

科学出版社 出版

北京东黄城根北街16号
邮政编码：100717
http://www.sciencep.com

北京九天鸿程印刷有限责任公司 印刷
科学出版社发行　各地新华书店经销

*

2021年1月第 一 版　开本：787×1092　1/16
2021年1月第一次印刷　印张：24
字数：540 000

定价：238.00元

（如有印装质量问题，我社负责调换）

丛 书 序 一

中国进入城市化时代，城市已成为社会经济发展的策源地和主战场。改革开放 40 多年来，城市地理学作为中国地理学的新兴分支学科，从无到有、从弱到强，学术影响力从国内到国际，相关的城市研究成果记录了这几十年来中国城市发展、城市化进程、社会发展和经济增长的点点滴滴，城市地理学科的成长壮大也见证了中国改革开放以来科学技术迅速发展的概貌。欣闻科学出版社获得 2018 年度国家出版基金全额资助出版"中国城市地理丛书"，这是继"中国自然地理丛书""中国人文地理丛书""中国自然地理系列专著"之后，科学出版社推出的又一套地理学大型丛书，反映了改革开放以来中国人文地理学和城市地理学的重要进展和方向，是中国地理学事业发展的重要事件。

城市地理学，主要研究城市形成、发展、空间演化的基本规律。20 世纪 60 年代，随着系统科学和数量地理的引入，西方发达国家城市地理学进入兴盛时期，著名的中心地理论、城市化、城市社会极化等理论推动了人文地理学的社会转型和文化转型研究。中国城市历史悠久，但因长期处在农耕社会，发展缓慢，直到 1978 年以后的改革开放带动的经济持续高速发展才使其进入快速发展时期。经过 40 多年的发展，中国的城镇化水平从 16% 提升到 60.6%，城市数量也从 220 个左右增长到 672 个，小城镇更是从 3000 多个增加到 12000 个左右，经济特区、经济技术开发区、高新技术开发区和新城新区这些新生事物，都为中国城市地理工作者提供了广阔的研究空间和研究素材，社会主义城市化、城镇体系、城市群、都市圈、城市社会区等研究，既为国家经济社会发展提供了研究成果和科技支撑，也在国际地理学界标贴了中国城市地理研究的特色和印记。可以说，中国城市地理学，应国家改革开放而生，随国家繁荣富强而壮，成为中国地理学最重要的研究领域之一。

科学出版社本期出版的"中国城市地理丛书"第一辑共9册，分别是：《中国城市地理基础》（张小雷等）、《中国城镇化》（顾朝林）、《中国新城》（周春山）、《中国村镇》（张小林等）、《中国城市空间结构》（柴彦威等）、《中国城市经济空间》（孙斌栋等）、《中国城市社会空间》（李志刚等）、《中国城市生活空间》（冯健等）和《中国城市问题》（高晓路等）。从编写队伍可以看出，"中国城市地理丛书"各分册作者都是中国改革开放以来培养的城市地理学家，在相关的研究领域均做出了国内外城市地理学界公认的成绩，是中国城市地理学研究队伍的中坚力量；从"中国城市地理丛书"选题看，既包括了国家层面的城市地理研究，也涵盖了城市分部门的专业研究，可以说反映了城市地理学者最近相关研究的最好成果；从"中国城市地理丛书"组织和出版看，也是科学性、系统性、可读性、创新性的有机融合。

值此新中国成立70周年之际，出版"中国城市地理丛书"可喜可贺！是为序。

中国科学院院士

原中国地理学会理事长

国际地理联合会（IGU）副主席

2019年8月

丛 书 序 二

城市是人类文明发展的高度结晶和传承的载体，是经济社会发展的中心。城市是一种人地关系地域综合体，是人流、物流、能量流高度交融和相互作用的场所。城市是地理科学研究的永恒主题和重要方向。城镇化的发展一如既往，将是中国未来 20 年经济社会发展的重要引擎。

改革开放以来，中国城市地理学者积极参与国家经济和社会发展的研究工作，开展了城镇化、城镇体系、城市空间结构、开发区和城市经济区的研究，在国际和国内发表了一系列高水平学术论文，城市地理学科也从无到有到强，迅速发展壮大起来。然而，进入 21 世纪以来，尤其自 2008年世界金融危机以来，中国经济发展进入新常态，但资源、环境、生态、社会的压力却与日俱增，迫切需要中国城市地理学者加快总结城市地理研究的成果，响应新时代背景下的国家战略需求，特别是国家推进新型城镇化进程的巨大科学需求。因此，出版"中国城市地理丛书"对当下城镇化进程具有重要科学价值，对推动国家经济社会持续健康发展，具有重大的理论意义和现实应用价值。

丛书主编顾朝林教授是中国人文地理学的第一位国家杰出青年基金获得者、首届中国科学院青年科学家奖获得者，是世界知名的地理学家和中国城市地理研究的学术带头人。顾朝林教授曾经主持翻译的《城市化》被评为优秀引进版图书，并被指定为干部读物，销售 30000 多册。参与该丛书的柴彦威、方创琳、周春山等教授也都是中国知名的城市地理研究学者。

因此，该丛书作者阵容强大，可保障该丛书将是一套高质量、高水平的著作。

　　该丛书均基于各分册作者团队有代表性的科研成果凝练而成，此次推出的 9 个分册自成体系，覆盖了城市地理研究的关键科学问题，并与中国的实际需要相契合，具有很高的科学性、原创性、可读性。

　　相信该丛书的出版必将会对中国城市地理研究，乃至世界城市地理研究产生重大影响。

中国科学院院士

2019 年 10 月

丛书前言

中国是世界上城市形成和发展历史最久、数量最多、发育水平最高的国家之一。中国城市作为国家政治、经济、社会、环境的空间载体，也成为东方人类社会制度、世界观、价值观彰显的璀璨文化明珠，尤其是1978年以来的改革开放给中国城市发展注入了无尽的活力，中国城市也作为中国经济发展的"发动机"引导和推动着经济、社会、科技、文化等不断向前发展，特别是2015年以来党中央、国务院推进"一带一路（国家级顶层合作倡议）"、"京津冀协调发展"、"长江经济带和长江三角洲区域一体化"和"京津冀城市群"、"粤港澳大湾区"等建设，中国城市发展的影响力开始走向世界，也衍生为成就"中国梦"的华丽篇章。

城市地理学长期以来是中国城市研究的主体学科，城市地理学者尽管人数不多，但一直都在中国城市研究的学科前沿，尤其是改革开放以来，在宋家泰、严重敏、杨吾扬、许学强等城市地理学家的带领下，不断向中国城市研究的深度和广度进军，为国家经济发展和城市建设贡献了巨大的力量，得到了国际同行专家的羡慕和赞誉，成为名副其实"将研究成果写在中国大地"蓬勃发展、欣欣向荣的基础应用学科。

2012年党的十八大提出全面建成小康社会的奋斗目标，将城镇化作为国家发展的新战略，中国已经开始进入从农业大国向城市化、工业化、现代化国家转型发展的新阶段。2019年中国城镇化水平达到了60.6%，这也就是说中国已经有超过一半的人口到城市居住。本丛书本着总结过去、面向未来的学科发展指导思想，以"科学性、系统性、可读性、创新性"为宗旨，面对需要解决的中国城市发展需求和城市发展问题，荟萃全国最优秀的城市地理学者结集出版"中国城市地理丛书"，第一期推出《中国城市地理基础》、《中国城镇化》、《中国新城》、《中国村镇》、《中国城市空间结构》、《中国城市经济空间》、《中国城市社会空间》、《中国城市生活空间》和《中国城市问题》共 9 册。

　　"中国城市地理丛书"是中国地理学会和科学出版社联合推出继"中国自然地理丛书"（共 13 册）、"中国人文地理丛书"（共 13 册）、"中国自然地理系列专著"（共 10 册）之后中国地理学研究的第四套大型丛书，得到傅伯杰院士、周成虎院士的鼎力支持，科学出版社李锋总编辑、彭斌总经理也对丛书组织和出版工作给予大力支持，朱海燕分社长为丛书组织、编写和编辑倾注了大量心血，赵峰分社长协调丛书编辑组落实具体出版工作，特此鸣谢。

"中国城市地理丛书"编辑委员会

2020 年 8 月于北京

前　言

新城是城市发展的产物，也是城市的重要组成部分。

近代以来，工业革命大大提高了生产力，使得西方国家的城市在短时期内快速扩张。与此同时，城市高密度集聚式发展带来人口密度过大、城市住宅紧张、环境污染、交通拥挤、犯罪率上升等问题，使城市病日益严重，各种社会矛盾激化。

城市发展出现的各种问题使人们认识到必须研究城市发展的客观规律，采用合理的规划方案来解决或者预防这些问题，城市规划的思想由此萌芽，相继出现了如空想社会主义的城市、田园城市、工业城市、带型城市、光辉城市以及有机疏散理论等规划理论与方案。然而，早期的这些规划思想由于过于理想化，大部分在城市发展建设中没有得到很好的实施，有些甚至宣告失败。随着工业化的深入进行，城市在高密度发展的同时，又出现了向郊区蔓延的趋势，城市蔓延又带来生态环境破坏、基础设施成本高等新问题。为了有效解决这些问题，西方国家又提出了新的规划理念，如绿带控制、城市轴向扩展以及新城建设等。

在城市外围地区选择合适的地点建立新城，通过构建与城市中心区类似的功能结构，解决居民的生活、工作、休闲、出行等方面的需求，形成吸引人口和产业集聚的新中心，从而起到疏导旧城市中心区人口、产业以及保护生态环境的作用，使城市健康有序发展。英国是最早进行新城建设与实践的国家，1946～1950 年规划了 14 个新城。第二次世界大战后，由于重建和经济发展需要，英美等西方发达国家逐渐在大都市郊区建立起一系列新城，此后北美、东亚等地区的一些国家也相继建设新城。毫不夸张地说，20世纪见证了遍布世界范围的新城建设浪潮。

20世纪80年代，新城建设思想与实践在中国如雨后春笋般蓬勃发展，形成另外一片天地。中国的新城产生与发展和其他国家既有共性之处，即解决大城市发展所遇到的各种问题，也具有一定的地域与时代特点，更具有管理制度与运行机制等方面的中国特色。中华人民共和国成立后到1978年改革开放前，中国探索计划经济体制下的社会主义建设道路，出现了众多新兴的工业城市、服务于工业建设的资源型新城及依附于旧城的新兴工业区等。1978年改革开放后，中国新城建设的序幕也由此正式揭开。经过20世纪80年代、90年代的高速发展，中国新城的规模、类型、功能日益多样化，其中的经济开发区、工业园区（产业园区）是应对全球化发展的产物，成为引领城市和区域经济发展的先驱。

中国新城建设类型多样、内容丰富，在运行与管理上有许多创新。中国新城建设不仅改变了城市发展的态势，重塑了中国城市空间结构与整个城镇体系，而且为人口、产业聚集提供了载体，为生态环境建设提供了空间，为中国经济腾飞提供了强劲的支撑。面对中国新城建设取得的巨大成功，新城研究的成果却显得不足。为了系统阐述和总结中国新城的发展过程、特征、所起的作用、存在的问题以及未来的发展，在"中国城市地理丛书"编辑委员会的统一安排下，我们编写本书。本书主要探讨以下几个问题。

第一，中国新城是什么？第一章在阐述城市与新城概念及关系的基础上，从发展目的、驱动力、功能、规模和地域空间五个方面，讨论国内外学者对新城内涵的界定，分析新城、新区（城市新区）等概念的区别与联系，进而尝试归纳中国新城的概念及其内涵。借鉴相关的研究，根据主导功能、开发主体、自身功能及对母城的依赖程度、建设目的、形成机制、级别等内容，建立中国新城的分类体系，并对不同类型的新城发展过程进行梳理。

第二，中国新城是怎样演化的？是什么力量推动了中国新城的演化？第二章从新城发展背景、发展特征和重点发展类型三个视角，分析了计划经济时期、20世纪80年代、20世纪90年代、21世纪初和2010年至今五个时期的新城建设与演变过程。第三章从新城建设的政策动力、城市经济发展的直接要求、全球化带来的新城发展驱动力、城市空间发展压力、新城建设的技术动力、新城建设的其他驱动因素等方面阐述中国新城发展的动力机制，通过分析中国新城发展的演化问题，理解为什么不同的发展时期，中国新城具有不同的名称，以及不同的发展重点。

第三，不同类型的中国新城发展过程、特点、作用如何？第四章从规模、类型与格局，新城规划与用地，建设资金和融资模式，产业发展，人口与社会发展，管理模式等方面剖析中国新城的建设现状。第五至第十一章分别从背景与历程、基本特征、主要类型等方面阐述工业新城、居住新城、商务型和贸易型新城、知识型新城、交通枢纽型新城和其他新城等中国新城的发展现状，在此基础上分析了功能单一的专业新城存在的问题，专业新城到综合新城的发展阶段与模式、转变机制。

第四，新城会对城市发展产生什么影响？在发展和建设过程中存在哪些问题？第十二章着重从城市产业及功能、城市人口分布、城市空间结构、城市交通、城市环境等方面分析新城建设对城市发展的影响。第十三章从新城的规划、建设和管理三个方面论述中国新城建设存在的主要问题。

第五，中国新城的未来将何去何从？在经过40余年改革开放之后，中国经济的高速增长、人口增长、土地供给等都发生了新的变化，全球化和信息技术深度推进，中国经济进入了新常态。第十四章探讨了智慧城市、生态城市理念下的新城建设趋势，并从新城建设的体系、动力、土地利用模式、新城与母城的关系等方面思考中国新城的未来发展。

　　我一直进行中国新城的研究，在撰写本书之前，指导博士研究生朱孟珏、叶昌东，硕士研究生黎格伶等完成了相关的基础数据与研究工作。本书的撰写工作于 2015 年开始，由我负责，所指导的多届研究生参与了基础资料收集、整理分析与部分编写工作，具体情况如下：第一章，王宇渠、王珏晗；第二章，王宇渠、张大昊；第三章，刘樱、王运喆；第四章，刘松、张晓菲；第五章，罗利佳、史晨怡；第六章，罗利佳、何雄、史晨怡；第七章，张荣荣、罗利佳、邓鸿鹄；第八章，王婕好、赖舒琳、邓鸿鹄；第九章，赖舒琳、何雄、黄婉玲；第十章，赖舒琳、张大昊；第十一章，陈楷锐、黄婉玲；第十二章，黎明、曹永旺、李智、白克拉木·孜克利亚、金万富；第十三章，徐期莹、王耕南、李世杰；第十四章，陈楷锐、朱孟珏。顾朝林教授亲自审定本书提纲，多次提出修改意见；许学强教授一直关注本书的进度，多次提出宝贵的建议；科学出版社的杨红和赵晶编辑为本书的出版做了很多工作，在此一并表示感谢。在本书编写过程中，引用和参阅了大量国内外论文和网站资料，不能逐一列注，在此对被引用文献的作者表示感谢。同时，我们力求全面收集最新的数据，客观、科学地反映中国新城发展的全貌，但鉴于中国新城发展的复杂性，以及作者水平所限，其中不足之处在所难免，敬请广大读者批评指正。

周春山

2020 年 8 月

目　　录

第一章　新城及其特征

第四章　中国新城建设现状

第五章　工业新城

第六章　居住新城

第七章　商务型和贸易型新城

第八章　知识型新城

第九章　交通枢纽型新城

第十章　其他新城

第十一章　从功能单一的专业新城到功能复合的综合新城

第十二章　新城对城市发展的影响

第十三章　中国新城建设存在的主要问题

第十四章　中国新城发展展望与思考

第一章　新城及其特征

　　新城，是城市发展的产物，是城市的重要组成部分。本章首先讨论城市的特征。然后阐述新城产生与发展的背景，以及新城发展与演变的过程；从发展目的、驱动力、功能、规模和地域空间五个方面，讨论国内外学者对新城内涵的界定；分析新城、新区（城市新区）等概念的区别与联系，进而尝试归纳中国新城的概念及其内涵。最后，借鉴相关的研究，根据主导功能、开发主体、自身功能及对母城的依赖程度、建设目的、综合性程度、形成机制、级别等内容，建立中国新城的分类体系，对不同类型的新城发展过程进行梳理。

第一节　城市与新城发展

一、城市的内涵与特征

　　新城，其概念的内涵为"城"，为更好地理解"新城"这一概念，需要先了解"城市"这一概念的内涵与特征。

　　世界各国学者对"城市"并无统一定义。吴良镛院士认为城市具有如下特征：①城市聚集了一定数量的人口，以非农业活动为主，是区别于农村的社会组织形式；②城市是一定地域范围的政治、经济和文化中心；③城市要求相对聚集；④城市必须提供物质设施和力求保持良好的生态环境；⑤城市是根据共同的社会目标和各方面的需要而进行协调运转的社会实体；⑥城市有继承传统文化，并加以发展的使命。许学强教授等认为，与农村相比，城市不仅在于"集中"，而且更在于"组织和管理"。城市中的经济活动是高效率的，而高效率的取得，不仅依赖于人口、资源、生产工具和科学技术等物质因素的高度集中，更核心的因素在于高度的组织力。因此，城市的生产是一种更为社会化的生产，是更多地摆脱了土地依存和自然力束缚的"自由生产"，它发挥工商、交通、文化、军事和政治职能，属于高级生产或服务性质，也可称为第二、第三产业。相反，乡村人口多依存于土地相关职业，他们供应粮食等生活资料和部分轻工业原料，属于初级生产，称为第一产业。由此可见，区别城乡的关键不在于聚居人口的多寡，更重要的是在于其经济活动的类型，也就是居民的主要职业。

周一星教授等通过归纳世界各国对"城市"的界定，认为虽然各国对城镇、城市的定义各不相同，但是基本认为村庄和比村庄还小的居民点一般是乡村型的居民点，居民主要从事农业活动；镇和比镇大的居民点是城镇型的居民点，统称为城镇，是以非农业活动为主的人口集中点。城镇不同于乡村的本质特征有以下几个：①城镇是以非农业人口为主的居民点，在职业构成上不同于乡村；②城镇一般聚居有较多的人口，在规模上区别于乡村；③城镇有比乡村更高的人口密度和建筑密度；④城镇具有上下水、电灯、电话、广场、街道、影剧院等市政设施和公共设施，即在设施配套方面不同于乡村；⑤城镇一般是工业、商业、交通、文教的集中地，是一定地域的政治、经济、文化中心，在职能上区别于乡村。

宁越敏教授等归纳不同学者对城市化、城市性的理解，认为城市化是一种地域转化的过程。人们随着经济发展和物质文明的进步而不断产生向城市型聚落集聚的观念和行为，由此便造成了地域环境的各种变化。从经济地理角度看，城市化就是第二、第三产业区位形成、集聚、发展的过程。第二、第三产业区位的集聚带来了人口的集聚，人口的集聚带来了消费区位的集聚，由此改变了地域的景观，造就了城市型聚落的面貌。当然，少数城市因政治、军事、资源等原因，也可以在未经开发的非农业地带形成。

通过简要梳理城市内涵与特征的相关表述，可以概括城市具有如下基本特性：①经济职能上的非农业性，作为一个经济载体或经济地域，城市是工业、商业、运输业等非农业的聚集地，它与乡村的农业经济在专业与地域方面有明显区别；②有一定密度的建筑景观、市政设施、公用设施，聚集大量人口、资源和社会经济活动；③达到一定的人口规模与密度。本书也将以上三点作为界定新城形成的基本标准。

二、城市扩张与新城的产生

工业革命大大提高了生产力，使城市在短时期内快速扩张，城市快速扩张所导致的城市问题不断出现，新城就是在解决城市问题中孕育而生的。

（一）工业革命与城市集聚扩张

1. 工业革命对城市发展的影响

工业革命使城市产生了巨大的变化。机器的发明、蒸汽和电的使用，使社会生产力得到迅速提高。科学技术创新是城市发展的根本推动力，也是城市空间向外拓展的最终驱动力。工业革命对城市发展的影响主要体现在以下几点。

（1）人口迅速向城市集中。工业革命大大提高了社会生产力，改善了公共卫生条件和人们的生活条件，工业革命后，人口增长速度大大加快。与此同时，机器的大量使用使生产力越来越集中在城市，城市需要越来越多的劳动力，因此短时期内城市人口迅速增长。

（2）交通运输方式发生巨大变化。在农业经济时代，人力、畜力和风力是主要的动力来源，交通运输距离较短，城市规模受到限制。工业革命带来了以水路、公路和铁路为主要标志的交通运输革命，具体表现为：改善筑路技术并增修公路，提高公路通行力；蒸汽机、内燃机和电动机取代人力、畜力和风力，并作为牵引和推动水陆交通工具的动力；火车、汽船、电车、汽车等新式交通工具的发明和推广运用等。交通运输革命使城市的发展进入一个全新的发展阶段。

（3）产业结构发生重大变化。随着工业革命的推进，产业结构随之发生根本变化，第一产业的劳动力构成比例逐年递减，第二、第三产业不断上升。城市吸收大量从农业转移出来的劳动力，促进了各种生产要素，如生产资料、消费市场、服务设施等的集聚，从而产生集聚经济效益，推动城市发展。

2. 城市急剧扩张带来的城市问题

工业革命的大机器生产使工业蓬勃发展，大量乡村人口向城市集中，工业的生产方式引起了城市功能的巨大变化，大量人口集聚导致城市人口稠密、居住区房屋密集，并带来其他一些问题。

1）城市人口高度聚集问题

以伦敦为例，1801～1851年人口由86.5万人增加到236万人时，城市面积增加不大。1800年伦敦市建城区面积半径大约3.2km，到1851年人口增加了近两倍，建城区面积半径却还没有超过5km，内城的高密度集聚式发展，使人口密度增大、城市住宅紧张。

2）社会经济问题

在大量农村人口涌入少数大中城市的背景下，城市综合发展的速度低于农村人口转化成城市人口的速度，从而导致一系列社会经济问题，如环境污染、交通拥挤、犯罪率上升等，"城市病"日益严重，各种社会矛盾激化。

（二）城市问题解决方案与新城理念的产生

在工业化进程中，城市发展出现的各种问题使人们认识到必须掌握城市发展的客观规律，并采用城市规划的手段来解决这些问题，因此后期相继出现了一些城市规划建设新思想和新理念。

1. 城市问题解决方案

为了解决城市出现的问题，学者们纷纷提出了一些设想，并尝试进行了实践，如空想社会主义的城市、田园城市、工业城市、带形城市、光辉城市以及有机疏散理论等。然而，由于过于理想化或社会条件等的不允许，这些理论和思想大部分没有得到很好的实施，甚至宣告失败。随着工业化的进行，在中心城市高密度发展的同时，城市又出现了向郊区蔓延。为了有效地解决这个问题，西方国家不断提出新的规划理念，比较成功的规划实践有绿带控制、城市轴向扩展以及新城建设等。

1）绿带控制

19 世纪末，霍华德（E. Howard）就提出了通过绿带建设来组织城市与郊区生活的理念。英国伦敦是最早提出以绿带建设来控制城市扩张的城市。从 18 世纪工业革命开始，伦敦的人口就不断增加，导致市区不断向外蔓延，并吞并了其外围的小城镇和村庄。为了有计划地解决大城市中心区过度拥挤的人口问题，1942～1947 年，伦敦市政府制定了相应的规划方案，方案吸收了霍华德、盖迪斯（P. Geddes）和恩温（R. Unwin）等先驱的规划思想。伦敦规划结构由内而外划分为四个圈层，为单中心的同心圆模式。内圈：建筑密集，是主要的改造区，目标是迁移工厂和降低人口数量。近郊圈：是建设良好的居住区，重点在于保持现状，抑制人口和产业的增长。绿带圈：为宽约 8km 的绿化地带，是农业区和休憩区，以阻止城市过度蔓延。外圈：距伦敦市中心 30～60km，主要用以疏散伦敦过剩人口与工业企业，并规划了 8 个完全独立的卫星城。最具特色的是绿带圈，其作用在于限制城市膨胀、保护农业、保存自然景观、作为公众游憩区。

到了 20 世纪，面对城市规模的不断扩大和郊区化的进一步推进，西方各国通过划分城市功能区并设立绿带的方法来控制城市规模的不断扩张。

2）城市轴向扩展

1882 年，西班牙工程师索里亚·伊·马塔提出了城市沿高速度、高运量的轴线向前发展的带形城市（linear city）的设想。到了 20 世纪，这一思想得以发展并被应用在西方一些城市的空间增长规划中，其中典型的有丹麦哥本哈根的指状行列式规划、瑞典斯德哥尔摩的星状组团式规划、美国华盛顿的星状串珠式规划。其主要思想是城市沿交通线路集中发展，形成轴向扩展，在轴带之间形成生态隔离，从而改善城市生态环境，制止城市的无序蔓延。

3）新城建设

在城市外围地区选择合适的地点建立新城，通过构建与城市中心区类似的功能结构，解决人口生活、工作、休闲、出行等方面的需求，形成吸引人口和产业集聚的新中心，从而起到疏导传统城市中心区人口以及保护生态环境的作用。

2. 新城理念的产生

基于新城理念的探索最早可追溯到 16 世纪前期的"乌托邦"（Utopia），之后在 18 世纪后期出现罗伯特·欧文（Robert Owen）的公社（community）与新协和村（village of new harmony）以及 19 世纪中叶英国"公司城"的理念。这些理念与设想为后期新城理念的形成与实施奠定了思想基础。19 世纪初，空想社会主义后期的主要代表人物欧文和傅里叶等对城市建设提出了"新协和村"的示意方案。新协和村大概有 1200 个农民，还有一些产业工人；村中间设公用厨房、食堂、学校、图书馆等，四周为住宅、工厂与手工作坊等；村外有耕地、牧场及果林。

面对市中心区日益严重的城市问题，霍华德在 19 世纪末出版了《明天——一条引向改革的和平道路》。在书中，霍华德针对英国出现的污染、拥挤、混乱等城市问题，提出了建设田园城市的思想。"田园城市"理论认为，城市与乡村都存在有利和不利因素，城市的吸引力主要是拥有较多相对较高薪酬的岗位和较为完备的市政公共基础设施，不利因素是日益恶化和拥挤的环境。乡村则正好相反，乡村拥有良好的生态环境，但是就业岗位较少，且缺乏各种基础设施。因此，该理论提出"城乡磁体"（town country magnet）的概念，即应该结合城市和乡村的优点，建立宜居宜业的城市，使城市生活和乡村生活像磁体那样相互吸引、相互结合。"田园城市"理论推动了新城理念的发展，因此成为新城运动的起源。

三、国外新城的发展和演变

工业革命以来，每一次技术革命都使城市产生巨大变化，伴随城市的发展与空间扩张，新城理念不断更新。第二次世界大战后，由于重建和经济发展需要，世界各国的新城开始加速发展。世界新城发展和演变经历了从功能单一到综合的过程。此后，英国、美国等西方发达国家逐渐在大都市郊区建立起一系列新城。

（一）第一代新城发展模式

20 世纪 40 年代，为了解决中心城区人口过多的问题，并改善居民的居住条件、生活环境，伦敦、巴黎等城市在城市建成区外缘的近郊地带建立起新城，主要是提供居住功能。因为居民主要是在新城里面居住，而工作主要还是在老城区，所以这个阶段有较多的新城事实上成为"卧城"。

英国是最早进行新城建设与实践的国家，其新城建设的成功很大程度上得益于1946 年的《新城法》。《新城法》规定新城规划作为一项全国土地资源和经济发展的开拓规划，主要目标是建设"既能生活又能工作的、平衡和独立自主的新城"，以改善居民的生活和工作条件。1946 年规划建设的斯蒂文乃奇是英国第一个新城，到 1950 年英国共规划了 14 个新城，它们是英国的第一代新城。哈罗新城是这一时期新城建设的典型。哈罗新城占地约 25.6km²，规划人口 6 万人，后来增加到 8 万人，其采用严格的结构单元规划原则，空间上呈组团式的布局形态。但是这些新城普遍存在诸如密度低、人口规模小、提供的文娱设施或其他服务设施不足、新城中心不够繁华、缺乏生气和活力等问题。

这一时期大多数国家的新城发展和建设以制定相关法律法规为保证。新城大多是中心城市区域的组成部分，但又具有相对独立、多样和鲜明的特点，成为吸引各阶级和阶层生活、工作的城市社会。新城规划以多元社会生态平衡为目标，采用社区和邻里单元的城市结构模式，十分注重城市文化建设，较有代表性的新城还有英国的坎伯诺尔德、苏联的泽列诺格勒等。然而，这一时期的新城规划缺乏发展的观点，导致规模过小、就业机会和公共服务设施不足，未能真正起到疏散大城市人口的作用。

（二）第二代新城发展模式

20世纪50年代中期至60年代中期，随着经济的发展、人口的增长，城市空间进一步蔓延。为解决大都市无序发展带来的一系列问题，并合理重组城市的空间结构，西方主要国家在距离市中心一定距离的地方建立起第二代新城。第二代新城以工业新城为主，并兼顾居住功能。总体而言，第二代新城的功能比第一代新城复杂，独立性也更强，但还是存在产业综合程度不够、基础设施不够完善等问题。第二代新城还是无法从根源上解决城市过度蔓延带来的一系列问题。

以英国为例，英国在20世纪50年代中期以后建设的新城主要是借鉴了第一代新城的经验教训，在第二代新城中导入产业，并增大城市的规模，增加基础设施供给，最终第二代新城也成为这一时期英国新的经济增长点。而在新城的规划设计上，第二代新城代表朗科恩总面积约30km^2，规划人口10万人。其整体结构遵循线状原则，结合自然地形，形成"8"形的平面形态，城市中心设在"8"形的交叉点上。整个规划简洁、严谨，既结合地形又具有图解式的内涵，极具新意。

另外，在全球范围内，其他经济起飞、城市化速度较快的国家和地区也出现了为解决大城市问题而新建的新城，如日本东京多摩新城（初期）、大阪千里新城等。

（三）第三代新城发展模式

20世纪六七十年代，从城市空间结构看，欧美发达国家或地区的城市地域进入大都市圈的阶段。在此背景下，为了解决上两代新城存在的问题，提出了基于反磁力理念的第三代新城建设。第三代新城有如下特点：①多数位于都市圈里面的大城市外围地区，或者是两个城市之间；②规模与上两代新城相比，有较大幅度的提高，一般新城人口达到20万人以上；③城市的产业功能较完整，部分新城成为区域经济增长新的中心，新城自主性较强，部分新城承担了大城市的部分功能，成为大城市中心区的反磁力中心。

以英国为例，20世纪60年代中期，英国先后制定了"东南部研究计划"，计划把新城放在距其市中心50～100km半径的东南部地区内，通过统筹伦敦市中心与区域其他城镇的关系，建设新城，扩建若干小城镇，来解决伦敦发展的矛盾。1967年的《东南部战略规划》在吸取哥本哈根、巴黎、斯德哥尔摩和华盛顿等首都规划经验的基础上，打破了之前规划以同心圆为特征的空间布局模式，从市中心放射出去的快速交通干线形成3条长廊地带。长廊终端是1964年规划确定的3座新城——南安普敦-朴次茅斯、纽勃莱和勃莱契莱，其成为具有对抗市中心吸引的"反磁力吸引"中心。到了1970年，《东南部战略规划》提出在伦敦周围地区规划五个较大的发展区和多个中等发展区。五大发展区相当于对伦敦起反吸引作用的"反磁力吸引"中心，距伦敦市中心近的有65km，远的则达120km，规划人口规模为50万～150万人，相当于谢菲尔德或泰恩赛德这些英国较大的城市。英国的新城适应了当时城市发展的需要，起到了组织郊区有计划发展的作用，与此同时，也平衡了中心城区的人口。

其他国家或地区也纷纷借鉴"反磁力吸引"的规划思想。以莫斯科为例，1973年莫斯科市政府从区域发展的层面出发，制定了莫斯科地区的规划。该规划参考了当时伦敦、巴黎、哥本哈根等世界大城市空间发展的几种规划模式，最终确定把莫斯科市外围（离市中心 50～65km）作为新城建设的主要地区，相当于在莫斯科市区外围建立起来的"反磁力吸引"城镇，最终起到疏散城市中心城区人口的作用，这与英国在远郊建设的"反磁力中心城市"具有类似的功能。

（四）第四代新城发展模式

20 世纪 80 年代以来的第四代新城建设，主要是在上一代新城建设的基础上升级发展而来的，与第三代新城相比，第四代新城功能更加综合化、复合化。例如，日本多摩等新城的进一步开发实践取得了较大成功。与此同时，在大城市中心区再开发的背景下，出现了城中城型新城。第四代新城通过自身功能的完善，坚持问题导向方式的开发，较为成功地解决了一系列城市问题，成为推动都市圈和城市群发展的重要力量。以美国为例，20 世纪 90 年代美国每年大约有 600 万人迁往以新城为主体的郊区，以追求新的生活方式，如较大的居住空间，免费而充足的停车场地，高质量的教育设施，优美的居住环境，便利、舒畅的交通方式；与此同时，只有 300 万人从郊区迁往城区。

总体而言，这一代新城以发达国家为主体，出现了新的发展趋势：首先，在科学技术进一步取得进步的背景下，人类城市生活进入了信息时代，新城的选址更多考虑能适应现代信息社会需求的地方。其次，大都市区和城市群的发展成为城市化发展的重要趋势，这一阶段的新城主要布局在城市群中外圈城市一体化发展的重点地区，而且与城市群的其他城市建立起比较紧密的联系，有可能迅速发展成为与现有城市中心城区相抗衡的"反磁力中心城市"，并成为带动地区经济增长的新据点。再次，受到交通技术的进步与公共交通导向型开发（TOD）模式等理论的影响，这一时期的新城大多配套了比较完善的公交系统，而且地铁、轻轨促进了公共交通的快速发展，促进了新城与其他城市的联系，进而加快了新城的发展。最后，在人本主义和可持续发展思潮的背景下，第四代新城更加注重市民的个性化需求，优化生态环境。

第二节　新城与中国新城

自霍华德提出"田园城市"开始，到第二次世界大战后遍布世界各国数代新城的开发实践，20 世纪见证了遍布世界范围的新城建设浪潮，而伴随着欧洲、北美、东亚等地区新城的快速发展，各国研究新城的学者也对新城的定义、内涵有较多的论述。

中国新城产生和发展与其他国家既其有共性之处，即解决大城市发展所遇到的各种问题，也具有一定的地域特点，更具有中国特色的管理制度与运行机制。中国新城的特殊性主要与中国特殊的国情有关：作为世界第一人口大国，中国工业化、城市化与现代化的道路较为曲折。1949 年以前，作为一个农业国，中国的城市化和新城建设的进展一直很缓慢。中华人民共和国成立后到 20 世纪 70 年代末，中国探索计划经济体制下的社会主义建设道路，出现了众多新兴的工业城市、服务于工业建设的资源型城市等，由于当时社会经济条件的限制，城市化与新城建设进度比较落后。1978 年改革开放后，中国新城建设的序幕也由此正式揭开。中国工业化的底子差、农业人口众多、土地等资源紧张，而且中国的经济制度是从计划经济制度逐步转向中国特色的社会主义市场经济制度，从而形成了与西方不同的经济制度环境。中国新城发展与西方"新城"建设既有共性，也有根植于本土的、独特的、不同的发展过程与发展特征。因此，本节首先对国内外的新城概念进行梳理，再把新城概念与邻近概念进行比对，最后结合中国城市化进程的规律与特点对中国新城的概念进行界定。

一、新城的概念与内涵

国内外对新城的定义论述的比较多，迄今为止，已有文献对新城的定义还没有形成一个比较科学、统一、完整的论述。本书通过整理国内外学者对新城概念、内涵和特征的界定资料，尝试从发展目的、驱动力、功能、规模和地域空间五个方面总结新城概念与内涵的共性之处（表 1.1 和表 1.2）。

表 1.1　国外研究中新城的概念与内涵

年份	提出者	概念与内涵
1946	英国《简明大不列颠百科全书》（英）	大城市外围独立的全新社区，统筹安排居住、医疗、教育以及产业发展用地，并配有新城各级文化和商业中心等
1983	Stanley D.Brunn（美）	新城通过核心发展和设施带动，逐渐优化生活空间，是一个对社会、经济、文化等进行全面组织的城市性社区
1985	《简明不列颠百科全书》（英）	新城是一种规划形式，主要是针对 19 世纪大城市过度发展所带来的社会问题而采取应对措施，其目的在于通过在大城市以外重新安置人口，设置住宅、医院和产业，设置文化、休闲和商业中心，形成新的相对独立的社区
1986	David R. Phillips（英）	新城发展完全独立，空间上与主城区通过大面积绿地相隔离，城市功能多为主城区功能的外延扩张
1991	Joel Garreau（美）	可以理解为边缘城市，立足于原有城镇，通过提供就业岗位、休闲空间等形成的新城市
1996	朴俊弼、金炯国（韩）	通过规划新开发形成的城市居住空间
1999	韩佑羮（韩）	规划与新建具有一定规模和密度的城市
2004	《人文地理学辞典》（第四版）（英）	一种独立、自给自足和社会平衡的城市中心，最初规划用于疏散来自于附近的集合城市的人口和就业岗位
2009	《人文地理学辞典》（第五版）（英）	位于以前缺乏大量城市居住区地区，正在规划或建设的城镇

表 1.2　国内研究中新城的概念与内涵

年份	提出者	概念与内涵
2000	顾朝林、甄峰、张京祥	一定区域范围内具有相对独立性的城市，为其本身及周围地区服务，并与中心城市保持密切联系，是城镇体系的重要组成部分，一定程度上对涌入中心城市的人口起到截留作用
2003	邢海峰	在快速城镇化推动大城市空间不断扩张的过程中，依托一定的资源，如大学、交通设施等，在与中心城市保持有一定距离的区域，经全面规划而新建的相对独立且拥有一定城市规模与密度的城市，分为居住型、工业开发先导型、业务型、知识型、扩张型新城
2007	赵民	新城承担着中心城市部分功能，如居住、产业、办公等，位于外围郊区并与中心城市有永久性绿地相隔；新城各项设施较为齐全，环境水平较高，且与中心城市交通联系便捷
2009	张捷	出于特定的政策目标进行规划和建设；位于大城市郊区，有永久性绿地与中心城市相隔离；交通便利、设施配套、环境优美，能分担大城市区域中心城市的居住功能及产业功能，具有相对独立性的城市社区
2013	朱孟珏、周春山	在功能上，新城是城市的组成部分，是以母城为依托实行成片开发，并具有一定性质、规模和功能的区域，反映了城市功能的扩大、增强与分异；在空间上，新城位于城市郊区，是具有相对独立性和明确发展边界的集中城市化区域，反映了城市空间的外延式扩展
2015	武前波、陈前虎	新城是大都市区发展到一定阶段的产物，也是郊区集中城市化的一种特定形式，基于大都市中心区功能提升以及人口疏散的需要，通过预先的整体规划控制，或在原有城镇和产业功能区基础上进行拓展，或选择新址进行兴建，提供居住、服务、就业等多种城市功能，具有优美宜人的生活设施和环境，进而形成新的对中心城区具有一定"反磁力"作用的地区
2016	方创琳、王少剑、王洋	新城建设是城市空间扩张的一种新形式，是一个世纪以来国际大都市疏导城市人口、实现产业转移、防止城市盲目扩张和有效解决城市建设与管理问题的成功模式

（一）发展目的

《人文地理学辞典》在对新城的定义中提到："最初规划用于疏散来自于附近的集合城市的人口和就业岗位。"武前波等则认为"新城是大都市区发展到一定阶段的产物，也是郊区集中城市化的一种特定形式，基于大都市中心区功能提升以及人口疏散的需要，通过预先的整体规划控制，或在原有城镇和产业功能区基础上进行拓展，或选择新址进行兴建，提供居住、服务、就业等多种城市功能"。

从相关概念出发，新城的发展目的可以概括为以下几点：①解决城市发展中的问题，如疏解中心城区过密的人口、缓解中心城区的交通等各项基础设施压力。②优化区域产业结构，促进经济发展。新城建设往往导入新兴产业，进而实现城市功能的优化，带来新的经济增长。③促进优化区域空间结构，缓解中心城区压力，带动农村发展，缩小城乡差距。④优化城市居民的居住环境与条件。

（二）驱动力

在大部分相关概念的描述中，新城的发展是离不开政府规划、引导的一个城市化过程。美国学者认为，新城是有目的、有规划建设的新城市和新发展区，政府为解决城市问题而进行的规划建设是新城发展的重要动力。在中国香港，新城称为"新市镇"，他们的解释是:"在中心市区外围建造居民和工业区,以及相关社会服务设施,以吸引新增人口的定居和旧城人口的疏散,从而缓解中心区在住宅、交通、就业等方面日益增加的压力,避免城市的蔓延式膨胀。"此外,一些研究者认为新城是伴随着城市郊区化的出现而发展的,代表了城市人口、就业和其他功能向郊区外溢和转移的一种离心化的空间发展过程。

因此,为解决城市中心地区人口过度密集等问题,政府规划、引导大城市外围地区的农村地域向城市地域发展;城市人口、就业和其他功能向郊区外溢和转移的需求是新城发展的重要驱动力。

(三)功能

新城主要包含综合性功能、疏解性功能和政策性功能。首先,新城是"新的城市综合功能体(经济社会综合体)",即居住区、工业区和商贸服务区三者的综合,是功能完备、相对独立的新城市,强调对中心城市部分功能的继承。其次,新城主要是对旧城区的功能疏解,起到分担中心城市人口、减少就业压力、吸纳农村人口、缓解交通、防止城市"摊大饼"无序发展的作用。最后,还可以进一步从政策性功能方面对新城加以诠释,即新城是依托母城划出一定范围,实施特殊经济政策和管理体制(如城市规划、财政投资等),以达到一定经济社会目的(如疏散人口、发展产业、改善环境)的特别经济性区域,是政府引导和调控下的产物。与此同时,新城还是大都市区空间拓展中诞生的新型功能集聚区。新城注重与主城区以及周边中小城市的协作与分工,实现快速便捷的交通联系,发展为区域城镇体系中不可或缺的一个组成部分。

新城功能的独立性包括以下两个方面:①经济独立性。新城自形成初始就是作为一个相对独立的实体而存在。新城可以有自己的经济战略、发展产业以及重点项目,通过自身的经济运作去实现发展目标,进而吸引人口与就业集聚,成长为新的经济功能区。②社会独立性。新城一般需要拥有相对完善的市政服务基础设施,是一个功能相对独立的社会实体。

(四)规模

各个国家新城规模不同,但一般大于5万人。伦敦早期的新城人口基本控制在10万人以下,第三代新城规划人口增至20多万人,这是由于英国新城有别于城镇扩建,基本上属于在空地上建设的独立新城,其用地规模约为$30km^2$。巴黎新城则不同,它充分利用原有的城镇基础,每个新城都是由原有的10多个或20多个小镇组织起来的,其人口规模和用地规模相对较大,巴黎新城人口规模和用地规模分别达到30万人、$90km^2$左右。

东京、香港新城建设规模较小,前者超过$20km^2$,后者约为$10km^2$,但后者的人口规模和人口密度最大。这是由于这两个城市国土资源有限,距离母城较近,对充分发挥疏散中心城市人口的作用要求较高。例如,香港最近开发的新城规模相对较小,包括天水围、粉岭 / 上水、新界东北 / 西北等，均不足 10km²，但人口规模规划在 20 万～30 万人，新城的建设密度较大，这样才能够为疏解中心城市的人口压力起到作用。

（五）地域空间

新城位于大城市外围地区，是大城市地域空间的组成部分。在空间上，新城一般位于城市郊区，是具有相对独立性和明确发展边界的集中城市化区域，反映了城市空间的外延式扩展。新城是大城市地域空间的有机组成部分，是现代化城市系统内部的功能区域，部分新城与母城及其他城市一起共同构成了城市群。

二、新区与新城的关系

与新城概念最接近的是"城市新区"。"城市新区"包括各类开发区、工业区等，"城市新区"是否等同于新城，国内外学者还没有一个统一的认知。本节对新城与新区（城市新区）的概念及相关概念进行梳理和比较，以求更全面地理解新城及其相关概念。

（一）新区（城市新区）及相关概念

"城市新区"，又称"新区""新城区""新市区""新城市地区"。迄今为止，国内外对"城市新区"的定义还没有形成一个比较科学、统一、完整的论述。国外暂无准确的"城市新区"概念，但相关理念上包括卫星城（satellite city）、新城（new town）、边缘城市（edge city）、技术郊区（technoburbs）、外围城市（outer city）、郊区城市（suburban city）等。其中，以英国《不列颠百科全书》（*Encyclopedia Britannica*）中关于"new town"的定义较有代表性，它认为新区 / 新城是"城市规划的一种重要形式，其开发目的在于把城市人口迁移到大城市以外进行重新配置，并集中建设住宅、工厂及文化娱乐中心，形成全新（entirely new）的、相对独立（relatively autonomous）的社区"。国内关于"城市新区"的定义，综合起来可以概括为以下几个视角（图 1.1）。

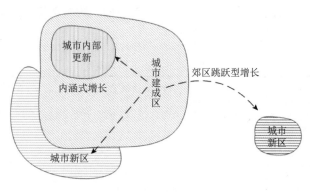

图 1.1　城市新区概念界定示意图

1. 着重强调"城市新区"与城市空间的关系

城市新区是城市中心区外延式的空间发展区，包括两种空间尺度：一种是城市内部空间中容纳特定功能的新开发地段，包括城市新功能区或新城市中心区，其使城市固有功能增强；另一种是城市外部空间的跨地域发展，是地处中心区外围的卫星城、工业区、居住社区或综合新城的总和，是城市新型功能在空间上的发展。城市新区，是相对于旧城区（或建成区）而言的，是在旧城区外围的乡村用地或废弃的工业用地的基础上建成的、相对独立的城市区域。

2. 着重强调"城市新区"的开发时间与时效性

部分研究将城市新区的范畴定义在"改革开放之后"，认为改革开放以前主要是"摊大饼"式的空间发展模式，而城市新区是在改革开放以后随着城市空间扩张而形成的集中化城市区域。此外，城市新区具有一定时效性，新区只是相对概念，随着新区开发的持续深入，城市新区不再是新区，其逐步与旧城区相互整合，成为中心城区的一部分。

3. 着重强调"城市新区"与"开发区"的关系

部分研究将城市新区定义为"综合经济区"，是指产业开发区经历产生、发展、成熟到衰退的生命周期演替之后向新城市转变的过渡形式，是"后开发区"时期下的必然产物。

参考前人研究，本书"城市新区"包括两个基本特征：①在功能上，城市新区是城市的组成部分，是以母城为依托实行成片开发，并具有一定性质、规模和功能的区域，反映了城市功能的扩大、增强与分异；②在空间上，城市新区位于城市郊区，是具有相对独立性和明确发展边界的集中城市化区域。

（二）新区与新城的联系与区别

1. 新区、新城在功能、独立性上有所区别

新区作为城市发展过程中的一个区划单位，与其他类型的城市区域比较相似。一般情况下，新城、新区、卫星城和开发区四个区域都地处主城区外围。在规模方面，往往新城最大，新区次之，开发区最小。在功能方面，新城功能最完善、结构最完整，新区次之，开发区的功能最单一（表 1.3）。

表 1.3　新城与新区概念对比

属性	新城与新区概念的区别与联系
城市功能	新城强调生产、居住与生活服务等方面职能活动的综合平衡，具有相对综合的城市功能；新区的功能则较单一
规划人口	各国对新城规模的标准各不相同，但在 5 万人以上，具有城市的规模与密度；新区的规模一般无特定标准
独立性	新城的独立性较强；新区一般要依附于母城，独立性相对较弱

属性	新城与新区概念的区别与联系
空间位置	新城与新区一般地处主城区外围
建设目的	新城与新区多是以疏导大城市人口和产业，并为大城市的进一步发展提供新的拓展空间为建设目的
发展阶段	随着新区的逐步发展，其功能趋向多元和综合，可形成新城。因此，也可以说新区是新城发展的初级阶段

新区是在旧城的基础上为满足城市发展需要，用于布局产业和安置人口，依托旧城区规划和建设的新的住宅、产业、公共服务设施的空间地域单元。传统的新区是城市内生的有机组成部分，主要是为了满足城市自身发展的需要。与此同时，新区具有独特的功能地域特色，不需要自给自足，可以依托主城发展，从这个意义上说，它实际上是主城发展的补充和外延，可以充分利用已有的城市中心、水电路等市政设施和科教文卫等社会设施。

2. 新区、开发区、新城的发展是一个长期、不断自我完善的过程

新城具有相对综合的城市功能，而新区功能单一。随着新区的逐步发展，其功能趋向多元和综合，也就形成了新城。因此，也可以说新区是新城发展的初级阶段。新区、开发区、新城发展并不是一蹴而就的，而是一个长期、反复调整和逐渐完善的过程，与自然界的细胞生长类似，也需要成形到成长再到逐渐发展成熟三个阶段，在这几个阶段中，各种开发区、新区与新城中存在着相互转换的关系。

（1）在新城开发的初始阶段，其发展动力以"注入式"开发区增长为主，大都市区通过主城资源的迁移和外部配置资源的培育，促使主城功能的外延扩张与新城的不断成长，因此在这一阶段，新城多以开发、工业区的形式存在。

（2）在新城的成长阶段，其增长机制表现出"联动式"增长的特征，以主导产业推动区域内其他产业的发展，并通过公共服务设施的完善强化新城的综合吸引力，形成新的区域增长极带动周边区域经济增长，在与主城互动发展的同时，各类开发区也开始承担更多的城市功能。

（3）在新城发展的成熟阶段，其增长机制展现出反哺和整合的特点，通过设施补充、产业拉动以及功能种类的日益完善进行空间重组，缩小与主城区之间的位势梯度，形成与主城相辅相成的网络化格局，此时，新城通过功能的提升与空间的完善，有能力带动区域发展和促进主城城市结构转型，实现大都市区深层次的空间整合与功能优化。

三、本书对中国新城的定义

参照西方国家新城理论，结合中国新城发展的规律、特点，依据中西方学者提出

的有关概念，本书对中国新城做出如下定义：国家及各省（自治区、直辖市）在原农村地域设立的、位于城市郊区、以母城为依托实行成片开发的、拥有一种或多种功能（如工业、商业、居住、交通、教育等）并往往具有独立管理行政机构的新城市地域。本书中，新城涵盖了各种新区，因此本书统计新城时，除了传统意义上的新城之外，还包括各种类型的经济开发区、工业园区、大学城、自由贸易试验区、改革开放试验区、城乡融合发展试验区、海洋经济发展示范区、国家边境经济合作区及国际合作示范区等。本书中新城概念的内涵如下。

（1）在不同级别政府规划引导下，"自上而下"形成的城市地域景观。

（2）在管理角度方面，有政府规划、有独立建制的行政管理机构，这是本书界定新城的重要标准之一。居住新城、商业新城由于一般没有专门的行政管理机构，本书在判读居住新城时，不考虑是否有独立的行政管理机构。

（3）在生产生活方面，第二、第三产业取代第一产业，以及城市生活方式取代农村生活方式。

（4）在功能方面，可以包括一种或多种功能，如以产业功能为主，或是具有产业、商业、居住、休闲多种功能的复合型新区。

（5）在空间上，新城往往位于城市郊区，是具有相对独立性和明确发展边界的城市化区域，反映了城市空间的外延式扩展，老城区改造地区不在统计范围中（因其在空间上没有增量）。

（6）从类型和范围看，主要包括各城市建成、在建或已纳入建设规划的各种新城、新区、新城区、开发区及工业园等。因此，本书新城的概念与新区（城市新区）等同。

张捷、赵民等认为，西方的"新城"主要是指"一种规划形式，其目的在于通过在大城市以外重新安置人口，设置住宅、医院和产业，以及文化、休憩和商业中心，形成新的、相对独立的社会"。与西方国家相比，中国新城不仅具有特定的地理内涵，而且具有特定的制度设计与运行机制。中国的经济制度是从计划经济制度逐步转向中国特色的社会主义市场经济制度，从而形成了与西方不同的经济制度环境，因此中国新城也与西方"新城"有着不同的发展过程与发展特征。

（1）中国的城市化进程，虽然改革开放后"自下而上"的农村城镇化模式在沿海地区起了较大的作用，但是大部分城市地域主要受到"自上而下"城镇化模式的影响。中国新城的发展离不开政府规划的引导，因此是否有政府规划、管理，是本书界定新城的重要标准之一。

（2）本书的新城包括各类工业区、大学城、高新区等区域，这与中国城市化进程的特殊性与复杂性有关，也反映出中国新城的建设走的就是一条从"单一功能"向"复合功能"逐步发展的道路。

（3）本书的新城本质上是城市，在生产生活方式上，新城的生产生活方式与城市一样，都以第二、第三产业为主，拥有城市的各类公共服务和文化娱乐条件。

（4）拥有行政管理机构是中国新城建设的重要特征。与国外的新城建设往往由私人企业承担不同，中国城市新城建设一般是在政府主导下，分区块、分项目地交由企业开发和建设，以是否具有独立行政管理机构为判断新城的重要标准之一。居住新城与其他新城不同，往往没有独立的行政管理机构，但是有社区管理机构。

（5）中国新城发展是一个非常复杂、长期的过程，很多开发区、工业园区、大学园区是各地新城发展的早期阶段。因此，本书将各类开发区、工业园区、大学城等都统计为新城。

第三节　中国新城的分类体系

中国新城并不能简单地划分为某一种类型，一个新城可以具有某一种类型，也可能同时兼有几种类型的特征。根据现实情况，从不同的视角判断中国新城的类型，进而分析其发展模式与发展规律，有助于我们更好地了解中国新城的本质。据此，本节对中国新城的类型进行了梳理（表1.4）。

表 1.4　不同划分标准的中国新城类型

序号	划分标准	划分结果
1	根据新城主导功能	工业新城
		居住新城
		商务型和贸易型新城
		知识型新城
		交通枢纽型新城
		旅游型新城
		主题性综合新城
		典型性综合新城
2	根据新城开发主体	政府主导型
		市场主导型
		政府－市场协作型
3	根据新城自身功能及对母城的依赖程度	生活功能外置型
		生产功能外置型
		职住平衡型

序号	划分标准	划分结果
4	根据新城建设目的	以集中开发产业为目的的新产业城市
		为发展某类功能而开发特定区域的新城
		以解决城市问题为目的的新城
		为重大基础设施建设配套而开发的新城
		重点开发落后地区的新城，以平衡地区发展
5	根据新城形成机制	由传统小城镇发展而来的"历史进化型"新城
		围绕城市的某重点建设项目逐步建立的"建设项目配套型"新城
6	根据新城级别	国家级
		省、市级

一、根据新城主导功能分类

新城主导功能是划分新城的重要标准，也是本书后面章节划分新城类型、建立中国新城数据库的主要依据。按照主导功能，中国新城可以划分为工业新城、居住新城等类型。因为新城一般具有多种功能，所以一些新城同时兼具不同类型新城的特征，本书在划分新城时，一般按照其最重要的功能进行新城类型的划分。

1. 工业新城

工业新城是以工业开发为先导的新城。例如，在沿海许多大城市中开发比较成功的工业园区、经济开发区等，这种类型的新城多选址于区位优越、交通便捷，且距市中心有一定距离的城市中远郊。工业开发先导型新城是中国改革开放的特有产物，改革开放以来迅速崛起，成为许多大城市地区经济发展最为迅速的地域，也是大城市空间扩展的主要地区之一。工业新城可以划分为以下几类：工业园区、经济开发区、出口加工区等。

2. 居住新城

为解决大城市住宅紧缺问题，在近郊区或大城市边缘区开发建设了设施较为齐全的大型住宅区。国内这种类型的新城自20世纪80年代初开始开发至今依然方兴未艾。总体而言，由于生产功能外置，居住新城与城市中心的距离一般不会相隔很远。目前，住宅区的规模逐步增大，内容更加充实，与城市中心区的距离也随着交通条件的改善而不断加大。居住新城主要包括各类商品房居住新城（区）、混合式综合居住新城（区）、

"单位制"居住新城（区）、动迁平民居住新城（区）、经济适用房居住新城（区）、低收入者及流动人口集聚新城（区）、运动员村等。

3. 商务型和贸易型新城

商务型新城，又称商务新区或新城商务区，是城市中交通便捷，具备完善配套设施的商务、文化服务机构与金融聚集地。它一般拥有良好的生态环境，便于开展大规模商务活动。商务型新城是服务型新城中的一个分支，一般位于具有优势区位的地区。贸易型新城是指在投资和贸易等方面实行优惠的贸易政策，在主权国家或地区的关境以外，划出特定的区域，准许外国商品豁免关税自由进出。商务型和贸易型新城主要包括保税区、金融贸易区、边境/跨境经济合作区、自由贸易试验区、贸易新区、商务型新城等。

4. 知识型新城

知识型新城是为提升地方经济竞争力和科技发展，依托大学、科研机构在城市边缘区或近郊开发建设的新城。例如，在一些科技实力雄厚的大城市开发高质量的各类园区、科研院所产业园等。知识型新城可划分为科技园区、高新技术产业开发区、国家自主创新示范区、大学城、文化新区等。

5. 交通枢纽型新城

交通枢纽型新城是指围绕重大交通基础设施建设起来的，本身的建设能够创造大量就业岗位，并在不断壮大这些产业与城市功能中发展起来的新城，交通枢纽型新城的产业以临港产业为主。常见的交通枢纽型新城包括依托大型国际性或区域性港口建设的临港新城，围绕新建区域性机场建设的空港新城，以及在高速铁路站点周边形成的高铁新城。本书将交通枢纽型新城划分为临空经济区、临港经济区、高铁新区等。

6. 旅游型新城

旅游型新城，又称休闲新城，是指具有一定边界和规模，以旅游产业为主导，具有旅游产业链、文化产业链、商业产业链、地产产业链等多条完整产业链的复合型新城。旅游型新城的建设是旅游业集聚发展的有效载体，是创新型的旅游产业形态，是独特的旅游型城市化发展模式。旅游型新城主要包括旅游开发区等。

7. 主题性综合新城

具有生产、生活等多项功能，而不仅仅单纯地具有居住功能或者特别专业化生产的新城类型，称为综合新城，综合新城的主导产业专业化程度一般在40%以下。本书中，综合新城可以划分为主题性综合新城与典型性综合新城。主题性综合新城一般有特定的建设目标或主题，如城乡融合、城乡一体化、国际合作等。其主要包括城乡融合发展试验区、国际合作示范区、国家综合配套改革试验区、城乡一体化示范区、跨界合作区、海峡两岸渔业合作示范区、国家文化与金融合作示范区、海洋经济发展示范区等。

8. 典型性综合新城

20 世纪 80 年代以来的第四代新城与第三代新城相比，第四代新城总体功能上更加综合化、复合化。本书将功能综合化、复合化的第四代新城称为典型性综合新城，我国 80 年代以来成立的大部分城市新区，包括新城、新区等，都属于典型性综合新城。

二、根据新城开发主体分类

1. 政府主导型

在以政府为"主角"、企业为"配角"的政府主导型新城开发建设模式中，政府的作用强、推动力大，对新城的建设实行统一领导、统一管理、统一规划、统一政策。该模式强调政府在开发建设中的主导作用，对开发企业和开发项目实行间接的行政化管理。政府主要负责区域内重大问题的协调和开发建设的重大决策，并负责制定新城建设的总体战略部署和规划设计、征地拆迁、配套基础设施的建设、招商引资等工作。这种模式具有一定的优势，通过政府的引导和强有力的规划控制，有利于以政府主导建设的新城形成较大的规模，并更多地考虑弱势群体的需求等社会因素。

但是政府主导型新城开发建设模式也具有一定的缺陷，如果政府在政策导向、规划引导等方面出现失误，则有可能导致新城开发的需求与供给不匹配，进而造成社会资源的大量浪费。

2. 市场主导型

市场主导型新城开发是企业当"主角"、政府当"配角"的建设模式，即以私人开发商为主体，政府提供政策倾斜。其由政府统一规划，并面向市场进行多元融资，除少数设施由政府投资新建外，其余由民间资本和企业开发或与政府联合开发。这种开发建设模式不仅可以降低政府的开发成本，而且部分开发风险可由企业承担，同时进一步提高了社会资本的参与度。

但在市场主导型新城开发建设的过程中，由于政府仅处于配合企业的地位，在具有不确定性因素的市场中，政府对城市建设的主动权、控制权有可能受到影响，从而导致城市空间的无序发展和开发目标过于盈利化和短期化。市场主导型新城开发建设模式适合于工商业比较发达的资本主义国家。

3. 政府－市场协作型

该模式兼备以上两种模式的所有优点。在这种开发建设模式中，政府可拥有部分或全部股权，由法人团体以商业形式经营，自负盈亏，但经营公司的董事会成员均由政府委任。其资金主要来源于政府财政拨款，其出口信贷、发行债券或银团贷款，因此其经营可以得到政府提供的特别优惠的条件与保证，并享受一般公司无法享有的经营特权。其优点主要有以下三条：①可以避免市场的无序竞争；②可以较为充分地反映出政府的规划意图，发挥政府的宏观调控手段；③可以充分展现企业的自主经营能力，有利于提高新城的开发水平。政府－市场协作型新城开发建设模式适合于国情比较复杂的国家。

三、根据新城自身功能及对母城的依赖程度分类

1. 生活功能外置型

生活功能外置型新城以生产功能或某一专业化功能为主，生活居住功能少或不全，这方面的需求主要依赖于母城解决。工业开发先导型新城、业务型新城均属于这种类型。

2. 生产功能外置型

生产功能外置型新城是指以居住功能为主的新城，即"卧城"，新城居民的就业需求依赖于母城，新城中的从业人员多数每天往返于母城与新城之间。

3. 职住平衡型

职住平衡型新城的生产和生活功能均较发达，且实现了平衡。新城居民的就业、居住以及其他生活需求基本可以在新城内解决。

四、根据新城建设目的分类

1. 以集中开发产业为目的的新产业城市

这种类型的城市集中出现在中华人民共和国成立初期，其适应国家工业化发展的目标，如大庆等石油城市、鞍山钢铁城市等。随着产业经济的发展，在未来仍有可能产生一批以集中开发新兴产业为目的的新产业城市，这类城市一般具有独特的资源条件。

2. 为发展某类功能而开发特定区域的新城

这类新城包括开发区、大学城、旅游城、商务型新城、行政新城、体育新城等具有某项专业功能的新城，这一类型的新城在 20 世纪 90 年代末大量涌现，并以专业功能为依托，逐渐向综合功能发展。

3. 以解决城市问题为目的的新城

为了解决城市发展中出现的问题所建立的新城，针对具体的问题而有所差异，如

居住型新城等。

4.为重大基础设施建设配套而开发的新城

为重大基础设施（如商业、交通、市政设施）建设配套而开发的新城，如空港新城、临港新城等。

5.重点开发落后地区的新城，以平衡地区发展

这一类型的新城多在区域整体规划的基础上论证产生，具有区域发展的战略意义。这类新城的产生带有明显的政治意义，是国家为了实现区域的一体化发展，对具有战略地位的落后区域进行重点开发，从而实现以点带面，共同发展。

五、根据新城形成机制分类

从新城形成机制将新城大致归纳为以下两种类型。

1.由传统小城镇发展而来的"历史进化型"新城

这些具有悠久历史的小城镇往往处于良好的自然环境之中，与大城市有一定的空间距离，不易与大城市的蔓延发展连成一片。其凭借原先较好的基础，在市场竞争中获得良好的机遇，一方面安置不断从大城市疏散的人口及其就业，另一方面吸纳外来投资及城市化进程中不断涌向大城市的农村劳动力。在小城镇的发展中，原先的小城镇突破了原有的发展模式，产业结构不断升级，设施配套进一步完善，使城镇内涵有了本质上的提高，因此称为"历史进化型"新城。其一般分布在特大城市周边区位条件较好的地区，如上海的松江和青浦。

2.围绕城市的某重点建设项目逐步建立的"建设项目配套型"新城

围绕城市的某重点项目可逐步建立"建设项目配套型"新城，如工业新城、海港新城、空港新城。一些城市的重大投资建设项目，由于占地面积大、环境影响大、投资大、建设周期长等因素选择布局在与大城市有相当空间距离的郊区。而且其本身的建设与发展就包括了大量的就业岗位需求。因此，围绕着这些大型项目，逐步完善居住、购物、娱乐、办公、就业等城市功能。这类新城往往是重大建设项目的产物，因此称为"建设项目配套型"新城。

六、根据新城级别分类

根据批准机关级别分类，将新城划分为国家级和省、市级新城（新区）。

1.国家级

国家级新城（新区），包括国家级新区、国家级开发区等实行国家特定优惠政策的各类开发区。国家级新区是中国于20世纪90年代初期，在新一轮开发开放与改革

中设立的一种国家级大城市区，是由国务院批准设立，承担国家重大发展和改革开放战略任务的综合功能区。目前，我国有 20 个国家级新区：上海浦东新区、天津滨海新区、重庆两江新区等。国家级开发区主要包括经济技术开发区、高新技术产业开发区、出口加工区、保税区、台商投资区、边境合作经济区等实行国家特定优惠政策的各类开发区。

2. 省、市级

省、市级新城（新区）是由省、市地方人民政府批准设立的开发区、经济技术开发区、产业园区等功能区。省、市级开发区是纳入《中国开发区审核公告目录》（2018年版）管理的产业园区，是产业发展的重要载体，是区域经济的重要支撑，是对外开放的重要窗口，发挥着促进发展方式转变、引领产业结构升级、带动地区经济发展、深化改革、扩大开放、加快工业化城镇化进程等重要作用。省、市级开发区主要有两种类型：一种是经济开发区，其功能类似于国家级经济技术开发区；另一种是工业园区（产业园区），其功能以发展各类工业项目为主，其中还包括一部分高新技术产业园区。

七、根据其他标准划分

1. 在大城市地域空间结构变化过程中的作用

日本学者高桥贤一根据新城在大城市地域空间结构变化过程中的作用对新城进行划分。他将新城划分为两大类：第一类是作为大城市圈发展的一环，来进行规划建设的新城；第二类是处于大城市圈以外的地方城市圈中，以振兴地方经济为目的而建设的新城。

其中，第一类又可划分为两小类：①位于大城市圈内，但与大城市中心区联系不紧密的完全独立的新城。这种类型的新城以英国的新城为代表，主要是为了抑制人口和产业在大城市的过度集中，新城距离大城市中心较远，在 30km 以上。②作为大城市空间扩展的有机组成部分而以卫星城的方式建设的新城。例如，1952 年瑞典《斯德哥尔摩区域规划》中规划的新城，主要是为了引导大城市空间的扩展方向而规划建设的。这种新城距离母城较近，且与母城有快捷的交通联系。第二类也可分为两小类：①国家为了平衡地区发展，在落后或出现衰退的地区建设的新城。②通过资源（如石油、煤炭、矿产等）开发建设的工矿业新城。

2. 以新城的空间位置分类

以新城的空间位置分类，可以划分为：①依托大城市外围郊区原有城镇，对其进行重新规划和开发，而成为大城市产业转移和人口疏散基地的新城。②在大城市郊区或城市之间，选择新地点，预先做好规划，进行全新开发的新城。③以改善和提高城市生活质量与环境为出发点，在原有大城市内部，通过合理规划和功能调整而开发的功能相对齐全的新社区，相当于一个"新城"，即城中之城。

第四节 数据来源与分类体系

　　根据本章中国新城的定义和分类体系，中国新城类型概括为工业新城、居住新城、商务型和贸易型新城、知识型新城、交通枢纽型新城、旅游型新城、主题性综合新城、典型性综合新城8种类型（表1.5）。在此基础上，搜集中华人民共和国商务部[①]、中国开发区网[②]、《中国开发区审核公告目录》（2018年版）以及公开的网络资源，整理并构建中国新城数据库。该数据库包括新城名称、新城坐标、所在省市、级别、新城类型、开发区类别、新城面积、主导产业、成立时间、与市、区政府距离等属性。本节对中国新城数据库中新城类型及开发区类别的划定做出阐述。

　　中国新城的名称具有一定规则，不同类别之间以工业园区、经济开发区、高新技术产业开发区、新区等概念存异，同时又在同一类别中以工业集中区、产业园、加工园区等字眼求同。根据这一规则，制定数据库细则，详细甄别开发区类别，并对中国新城进行分类。工业园区是中国新城名称比较多的类别之一。在工业新城中出现比较多的求同字眼有工业集中区、产业示范区、产业园、产业基地、加工园区等。本节将新城名称中出现与工业园区字眼相同的开发区类别归入工业园区，对名称模棱两可的新城，依据官网释义进行甄别后归类。另外几类新城的命名也如工业新城的命名方式一样。居住新城可以归纳为7种类别，但是因为7种类别的数据数量过于庞大，难以进行有效统计，所以此种类型的新城暂未收录到中国新城数据库。新城分类规则依据详见表1.5。

表1.5　中国新城类型的分类体系和数据库细则

新城类型		开发区类别	数据库细则
专业新城	工业新城	工业园区	包括工业集中区、产业园区（产业园、生态产业园区、产业基地、产业开发区、加工园区、工业港、民营经济成长示范基地、现代产业区、边境贸易加工园区/边境贸易加工区）和专业园区（铝产业示范区、陶瓷产业园、化工产业园、化工区、化工产业园区、石化产业园区、石材产业园区、有色金属产业园、零部件产业园、玻璃钢产业园）
		经济开发区	包括经济技术开发、经济示范区、投资区、经济区、开发区
		出口加工区	包括出口加工区

[①] 中华人民共和国商务部.国家级经济技术开发区219个：http://www.mofcom.gov.cn/xglj/kaifaqu.shtml。

[②] 中国开发区网：http://www.cadz.org.cn/。

续表

新城类型		开发区类别	数据库细则
专业新城	居住新城	商品房居住新城（区）	（数据暂缺）
		混合式综合居住新城（区）	（数据暂缺）
		"单位制"居住新城（区）	（数据暂缺）
		动迁平民居住新城（区）	（数据暂缺）
		经济适用房居住新城（区）	（数据暂缺）
		低收入者及流动人口集聚新城（区）	（数据暂缺）
		运动员村	（数据暂缺）
	商务型和贸易型新城	保税区	包括保税区、保税物流、保税港区、综合保税区、保税物流园区
		金融贸易区	包括金融贸易区、金融商贸开发区
		边境/跨境经济合作区	包括边境经济合作区、沿边开放示范区、互市贸易区
		自由贸易试验区	包括自由贸易试验区
		贸易新区	（数据暂缺）
		商务型新城	（数据暂缺）
	知识型新城	科技园区	包括软件园、科技工业园、大数据产业园、小微企业园、科技产业园、科技创新城、创业园、科技创新产业功能区
		高新技术产业开发区	包括高新技术产业园区
		国家自主创新示范区	包括国家自主创新示范区
		大学城	包括大学城
		文化新区	包括文化新区、文化生态新城
	交通枢纽型新城	临空经济区	包括临空产业集聚区、空港经济开发区、空港经济区、临空经济开发区、空港物流基地、空港新区
		临港经济区	包括临港高新技术产业开发区、临港新城、临港经济开发区、临港经济区、临港工业园区、临港开发区等
		高铁新区	包括高铁新区、火车站经济开发区
	旅游型新城	旅游开发区	包括旅游度假区、旅游开发区
综合新城	主题性综合新城	城乡融合发展试验区	包括城乡融合发展试验区、片区、接合片区
		国际合作示范区	包括国际合作示范区
		国家综合配套改革试验区	包括改革试验区

续表

新城类型		开发区类别	数据库细则
综合新城	主题性综合新城	城乡一体化示范区	包括城乡一体化示范区
		跨界合作区	包括跨界经济合作区、合作特别试验区
		海峡两岸渔业合作示范区	包括海峡两岸渔业合作示范区
		国家文化与金融合作示范区	包括国家文化与金融合作示范区
		海洋经济发展示范区	包括海洋经济发展示范区
	典型性综合新城	城市新区	包括新城、新区

根据不完全统计，截至 2019 年年底，中国有各类新城 3285 个[①]，其中，工业新城 2356 个、知识型新城 502 个、商务型和贸易型新城 171 个、典型性综合新城 162 个、主题性综合新城 53 个、交通枢纽型新城 27 个、旅游型新城 14 个（表 1.6）。

表 1.6 中国各类型新城的数量统计（20 世纪 80 年代、20 世纪 90 年代、21 世纪初与 21 世纪 10 年代） （据不完全统计）

新城类型	开发区类别	20 世纪 80 年代	20 世纪 90 年代	21 世纪初	21 世纪 10 年代	总计
工业新城	工业园区	2	80	502	365	949
	经济开发区	29	505	486	315	1335
	出口加工区	—	3	66	3	72
商务型和贸易型新城	保税区	1	15	32	66	114
	金融贸易区	—	1	1	—	2
	边境/跨境经济合作区	—	24	2	7	33
	自由贸易试验区	—	—	—	22	22
知识型新城	科技园区	—	4	8	4	16
	高新技术产业开发区	12	108	79	120	319
	国家自主创新示范区	—	—	2	27	29
	大学城	1	6	74	55	136
	文化新区	—	—	1	1	2

① 只统计有数据来源的新城，不包括居住新城、商务型新城等数据缺失的新城，下同；时间只从 20 世纪 80 年代算起，下同。

续表

新城类型	开发区类别	20世纪80年代	20世纪90年代	21世纪初	21世纪10年代	总计
交通枢纽型新城	临空经济区	—	—	5	5	10
	临港经济区	—	3	5	7	15
	高铁新区	—	1	—	1	2
旅游型新城	旅游开发区	—	13	—	1	14
主题性综合新城	城乡融合发展试验区	—	—	—	12	12
	国际合作示范区	—	—	—	4	4
	国家综合配套改革试验区	—	—	2	4	6
	城乡一体化示范区	—	—	—	12	12
	跨界合作区	—	—	1	2	3
	海峡两岸渔业合作示范区	—	—	—	1	1
	国家文化与金融合作示范区	—	—	—	1	1
	海洋经济发展示范区	—	—	—	14	14
典型性综合新城	城市新区	—	7	100	55	162
总计		45	770	1366	1104	3285

注:"—"表示数据空缺或为0。

第二章 中国新城发展的演变过程

本章主要从新城发展背景、发展特征和重点发展类型三个视角,分析计划经济时期、20 世纪 80 年代、20 世纪 90 年代、21 世纪初和 2010 年至今五个时期的新城建设与演变过程。在计划经济时期,新城的发展速度较慢,规模较小,类型以工业生产型新城为主,主要分布在城市建设区的边缘,中西部的新城获得一定发展。20 世纪 80 年代,新城的规模以中小型为主,类型主要为经济特区、经济技术开发区和高新技术产业开发区等工业新城,在空间上呈零星状分布于东部沿海开放城市。20 世纪 90 年代,小型新城占据主导,类型以工业新城为主,且向多元化发展;在空间上,城市新城多分布于东部地区,并呈现自东向西逐步递减的趋势。21 世纪初,中小型新城向大型新城整合,并逐步向综合化发展;在空间上,新城向城市群集聚。2010 年至今新城的增长速度日趋平稳,新城向商务型和贸易型方向转型升级,级别有所提升。

第一节 计划经济时期新城建设

一、发展背景

在中华人民共和国成立初期,中国受到苏联计划经济体制影响,发展重工业与打造生产型城市成为城市发展的思想。在计划经济与工业先导的背景下,中国兴起了许多工业卫星城,促进了城市边缘区的城镇化与工业化发展。

这一时期中国先后经历了两个五年计划、"大跃进"和人民公社化运动、国民经济调整、大小"三线建设"和"文化大革命"等阶段,城市的增长以工业建设和工业区的不断扩建为先导。而且,受"三线建设"政策的影响,中西部地区的城市发展速度加快,东部沿海城市发展缓慢。当然,在特定的历史时期出现这些具有中国特色的城市发展状况是因为中国城市的发展不是一个孤立的进程,其不可避免地受到国际战略格局的影响和制约,国防和安全因素致使以外向经济为导向的沿海地区的区位优势大大降低。这些实际情况决定了这一时期中国城市边缘区最先出现在中西部大城市和东部特大城市,如北京、兰州、武汉、重庆、上海等,但出现的原因完全是为了完成国家的工业建设和国防安全考虑。

总之，在计划经济和城市建设计划的影响下，中华人民共和国成立后近30年中国城市与新城的增长显示出工业先导的单一性和人为计划的主观性这两个基本特征。改革开放前的卫星城镇大多在建设方面存在较多问题。受到国家宏观政策与社会意识形态的影响，中华人民共和国成立后出现了众多新兴的工业城市、资源型城市、郊区卫星城、交通枢纽城市，还有一批位于边疆地区的军事型城市等。但这一时期的城市建设主要走的是一条"非城市化的工业化道路"，由于产业结构单一，居住环境、社会资源分布达不到中心城区的水平，卫星城的居民生活对中心城市的依赖性依旧很大。

二、发展特征

（一）发展速度与规模：建设速度较缓慢，规模相对较小

1949～1978年，中国城市发展经历了多年战争后的恢复重建、1958～1960年的"大跃进"、三年困难时期和"文化大革命"，全国范围内的新城建设相对缓慢。而且，多数城市的重工业、轻工业产业比例严重失调，城市各类用地面积中工矿用地明显增加，居住、交通、商业、教育等城市基本建设活动用地扩展甚微，少有发展，各大型城市在发展过程中仅建设了一些必要的医疗、供电、文化卫生等公共设施。随后在原有道路的基础上进行修建和扩建，并在空地上修建一批医院、机关等重要设施，使得该时期城市公共基础设施和市政基础设施投资有所增加，用地面积及其占总用地面积的比重也相应提升。但整体来看，这一时期的工业用地面积增加，新城建设速度较缓慢，规模相对较小。

（二）类型特征：以工业为主体的生产型新城为主

1950～1970年年底，中国早期的新城雏形大多表征为"工业卫星城"或者城市边缘区的城镇化。在这一时期，"变消费城市为生产城市"是城市变革的主要方针，工业用地的布局定位和发展规模影响着城市形态变化与用地增长。由于受历史发展基础和以城市工业布局为中心思想的影响，城市工业用地在城市内部、边缘区及外围地区均有不同程度的分布；同时，在"有利生产，方便生活"这一城市建设指导思想下，交通网络的优化配置、城市生活居住区的开辟、卫星城的布局都受到城市工业布局的影响，从而使城市工业区的区位选址成为影响城市总体发展的决定因素。

（三）空间分布：以城市建成区边缘开发为主，中西部的新城区获得一定发展

中华人民共和国成立之初，城市外部地域受城市扩展的影响，逐步开发建设为城市用地，使得城区呈现圈层式增长，城市边缘区向外围不断推进，并呈现出蔓延式扩展。大的工业园区、学校、卫生设施、市政设施、交通设施通常是向外扩展的先导，随后

配置相应的商业中心和居住小区,从城市中心到城市外围用地类型由内而外分别为商业中心地区—城市住宅地区—边缘型城市设施选址区—近郊农村地—普通农村;城市进一步发展,但由于其经济实力和发达程度不够,不具备大规模建设卫星城的条件,该阶段城市扩展表征为连片开发城市建成区边缘(即连片扩展),尤其是连片开发大片居住区。

1964年起,在特殊的时代背景下,国家开始实施"三线建设",开展了一场以战备为指导思想的科技、国防、交通和工业设施的大规模建设。在三个"五年计划"期间,投入资金多达2052亿元,投入人力高峰时达400余万人,安排建设项目1100个。中西部地区很多城市就是在这次国家的战略大布局下获得了巨大的发展,这一时期的"三线建设"客观上推动了中西部新城区的发展,但这种发展也存在较大问题。

三、重点发展类型

工业新城,是计划经济时期中国新城主要的发展类型。

(一)计划经济时期曲折的建设过程

1. 国民经济恢复及"一五"时期

"一五"期间,这些城市由国家统一安排了多项重点工程,成为国家重点建设城市,结合项目的用地选址布局,开始了现代城市规划的实践。对于这些传统城市建设现代化的大工业来说,城市发展方向的确立和城市建设用地的选择尤为重要,不仅关系到工业建设的发展,而且对城市总体格局与城市历史文化遗产保护也产生巨大影响。当时采取了一种"脱开老城建新城,新城建成,再来改造老城"的规划建设方针,究其原因主要有两方面:①这些城市工业基础较弱,同时城市历史悠久,有大量的文物古迹需要去挖掘保护,不宜布置工厂。②从项目本身的建设要求来看,项目用地需求比较大,对地质、资源条件等有一定的要求,且对环境污染比较严重。

大规模的工业建设活动推动了城市建设的发展,使城市新区迅速形成了规模,如参照当时苏联的模式建设的洛阳涧西新区、南京浦口新区、兰州西固新区、西安灞桥新区等。还有一些城市按照"依托主城、全面规划、由内向外、填空补缺"的空间布局原则,配合地方工业项目的建设和市区改造,从主城中迁出成组并集中布局,在城市边缘区兴建工人新村和工业区,如天津市先后在其旧城外围建立10余个工业片区。城市性质也由"中国传统的消费型城市"转变为"现代新兴工业城市",城市空间格局也随之发生了巨大的改变,由"封闭式"演化为"开放式组团"的现代城市。这一类型新兴工业城市规划依据新区的选址布局可分为两类:一类是飞地式,新区与老城区保持一定的距离;另一类是毗邻式,新区就近在老城区边缘建设,如西安、成都等。

从总体上看,这一类型的城市规划建设活动具有以下几个特点:第一,规划建设活动主要集中在新区，属于城市新区开发建设规划。第二，新区规划主要以落实工业建设为目的，工业用地变化比较明显，所依据的是苏联工业区规划建设理论。第三，规划建设活动体现了对城市历史文化遗产的尊重与保护。第四，围绕新区的规划建设，形成了计划经济体制下集中统建的城市建设模式。

2. "大跃进" 及国民经济调整时期

1958～1960年，中国城市化与新城建设一度出现了波折。受"大跃进"影响，这一时期城市数量和人口骤增，出现土地资源浪费、服务设施短缺和城市环境恶化等现象。1958年开始实行严格的户籍管理制度，限制人口从农村流向城市；1959年提出"先生产后生活"的方针，城市发展以工业建设为重心，城市居民住宅与公共设施建设缓慢。

1961～1965年，由于"大跃进"时期造成的城市压力过大和城市人口过剩，加之中苏关系恶化，国家进入国民经济调整时期。1961～1965年国民经济调整时期，通过实施精简政策，下放2600万城市人口到农村等一系列逆城市化措施，1963年城市化水平降至16.8%。1964年后经济有所好转，1965年城市化水平恢复到17.98%。这一时期，城市边缘区建设和卫星城发展缓慢。

3. "三线建设" 和 "文化大革命" 时期

1964年起，国家建设的重点开始向内地转移，实施大规模的"三线建设"，工业项目主要按照"分散、靠山、隐蔽"原则布置。各地政府为拉动城市发展，在缺乏科学的指导下布置工业项目。这一时期的工业建设导致大量效益低、布局混乱、服务设施严重落后的孤立卫星城出现。这类以工业为主导的卫星城形成小而全的社区，一般配套有相应的工业和居住、商业和服务等功能。在这一时期，为了疏解大城市工业和人口，集约土地用来布局新的工业项目，国家在北京、上海、广州等大城市周围修建了一批工业卫星城。

在同一时期，1966年开始的"文化大革命"导致中国国民经济增长严重受阻，城市发展进程十分缓慢，没有经济引擎的推动，城市化进程也就此受阻。1966～1978年，全国仅有26个新增城市，平均每年只增加约两个城市，1978年城镇人口（居住在城镇地区半年及以上的人口）为17245万人，城市化水平（城镇人口占全国总人口的比重）为17.92%，而1966～1976年的"违章合法""占地有理"等错误倾向，导致许多城市内部建筑混乱、市容不整。在"上山下乡"的政策背景下，到1978年全国有近2000万知识青年"上山下乡"。城市人口的激烈波动对城市发展造成了巨大的冲击，影响着城市经济社会的全面发展。

（二）工业新城建设案例

1. 生产型工业城市新区案例——洛阳涧西

"一五"时期，国家将洛阳确定为重点建设城市。156项工程中洛阳建设了矿山机器厂、轴承厂、第一拖拉机厂、热电厂等。在国家统一安排下，洛阳对工业建设和城市建设、生活设施和生产设施进行统一规划。伴随工业新城的规划与实施，洛阳也由一个衰落的千年古都、中国地方政治中心的消费型小县城发展为以机械加工业为主的现代新兴工业城市，城市空间形态也由一座半封闭的传统小城市逐步演化为开放式和带形组团格局的现代新城。

1953 年 9 月，洛阳规划组在苏联专家希辛斯基等的指导下，仅用 4 个月时间就完成涧西工业区的规划，1954 年 11 月 13 日，国家基本建设委员会审查批准实施。与此同时，洛阳规划组还编制了洛阳市整体发展规划，并绘制了全市规划示意方案图，先后提出了多个方案草图，最后整合形成《洛阳市涧西暨城市总体规划》，1956 年底经国家基本建设委员会批准实施。

洛阳的城市规划，采用了离开旧城在涧西建设新区，逐渐与老城连成整体，而未采用以老城为中心四面放射的格局，同时，结合洛阳地形特点，将工厂区和生活区分开平行布置，由西向东，从北至南，分别布置了生产区、生活区、仓库区和文教科研区，合理地进行了功能区分。

1）涧西工业新区规划

（1）多方案比较，联合选定厂址：1953 年 5 月，国家和地方有关部门在河南的郑州、洛阳等地选址，在洛阳勘察时提出了白马寺以西、西工、洛南和涧西 4 个厂址方案，经过分析比较，初步确定在涧西建设新工业区。

（2）工业区的性质：依据国家在洛阳建设的 5 个项目的性质，规划定性为机械制造工业区。

（3）工业区的规模：根据五大厂发展现状，确定涧西规划人口规模 15 万～ 16 万人。用地参照苏联工厂建设的定额指标确定工业区总用地 15km² 左右，其中工业用地 5km²、生活居住区用地 10km²，人均用地 100m² 左右。

（4）用地功能布局：利用地形、交通进行了用地功能分区，总平面布置比较完整，既能独立存在，又能与涧东、洛南密切联系。

工厂区放在北部，按生产协作关系自西向东设置了五大厂，设铁路编组站通往各大厂专用线，并与洛阳货站接轨，不穿越市区。各厂大门朝南，设厂前区，供科研、生产管理、职工教育之用，并设 1.5 ～ 4.8hm² 的厂前广场。

生活区布置在厂区南部，厂区与各厂生活居住区平行对应建设，并用绿化带相隔。生活区内按照定额千人指标，配置了俱乐部、文化宫、医院、幼儿园、中小学、体育场等文化设施。

（5）道路交通组织：道路规划网络形成"八经五纬两放射一环行"的格局。东西向道路贯穿全区，用于和市中心联系，此外，东西向道路也与南北向道路沟通，用于联系工厂与住宅区。道路按其用途性质与交通量大小，将道宽划分为三个层次：城市主干道宽 50 ～ 60m、次干道宽 30m 和街坊路宽 25m。

（6）景观绿化：规划中公用绿地选用 10m²/ 人的较高定额指标。为解决位于下风向的住宅区的污染问题，生产区与住宅区之间设立了一条东西长 5600m、南北宽 200m 的绿化隔离带，工厂与工厂之间设立一条 500m 宽的隔离带。在居住区内布置街心花园、中心绿化广场及公园、小游园和林荫道，形成质量较高的园林绿化网络。

（7）市政设施统一规划工业区给水、排水、防洪、道路、邮电、供电等市政设施。

2）涧西新区规划实施

在工业和城市建设、生产和生活设施同步进行的背景下，配套建设工业设施，国家在洛阳原计划的投资总额为 4.5 亿元，实际为 4.88 亿元。从 1955 年 9 月动工到 1957 年年底，五大厂有四个厂共 28 座大型厂房建成投产，同时发展地方工业 34 个。1953～1957 年，全市用于非生产性建设投资 1.24 亿元，占全市投资总额的 25.4%；用于市政建设投资 1943 万元，占全市投资总额的 3.98%；住宅建设投资 5757 万元，占全市投资总额的 11.8%。

3）城市管理

规划机构的建立：1948 年洛阳市政府成立市政科，1949 年 5 月，市政科改为建设科。1957 年 7 月，机构调整时，设立洛阳市建设委员会，其职责范围主要包括统一掌管基建、城市规划与建设、地质勘查、材料单价、制定标准定额。随着建设的不断深入，洛阳市逐步建立了城市用地划拨管理、建筑管理、市政设施、市容市貌等管理机构。

2. 资源型工业新城案例——平顶山

资源型工业新城规划的主要内容就是以工业建设为中心，结合重点项目的选址布局进行新城市的开发建设。平顶山原是一片荒山野岭。1952 年，平顶山矿区建设被列入国家"一五"计划重点建设项目。1956 年 11 月《平顶山城市初步规划》编制完成，同时矿区的分布也决定了平顶山市"一城两镇"的分散式城市发展布局（图 2.1）、规划项目的选址、布局结构、城市规模、用地划分等。其基本上是仿照苏联新城市规划理论、技术和方法进行的。

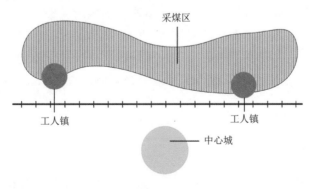

图 2.1　平顶山市"一城两镇"布局

（1）建设选址：根据为煤炭生产服务、生活就地解决的原则，经过分析比较，将城市选在了比较适合建设的落亮山、平顶山南侧和北渡山、九里山北侧之间的狭长带状洼地。

（2）城市定位：重点发展煤炭工业生产，为劳动人民服务，满足人民的物质、文化生活需要的煤炭工业新城。

（3）总体布局：根据用地工程地质与煤矿矿井分布情况，采用沿山脚一字排开的分散布局，形成一个中心城，东西各一个工人镇的"一城两镇"的城市格局，用一条从东到西的干道将其串联起来，并延至各矿井。

（4）功能与规模：将中心城规划在煤田以南、湛河以北、东至藏庄、西至王庄、沼泽地北边的山脚下，占地6.5km²。1962年中心城规划总人口9万人，为全市的政治、经济、文化中心。东工人镇建在申楼铁路编组站北部无煤地带，距中心城8km，占地0.9km²，人口2.09万人；西工人镇建在校尉营村东南，距中心城10km，占地0.36km²，人口1.1万人。工人镇主要为煤矿工人的生活居住区，并配备相应的生活福利设施。

第二节　20世纪80年代新城发展

一、发展背景

20世纪80年代是中国新旧体制转换的关键时期，党的十一届三中全会正式拉开了中国改革开放的序幕。改革开放与户籍制度改革，是20世纪80年代新城发展的基本背景。中国的改革开放包括对外开放和体制改革两个方面。一方面，党的十一届三中全会做出了在自力更生的基础上发展对外经济合作，积极引进与采用国外先进技术和装备的重大决策。另一方面，经济体制改革注重把集中化的计划经济体制逐步改为社会主义市场经济体制。在这一阶段，中国的任务主要是破除旧有体制，突破传统的思想理念与体制束缚，实行单一的经济体制改革。这一时期的新区建设基本都是"自上而下"建设。因此，这一时期城市新区数量较为平稳，类型也以经济特区、经济技术开发区和高新技术产业开发区（high-tech industrial development zone）为主。

二、发展特征

（一）发展速度与规模：以中、小规模试点开发为导向的城市新城探索

1980～1989年，中国处于城市新城开发的起步探索阶段，各类新城的建设基础

薄弱，建设资金短缺，外资引进仍处于探索期。因此，此时的城市新城发展速度仍然有限，建设规模普遍较小。

在所有城市新城中，规划总面积达到或超过 100km^2 的一共有 10 个，主要类型为经济特区、经济技术开发区以及高新技术产业开发区。这些新城大多为工业新城或主导产业为装备制造业的知识型新城，因此在规模上要略大于其他城市新城。

（二）类型特征：以经济特区、经济技术开发区、高新技术产业开发区等工业新城为主

以工业新城为主导，各类产业开发区的设立和建设是这一时期的主要特点。从1980 年经济特区的设立，到 1984 年中国第一批经济技术开发区的新建，再到服务型新区的建设，1980～1989 年中国共有各类城市新区 49 个。这些新区按功能大致分为四类：经济特区、工业新城、商务型和贸易型新城及知识型新城（表 2.1）。

表 2.1　中国城市新区类型统计一览表（1989 年）

新区类型	数量	规模 /km^2	新区名称
1. 经济特区	4	700.59	深圳特区、厦门特区、珠海特区、汕头特区
2. 工业新城	31	1839.21	淮南经济技术开发区、福州台商投资区等
1）经济技术开发区	29	1825.15	秦皇岛经济技术开发区、南通经济技术开发区等
2）工业园区	2	14.06	甘肃临泽工业园区、上海星火工业园区
3. 商务型和贸易型新城	1	0.2	广东沙头角保税区
4. 知识型新城	13	1058.87	沈阳高新技术产业开发区、上海闵行大学城等
总计	49	3598.87	—

（三）空间分布：城市新区呈零星点状分布于东部沿海开放城市

中国城市新区的开发始于东南沿海的 4 个经济特区。在经济特区成功建设的基础上，城市新区建设逐步扩大到东部沿海，并呈零星点状分布于东部沿海开放城市。

经济特区集中在广东、福建两省建设。之所以在这两省创办是因为这两省具有扩大对外贸易、加快经济发展的条件。其区位选址主要基于三个方面：一是历史上必须是重要的对外贸易口岸，具有较强的商贸意识和开放意识；二是地理区位必须靠近港澳台；三是华侨众多，海外联系密切，有利于利用侨资侨汇。沿海经济技术开发区主要选址在经济效益较好、交通便捷、技术管理水平较高的沿海城市。这些地区良好的扩大出口和吸收外汇的能力，促使城市从内向型经济向内外结合型经济转化（图 2.2）。

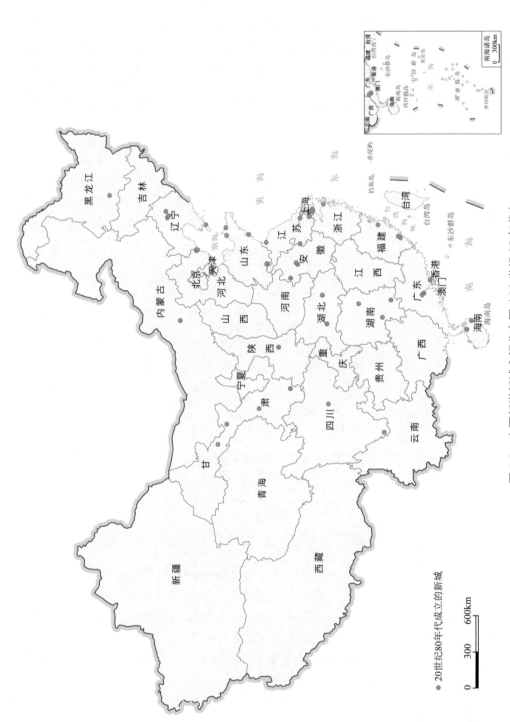

图 2.2 中国新增新城空间分布图（20 世纪 80 年代）

注：港澳台数据暂缺

● 20世纪80年代成立的新城

0　　300　　600km

三、重点发展类型

20 世纪 80 年代，以经济特区、经济技术开发区为代表的工业新城是中国新城的重点发展类型。

（一）经济特区

1979 年 4 月，邓小平同志首次提出要开办"出口特区"。1979 年 7 月，党中央、国务院批准广东、福建两省的报告，决定在深圳、珠海、汕头、厦门试办"出口特区"，主要措施有扩大对外贸易，吸引外资，引进发达国家和地区的先进技术和管理经验。次年，"出口特区"改名为"经济特区"。经济特区，通过制定税收优惠政策，营造良好的投资环境，引入外资、先进生产技术与管理方法，以促进经济发展。四大经济特区以外向型经济发展为重点，实施灵活的经济措施和管理体制等经济政策，使得经济特区成为中国改革开放的重要标志之一。

经济特区开启了中国城市新区开发的先河，在功能上也有别于一般意义的单一功能新区。经济特区强调两个方面的功能特征：一是强调经济特区，而非政治特区，经济特区是实行特殊经济政策的区域；二是产业功能上以外向型经济为主导，重点发展出口加工工业，同时兼顾发展金融业、旅游业、房地产业等第三产业。因此，经济特区不是简单的单一出口加工区，而是具有综合性发展特征的城市新区[1]。1980 ～ 1989 年中国共设立了 5 个经济特区（海南经济特区为特区省，故不在城市新区统计范围内）。

（二）经济技术开发区

经济特区在短时间内取得的突破性进展和巨大成就进一步坚定了中国扩大对外开放的信心。1984 年 4 月，党中央、国务院研究决定将对外开放的范围由经济特区扩大至沿海其他一些城市。这次开放的城市共有 14 个，国务院首先批准了东北重镇大连市兴办经济技术开发区。此后，陆续批准了天津、秦皇岛、青岛、广州等 40 余个城市兴办经济技术开发区，并给予和沿海经济特区相似的优惠政策。

经济技术开发区（包括省级开发区）是在城市边缘或郊外划出一小块相对独立的区域，并通过制定土地、税收等优惠政策吸引外商投资，促进城市经济发展。但与经济特区不同的是，经济技术开发区的优惠政策仅仅针对生产科技领域的企业。因此，经济技术开发区是以生产功能为导向，居住和服务职能主要依托母城供给的单一型城市新区。1980 ～ 1989 年中国共设立了各类省级以上开发区 31 个（其中，国家级经济技术开发区 19 个，高新技术产业开发区 1 个，保税区 1 个）。

---

[1] 广东省政协文史资料研究委员会 . 2002. 经济特区的由来 . 广州：广东人民出版社。

（三）其他类型的新区

体育新城等其他类型的新区在 20 世纪 80 年代开发建设较少，以广州市天河新区为典型。广州市天河新区是在 1987 年"六运会"重大节事的契机下，利用大型公共服务设施（即天河体育中心）建设形成的以文教、体育、科研为主导功能的城市新中心。

到 20 世纪 80 年代末，高新技术产业开发区也已初具雏形。其最早起源于北京的"中关村电子一条街"。在它的基础上，1988 年 8 月中国启动"火炬"计划，为 20世纪 90 年代以来大力发展高新技术产业提供了重大战略指导，随后发展和建设的高新区也就成为"火炬"计划的重要空间载体。

第三节　20 世纪 90 年代新城发展

一、发展背景

1992 年 10 月党的十四大报告明确提出建立社会主义市场经济体制，1993 年 11月 14 日中共十四届三中全会通过《中共中央关于建立社会主义市场经济体制若干问题的决定》，中国体制转型进入新阶段。1994 年"分税制"改革不仅重塑了国民经济的分配格局，也给中国的中央和地方关系、城市空间结构以及社会治理带来了一系列深刻变化。地方（特别是地级市）政府在城市规划和资金统筹等方面的权力渐增，城市经历了大规模的空间扩张；同时，"市管县"体制在全国各省区逐步推行，该体制被认为是城市空间再结构化的重要驱动力。"市管县"从城市化及区域的意义上强化了"城市"的政治经济和社会文化功能。随着城市自主权的扩大，20 世纪 90 年代中后期，城市经营的观念和模式也逐渐散播开。在这一阶段，市场的作用渐渐与制度的力量结合，出现了投资驱动性增长，进而出现了"自上而下"和"自下而上"相互促进的新城发展特征。权力下放、分税制和市管县，是这一时期中国新城发展的主要背景。

二、发展特征

（一）发展速度与规模：小型城市新区占主导，多层级复合式新区增长

20 世纪 90 年代是中国城市新区蓬勃发展的重要阶段。特别是在 1992 年邓小平南方谈话之后，开发区数量急速增加，铺遍全国，城市新区的等级规模也随之呈现新的

发展态势。据不完全统计，20 世纪 90 年代，中国一共新增城市新区 770 个，新增数量是 80 年代的 15.71 倍。

规模小于 100km² 的城市新区有 638 个，占这一阶段城市新区总数的 82.86%，主要类型为工业新城。但这种开发区产业功能结构和所有制相对单一，缺乏出口加工区和边境贸易产业园。功能的单一性决定了其社会关系的单一性，因此人口总量不大，规划规模也十分有限。

新区规模达到或超过 100km² 的城市新区有 132 个，仅占新区总数的 17.14 %。其中包括原有的 4 个经济特区，其规划范围在原有基础上不断扩大；其他的工业新城、知识型新城和综合新城大多是依托原有开发区进行区划整合而形成的。

（二）类型特征：工业新城主导，新城类型多元化发展

在 20 世纪 90 年代"开发区建设热"的发展背景下，开发区的功能类型也逐步多元化，形成了包括工业新城（出口加工区、工业园区、经济开发区等）、知识型新城（高新技术产业开发区、科技园区、大学城等）、交通枢纽型新城、商务型和贸易型新城、旅游型新城及综合新城在内的多层次、全方位对外开放格局（图 2.3）。

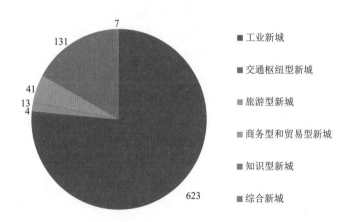

图 2.3　中国城市新区分类统计（1999 年）（单位：个）

工业新城仍然是该阶段的发展主体，其数量和规划面积分别占该时期城市新区总数量和总规模的 76.36% 和 71.20%。但与 20 世纪 80 年代相比，工业新城不再仅仅是经济技术开发区的单一形式，先后出现了以医药工业园区、汽车工业园区、陶瓷工业园区等为代表的工业园区和以对外出口为主的出口加工区。这些各具功能特色的开发区绝大多数位于城市建成区边缘，旨在以母城为依托，利用税收、土地等方面的政策优惠，吸引外商投资，促进产业结构调整，推动经济发展，成为现代化的工业新城。

综合新城除原有的 4 个特区城市外，还出现了一批以"居住区 + 工业区 + 商业区"三合一功能建设为终极发展目标的新城区。这类新城的数量和规模分别占到总数的 0.91% 和 8.63%，其中，以 1990 年上海浦东新区的开发为标志。经过十多年的开发建设，上海浦东新区成为上海新的经济增长点，一跃成为中国最现代化的城区，并全面拉动了整个长江三角洲乃至长江流域的发展，成为中国 20 世纪 90 年代又一轮改革开放热潮的重要标志。此外，青岛出让市委办公大楼及其他黄金地段，并通过行政中心迁移来开发建设东部新市区；深圳脱离罗湖旧城，建设福田新的行政、金融中心；哈尔滨依托松北经济技术开发区建设政区合一的松北新区；青岛黄岛新区、镇江新区、无锡新区等也都是依托各自开发区建设综合型新区。

尽管这些大规模、综合型的城市新区在 20 世纪 90 年代仍处于起步建设阶段，但对于促进经济发展、完善城市功能起到重要作用，并为 2000 年后中国大规模开发综合型城市新区提供了重要的经验，奠定了良好的基础。

（三）空间分布：城市新区以东部地区居多，自东向西逐渐递减

在经济改革持续深入的影响下，中国在 20 世纪 90 年代掀起了两次开发建设热潮，城市新区的空间布局也随之发生重大变化，也已成为一项全国性的建设实践。与 20 世纪 80 年代相比，20 世纪 90 年代的城市新区建设在空间分布上更加面广量大，从沿海开发转向了沿江开发、内陆开发以及沿边开发，全国范围内除西藏外都已开展了规模不等、数量不一的城市新区开发建设。

从地域分布来看，城市新区自东向西逐渐递减。通过对 1999 年城市新区的分布统计，东、中、西部的城市新区数量分别为 464 个、203 个和 148 个，分别占城市新区总数量的 56.93%、24.91 % 和 18.16%；东、中、西部的城市新区规划面积分别为 28578.32km² 、9177.48km² 和 11071.89km²，分别占城市新区总规模的 58.53%、18.8% 和 22.67 %，并且在北京、上海、广州、青岛和成都形成了几个城市新区建设的密集点（图 2.4）。

三、重点发展类型

与 20 世纪 80 年代"自上而下"、稳步推进开发区建设相比，到 90 年代初，开发区建设已积累了一定经验，一定程度上带动了国民经济的迅速发展。于是，中央对开发区政策采取了"放权让利"，准入机制有所松动，地方政府建设开发区的积极性得到极大调动，到 90 年代初，各省（自治区、直辖市）已可以自主批准设立开发区，开发区的建设格局也随之发生了重大变化，掀起了 90 年代的两次"开发区建设热"，以各类开发区为代表的工业新城是这一时期中国新城的重点发展类型（图 2.5）。

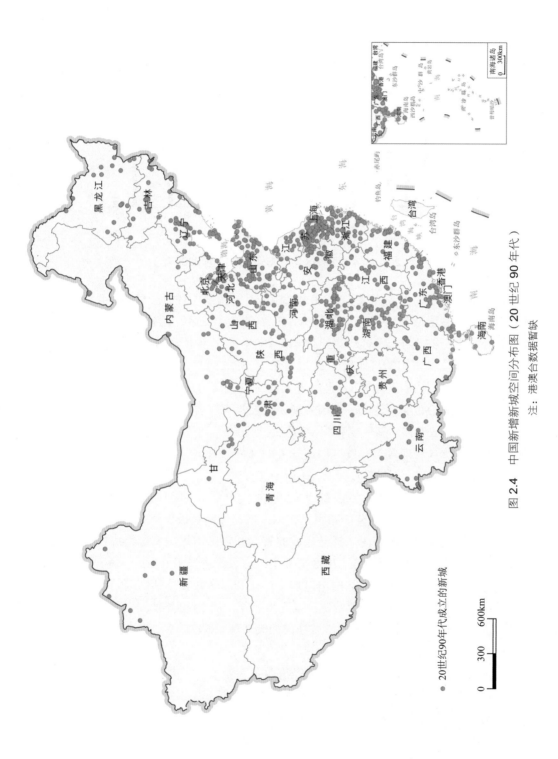

图 2.4　中国新增新城空间分布图（20 世纪 90 年代）

注：港澳台数据暂缺

● 20世纪90年代成立的新城

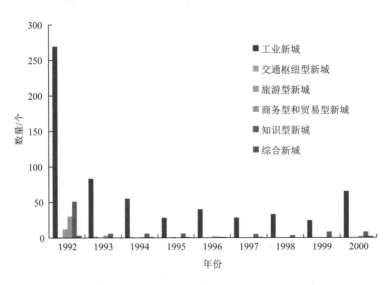

图 2.5 国家级开发区建设情况（1992～2000 年）

第一次开发区建设高潮发生在 20 世纪 90 年代初期（1991～1992 年）。根据国家土地管理局的统计，1991 年全国仅有 109 个各类开发区，但到 1992 年年底各省、地（市）、县、乡级的开发区却达到约 475 个，仅仅一年数量就达到 4.36 倍，面积达到 30189.48km²，被占用的耕地超过 1400 万亩[①]。与此同时，临港经济区、旅游开发区、边境 / 跨境经济合作区以及城市新区等开发区纷纷出现。其中，以 1990 年浦东开发为标志，各城市开始在现有建成区外围大规模建设具有综合功能的新城区，将城市新中心区或重要功能区外移，新区朝着综合功能起步发展。尽管 1993 年国务院出台了《关于严格审批和认真清理各类开发区的通知》的文件，对部分开发区进行了整顿清理，开发区数量有所缓和，但整体蔓延势头仍未改变。

第二次开发区建设高潮发生在 20 世纪 90 年代末至 21 世纪初（1999～2000 年）。在 1999 年"西部大开发"战略的指引下，国家鼓励外商积极投资中西部地区，允许中西部各省（自治区、直辖市）选择已建成的省会开发区申报国家级经济技术开发区。2000～2001 年，国家先后批准了中西部 8 个国家级经济技术开发区，并开辟建设了 1 个以制造、加工或装配出口商品的出口加工区，开发区建设再达高潮。在开发区蓬勃发展的同时，中国新一轮的大学城建设也逐步展开，从 1998 年西安白鹿原大学城、杭州滨江高教园区建设开始，各地大学城建设如火如荼，越建越多，掀起了与"开发区热"并行发展的"大学城热"。

总体来说，20 世纪 90 年代依旧以经济改革为重心，其是 20 世纪 80 年代各项改革措施的延伸，是经济改革由点到面、由浅入深、由局部探索到全面铺开的模式扩展，仍然体现了"增量发展"和"体制外探索"的特征。

① 1 亩 ≈666.7m²。

第四节　21世纪初新城发展

一、发展背景

（一）经济发展全球化与各类巨型工程

2001年11月10日，中国加入了世界贸易组织（WTO），中国开放的政策对于中国经济和社会生活的影响日益加深。从1980年年初设立4个经济特区开始，中国的沿海地区逐渐兴起了一系列新的城市。全球化给珠江三角洲、长江三角洲、环渤海地区、山东半岛和厦漳泉等沿海地区带来了一种从核心城市到腹地区域的连绵地景；作为这些区域的成长发动机，核心城市的空间特征、结构同样发生巨大变化。大事件和巨型工程（mega-event/projects）对中国城市空间的影响在各大城市普遍显现，南京河西新区的开发、广州的亚运会以及深圳的大运会等也都是其中的突出代表。

（二）整顿开发区政策的推行（2003～2006年）

这一时期，在城市区域发展及空间转型方面，各城市之间的竞争加剧，为创造足够的空间来吸引和捕捉流动资本，规模空前的新城建设实践在中国各大都市（区）更密集地展开。针对全国各类开发区数量过多过滥以及由此造成的开发区"盲目圈地""征而不开，开而不发"、耕地闲置等问题，国务院在2003年7月展开了开发区的整顿清理工作。其具体内容包括：不允许开发区任意扩建；暂停扩建和新设各类开发区等。清理整顿开发区政策的实施促使开发区朝着三个方向转变：部分不符合发展需求和建设标准的开发区逐步被清理整顿而衰退；部分开发区朝着创新的产业空间转型升级；还有一部分开发区朝着综合型的新城发展转型。

二、发展特征

（一）发展速度与规模：中小型新区向大型城市新区的空间整合和功能转型

据不完全统计，2000～2009年，中国共增加城市新区1366个，截至2009年，总数达2181个。在此期间，中国城市新区的等级规模有了较大的变化与调整。从等级序列来看，大于或等于1000km²的城市新区有10个，占城市新区总数的0.73%，基本都是综合型城市新区；500～1000km²、200～500km²、100～200km²、50～100km²、

20 ~ 50km^2 的城市新区分别占 0.63%、2.42%、3.30%、6.88% 和 15.79%；小于 20km^2 的城市新区占到 70.25%。

与前两个阶段相比，20 世纪 80 年代的城市新区数量较少，主要是 10 ~ 50km^2 的小型新区；到 90 年代，城市新区仍以小型新区建设为主，比例一度接近 70%，同时开始出现部分超过 500km^2 的大型新区；2000 年后，城市新区等级规模有了新的变化，一方面，100km^2 以上大型新区不断增多，尤其是出现了 1000km^2 以上的超大新区；另一方面，10 ~ 20km^2 的小型新区比例较 90 年代有所减小，约占 70.25%，中小型新区向大型新区不断调整转变。

（二）类型特征：新城开始转型发展，功能也逐渐趋向于综合性

随着中国加入 WTO，开发区优惠政策逐渐减弱。受到 2008 年世界性金融危机的影响，国际资本总量进一步减少，不同地方开发区之间竞争不断加剧。为应对国际局势改变，开发区积极寻找新的发展道路，其发展转型主要包括两个方向：第一，在继续增强开发区的产业优势的同时，引入高新技术产业，开始了"二次创业"的发展模式。为实现可持续发展和开发区的顺利转型，国家提出了开发区的"五个转变"，即从注重招商引资和优惠政策的外延式发展向主要依靠科技创新的内涵式发展转变；从注重硬环境建设向注重优化配置科技资源和提供优质服务的软环境转变；产品以国内市场为主向大力开拓国际市场转变；产业发展由小而分散向集中优势、加强集成、发展特色产业和主导产业转变；从逐步的、积累式改革向建立社会主义市场经济要求和高新技术产业发展规律的新体制、新机制转变。

第二，新城开始向综合新城转变，功能也逐渐趋向于综合性，出现了以功能多元化和空间扩展快速化为导向、以综合新区建设为特色的新区开发格局，如广州开发区、天津开发区、苏州工业园等。与前几个阶段的开发区相比，这一阶段开发区开始关注城市空间的合理运用。开发区除了发展工业以外，还增加了相应的配套设施、居住、文化及休闲空间，在物质空间上发生了很大的变化。同时，注重金融、贸易、物流和房地产等现代服务业的发展，开发区功能趋于完善，逐渐发展成为独立的城镇单元（图 2.6）。与中西部地区的开发区相比，中国沿海城市开发区发展条件好，发展规模日益扩大，出现产城分离的现象，其向新城转变的趋势更加明显，开始进入开发区"三次创业"的阶段。例如，广州提出"把开发区建设成为以现代化工业为主体、三次产业协调发展、经济和社会全面进步的广州新城区"；青岛开发区提出"开发区要向现代化和国际性的新城区方向发展，建设一个功能齐全、经济社会协调发展的新城区"。

（三）空间分布：城市新区在城市群区域聚集发展

2000 年以后的城市新区空间布局继续了以往的发展态势，仍然主要分布在东部沿

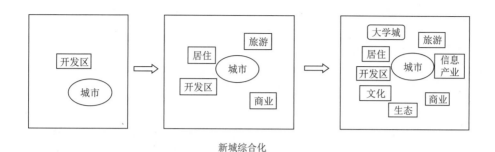

新城综合化

图 2.6　中国新城演化图

海地区，从东部到中部、西部逐渐减少，但中西部新区数量和规模与东部的差距在日益缩小。

2000～2009 年，新城由点向面发展，"两带三群多点"的空间格局形成。"两带"，即由山东新城群、苏南新城群所构成的鲁苏新城带，以及由浙江新城群、福建新城群所构成的浙闽新城带。"三群"，即珠江三角洲新城群、京津唐新城群和成渝新城群。此外，以东三省、两湖、云贵、陕甘宁、内蒙古、新疆为中心的新城群或点也逐步成型（图 2.7）。

三、重点发展类型

经过 20 多年的改革与探索，20 世纪 80 年代设置的经济特区已成功完成了当时的历史使命，各项经济改革政策也逐步发展与扩散，极大地推动了中国经济建设。此时的改革重点已不再是以往的单一经济改革，而应向行政管理体制、社会公共问题以及利益关系等改革的纵深方向调整和推进。创立新的社会主义市场经济体制、推行综合配套改革已成为 21 世纪中国城市发展的重大战略使命。

国家综合配套改革试验区是指对通过选择的代表性区域进行综合配套改革，并探索建设和谐社会和创新区域发展的新模式与新途径，是中国改革开放以来继 4 个经济特区之后设立的"新特区"。其中，"综合配套"旨在改变以往单纯的经济改革理念，注重从经济模式、社会发展、行政管理、城乡统筹和环境保护等各领域推进改革，形成统筹发展、配套协调的管理和运行机制。

自 2005 年 6 月中国第一个综合配套改革试点上海浦东新区被批准设立起，中国一共设立了 12 个综合配套改革试验区。由于所处的经济发展阶段、区位条件以及历史因素不同，不同试验区的改革侧重点也有所不同（表 2.2）。

国家综合配套改革试验区的建立表明，2000 年以来中国改革重点已从单一经济改革向多领域、全方面、综合性的社会经济体制机制改革转变。在此促进下，中国城市新区开发模式也逐渐从生产型产业新区朝着综合型城市新区转变。

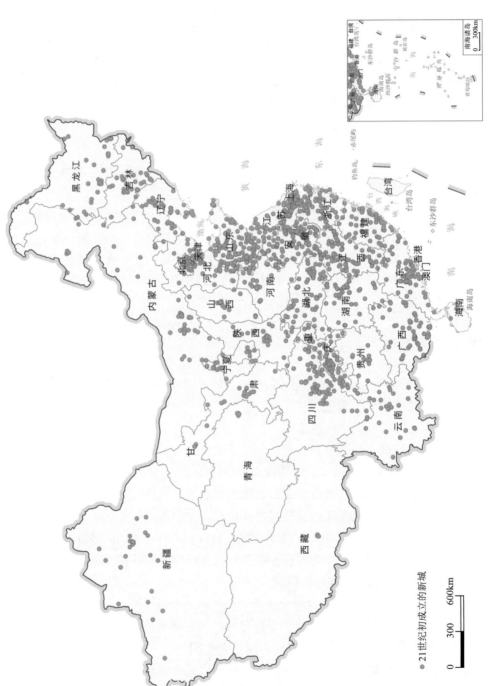

图 2.7　中国新增新城空间分布图（21 世纪初）

注：港澳台数据暂缺

● 21世纪初成立的新城

0　　300　　600km

表 2.2　中国已批准设立的国家综合配套改革试验区（部分）

试验区类型	试点地区	改革内容
综合配套改革试点 / 试验区	上海浦东新区、天津滨海新区、深圳市	侧重探索对外贸易架构下经济社会改革路径及辐射带动模式；深圳侧重行政管理、经济体制、社会事业和社会管理体制三方面的改革，注重社会民生问题
统筹城乡综合配套改革试验区	重庆市、成都市	侧重探索城市带动农村视角下的城乡统筹均衡发展模式，注重生活体制和公共事务改革
资源节约型和环境友好型社会建设综合配套改革试验区	长株潭城市群、武汉城市圈	侧重探索新型工业化和城市化模式以及能源资源节约和生态环境保护路径
新型工业化综合配套改革试验区	沈阳经济区	侧重探索区域发展、企业重组、科技研发、金融创新的体制创新模式以及配套推进资源节约、环境保护、城乡统筹、对外开放、行政管理的机制创新模式
资源型经济转型综合配套改革试验区	山西省	侧重探索加快产业结构优化升级和经济结构战略性调整的新模式与新路径
国际贸易综合改革试点	义乌市	侧重探索新型贸易与现代流通方式、推动内外贸易一体化以及应对国际贸易摩擦路径

第五节　2010 年至今新城发展

一、发展背景

（一）经济新常态与供给侧结构性改革

近年来，国际和国内的宏观经济环境变化较大，受金融危机和欧洲国家债务危机的影响，世界经济进入下行周期。全球普遍存在产能过剩问题，中国经济的增长受全球经济状况的影响较大，经济增长严重失衡。在此背景下，国家发展进入新常态阶段，国内环境呈现以"速度变化、结构优化、动力转换"为主要特征的新常态。一是结构调整阵痛期和经济增速换挡期的影响加深。结构调整的任务十分紧迫，经济从高速转为中高速增长。二是经济增长的动力和空间发生变化。全面深化改革开放将释放巨大制度红利，创新驱动将成为经济增长的主要动力，新型城镇化孕育着巨大发展潜能。三是资源环境和劳动力制约更加严峻。土地资源供给紧张，主要能源和矿产资源对外依赖度日益提高，劳动力成本持续上升，生态环境问题日益显现。四是区域经济发展呈现新变化。

在全球经济新常态的背景下，中央提出供给侧结构性改革，努力将国家的经济发展方式从粗放化、一味追求速度转变为精细化、注重经济发展质量的新模式。中国主动把握供给侧结构性改革这条主线，不断提高经济发展质量和效益，并改善供给结构；加快推进新旧动能转换、聚焦主导产业、改造提升传统产业、加快培育新兴产业和发展现代服务业；推进企业发展方式从资源密集型、要素密集型、投资密集型逐步向创新密集型企业转变，以信息技术革命为先导的新产业、新业态、新技术和新模式不断涌现，以信息技术等交叉融合的科技革命促进了产业的深刻变革。高端化、智能化、绿色化和服务化逐渐成为产业发展和选择的主要趋势。

（二）"一带一路"倡议的实践与推进开放型经济体制机制创新

"一带一路"（The Belt and Road）贯穿亚欧非大陆，陆上依托国际大通道，海上以重点港口为节点。"一带一路"倡议，是我国近年来实践的重要发展战略，《推动共建丝绸之路经济带和21世纪海上丝绸之路的愿景与行动》中提出：发挥新疆独特的地理位置和西部重要开放窗口作用，成为丝绸之路经济带上重要的交通枢纽、文化科教和商贸物流中心。加快长江三角洲、珠江三角洲、海峡西岸、环渤海等经济区对外开放程度，推进中国（上海）自由贸易试验区建设，将福建建设为21世纪海上丝绸之路核心区。加强上海、天津、宁波、广州、深圳、湛江、汕头等沿海城市港口建设，强化上海、广州等国际枢纽机场功能。扩大开放倒逼深层次改革，加大科技创新力度，积极参与和引领国际合作，成为"一带一路"建设的主力军和排头兵。

在全球化的背景下，对外开放是一个国家健康发展的必由之路。为了推动形成全面开放新格局，推进"一带一路"倡议的实施，中国不断推进经济体制改革，实施开放型经济新体制。开放型经济新体制是指能够准确判断国际形势新变化、适应经济全球化新趋势、深刻把握国内改革发展新要求，加快实施自由贸易区战略，从而推进更高水平的对外开放。

二、发展特征

（一）发展速度与规模

据统计，自2010年以来中国共成立了1104个新区。与前十年相比，这一阶段增长速度逐步趋稳。在历经20世纪90年代末至21世纪初开发区建设热潮后，随着中国经济发展转向新常态，工业新区的数量和规模得到控制性增长。

2010年以来中国新成立的城市新区中，超大型城市新区比例上升。从等级序列来看，500～1000km²、大于1000km²的城市新区分别有11个和30个，占城市新区总数的3.71%，基本都是综合型城市新区；而1980～2009年成立的500～1000km²、大于1000km²的城市新区分别只有11个、14个。2010年以来中国新成立的超大型新区数量多于前30年成立的超大型新区数量。

（二）类型特征：新城向创新型、自由贸易型方向转型升级，级别不断提升

2010 年以来，从中国已批准设立的开发区类别看，中国高新技术产业开发区、保税区等城市新区得到大力发展。其中，新批复的高新技术产业开发区、保税区、自由贸易试验区、国家自主创新示范区分别有 120 个、66 个、22 个、27 个，分别占城市新区总数的 10.87%、6.0%、1.99%、2.45%。而 1980 ～ 2009 年成立的高新技术产业开发区、保税区、自由贸易试验区、国家自主创新示范区分别有 199 个、48 个、0 和 2 个。2010 年以来中国新成立的保税区、自由贸易试验区、国家自主创新示范区等新区数量均比前 30 年成立的相应新区多（表 2.3）。

表 2.3　不同时期中国已批准设立的开发区类别

开发区类别	20 世纪 80 年代	20 世纪 90 年代	21 世纪初	21 世纪 10 年代	总计
保税区	1	15	32	66	114
边境 / 跨境经济合作区	0	24	2	7	33
出口加工区	0	3	66	3	72
大学城	1	6	74	55	136
高新技术产业开发区	12	108	79	120	319
工业园区	2	80	502	365	949
金融贸易区	0	1	1	0	2
经济技术开发区	29	505	486	315	1335
科技园区	0	4	8	4	16
旅游开发区	0	13	0	1	14
城市新区	0	7	100	55	162
高铁新区	0	1	0	1	2
文化新区	0	0	1	1	2
国家文化与金融合作示范区	0	0	0	1	1
自由贸易试验区	0	0	0	22	22
国家自主创新示范区	0	0	2	27	29
城乡融合发展试验区	0	0	0	12	12
海峡两岸渔业合作示范区	0	0	0	1	1
城乡一体化示范区	0	0	0	12	12

开发区类别	20 世纪 80 年代	20 世纪 90 年代	21 世纪初	21 世纪 10 年代	总计
国家综合配套改革试验区	0	0	2	4	6
海洋经济发展示范区	0	0	0	14	14
国际合作示范区	0	0	0	4	4
跨界合作区	0	0	1	2	3
临港经济区	0	3	5	7	15
临空经济区	0	0	5	5	10

从城市新区的级别看，高等级新区的比重有一定提升，2010 年以来成立的新区中，国家级新区 251 个，占城市新区总数的 22.74%；省级及以下新区 853 个，占城市新区总数的 77.26%。而在 2000 ~ 2009 年成立的新区中，国家级新区占城市新区总数的 23.11%，省级及以下新区占城市新区总数的 76.89%。在《中国开发区审核公告目录》（2018 年）批复的 552 个国家级新区中，有 350 个国家级新区由《中国开发区审核公告目录》（2006 年）中的省级新区升级而来。例如，省级开发区升级为国家级经济技术开发区或高新区，国家级经济技术开发区同时批准为国家级高新区等。

目前，国家级高新技术产业开发区、经济开发区、边境/跨境经济合作区、出口加工区、旅游开发区等约 515 个，省级新区 1253 个，市级新区 63 个。

（三）空间分布："中原城市群""丝绸之路经济带"沿线地区城市新区快速发展

2010 年以后，国家新区在开发时序上由东部沿海地区逐步向内陆推进。中国新增的新城主要设立在河南（144 个）、河北（98 个）、江苏（64 个）、新疆（59 个）、贵州（58 个）、四川（58 个）、湖南（58 个）、黑龙江（54 个）、云南（50 个）、辽宁（47 个）、广东（46 个）、山东（38 个）、甘肃（33 个）及内蒙古（30 个）等省（自治区）。其中，河南、湖南、黑龙江、新疆、内蒙古新增的新区较多。

具体来说，此时的城市新区空间布局具有两个鲜明的发展特征：一方面，城市新区的空间布局呈现区域组群式的发展态势。新区的区域选址往往具有向心性，因此出现跨区域整合而形成"城市群新区组群"。其中，"城市群新区组群"以环渤海地区、中原地区、长江流域"城市群新区组群"等最为典型。另一方面，考虑到国家的需要，在一些重要的功能区设立国家新区。例如，随着中国"一带一路"倡议的推进，"丝绸之路经济带"沿线西北地区陕西（新增 28 个新城，下同）、甘肃（33 个）、新疆（59 个），西南地区四川（58 个）、云南（50 个）等城市新区数量有了明显增加（图 2.8）。

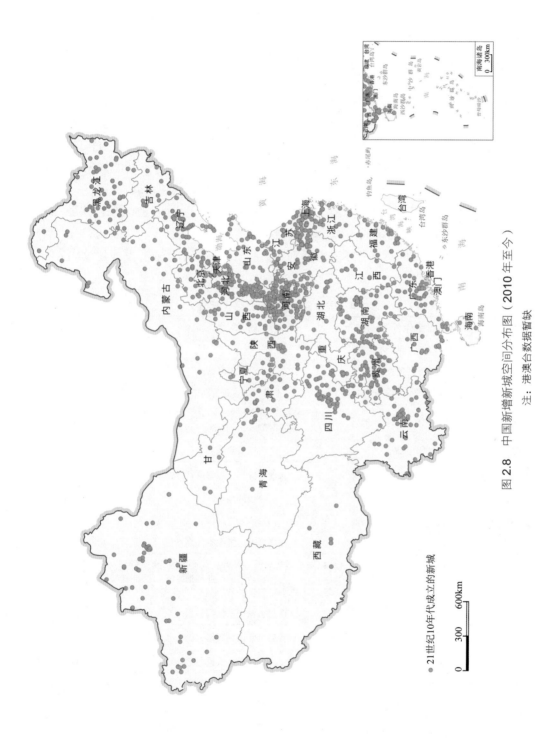

图 2.8　中国新增新城空间分布图（2010年至今）

注：港澳台数据暂缺

● 21世纪10年代成立的新城

三、重点发展类型

2010 年以来，高新技术产业开发区、保税区、城乡融合发展试验区及海洋经济发展示范区等城市新区得到快速发展。

（一）国家自主创新示范区

2014 年，国务院办公厅《关于促进国家级经济技术开发区转型升级创新发展的若干意见》明确提出，把国家级经济开发区建设成为带动地区经济发展和实施区域发展战略的重要载体。2014 年，国家高新区管理部门提出：到 2020 年，努力将国家级高新区建设成为自主创新的战略高地，以更强大的创新能力服务于创新型国家建设。在此背景下，高新技术产业开发区、国家自主创新示范区得到快速发展。

2015 年 11 月 3 日，广州、珠海、佛山、东莞松山湖、惠州仲恺、中山火炬、肇庆、江门 8 个国家级高新区建设成为国家自主创新示范区得到批复（表 2.4）。2018 年 11 月 28 日，国务院发文同意乌鲁木齐、石河子、昌吉高新技术产业开发区建设成为国家自主创新示范区。

表 2.4　国家自主创新示范区（部分）

区域	国家自主创新示范区名称	涉及的国家级高新区	批复时间
北京	中关村国家自主创新示范区	中关村科技园区	2009 年
湖北	武汉东湖国家自主创新示范区	武汉东湖高新区	2009 年
上海	上海张江国家自主创新示范区	上海张江、紫竹高新区	2011 年
江苏	江苏苏南国家自主创新示范区	南京、苏州、无锡、常州、昆山、江阴、武进、镇江高新区、苏州工业园区	2014 年
天津	天津国家自主创新示范区	天津滨海高新区	2014 年
湖南	湖南长株潭国家自主创新示范区	长沙、株洲、湘潭高新区	2014 年
四川	成都国家自主创新示范区	成都高新区	2015 年
陕西	西安国家自主创新示范区	西安高新区	2015 年
浙江	杭州国家自主创新示范区	杭州高新区、萧山临江高新区	2015 年
广东	深圳国家自主创新示范区	以城市为基本单元，涵盖了全市 10 个行政区和新区的产业用地	2014 年
	珠江三角洲国家自主创新示范区	广州、中山火炬、东莞松山湖、佛山、惠州、珠海、肇庆、江门高新区	2015 年
山东	山东半岛国家自主创新示范区	济南、青岛、淄博、潍坊、烟台、威海	2016 年
辽宁	沈大国家自主创新示范区	沈阳、大连	2016 年
河南	郑洛新国家自主创新示范区	郑州、洛阳、新乡	2016 年
福建	福厦泉国家自主创新示范区	福州、厦门、泉州	2016 年
安徽	合芜蚌国家自主创新示范区	合肥、芜湖、蚌埠	2016 年
重庆	重庆国家自主创新示范区	重庆	2016 年

国家自主创新示范区通过开展股权激励试点、深化科技金融改革创新试点、鼓励新型产业组织积极参与国家重大科技项目、实施支持创新企业的税收政策、实施科技创新引领战略等措施,力求实现产业领先、技术创新领先、经济和社会发展领先、体制机制创新领先的建设目标,成为世界一流的高科技园区,并对其他地区的发展做出引领和示范作用。建设国家自主创新示范区对于进一步完善科技创新的体制机制、加快转变经济发展方式等方面将发挥重要的引领、带动、辐射作用。

(二)自由贸易试验区

自由贸易试验区是指在投资和贸易等方面比世界贸易组织有关规定更加优惠的贸易安排,在主权国家或地区的关境以外,划出特定的区域,准许外国商品豁免关税自由进出。在推进开放型经济体制机制创新的背景下,党的十八大提出要加快实施自由贸易区战略。在政策的推动下,保税区、自由贸易试验区得到快速发展(表 2.5)。

表 2.5 自由贸易试验区差别化改革试点任务(部分)

试验区	差别化改革试点任务
山东自由贸易试验区	转变经济发展方式,增强经济社会发展创新力,发展海洋经济,建设海洋强国,加快推进新旧发展动能接续转换,形成对外开放新高地
江苏自由贸易试验区	深入实施创新驱动发展、深化产业结构调整,推动全方位高水平对外开放,加快"一带一路"交会点建设,着力打造开放型经济发展先行区、实体经济创新发展和产业转型升级示范区
广西自由贸易试验区	围绕建设西南中南西北出海口、面向东盟的国际陆海贸易新通道,形成 21 世纪海上丝绸之路和丝绸之路经济带有机衔接的重要门户
河北自由贸易试验区	围绕建设国际商贸物流重要枢纽、全球创新高地、新型工业化基地和开放发展先行区,提出了支持开展国际大宗商品贸易、支持生命健康与生物医药产业发展等方面的具体举措
云南自由贸易试验区	围绕打造"一带一路"和长江经济带互联互通的重要通道,建设连接南亚东南亚大通道的重要节点,推动形成中国面向南亚东南亚辐射中心,提出了沿边跨境经济合作的创新模式和加大科技领域国际合作力度等方面的具体举措
黑龙江自由贸易试验区	围绕深化产业结构调整,打造对俄罗斯及东北亚区域合作的中心枢纽,提出了加快实体经济转型升级、推进创新驱动发展和建设面向俄罗斯及东北亚的交通物流枢纽等方面的具体举措

2013 年 9 月 18 日,《国务院关于印发中国(上海)自由贸易试验区总体方案的通知》发布。上海自由贸易试验区实施范围 28.78km²,涵盖四个片区,其中上海自由贸易试验区是中国第一个自由贸易试验区,是实行更加积极主动开放战略的一项重大举措。上海自由贸易试验区成立之后,国内一系列自由贸易试验区纷纷成立。

2015 年 4 月 8 日,《国务院关于印发中国(广东)自由贸易试验区总体方案的通知》发布。其中包括广州南沙新区片区、深圳前海蛇口片区和珠海横琴新区片区。广东自由贸易试验区以"对港澳开放"和"全面合作"为方向,在扩大服务业开放、投资准入政策等方面先行先试,率先实现区内货物和服务贸易自由化。

2019 年,国家在山东、广西、江苏、云南、河北、黑龙江 6 省(自治区)设立自由贸易试验区，提出差异化的改革试点任务。力求经过 3～5 年改革探索，形成更多有国际竞争力的制度创新成果，推动经济发展质量变革、动力变革和效率变革，努力建成监管安全高效、贸易投资便利、辐射带动作用突出、金融服务完善的高质量自由贸易园区。

自由贸易试验区，以制度创新为核心，努力形成可复制、可推广的制度成果，创造更加国际化、法治化、市场化的营商环境，推动中国经济全面适应并逐渐引领世界经济全球化发展。与以前的高新技术产业开发区、经济开发区与出口加工区相比，自由贸易试验区是具有高度创新性的新型功能区，也是继深圳经济特区后中国改革开放历程上的又一座"里程碑"。

（三）城乡融合发展试验区

2019 年 12 月 19 日，国家发展和改革委员会、中央农村工作领导小组办公室、农业农村部、公安部等十八部门联合印发《国家城乡融合发展试验区改革方案》。城乡融合发展试验区的设立使城乡生产要素双向自由流动的制度性通道基本打通，城乡有序流动的人口迁徙制度基本建立，城乡统一的建设用地市场全面形成，城乡金融普惠的金融服务体系基本建成，农村产权保护交易制度基本建立，农民持续增收体制机制更加完善，城乡发展差距和居民生活水平差距明显缩小。城乡融合发展试验区主要包括浙江嘉湖片区、福建福州东部片区、广东广清接合片区、江苏宁锡常接合片区、山东济青局部片区、河南许昌、江西鹰潭、四川成都西部片区、重庆西部片区、陕西西咸接合片区、吉林长吉接合片区（表 2.6）。

表 2.6　城乡融合发展试验区差别化改革试点任务

试验区	差别化改革试点任务
浙江嘉湖片区	建立进城落户农民依法自愿有偿转让退出农村权益制度；建立农村集体经营性建设用地入市制度；搭建城乡产业协同发展平台；建立生态产品价值实现机制；建立城乡基本公共服务均等化发展体制机制
福建福州东部片区	建立城乡有序流动的人口迁徙制度；搭建城中村改造合作平台；搭建城乡产业协同发展平台；建立生态产品价值实现机制；建立城乡基础设施一体化发展体制机制
广东广清接合片区	建立城乡有序流动的人口迁徙制度；建立农村集体经营性建设用地入市制度；完善农村产权抵押担保权能；搭建城中村改造合作平台；搭建城乡产业协同发展平台
江苏宁锡常接合片区	建立农村集体经营性建设用地入市制度；建立科技成果入乡转化机制；搭建城乡产业协同发展平台；建立生态产品价值实现机制；健全农民持续增收体制机制
山东济青局部片区	建立进城落户农民依法自愿有偿转让退出农村权益制度；建立农村集体经营性建设用地入市制度；搭建城中村改造合作平台；搭建城乡产业协同发展平台；建立生态产品价值实现机制
河南许昌	建立农村集体经营性建设用地入市制度；完善农村产权抵押担保权能；建立科技成果入乡转化机制；搭建城乡产业协同发展平台；建立城乡基本公共服务均等化发展体制机制
江西鹰潭	建立农村集体经营性建设用地入市制度；完善农村产权抵押担保权能；建立城乡基础设施一体化发展体制机制；建立城乡基本公共服务均等化发展体制机制；健全农民持续增收体制机制

试验区	差别化改革试点任务
四川成都西部片区	建立城乡有序流动的人口迁徙制度；建立农村集体经营性建设用地入市制度；完善农村产权抵押担保权能；搭建城乡产业协同发展平台；建立生态产品价值实现机制
重庆西部片区	建立城乡有序流动的人口迁徙制度；建立进城落户农民依法自愿有偿转让退出农村权益制度；建立农村集体经营性建设用地入市制度；搭建城中村改造合作平台；搭建城乡产业协同发展平台
陕西西咸接合片区	建立进城落户农民依法自愿有偿转让退出农村权益制度；建立农村集体经营性建设用地入市制度；建立科技成果入乡转化机制；搭建城乡产业协同发展平台；建立城乡基础设施一体化发展体制机制
吉林长吉接合片区	建立进城落户农民依法自愿有偿转让退出农村权益制度；建立农村集体经营性建设用地入市制度；完善农村产权抵押担保权能；搭建城乡产业协同发展平台；健全农民持续增收体制机制

（四）海洋经济发展示范区

随着海洋经济在区域经济中的重要作用不断突出，海洋经济的发展布局成为影响沿海区域经济发展的重要因素。党的十八大提出了建设海洋强国的战略目标，进一步推动了中国海洋经济的发展。"十二五"期间，海洋经济的发展为中国海洋经济发展升级奠定了基础。未来海洋经济依然是中国经济发展的重要议题。"十三五"规划中提出了"拓展蓝色经济空间"的内容，推动了中国海洋经济的创新发展，为进一步发挥沿海地区经济增长极的作用提供了助力（表2.7）。

表 2.7　海洋经济发展示范区发展格局（部分）

示范区	发展格局
山东威海海洋经济发展示范区	一核两带
浙江宁波海洋经济发展示范区	一体两湾多岛
天津临港海洋经济发展示范区	一核两带六区
浙江温州海洋经济发展示范区	一核一轴四区多岛
江苏连云港海洋经济发展示范区	一区涵三片
广东湛江海洋经济发展示范区	一核一带一区

资料来源：根据各地级以上城市的总体规划、省市政府官方网站以及开发区审核公告等统计整理。

（五）国际合作示范区

在经济全球化日益加深的背景下，建设国际合作示范区是国家扩大对外开放、主动参与全球经济和提高国际竞争力的重要途径，是落实国家"一带一路"倡议的重要内容，是对外开放地区特别是边境开放地区实现两国或多国合作共赢发展的重要平台，对增进两国多方面交流合作、带动区域经济增长和实现地区繁荣稳定都具有重要意义（表2.8）。

表 2.8　国际合作示范区发展任务（部分）

示范区	发展任务
中韩（长春）国际合作示范区	推动产业链合作，建设开放合作平台载体，加强创新和人文合作
珲春国际合作示范区	推动区域协同和示范区改革，促进产学研融合
中哈国际合作示范区	加强口岸物流园区建设，深度开展边境旅游，建设综合性现代化口岸和智慧口岸
中韩（烟台）产业园	集聚中韩高端产业合作新动能，构筑中韩地方经贸合作新亮点，构建陆海空互联互通新网络

第三章 中国新城发展的动力机制

不同时期中国新城的发展都有其独特的历史背景。从本质上来看，新城的发展是一种制度设计的结果，而制度设计驱动的动力来源于国家经济发展的需求，以及城市发展的空间压力。全球化以及技术进步则为新城的建设提供机遇与条件。除此之外，一些重大的事件也往往催生新城的出现。所以，我们就不难理解为什么在不同的发展时期，中国新城具有不同的名称，以及不同的发展重点。本章主要探讨新城发展的动力机制。

第一节 新城建设的政策动力

中国新城早期的建设和运营基本是由政府一手"包办"的，从前期的土地开发到招商引资，再到新城日常的运行和管理，都是政府这只有形的手在"操控"。随着改革开放政策的提出，市场经济得到高速发展，国家政府干预力量逐步弱化，政策环境由限制逐步转向宽松和有利，原有的政府在新城发展方面的作用也由抑制和支配转为在产业、空间、社会发展等方面的指引和服务。从时间尺度来看，早期优惠的政策、城市规划对新区的偏向促进了新区交通、公共服务、基础设施等配套的完善，增加了企业落地的积极性，驱动了新区的发展；但随着新区经济的发展和城市规划的调整，产业升级换代提升了新区的生态门槛、人才门槛，政策对新区的作用逐步变为一种调整和限制，但并不是阻碍，而是新区升级和健康发展的驱动力。

一、国家层面

（一）改革开放政策

改革开放是中国打开自身市场、融入世界的起点，是开发区形成的原动力。经济特区作为政策的一项内容，取得了巨大成功多个，多个地区纷纷成立各自的"经济特区"，且实行特殊的优惠政策。随着示范效应的扩散，一批享有经济特区同等政策的开发区逐渐在沿海城市出现。改革开放后，经济特区、开发区等重点区域实行了特殊的优惠政策（土地优惠、税收优惠等），促进了外资、技术等的进入，进而吸引了廉价劳动力的涌入。生产要素的集聚推动开发区完成早期必需的资本积累和产业集聚，奠定了开发区发展的基础。沿海地区的经济特区、开发区作为改革开放政策实践的实验区域，其修建初期主要承担城市对外开放、合作的功能，而随着这些开发区发展取得了较好的成果和效应，开发区的建设从沿海地区逐渐扩展至国家各个区域、各个城市，这些开发区就是后来新区新城的雏形和起点。

（二）财政政策

1989 年，中国政府出台土地出让金制度和国有土地使用权出让实施办法，土地出让金正式纳入财政收支体系。最初，土地出让金全部上缴国家财政，上缴的部分地方财政预留 20% 作为土地开发建设费。1994 年分税制改革实施后，中央和地方两套税收管理制度逐渐建立。地方上缴中央的金额只占 5%，土地出让金成为地方财政的主要来源之一。国家土地、税收制度改革标志着中央向地方下放了经济和管理权力，这种权力的下放提升了地方发展、经营和规划城市的积极性。伴随着市场经济指向下经济发展成为城市发展的主要目标以及传统的政绩考核的考评体系对经济发展的绝对关注，招商引资，创造更多价值成为一个城市政府的主要目标，在此基础上，建设新区无论是从土地财政方面还是从招商引资方面均成为地方吸引外来企业、提升城市财政收入的首选方案。而且国家出台了相关政策，对于第一批国家级开发区的财政收入在一定年限内进行全额返还，用于开发区建设，财政上的优惠措施促进地方政府建设新区的热情不断高涨（表 3.1）。

表 3.1　部分国家级新区的国家优惠政策

新区名称	优惠政策
上海浦东新区	①各类企业享有不同的税收减免优惠政策。②外商投资企业在新区内的房屋享有 5 年的房产税免征。③外资生产企业享受免征进口关税和进口环节税的优惠。④特别审批政策：经国务院审批，可与外国投资者试办中外合资企业；保税区内可以开展除零售业务以外的保税性质的商业经营活动；进入浦东的外资银行将获得经营人民币业务的优先权；经中国人民银行审批，外资金融机构可以设立分支机构以及外资和中外合资保险机构
天津滨海新区	①鼓励金融改革和创新，在新区内对金融方面的重大改革进行先行试点。②支持土地管理改革。③设立天津东疆保税港区，吸引更多的外资企业投资。④高新技术企业享有税收减免优惠政策，内资企业享有提高计税工资标准的优惠，对企业的固定资产和无形资产予以加速折旧的优惠；设立专项补助用于新区内的开发建设
重庆两江新区	①国家鼓励类产业企业享有税收减免优惠政策，工业企业享有税收补贴，高新技术产业领域或战略性新兴产业领域的企业享有风险补偿金。②优先确保新区内的建设用地，对建设用地计划实行单列并适当倾斜。③设立专项资金用于基础设施建设，发展先进制造、现代服务类企业和重点产业。④灵活的土地和房屋租赁政策。⑤符合国家产业政策的项目可以获得多方面的支持。⑥建立分配激励机制促进人才引进，对新引进的高管人员给予安家资助等财政扶持

新区名称	优惠政策
兰州新区	①支持体制机制创新。对行政管理、涉外经济、社会管理等体制的改革创新在新区内先行先试。②实施差别化土地政策，在土地开发整理和利用等方面先行先试。③优先安排新区的基础设施建设并给予重点支持；加大生态环境保护支持力度，探索建立黄河流域生态补偿机制，将新区南北部的防护林网纳入国家三北防护林建设体系。④优先布局重大项目，支持新区的产业发展。优先审核批准承接新区产业转移的项目以及社会资本投资建设的重大项目，对从老城区进入新区的企业给予一定的政策扶持。⑤加大金融支持，以市场化运作方式建立健全各类投融资主体，鼓励和支持金融机构在新区内设立分支机构
广州南沙新区	①根据功能定位和产业发展方向，制定财税优惠政策。②加强粤港澳金融合作：支持符合条件的港澳金融机构按相关规定在新区内设立相关金融公司、机构和开展业务；鼓励和支持新设金融机构；鼓励港澳保险经纪公司设立独资保险代理公司。③为居民及在区内投资、就业的居民办理往来港澳通行证及签注提供便利；对外籍高层次人才给予居留便利；打造世界邮轮旅游航线著名节点；放宽进口游艇相关政策。④建设粤港澳口岸通关合作示范区、南沙（粤港澳）数据服务试验区；将广州港口岸整车进口港区范围扩大至南沙港港；增加南沙新区粤港澳直通车指标数量；加强在南沙新区注册的港澳企业与中国强制性产品认证检测实验室的对接。⑤开展土地管理改革综合试点。⑥开展国家社会管理创新综合试点、国际教育合作试验，允许港澳地区服务机构和执业人员在新区内开展相应业务

（三）户籍制度

中华人民共和国成立后，我国户籍制度历经"迁徙和居住自由"（1949～1952年）、"劝阻农村人口盲目进城"（1953～1957年）、"控制农村人口向城市转移的约束性限制"（1958～1982年）三个阶段，逐步形成了城市户口和农村户口分割的城乡二元户籍制度。这一户籍制度限制了农村人口向城市的流动，加剧了城乡隔离。随着城乡发展差距的拉大，城市优质生活的吸引力使农村人口产生了迁居城市的渴望和想法。而后以家庭联产承包责任制为核心的农村制度改革深化，剩余劳动力逐渐出现、增多，又进一步强化了农村人口向城市转移的可能性。1983年国家开始允许农民从事商业及运输业，1984年又进一步允许农民到附近城镇就业，农村劳动力流动限制得到进一步放宽。

与农村制度改革一致，城市方面1992年在经济特区、经济技术开发区和高新区等新城新区实行了新的城镇户籍制度，落户政策逐渐放宽。2003年以后，推行了城乡户口一体化，城市准入条件进一步得到放宽，使农村人口的城镇化成为可能，提高了农村人口迁居城市的积极性。"十二五"规划纲要明确指出，"把符合条件的农民工转化为城镇居民作为城乡一体化的重要任务，加快建立分类有序的农民工市民化推进机制，逐步放宽城镇落户限制"，户籍政策持续放松将成为主流。

政策的宽松和生产企业的用工缺口促使全国范围内出现了"民工潮"。一方面，由于流动人口大量增加、对城市生活的向往以及落户政策的宽松化（尤其是"购房入户"政策）的刺激，城市房地产行业快速发展，大量居住类新城新区逐渐建设起来；另一方面，大量人口的涌入使城市产生了如环境恶化、交通拥堵、就业竞争等诸多问题，使城市产生了为提高人口承载力而扩大城市空间的需要，新城的开发就是扩大城市空间的有力途径。

（四）宏观战略

宏观发展战略、区域发展战略等的调整和控制对城市新区发展起着重要作用，并不断改变着新区的功能、规模、数量以及空间分布等。宏观战略主要包括以下几个方面。

（1）宏观发展战略：改革开放政策，尤其是经济改革政策的提出，使经济建设成为宏观发展战略的重点，这一重点促进了我国大量以吸引外资和发展经济为主要目的的生产型新城的产生和发展。到20世纪90年代，国家逐步放宽了对开发区的准入机制，加之城市经济的发展产生了企业扩大生产、转移生产的需求，推动了各地建设开发区的积极性，出现了开发区的建设热潮。21世纪初，随着我国加入WTO和国家清理整顿开发区，加之宏观发展战略从单纯追求经济转向经济、社会、生态多方面的共同协调和发展，相关部门使用土地政策间接参与宏观调控，收紧"地根"，把住土地供应"门槛"，严格规范新城新区的建设和审批，一批生产型新区（开发区）被撤销，催生了"新区转型升级热"，生产型新城逐步向综合新城转型升级，推动了新区多元化的发展。

（2）区域发展战略：区域发展战略的重点是从沿海到内陆再到沿海。我国改革开放以来的区域发展重点经历了20世纪80年代以沿海经济特区、沿海开放城市战略为核心的东部战略；发展到20世纪90年代则是以沿江经济开放区、沿江开放城市和边境经济合作区为主的区域战略；进入21世纪，又先后提出西部大开发、振兴东北、中部崛起的区域振兴战略；2010年后，国家又提出海洋发展战略，国家战略重心再次回到沿海，形成了大量滨海新区建设热潮。这些区域发展战略的调整强化了重点区域资金、技术、人力、政策等方面的支持力度，加快了区域基础设施建设、产业企业落地、人才技术集聚的速度，从而促进了这些区域新城新区的发展。

改革开放之后，东部地区由于地理位置和政策扶持等因素快速发展起来，而与之相对的西部地区则由于历史和区位等因素发展相对缓慢，西部地区与东部沿海区域的发展差距逐步拉开，这成为一个长期困扰中国经济和社会健康发展的全局性问题。在此情况下，国家于2000年启动了西部大开发的发展战略。随着国家西部地区"十大工程"、青藏铁路的相继开工建设，西气东输、西电东送工程的逐步实施，西部地区大规模的机场、铁路、公路建设的全面启动，以及城市基础设施建设项目的开展，西部地区开发力度的不断加大，经济发展的不断提速，其新城新区数量在2000年后迎来了高速发展，从2000年的160个发展到2019年的871个，数量增长了444.38%，年递增9.33%，并在此基础上形成了一大批颇有竞争力的城市群和都市圈（图3.1）。

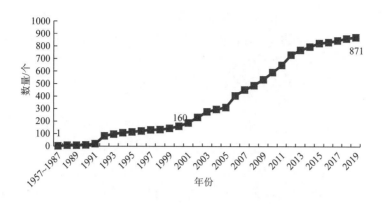

图 3.1　西部地区新城新区数量发展图

（3）对口支援政策：1979 年在全国边防工作会议上第一次明确提出并阐述了对口支援政策。早期的对口支援政策主要是为了加强边境地区和少数民族地区的建设，主要措施是增加资金和物资的投入，组织内地的省、市地区对口支援边境和少数民族等较落后地区。而后这种政策逐渐形成了东部发达地区对西部民族地区、落后地区的定向帮助，支援的领域也从经济发展逐步扩展到社会发展、城市建设领域，并向工业、农业、商贸、科技、人才、文教、卫生、扶贫、劳务、城市规划、建设等各个领域辐射。对口支援往往能为被支援城市带去人才、资金、产业、技术和先进的城市规划建设理念，从而在一定程度上推动了一些新城新区的建设发展。2010 年，在新一轮援疆工作的安排调整下，广东省对口支援新疆喀什地区，其中广州市则负责对口支援疏附县。在广州市的资金、技术、人才和规划理念、科技的指引下，疏附县建设并形成了一个高规划标准，布局着国际商业街、小商品城、国际装饰材料城、广货中心等六大专业市场，集现代商贸、物流、休闲度假、宜居社区为一体，总投资 70 亿元，可容纳 8 万人居住的"广州新城"。随着产业的引进和培育，区域内形成了南疆地区首家国家级科技企业孵化器——西部电商基地。新城建设以来已累计为当地财政税收增加 1.6 亿元以上，为当地居民提供就业岗位近 5000 个，拉动相关投资 50 亿元以上，其已发展成为一座典型的综合新城。

（4）"一带一路"倡议：该倡议是国家主席习近平于 2013 年提出的，包括"丝绸之路经济带"和"21 世纪海上丝绸之路"。2015 年，《推动共建丝绸之路经济带和21 世纪海上丝绸之路的愿景与行动》的发布标志着该倡议从概念议题进入建设操作阶段。该倡议整体按照历史上"一带一路"的走向，陆上依托国际大通道，以沿线中心城市为支撑，以重点经贸产业园区为合作平台，共同打造新亚欧大陆桥、中蒙俄、中国－中亚－西亚、中国－中南半岛等国际经济合作走廊；海上以重点港口为节点，共同建设通畅安全高效的运输大通道。中巴、孟中印缅两个经济走廊与推进"一带一路"建设关联紧密，要进一步推动合作，取得更大进展。在该倡议的影响和指引下，一大批以自由贸易试验区为代表的新城加快规划建设并日趋成熟。2013 年，上海自由贸易试验区正式成立；2015 年，广东、天津、福建第二批自由贸易试验区正式挂牌；2017年，辽宁、重庆、浙江、四川、河南、陕西、湖北作为第三批自由贸易试验区同时挂牌；2018 年，海南也步入自由贸易试验区建设的轨道；2019 年，山东、江苏、广西、河北、云南、黑龙江 6 个自由贸易试验区也相继被批准设立，从而形成了"1+3+7+1+6"的自由贸易试验区开放新格局。

此外，各省（自治区、直辖市）尤其边境地区积极地融入"一带一路"建设，推动了一批新城新区的建设。位于边境的黑龙江、云南、吉林、内蒙古、新疆等省（自治区）根据自身特点，从跨境贸易区、口岸建设、综合保税区建设等不同方面出台政策，催生了一批以边境贸易为主的商贸新城。例如，云南省的临沧边境经济合作区、红河综合保税区；广西壮族自治区的广西－东盟经济技术开发区；新疆维吾尔自治区的中哈霍尔果斯国际边境合作中心、喀什综合保税区；黑龙江省的哈尔滨综合保税区等。

（5）制度创新、新发展观：当前我国处于体制机制深度改革以及结构转型升级的关键时期，生产力发展进入一个新阶段，经济发展进入新常态，大力谋求高质量发展。与此同时，多年的高速发展带来的种种问题，如"大城市病"、生态恶化、核心城市的单极化发展、产能过剩等一系列问题正在日渐显现。在这种背景下，国家在宏观层面进行了制度创新、落实新发展观，这种指导思想的转变和创新也极大地影响了新城的建设、创新和发展，最为典型的就是雄安新区的建设。2017 年，中国政府正式决定设立远期控制面积 2000km^2，涉及河北省雄县、容城、安新 3 县及周边部分区域的雄安新区。雄安新区建设的主要目的在于集中疏解北京非首都功能，探索人口经济密集地区优化开发新模式，调整优化京津冀城市布局和空间结构，培育创新驱动发展新引擎。其建设的主要任务也与传统新城不一样，主要着眼建设绿色智慧新城、打造优美生态环境、发展高端高新产业、提供优质公共服务、构建快捷高效交通网、推进体制机制改革、扩大全方位对外开放等。而后《河北雄安新区规划纲要》正式公布，"未来之城"成了雄安新区的新代名词，被看作继深圳、上海浦东之后，又一座引领未来城市发展乃至国家发展的新城。目前，雄安新区正处在高速建设和功能完善阶段，包含京雄城际、京雄高速等在内的 100 余项重大项目相继开工建设，40 余家大中专院校和医疗机构逐步挂牌建设，已有 3000 多家企业完成注册，雄安新区功能日趋完善。

二、地方政府层面

（一）城市规划

城市规划是地方政府在充分分析了城市的自然环境、经济社会状况和技术条件现状的基础上对城市未来战略的安排，如对城市功能性质、城市规模、用地布局、产业导向和基础设施配套的引导控制。作为城市范围的重要组成部分，城市新区的建设与发展同样受到城市规划的重要影响，其引导作用体现在以下方面：

一是对城市性质功能的确定。城市规划对于城市性质和主要功能的确定对城市未来的主导产业、生态门槛等均会产生影响，而这些内容对于城市旧城区的产业转移和城市新区的发展方向均有重要影响。

二是对城市空间发展方向的指引。城市规划对于空间发展方向的战略定位对城市新区选址、规模和空间形态具有重要意义。

三是对城市内部功能分区的调整。城市关于用地布局和产业分工的规划直接影响了城市多中心的空间布局，对城市新区的类型、产业功能、管理体制均有影响。

（二）地方财政、土地以及其他配套政策

地方财政支持政策主要集中在企业贷款利率优惠、地方财政贴息等方面。例如，上海浦东新区规定：对新引进的生物医药、光仪电、集成电路、软件产品、新材料、新能源及高精装备等生产企业，经认定，其实现的增加值形成地方财力部分两年内给予100%补贴。

地方政府针对新城新区制定了许多土地开发优惠政策：①部分地方政府授予开发区管理委员会规划编制审定权和土地利用管理权。②极其优惠的土地出让价格，许多开发区采用低地价吸引企业入驻开发区，如郑州高新区规定科学技术部、省科学技术委员会或高新区认定的企业、生产性外企、支柱产业项目都采取额度不等的基准地价优惠政策。③基建项目优惠，如武汉东湖开发区规定生产性和非生产性的基建项目都实行商业网点、教育设施、基础设施等配套费免收政策。

其他配套政策主要包括审批权限、人才政策、贷款政策、创新奖励政策、风险投资政策、科技成果转化政策等。

（三）地方对新城新区的制度探索、形式创新

在新的发展背景、经济新常态以及新发展理念的支撑下，部分地方针对新城的制度、形式进行了符合自身特色、针对自身问题的探索和创新。例如，河南省基于乡村振兴战略所建设的城乡一体化示范区基于原有产业聚集区向外扩充延伸，其包含城市、生态用地等多类型用地，并将部分有条件发展的农村、小城镇纳入示范区，积极探索示范区内规划布局、产业发展、基础设施、公共服务、就业和社会保障、户籍改革、土地改革、生态环境等一体化发展的新方法和途径，并积极实施"村村通"工程进行教育资源整合，发展农业产业化项目，加强基础设施建设，深化拓展场县共建，完善区域内农村和小城镇的生产生活功能，从而探索一条城乡一体化的可行道路。

第二节　城市经济发展的直接要求

城市经济发展是城市新区产生和发展最主要、最根本的驱动力。城市经济发展包括经济总量的增加和产业结构的调整，前者会引起土地、空间需求总量的增加和向外

扩张的趋势，后者则会引发产业空间布局结构的变化。简言之，城市经济活动的发展推动了城市空间的扩张，刺激了各城市"做大、做强"的欲望。大部分的中国城市建设由于历史等原因，选址受山水等地形限制严重，建设空间狭小局促，难以承担经济发展后空间扩张的相关结果，在新经济刺激下的城市郊区化过程以及产业的集聚和规模效应这两方面的共同作用下，城市近郊区的新区就顺理成章地形成和发展起来了。在这一过程中，经济发展为其提供了源源不断的资金动力。

一、追逐市场利益的推动力

随着中国由计划经济转变为市场经济，经济效益成为城市的主要发展目的，基于这个发展目的，企业成为中国城市发展的主要驱动力，企业的发展能够极大地促进城市物质财富的积累和城市经济的发展，与其相关的所有的生产要素成为城市政府的竞争对象。而对于企业自身来说，利润最大化是其追求的主要目标，对于成本的控制，风险的预估和未来扩大生产的计划等是其选取区位时主要考虑的因素，因而普遍选取地价较低、市场呈上升发展、政府政策支持以及公共服务配套完善的区域。为了争夺企业的进驻，聚集了廉价且充足的土地资源、优惠的政策条件、完善的设施配套、良好的环境资源以及尚不成熟但有一定潜力呈上升发展态势的市场等优点的新区成为政府招商引资和企业首选落地的最佳区域。

随着 1989 年土地出让金制度的建立和 1994 年分税制改革的进行，土地财政成为地方政府预算外财政收入的主要来源，土地出让金占地方财政收入的比重已从 2001 年的 16.61% 提升至最高点 2010 年的 76.6%，随后逐步下降，但仍占四成以上。对土地财政的依赖促使各个城市在巨大的财政压力下纷纷扩大土地出让面积，从而获取城市发展和运营所需的各类资金。新城新区作为特殊的政策性区域，享有各级政府制定的诸多如税收、土地等优惠性政策，对市场需求者吸引力巨大。为此，地方政府通过加大城市新区基础设施建设力度，营造良好的投资环境吸引投资。城市新区的建设无疑是促使地方政府获得城市运作资金的重要途径。

二、寻求城市增长极的驱动

市场经济体制下生产要素的流动性增强，加剧了城镇之间的竞争，各个城市为了吸引和接收资本、技术、人才等各种生产要素，提升城市的经济竞争力，纷纷选择创造足够的空间和更好的城市经营。而资本、技术等生产要素的集中能够促进城市经济的再次增长，形成城市新的经济增长极。基于城市经济增长极的发展需求，地方政府将工作要点放在城市近郊的新区建设和旧城改造上，而旧城改造受地租、经济发展水平和人口密集等因素的影响而面临严重的经济和社会问题，加之旧城改造中相较于新区建设成本更高、后期效益较低，新区的建设更加受到政府的青睐。政府通过制定新区土地、税收、户籍、人才补贴等优惠政策吸引流动投资和其他生产要素，使之成为城市招商引资、大型工业项目建设、高新技术产业研发的主要空间承接地，从而形成新的城市经济发展增长极，提升城市发展的竞争力。

在计划经济时期，由于城市功能定位的转向，上海从一个多功能的"国际化"城市转变为功能单一的"内向性"工业城市，城市发展进入低潮期。为了解决工业衰退给城市带来的基础设施滞后、精英人才流失等方面的影响，1990年4月18日，国家决定开发开放浦东，这成为上海"再都市化"的开端。浦东开发吸引了大量的国有资本和外资注入，基础设施快速完善、产业规模不断扩大升级，已形成包括陆家嘴金融贸易区、金桥出口加工区、外高桥保税区、洋山保税港区、张江高科技园区、临港产业区等在内的多功能、现代化新城区。2018年，浦东各项经济指标均处于上海市第一，以超万亿的GDP总值在全国经济开发区中排名第一，已成为上海市乃至长江三角洲新的增长极（表3.2）。

表 3.2 上海浦东新区对上海市的经济贡献（2018 年）

指标	浦东新区	上海市	比重 /%	指标	浦东新区	上海市	比重 /%
区域面积 /km²	1210.41	6340.5	19.09	GDP/ 亿元	10461.59	32679.87	32.01
常住人口 / 万人	555.02	2423.78	22.90	工业产值 / 亿元	10421.07	36451.84	28.59
财政收入 / 亿元	4263.98	15459.65	27.58	进出口总额 / 亿美元	20582	85317.0	24.12

三、产业结构升级调整的诉求

产业结构的演进就是在经济发展的不同阶段，依次出现不同的主导产业，其他产业围绕主导产业发展、布局等，从而随着主导产业的选取实现整个产业结构的合理化和高级化。从国外整体的发展历程来看，城市产业结构的调整与升级经历几个明显的阶段：①原始时代以农业为主的产业结构；②工业化时期形成了以工业为导向的产业结构，随着工业发展和资本累积，多样化的服务业在工业化后期初步形成和发展起来；③后工业时期，服务业逐步取代工业占据城市经济的主导地位，但工业仍是城市经济的重要组成力量。

产业结构升级调整带来的就是生产要素在不同产业之间的流通和转移，而随着生产要素的转移，与之俱来的是城市主导产业的转变和更替，从而引发产业的空间流动和城市土地结构的转变。旧产业由于生产资源和主导地位变化，失去了政策支持和竞争优势，不得不在基于土地地价、租金和交通运输成本的空间竞争下由原有区位转移至低成本区域，而随着新主导产业的形成，集聚了大量生产要素的主导产业可以选择高成本区位进行生产销售。中国城市发展逐步由生产型城市向消费型城市过渡，加之国家政策引导以及城市主要功能的变迁，工业生产需要为生活消费做出让步，从而导致工业郊区化和包括金融、商贸等的服务业中心化，城市的生产、生活和消费空间分布格局出现了新的特点和变化。

在大量传统制造业的拉动下，主城区经济得到了快速的发展，但随着交通、基础设施完善度的提升和储备的土地资源的持续减少，主城区地价越来越高，大量工业用地占据主城区中心地位，一方面影响城市景观和功能定位的转变；另一方面，随着市场环境变化、技术水平和规模生产等因素影响，传统水平利润空间下降，资源消耗严重，产生了占据高地价核心土地资源却无法承担城市经济发展的主体地位的问题，对土地资源形成一定的浪费，加之传统产业产生的环境污染以及交通拥堵问题，城市发展方向的转变以及优势产业对核心区域的竞争加剧，旧产业不得不腾出旧城区的核心位置，而旧产业的郊区化和边缘化促进了城市新区的产生和发展。

由于国家产业结构升级的政策指引、市场经济下产业的优胜劣汰以及城市自身发展和定位的需求，生产型城市思想指导下占据城市核心区域的传统生产制造业外迁成为城市发展的主流，大量工业产业的郊区化和集聚效应促进了新城的前身——工业新区的形成。此外，随着技术的发展、经济全球化的影响以及创新产业地位的提升，新兴产业对空间产生了强烈的需求，这些产业巨大的附加值和对城市发展强烈的推动作用，促进了大量创新城、高新区的发展。

第三节　全球化带来的新城发展驱动力

一、承担国际分工的需要

经济全球化和区域一体化是当前世界经济发展的主要特点，这一特点必然导致生产方式发生重大转变。20世纪80年代末，随着世界贸易与投资自由化的加速，生产要素在全球范围内大规模快速流动和扩张，使得生产分工向全球化发展，促进了生产、资源要素空间分布的优化和发展。随着各个国家融入世界体系，国内分工已被国际分工所代替，而在这一背景下，相关产业链也出现了相应的空间分化。

随着我国经济全面融入全球化进程，传统城市不得不为外向型经济发展开辟足够的建设区域。中小城市顺应生产制造业转移的机遇，为了发挥比较优势，大量以外向型工业生产为主的开发区快速发展，成为有效组合国际资本与国内庞大的高素质劳动力的有效载体和途径，形成了一批以产业园区为主的新城雏形。随后大量外向型经济的集中布局，促进了城市产业体系的发育和产业结构的升级，形成了以产业功能为主的城市新区。

进入21世纪，经济全球化在信息革命的催化下突飞猛进，世界经济进入知识经济的新阶段，产业发展呈现从劳动密集型产业转向资本、技术密集型产业，从传统产业转向新兴产业，从生产制造业转向服务业，从低附加值产业转向高附加值产业的发展趋势，信息、保险、金融、管理等服务业成为国际产业转移中的重点领域，同时中国内外环境、资源、劳动力条件也难以支撑目前"中国制造"模式的持续发展，生产型新区发展速度有所减缓。而受这些产业自身特点以及投资环境影响，大量国际转移的技术、科研等生产服务产业向诸如北京、上海、广州、深圳等大都市集聚，而为了适应这种趋势，大量诸如大学城、科学城、科技园、知识城、智慧城、创新城等一系列新型新城在大都市区域快速建设起来。

二、外资企业进驻推动

随着改革开放政策的提出和深化，大量外资注入中国城市，对城市的形成和发展起了重要作用，极大地影响了中国城镇化的发展进程。外资企业对新城的影响主要体现在外资企业能够吸引生产技术和劳动力，从而促进城市产业的发展和消费市场的增大，其是政府税收的主要来源和城市发展的重要驱动因素，因此成为各城市争夺的主要对象。

外资对新城的影响可以分为两个阶段。早期进驻的外资企业以劳动密集型和资源密集型为主，此类企业需要城市提供充足的企业生产、生活空间和资源，而旧城土地等资源不足、交通情况不佳，且改造的成本偏高，为了吸引外资企业进驻，政府更倾向于在市郊利用政策、廉价的土地和完善的管理、便捷的公共服务吸引外资进驻城市新区。在该阶段，外资企业对劳动力极强的吸引力也促进了大量外来人口的进入，其产生的生产生活需求和与本地居民之间的竞争、矛盾又进一步促进了城市新区的发展。

随着经济的发展，外资企业对新城的影响进入了一个新的阶段，首先早期进入旧城区的资源密集型和劳动密集型的外资企业逐步对城市产生了大量的不良影响和社会问题，不得不进行外迁，从而再次促进了新城的发展。其次，随着销售、研发等跨国机构的进入，传统的资本输入逐步向技术和人才输入转移，一方面跨国公司高端研发部门对城市中心区位的强烈需求进一步抬高了旧城区的土地价格，加剧了城市产业的布局调整和市场竞争，迫使旧的生产类企业无法承受高租金、高成本而外迁至市郊新区；另一方面，外资企业带来的技术人才生活需求和输入的价值观念促使郊区环境优良的新城新区成为其生活居住、休闲和购物中心，这种观念促进了城市居住类新区的产生和发展。

三、文化软实力的提升需要

经济全球化的快速发展带来了文化的沟通和交流，文化软实力的竞争成为城市除经济实力之外重要的竞争资本，一边接受世界的前沿文化，一边传承和发扬自身的传统和土著文化，才能促进城市的全面、健康发展，才能满足城市居民的文化需求。文化软实力的提升又能进一步促进城市的经济快速和高质量的增长，人才文化成为城市经济社会发展的核心竞争力；理念文化指导经济发展的主要方向，制度文化促进经济不断发展，消费文化强烈拉动经济发展，品牌文化成为市场开拓和利益获取的最大效力，同时文化自身形成的文化产业也是新时期一个主要的产业主力军。而且，城市居民的文化选择促进了城市郊区化的发展，城市政府的文化选择也推动了新区文化产业的发展。

随着文化实力发展的需求增多，城市需要新的空间吸纳外来先进文化，更需要空间展示本土传统文化，提升城市的文化影响力，文化的频繁交流促进了文化空间的发展，而文化空间对于大量土地的需求也促进了会展类新区的发展。服务性文化的发展和完善促进了新区公共服务与旧城区的比较优势进一步扩大，在一定程度上也提升了新区相对于旧城的人口吸引力。理念文化提升了城市发展的科学性和合理性，随着理念文化的发展，科学发展观、可持续发展的理念替代了过去以经济建设为主的理念文化，也促进了新城的发展。而作为经济发展主要增长产业的文化产业自身，其产业的培育、增长需要较长的周期、较低的初期投入门槛和良好的氛围，各地政府对文化产业的热衷促进了低地价、集聚的文化产业和政策支持的文化产业新城逐步产生和发展。

位于西安市东南部总面积 51.5km^2 的曲江新区是国家首批文化产业示范园区，是陕西省、西安市确立的以文化产业和旅游产业为主导的城市发展新区。该新区以"国家队、国际牌、扬西安、名世界"为战略目标，充分依托西安乃至陕西的历史文化、文物资源、旅游特色优势，加大文化产业的投资力度和公共设施的建设管理。该新区先后建成大雁塔北广场、大唐芙蓉园、曲江国际会展中心、曲江池遗址公园、大唐不夜城等一批重大文化项目，组建了曲江文化产业集团、曲江文化旅游集团、曲江文化商业集团等一批大型企业集团，并出台了一系列文化产业扶持政策。在会展业、旅游业等服务业的带动下，曲江新区逐步形成了集文化产业、休闲观光、金融商业和居住等功能为一体的综合新城。

四、协调区域发展需要

城镇化的发展促进了城市与乡村的一体化，而随着经济全球化的发展，城市与城市之间，区域与区域之间越发紧密联系在一起，这种区域间的联系促进了生产要素的流通，增强了区域间的合作与分工，这种合作与分工加速了区域间的产业流动和调整，进一步推动了区域间的生产要素（包括资本、劳动力、资源等）的快速流通，这种状况表现在区域中就是都市圈的形成，表现在城市范围就是城市与乡村、小城镇的协调和统筹。而无论哪个尺度范围的区域协调发展，均促进了生产要素和产业的流动性，从而刺激了新城的产生与后续发展。

区域一体化的直接后果就是城市群的产生和发展，而随着城市群的发展，区域内优先级较高的城镇对周边中小城镇产生了极大的拉动和支撑作用，优先级较高的城镇产业优先产生了更新换代和分工的需求，从而需要传统生产制造产业外溢，而城市群中较低等级的中小城镇一方面土地资源充足且地价较低，为了吸引这些外溢产业纷纷建设公共服务完善、政策优惠、地价较低的产业新区新城来承接区域分工和产业的外溢；另一方面随着交通、通信技术的发展，加之较高优先级的城市房价不断提升，邻近的中小城镇成为房地产商的投资热点和大城市购房倾向区域，大量价格较低、交通便利的居住类新区发展和建设起来。

随着城市群和区域间合作分工的进一步发展，新城新区的形式更加多元，区域为了综合竞争力的提升和内部分工的需要，往往形成一个范围更为广阔，功能更加多元，包含了多个新区、新城的大范围新区域。例如，由香港、澳门两个特别行政区和广东省的广州、深圳、珠海、佛山、惠州、东莞、中山、江门、肇庆九个珠江三角洲城市组成的粤港澳大湾区，包含了深圳前海、广州南沙、珠海横琴等重大自由贸易试验区、出口加工区合作平台，又有深圳市高新技术产业园区、中山火炬高新技术产业开发区、广州高新技术产业开发区等多个国家级高新区，在大的空间尺度实现了新城新区的整合、发展，极大地提升了区域实力。此外，随着区域内外合作的加深、分工的明确，一批以产业转移园区、产业合作园区为基础的新城新区的建设进程也明显加快。

城市经济的持续发展使城市积累了大量的物质财富，成为周边区域的核心，一方面核心区域的发展需要向周边区域扩张；另一方面周边区域与核心区域贫富差距的拉大使周边区域产生了发展诉求，基于这两点，城市开始向周边的农村区域和小城镇扩张，而在这种情况下，小城镇以其区位、基础设施、资源和成本优势成为连接大城市和乡村的重要纽带，因此政府在小城镇设置相应的新城新区，利用这些依托小城镇的新城拉动区域的协调均衡发展。小城镇新区有利于拉动周边农村区域发展、有利于良好环境结合城市生活方式的优越性、有利于实现整个城市生产力的合理分配和调控、有利于降低大城市的压力和难题，从而实现大城市经济进一步拓展，提升市域整体竞争力并降低城市不均等、不平衡发展的概率。

第四节　城市空间发展压力的驱动

作为城市新区建设重要的内因，城市空间发展的需求直接促使城市扩张，城市扩张是城市新区建设的直接驱动力。城市发展是多因素共同作用和协调影响的系统，如城市依靠大量的人力和资金推动了自身经济发展，但是人的社会属性也决定了大量的人口会产生居住、科教、休闲、卫生等生活需求。在生产型城市发展阶段，人的经济属性被充分挖掘，劳动力资源这一生产要素从资源稀缺、生产落后的区域向资源密集、发展迅速的成熟区域流动转移，少数区域集聚了大量的人口，对区域的交通、环境产生了一定的负面影响，而且随着个人社会需求的产生，城市的服务功能、基础设施等出现了严重的局限性和缺口，因此城市发展需要在空间上出现突破和发展，力求形成一种城市功能服务相对到位、新功能成长充分、城市规模经济效应最大化以及兼顾人的社会属性的空间结构，这种需求刺激了城市新区的建设。

随着城市经济水平的不断发展，城市的发展不再仅仅追求物质水平的提高，城市居民对生活、生产等的需求也使得次级城市的发展出现转向，可持续发展成为城市发展的主要理念，生态健康、公共服务、科研创新等方面成为城市发展的重点，而且随着城市综合竞争力理念的提出，城市的竞争力不只局限在经济领域，文化竞争力、科研竞争力甚至宜居能力等均成为城市竞争力的主要构成部分。在这些理念的驱动下，城市政府拟通过修建新区实现新的城市发展理念，一方面将新区建成为新型城镇化理念的试点区域，以生态、文化、科技等理念促进城市综合竞争力的提升；另一方面，用新区吸引新型产业、人口，除形成多中心的良性城市结构之外也在一定程度上促进老城的优化和提升（图3.2）。

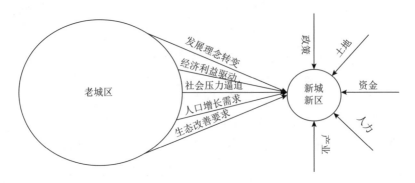

图 3.2　新城新区发展模式示意图

一、人口增长压力

随着城市经济快速发展，城市作为区域的增长中心，对周边生产要素有极强的吸引和集聚能力，而人力资源作为主要的生产要素，会受到城市的强烈吸引，因此城市吸收了大量的外来人口进驻。而在城市内部，产业的发展需要大量的劳动力，在生活需求能得到更好地满足、经济行为能够产生更大价值的结果导向下，城市中心区人口大量集中，逐步达到其承载力的上限，无法继续承担人口的迁入压力，但随着产业的发展，劳动力缺口仍然增大，因此产业亟须转移扩散，从而疏散源源不断的迁入人口，于是城市就产生了空间发展的诉求。而从国外的发展经验来看，城市新区能够有效地限制中心城区的人口过度集中，在人口的压力下，城市新区成为城市空间扩张的首要选择。

二、老城就业压力增大

城市快速增长的人口数量给旧城的就业带来了巨大的压力，而外来人口的大量涌入也会导致现有的一部分就业人员失业，从而在一定程度上加重了外来人口和本地人口的社会矛盾。而受成本增加、土地资源不足等因素的影响，现有的企业无法在老城扩大生产规模，新企业的进驻也势必导致旧企业淘汰，就业机会的增加存在较大难度，这种困局促使了政府大力投资建设新区。首先，新区的建设开发可以提供大量的就业机会，如建筑行业和相关服务业等；其次，新区充足的土地资源和优惠的财政政策为企业的扩散转移提供了空间支持，为企业扩大生产提供了可能，而且伴随着生产的扩大和新区建成后人口的各种社会需求，工业和服务业的就业机会将显著增多，这在很大程度上可以缓解旧城的就业压力。

三、老城区居住矛盾突出

随着经济的发展,城市集中了大量的劳动力,而人口的集中产生了大量的居住需求,旧城集中了大量的产业、行政、商业等,导致土地资源严重匮乏,老城地价大幅上升,成本的增加导致房价快速增长,新增人口难以负担房价,产生了严重的居住压力,其在一定程度上不利于社会的健康发展。为解决居民的居住问题,政府普遍采用旧城改造和开发新区两种手段。旧城区土地资源稀缺,现有的住宅密度较大,拆迁成本极高,与之相对的是新城的土地资源充裕、地价相对较低,现有居住区密度、质量与层次均较低,拆迁成本远低于旧城,加之土地财政的引导,新区开发的利润远高于旧城改造,因此政府对于新城开发的热衷程度远高于旧城改造。

房地产开发商的行为主要受市场供需因素影响,其追求的是利润的最大化。旧城区社会经济活动集中、配套服务设施完善、区位优势优越、房地产的开发价值较高,但是因为土地的稀缺性较高、拆迁安置成本较高、开发难度较高、建设成本巨大,所以旧城区不适合大规模开发,而且从未来发展来看,旧城区的房地产市场存在不稳定性,投资风险较大;而相比之下,城市新区土地资源充足、建设成本较低,加之居住环境较好,适合房地产商大规模开发,同时新区开发容积率等因素限制相对较少、成本较低,相对应的产业结构更容易实现多样化、满足人群多样化,从而减小了市场的风险,虽然房地产市场需要较长的培育周期,但政府对新区的投入和宣传促进片区市场的前景上升,整体投资风险相对较低。目前,房地产市场受政策、居民接受程度影响,刚需市场的投资热度普遍较高,新区的低价对于市场客户的吸引度较高,开发商对于新区的投资热度相对较高,促进了城市新区的发展。

四、居民生活质量有待提高

伴随中心城区社会经济的高速发展,旧城人口密度的持续增加,在土地资源缺乏和拆迁成本上升的基础上,基础设施以及公共服务的缺口逐步显现出来,住宅面积减少,道路拥堵,环境恶化,就业、社会福利、资源等方面的不公平以及"就医难""上学难"等问题凸显出来,物质流、能量流的输入和输出失去平衡,社会需求矛盾突出,居民的生活质量下降。为了解决这一问题,旧城需要人口疏散转移,政府则需要寻求新的住宅开发空间来缓解中心城区的居住压力,因此新区的建设开发便成为最佳方案,其以完善的规划、充足的公共服务和就业岗位、基础设施保障居民生活质量。除保障新区居民的生活质量之外,其还疏散了主城的人口,缓解了主城的交通、公共服务的压力,在一定程度上也减小了旧城问题解决的压力。

五、生态环境问题的改善要求

旧城区传统产业造成了城市水体、空气的污染问题,且自身生产运输会引发噪声、交通拥堵等问题，从而对城市的可持续发展产生了极大的影响，影响了城市的发展和竞争力的提升。且随着生态环境对城市竞争力提升和综合发展的作用越来越大，国家对产业污染的治理、要求程度越来越高，产业的排污治污设备、技术需要大幅度完善和提升，而新的清洁生产设备、配套需要大量的土地和相关人员，而且诸如循环产业、集约经济的建成需要大量相关产业的集聚产生规模效应，旧城区无法提供足够的土地，企业也难以承担旧城高昂的土地价格和租金，因此新城的建设成为解决企业提升清洁生产能力所需土地的主要途径。

企业污染、人口大量增加、环境恶化、就业岗位缺乏、交通拥堵、公共服务设施不足等大量问题使旧城区居住质量急剧下降，且随着相关产业逐步迁向新区，部分城市居民出现了严重的职住分离现象，影响其居住舒适度。城市新区环境相对较好，而且新区规划注重道路、公园、学校、医院等公共服务设施等配套的建设，居住便捷度较高，加之新区的住宅价格普遍低于城市旧区，新区的宜居度较高，而且迁出产业的相关员工为了改善职住分离，在居住舒适度的驱动下，其也会选择新区进行居住，从而新区在宜居性的驱动下得到了较大的发展和提升。

六、城镇化发展思路的转变促进

城镇化进程的发展极大而又直接地促进了新城新区的产生发展。城镇化进程的推进，促进了城市经济、社会结构的演变和城市空间结构的调整。无论是我国城镇化的空间表现，还是城镇化所处的阶段特点，均产生了新城新区的建设需要，而城镇化自身发展产生经济、产业、功能以及文化等的演变，无一不是新城新区的重要驱动因素。

随着我国由企业主导的城镇化的发展，生产型企业占据了旧城中的核心地位，粗放的生产模式带来的环境污染、噪声问题，地价上升引起的城市建筑高度、密度持续增长，外来人口的大量涌入以及城市基础设施完善度的下降，导致旧城区居住质量不断下降，在城镇化发展至一定阶段时，部分积累了相当程度物质财富的城市居民产生新的需求，对生活环境的追求和对交通、休闲等生活舒适度的需求与旧城现状产生了严重的矛盾，推动了城市精英群体（由部分富人引领，以中等收入群体为主导）居住的郊区化行为，随之带来了商业、办公和经营活动的郊区化。随着郊区化的产生和发展，郊区逐步形成了生活类新城新区，随着基础设施完善、环境和公共服务优势突出、高端人才聚集程度较高，郊区具备了高端零售、服务产业发展的基础条件，因此部分产业的落地又推动了居住新城向综合新城过渡。

城镇化的发展势必促进城市人口的集中，为提升城市人口的承载力，城市空间的扩张便成为趋势，对于中国的城市而言，其大多受风水影响，近山近河，其空间扩张受地理因素制约，跨越式的城市扩张成为首选方案，市郊新城新区成为城市扩张的主要途径。此外，在国外城市扩张的经验教训下，"摊大饼"式的城市扩张思想成为中国城市扩张的禁忌，多中心分散式的城市扩张指导思想成为主流，在这种思想的指导下，城市设立多个新城新区，多中心发展促进城镇各个区域分散地实现城镇化。

第五节　新城建设的技术动力

一、交通系统完善、通信技术的发展

交通系统和通信、互联网技术是空间联系的主要方式。交通系统促进人流和物质流的空间联系，而通信技术的发展则推动了空间之间信息流的联结。空间联系方式的每一次变化都促进和推动了城市的空间扩张，调节了城市的空间结构。例如，大量兴建企业、工厂是城市经济发展在城市景观中的直接体现，交通运输和通信互联网发展则可视为城市空间扩张的外在形式。

交通系统是城市空间发展的重要依托，也是城市空间发展的导向。交通是城市空间内部的各种资源流动的媒介，是城市空间的"通道"。城市综合交通系统的建设和完善，使城市空间的可达性提高，扩大了资本、劳动力、技术等要素所能达到的空间范围。尤其是高速交通网（航空、高铁）可以使大区域间的交流不再受地理空间限制；城市交通体系也是城市空间扩张的框架，城市内部的综合交通建设包括城市道路网、地铁、轻轨等的建设，大大提高了城市的聚集和交流能力，提升了城市的可达性，使得城市边缘区与城市中心联结程度大幅提升，为城市向边缘区扩张提供了基础和支撑；同时交通系统的完善促进了城市土地利用价值的再分配，促进了城市产业、人口向远离旧城区的区域移动和发展。所以，对外交通能够引导城市空间不断向外扩张，能够改变城市空间向外扩张的方向、强度和速度，对城市新城、新区的形成和发展具有重要的指引和加速作用。

通信和互联网技术作为一种"不可见的交通层"存在于现有交通技术之上，共同构成城市的立体流通通道，而且通信技术是城市信息流的无形流动通道。通信技术的发展，增强了生产、销售和生活的联结度，减少了产业选取的区位限制，促进了产业区位选择的灵活性，引导了产业的"郊区化"，促进了新区的产生和发展。而对于日常生活方面，通信和互联网技术的发展促进了网络商业、家庭办公的发展，减少了个人与商业、工业的距离，减少了个人在居住地选择方面对购物、工作距离的敏感度，也在一定程度上增强了人流向新区的聚集。

二、技术发展促进新兴产业、技术密集型产业快速壮大

技术的发展推动新兴产业和技术密集型产业作为城市未来经济发展的主力产业逐步产生和发展。与传统产业相比，首先，新兴产业和技术密集型产业对资源的集约利

用程度高，投入产生效应远高于传统产业，污染、噪声和对交通依赖程度较低。以上优点让其成为各个城市未来主导产业的一部分，具有很大的发展前景和极高的附加值。但是技术密集型产业和新兴产业一方面需要人才的支撑，而高端人才对工作和居住环境的需求度较高，旧城区的拥堵和环境恶化难以满足其居住生活和工作生产的需要。其次，新兴产业和技术密集型产业对产业集聚和产业链条的形成要求较高，旧城区难以提供大面积成块的土地供大批此类企业进行落地生产。最后，此类企业需要与大学等科研机构建立密切的联系，而大学随着城市发展的需求逐步外围化和集中化，因此此类企业在选址时更倾向于邻近大学的城市周边新城新区。从此意义上来说，新兴产业和技术密集型企业的发展也促进了城市新城新区的发展。

高新区作为技术产业最主要的载体，自在美国出现以来就在城市经济中占有重要地位。在中国，自1988年北京市新技术产业开发试验区建立以来，高新区在各地快速建设发展起来，截至2018年年底，国家级高新区总共有169家，所有国家高新区的国民生产总值（GDP）总量达到了11.1万亿元，同比增长高达10.5%，比全国GDP同比增速（6.6%）高出3.9个百分点，其GDP总额约相当于全国GDP（91.9万亿元）的12.0%。

2018年，国家级高新区R&D人员258.4万人，折合全时当量达到177.2万人年，约占全国全部R&D人员全时当量（438.1万人年）的40.4%；企业R&D经费内部支出达7455.7亿元，约占全国企业R&D经费支出（15233.7亿元）的48.9%；高新区企业R&D经费内部支出与园区GDP比例为6.7%，约是全国R&D经费支出与GDP比例（2.2%）的3.0倍。高新区企业拥有有效发明专利数占全国境内外有效发明专利数（236.6万件）的30.9%。高新区企业的发明专利授权占发明总专利授权的比重达到35.4%，是全国（17.7%）的2倍（图3.3）。作为创新产业载体的高新区已成为创新驱动城市发展的主要模式和途径。

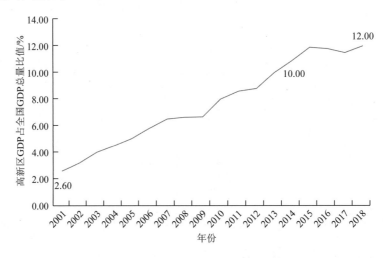

图3.3　高新区GDP占全国GDP总量比值（2001～2018年）

三、科研创新的发展需求

随着产业结构转型升级和城市发展需要的增加,科研和创新对于城市发展的推动力量越来越重要,而且中国城镇化的发展理念要求城市从生产制造型转向创新驱动型。在自主创新驱动下,产业研发空间和高校研究院等研发空间对城市的作用越来越重要。但是研发创新空间发展时间长,直接经济价值的体现需要较长的周期,因此旧城区的高租金、高成本无疑增加了创新研发的压力,旧城较为嘈杂和恶劣的生活、研发环境也不利于研发创新活动的进行。创新需要企业、高校的集聚和邻近效应,高校、企业均需要大量的土地资源和较好的、安静的生态环境,其带来的经济效应也需要长时间才能显现,因此政府倾向于开发新的创新空间促进城市创新能力的发展,而新区生态环境相对较好,土地价格较低且储量丰富,比较优势明显,在这种状况下大量大学城、创客空间、创新产业园等新城新区开始形成和发展。

第六节　新城建设的其他驱动因素

一、大型产业项目

大型产业项目具有建设周期快、开发强度高、对其他相关产业和劳动力吸引力大、税收高等特点,能为地方带来大量的基础建设资金,且其能得到各级政府的政策扶持,能迅速成为城市经济的增长极。不仅如此,大型产业项目因其生产链长,能够带动区域配套产业的进驻和发展,从而形成区域产业集聚优势。由于这些优势,大型产业项目成为城市竞争的要点。但大型产业项目需要大量的土地和配套设施,且对于交通等生产要素的要求极高,旧城无法提供大量土地储备,交通的承载力也有限,对于大型产业项目的支撑不足,因此新的产业园、新城新区等便成为重大产业项目的落地区域。

曹妃甸位于唐山市南部 70km 的沿海地区,距京唐港 61km,距北京约 230km,是冀东渤海之滨的一个默默无闻的小镇,但随着 2002 年首钢搬迁至此,曹妃甸成为中国著名的钢铁产业基地。310km^2 的规划填海面积、25 万 t 级的矿石码头已投入使用,大量港口、高铁、机场等基础交通设施都已规划建设或已完工,在首钢、唐钢的拉动下,片区形成了以大钢铁、大石化、大装备、先进制造业和港口物流为主体的产业体系。同时,首钢京唐钢铁联合有限责任公司、华润电力控股有限公司、华电重型装备制造等公司共计 135 个重大项目建成投产,完成产业投资 2000 亿元;此外,包括海清源反渗透膜、石墨硒、红河锌联等在内的一大批战略性新兴产业项目也逐步落地。在重大项目和产业企业的带动下,曹妃甸计划建设成为中国北方国际性能源、原材料主要集疏大港,国家商业性能源储备和调配中心,国家循环经济示范区,国家级石化产业基地,国家智慧城市试点和综合保税区。其从一个小镇变成了一座产业新城。

二、重要交通港驱动

交通技术的发展促进了生产要素在不同区域的流通和交流，推动了城市空间结构的扩展和演变，与交通技术提升相适应的是重要交通节点的形成和发展，这些节点作为资源、人流以及其他各要素集结和传输的中转站，自身形成了生产要素的集中地，这种要素的集中加上交通区位的优势，对于一些依赖运输和外向型的产业具有较强的吸引力，而且港口作为外来人口、物资进入城市的第一站，是城市各种流集中和高速流通的区域，也是城市向外展示的窗口，其促进了会展类、旅游类和商业休闲产业在片区的发展，此类产业新区便在交通枢纽周边形成发展起来；另外，作为交通枢纽自身，交通及其配套的运输、服务等本身就是重要产业，如大量的物流园区集中在空港、高铁以及海港附近，这些产业自身能够提供大量的就业机会，对区域经济有很强的拉动能力，这些产业发展和集聚也促进了城市新城新区的发展；港口附近人口、资源等流动大，信息流、物质流集中，而且政府的发展意向突出，政策、财政等倾向较大，地产开发商的投资热情高涨，促进了港口附近商业、居住地产类的发展，而伴随着城市旧城区的居住压力增大和环境恶化，这些区域成为承接主城人口扩散的重点区域，从而形成了一些以居住为主要功能的港口新城。

中国高速铁路从 2003 年通车的秦沈客运专线建设之后进入高速发展期，截至 2019 年年底，中国高速铁路营运总里程达到 35000km，居世界第一。2018 年，中国高速铁路营运动车组列车全年累计发送旅客达 20.05 亿人次。高铁带来的快速通勤和物质信息高速流动将深刻改变中国的城市结构，一方面新型高速网状交通网路的形成促进城市之间的交流和融合，另一方面高铁站以及配套设施的建设促进城市新的交通中心形成，且高铁站带来的人流、物质流以及信息流的交换集聚促进相关产业、人口在区域内集中，通过高铁对相关产业的带动加快城市新区建设。

以京沪高铁为例，其全长 1318 km，经过北京、上海以及沿线的山东、河北、江苏、安徽，不仅连接了中国的政治中心和经济中心，也经过了中国人口密度最大、经济发展最快、城镇化水平最高的地区。借助京沪高铁带来的人力、资本、技术等方面的要素，沿线多数城市借助高铁站点，投资建设了一大批"高铁新城""高铁新区"，构建了跨区域的"高铁经济带"，促进城市经济转型、发展和向外扩张，从而推动了生产要素的快速流动，实现了沿线地区经济的协调发展。例如，济南市借助高铁西站兴建了高铁新城，并结合大学城等片区组成了城市的西部新城。其中，高铁新城的定位是城市副中心、齐鲁新门户等，规划面积 26 km²，规划目标人口为 35 万人。无锡规划将高铁站周边打造成以总部经济、现代物流、金融服务等现代服务业为主要产业的锡东新城，规划总面积达到 125 km²，规划建设成为容纳 60 万常住人口、能够提供 55 万个就业岗位的城市新副中心。滁州高铁新区以滁州高铁站为核心，总用地面积 9.68 km²。滁州高铁新区将形成"三中心""两轴线""三片区"的结构，规划建设成为集交通功能、产业功能、商贸功能、文化娱乐功能、居住功能于一体的城市新区。

三、重大节事活动

重大节事活动是指对主办城市有着重大影响的大型体育、商业和文化活动或事件，如世博会、奥运会、亚运会、全运会、广交会、展览会、大型会议等。各类大型节事活动都为城市的加速发展提供了巨大的推动力。这种推动力既包括经济、社会效益以及文化软实力、区域知名度等非物质性影响，又包括节事设施（如大型会场、体育中心、道路以及服务设施）建设、土地利用格局、区域空间布局等物质性影响。其驱动作用体现在以下方面：

一是促成节事活动优先选址于新区。由于大城市中心区原有公共设施（如原体育场所或会议场所）相对陈旧且数量不足，加之交通及环境压力相对较大以及土地储备不足和改造成本偏高等，大型运动会等节事活动的主会场往往选址于相隔中心城区一定距离的郊区或新区，这样一方面可以有效、较低成本地保障节事活动顺利进行，另一方面也有利于城市空间的拓展和缓解旧城压力。

二是加速新区基础设施的建设进度。节事活动一般都带有强烈的政治、经济和文化内涵，且能够吸引大量的投资和政府资金支持，城市投资大规模集式的增长，使得城市新区原本需要数年甚至十几年才能完成的基础设施建设（公共服务设施和交通基础设施）周期大幅度缩减，通过节事活动的举办，整体上加速了城市新区的建成时间。

三是促进新区专业化功能中心的形成。以体育中心建设来说，新体育中心由于专业化功能对城市的商务会展、文化体育、旅游、居住等都具有较强的吸引力，提升了周边土地价格，易于形成集商务、商贸、文体于一体的服务型新区。

四是提升城市的综合影响力。节事活动往往能够汇集大量外国、外地的人口参与，是提升城市知名度的重要契机，同时对于交易、文化类的节事活动来说，其自身就是展示城市和促进对外共同交流的平台，也是提升文化等软实力的重要途径。

南京河西新区是在城市重大事件的催生下快速发展建立起来的典型案例，2002年8月18日，作为"十运会"主场馆的总建筑面积40万 m^2 的南京奥林匹克体育中心正式开工，拉开了南京河西新城区建设的序幕。随后在体育场馆附近出现了大量的居住、商业商务以及各种高端产业园区，河西新区逐步发展成为集金融、商务、商贸、会展、文体五大功能为一体的综合新城，而2014年世界青奥会落户南京河西新区，其在提升河西新区的知名度的同时推动了河西新区空间扩张和结构调整，南京青奥村、南京青奥中心等推动了会展、旅游等生产服务业的发展。

第四章 中国新城建设现状

自改革开放以来，中国工业化和城市化快速发展，政府设置了各种类型的新城以解决城市发展中遇到的问题。久而久之，中国新城得到发展与壮大。在此过程中，学者们对中国新城的建设现状进行了不同的研究。基于此，本章对中国新城的规模、类型、空间分布、产业发展、人口发展和管理模式进行全面系统的剖析。

第一节 规模、类型与格局

一、中国新城发展规模

（一）中国新城数量规模持续增长

中国新城的数量不断增加，至 2019 年中国新城总量达到 3285 个（只统计有数据来源的新城，不包括居住新城、商务型新城等数据缺失的新城，下同；2020 年的新城并入 2019 年；时间从 20 世纪 80 年代算起，下同）。根据中国新城年度数量增长情况，将中国新城发展划分为四个阶段：20 世纪 80 年代、20 世纪 90 年代、21 世纪初、21 世纪 10 年代[①]。中国新城发展经历四个增长高峰。1992 年之前中国新城数量增长缓慢，1992 年全国各等级、类型的新城增加 366 个，当年中国新城总数接近 500 个。2002 年中国新城增长达到第二个峰值，全国新城总数突破 1000 个。紧随其后，中国新城在经过短暂缓慢增长后到 2006 年达到第三个峰值，全国新城总数接近 2000 个。2010～2012 年中国新城增长达到第四个峰值，中国新城总数超过 2500 个（图 4.1）。

由以上分析可知，20 世纪 90 年代初（1991～1994 年）与 21 世纪前 13 年（2000～2012 年）是中国新城发展比较迅速的时期，这两个时期中国新城的数量约占中国新城总数的 79%。

---

① 2020 年中国新城有 3 个，被划入 20 世纪 10 年代。

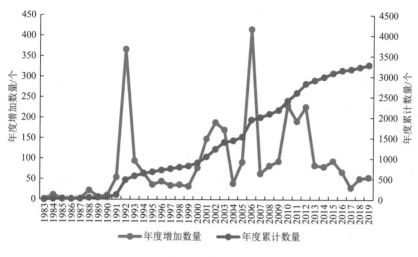

图 4.1　中国新城的数量增长情况

20 世纪 90 年代初改革开放在全国如火如荼地开展，尤其是 1992 年邓小平南方谈话使改革再提速，全国各地掀起探索社会主义市场经济的发展之路，借此东风，全国各地设立了各种类型的开发区。21 世纪前 10 年中国和世界相继发生影响本国和全球经济发展的大事件，中国利用制度优势大力发展经济，工业化和城市化向更深更广的方向发展，各种类型的新城相继建立。但是全球金融危机等大事件也对中国新城的发展产生了较大影响。

（二）中国新城面积呈明显波动增长特征

1983 ~ 2019 年，中国新城的累计面积不断增加，至 2019 年已经达到 36.01 万 km^2（图 4.2）。中国新城的年代平均面积（20 世纪 80 年代、20 世纪 90 年代、21 世纪初、21 世纪 10 年代）在 60 ~ 137 km^2 变动，呈上升发展状态（图 4.3）。20 世纪 80 年代，中国新城的平均面积为 64 km^2，21 世纪 10 年代为 137 km^2，时代越往后新城面积越大。

中国新城年代平均面积的增大与中国工业化和城市化发展阶段有关。20 世纪 90 年代之前，中国经济发展依靠要素推动，政府对土地政策的管理相对宽松，规划审批的中国新城面积往往较大。20 世纪 90 年代，随着中国城市化和工业化连续 30 年的推进，土地资源短缺成为中国经济发展的制约因素，政府也开始制定相对严格的土地管理制度，对开发区的审批也相对严格起来，开发区的规模发展因此受到较大限制。尤其是全国开发区清理整顿工作核减压缩了开发区面积。21 世纪初以后，中国新城的年代平均面积仍然保持增长态势，但是面积总体增长缓慢。上述中国新城面积增长特征和土地管理政策变化与中国城市化和工业化发展阶段相一致，是中国经济发展转型的需要。

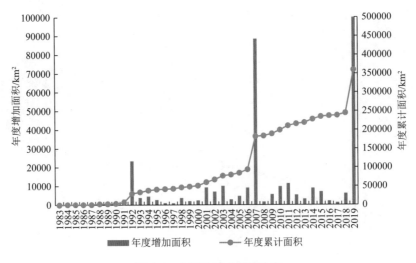

图 4.2　中国新城的面积变化

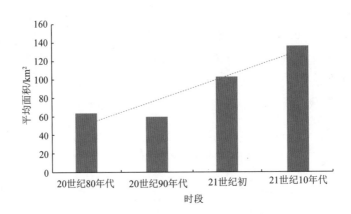

图 4.3　中国新城面积的阶段性变化

（三）中国新城类型结构变化情况

根据中国新城的数量统计特征（表 4.1），将中国新城划分为四个等级：小型新城（10km² 以下）、中型新城（10 ~ 50km²）、大型新城（50 ~ 500km²）、超大型新城（500km² 以上）。

总体来看，中国新城以小型新城为主体（表 4.1）。统计显示，10km² 以下的新城占总数的 55%，10 ~ 50km² 的新城约占总数的 28%，50 ~ 500km² 的新城约占总数的 14%。从四个等级中国新城的数量增长过程来看，小型新城和超大型新城从 20 世纪 80 年代到 21 世纪 10 年代持续保持增长态势，而中型新城和大型新城经历了先上升后下降的增长趋势。

表 4.1　四个等级中国新城的数量统计特征　　　　（单位：个）

类型	20 世纪 80 年代	20 世纪 90 年代	21 世纪初	21 世纪 10 年代	总计
小型新城	14	290	739	769	1812
中型新城	17	280	437	199	933
大型新城	14	190	175	80	459
超大型新城	—	10	15	56	81
总计	45	770	1366	1104	3285

注："—"表示数据空缺。

　　超大型新城和小型新城是中国新城发展的两个主流（表 4.2）。一方面，小型新城的等级一般为省级，是地方政府尤其是县级政府为了发展本县经济而设置的经济开发区，它们承担了促进地方经济增长和缩小地区差距的功能，得到国家的大力推广。例如，2000～2002 年国务院复函同意 15 个省份（安徽、河南、陕西、四川、云南、湖南、贵州、青海、内蒙古、广西、山西、宁夏、西藏、甘肃、江苏）设置经济技术开发区的请求。另一方面，超大型新城是中国参与国际竞争的战略载体。进入 21 世纪 10 年代，随着中国成为世界第二大经济体，中国越来越迫切要求经济发展转型升级，为应对国际竞争和国内资源危机，以自由贸易区、新区为代表的超大型新城相继设立。例如，《国务院关于加快实施自由贸易区战略的若干意见》提出加快构建周边自由贸易区等目标任务。

表 4.2　国家级和省级小型、超大型新城的数量对比　　　　（单位：个）

类型	小型新城	超大型新城
国家级	296	60
省级	1497	20
总计	1793	80

二、中国新城发展类型

（一）以工业新城为主体，向多元化发展

　　1983～2019 年，工业新城占中国新城总数的 71.72%，知识型新城、商务型和贸易型新城、典型性综合新城分别占 15.28%、5.21% 和 4.93%，主题性综合新城、交通枢纽型新城、旅游型新城占比较少（图 4.4）。

　　20 世纪 80 年代中国新城分为工业新城、知识型新城及商务型和贸易型新城三种类型（表 4.3），其中占比最大的为工业新城中的经济技术开发区，占比达到 64.44%，

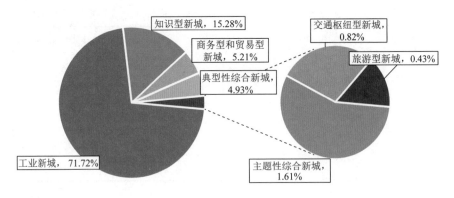

图4.4 中国新城的类型结构（1983～2019年）

其次为知识型新城中的高新技术产业开发区，占比为26.67%，工业园区、大学城和保税区的占比最小，分别为4.44%、2.22%和2.22%。这一阶段新城类型结构比较单一。20世纪90年代中国新城的类型结构趋于复杂，新增典型性综合新城、交通枢纽型新城和旅游型新城三种类型。原有新城类型中，工业新城中经济技术开发区和工业园区的比重均有上升，新增出口加工区；商务型和贸易型新城中保税区的比重有所下降，新增金融贸易区、边境/跨境经济合作区；知识型新城中高新技术产业开发区和大学城的比重有所下降，新增科技园区。新增新城类型中，交通枢纽型新城中增加临港经济区和高铁新区，旅游型新城中增加旅游开发区，典型性综合新城中增加城市新区。21世纪初中国新城的类型结构略有改变，但是开发区类别出现了变动。工业新城中经济技术开发区比重继续下降，而工业园区的比重继续上升，其和经济技术开发区一起成为21世纪初中国新城的两种主要类型，它们的比重分别为36.75%和35.58%，此外出口加工区的比重也有所提升；商务型和贸易型新城中保税区的比重较20世纪90年代有所增加，其他类别的比重有所减少；知识型新城中高新技术产业开发区的比重下降较大，但是大学城、科技园区的比重均有所提升，同时新增国家自主创新示范区和文化新区类别；交通枢纽型新城中临港经济区的比重减少，新增临空经济区类别；典型性综合新城中城市新区的比重提升较大，新增主题性综合新城。21世纪10年代中国新城的类型结构较21世纪初出现变动。原有新城中，工业新城中经济技术开发区、工业园区和出口加工区的比重均下降；商务型和贸易型新城中保税区的比重增加，边境/跨境经济合作区的比重增加，新增自由贸易试验区；交通型新城中临港经济区、临空经济区和高铁新区的比重增加；知识型新城中高新技术产业开发区和文化新区的比重增加，大学城和科技园区的比重下降，国家自主创新示范区的比重增加；典型性综合新城中城市新区的比重减少；主题性综合新城中国家综合配套改革试验区和跨界合作区的比重增加，新增的城乡一体化示范区、城乡融合发展试验区、国际合作示范区、海洋经济发展示范区、国家文化与金融合作示范区、海峡两岸渔业合作示范区分别占有一定比重。

表 4.3　中国新城的类型结构变动　　　　　　　（单位：％）

新城类型	开发区类别	20 世纪 80 年代	20 世纪 90 年代	21 世纪初	21 世纪 10 年代
工业新城	工业园区	4.44	10.39	36.75	33.06
	经济技术开发区	64.44	65.58	35.58	28.53
	出口加工区	—	0.39	4.83	0.27
商务型和贸易型新城	保税区	2.22	1.95	2.34	5.98
	金融贸易区	—	0.13	0.07	—
	边境 / 跨境经济合作区	—	3.12	0.15	0.63
	自由贸易试验区	—	—	—	1.99
知识型新城	科技园区	—	0.52	0.59	0.36
	高新技术产业开发区	26.67	14.03	5.78	10.87
	国家自主创新示范区	—	—	0.15	2.45
	大学城	2.22	0.78	5.42	4.98
	文化新区	—	—	0.07	0.09
交通枢纽型新城	临空经济区	—	—	0.37	0.45
	临港经济区	—	0.39	0.37	0.63
	高铁新区	—	0.13	—	0.09
旅游型新城	旅游开发区	—	1.69	—	0.09
主题性综合新城	城乡融合发展试验区	—	—	—	1.09
	国际合作示范区	—	—	—	0.36
	国家综合配套改革试验区	—	—	0.15	0.36
	城乡一体化示范区	—	—	—	1.09
	跨界合作区	—	—	0.07	0.18
	海峡两岸渔业合作示范区	—	—	—	0.09
	国家文化与金融合作示范区	—	—	—	0.09
	海洋经济发展示范区	—	—	—	1.27
典型性综合新城	城市新区	—	0.91	7.32	4.98
总计		99.99	100.01	100.01	99.98

注：“—”表示数据空缺；各列占比数值因为修约加和不为 100%。

（二）中国新城的功能变化

1983～2019年中国各类型新城的比重变化意味着中国经济发展不同阶段的社会问题不同。20世纪80～90年代，中国处在改革开放的初始阶段，国家的整体经济发展水平低；21世纪初，随着改革开放的推进，中国经济高速增长的同时带来一些新问题，如环境污染加剧、生产成本激增，经济发展理念从追求数量扩张转向注重质量效益；21世纪10年代，随着中国崛起和国际竞争加剧，中国面临国内经济发展转型和全球经济复苏的双重挑战，在此情况下，国家级战略城市新区成立。这体现在不同类型新城在20世纪80年代、20世纪90年代、21世纪初、21世纪10年代的比重变动上（表4.4）。

表4.4 不同类型新城的比重变动 （单位：%）

新城类型	开发区类别	20世纪80年代	20世纪90年代	21世纪初	21世纪10年代	总计
工业新城	工业园区	0.21	8.43	52.90	38.46	100.00
	经济技术开发区	2.17	37.83	36.40	23.60	100.00
	出口加工区	—	4.17	91.67	4.17	100.01
商务型和贸易型新城	保税区	0.88	13.16	28.07	57.89	100.00
	金融贸易区	—	50.00	50.00	—	100.00
	边境/跨境经济合作区	—	72.73	6.06	21.21	100.00
	自由贸易试验区	—	—	—	100.00	100.00
知识型新城	科技园区	—	25.00	50.00	25.00	100.00
	高新技术产业开发区	3.76	33.86	24.76	37.62	100.00
	国家自主创新示范区	—	—	6.90	93.10	100.00
	大学城	0.74	4.41	54.41	40.44	100.00
	文化新区	—	—	50.00	50.00	100.00
交通枢纽型新城	临空经济区	—	—	50.00	50.00	100.00
	临港经济区	—	20.00	33.33	46.67	100.00
	高铁新区	—	50.00	—	50.00	100.00
旅游型新城	旅游开发区	—	92.86		7.14	100.00
主题性综合新城	城乡融合发展试验区	—	—	—	100.00	100.00
	国际合作示范区	—	—	—	100.00	100.00

续表

新城类型	开发区类别	20世纪80年代	20世纪90年代	21世纪初	21世纪10年代	总计
主题性综合新城	国家综合配套改革试验区	—	—	33.33	66.67	100.00
	城乡一体化示范区	—	—	—	100.00	100.00
	跨界合作区	—	—	33.33	66.67	100.00
	海峡两岸渔业合作示范区	—	—	—	100.00	100.00
	国家文化与金融合作示范区	—	—	—	100.00	100.00
	海洋经济发展示范区	—	—	—	100.00	100.00
典型性综合新城	城市新区	—	4.32	61.73	33.95	100.00

注："—"表示数据空缺；因为数值修约问题加和不为100%。

20世纪90年代，为了实现经济增长，全国各地成立以经济发展为目标的各种新城，如经济技术开发区和工业园区。它们的产业类型以劳动密集型产业为主，新城发展定位以发展地方经济、缩小地区差异为导向。但中国新城建设尚处于试验发展阶段，缺乏经验，发展较为缓慢；21世纪初，中国经济高速增长，全国掀起建设新城的浪潮，各地政府紧抓时代机遇大力开发新城，经济技术开发区和工业园区的占比分别增加至36.40%和52.90%。该阶段新城的产业仍然以劳动密集型工业为主，但是经过对数十年新城发展经验的探索与总结，经济发达地区也在探索不同形式和产业功能的新城类型，如保税区、出口加工区、大学城等。21世纪10年代，为了应对复杂多变的国际环境，中国需要转变自身经济发展模式以深度参与国际竞争，自由贸易试验区、国家自主创新示范区以及海洋经济发展示范区等得到大力发展。

三、中国新城发展格局

（一）中国新城形成六个较大的集聚区域

从总体上来看，六个较大的新城集聚区域从北向南、从东向西依次为辽中南新城集聚区域、黄淮海新城集聚区域、长江三角洲新城集聚区域、长江中游新城集聚区域、川渝新城集聚区域和东南沿海新城集聚区域。此外，还形成若干独立分布的新城集聚点。其中，黄淮海新城集聚区域和长江三角洲新城集聚区域已经形成了片区发展的格局，其他四个新城集聚区域仍以核心城市为中心形成相对分散的"大集中小分散"格局（图4.5）。

从年代上来看，中国新城建设有向内陆延伸的趋势。20世纪80年代，中国新城

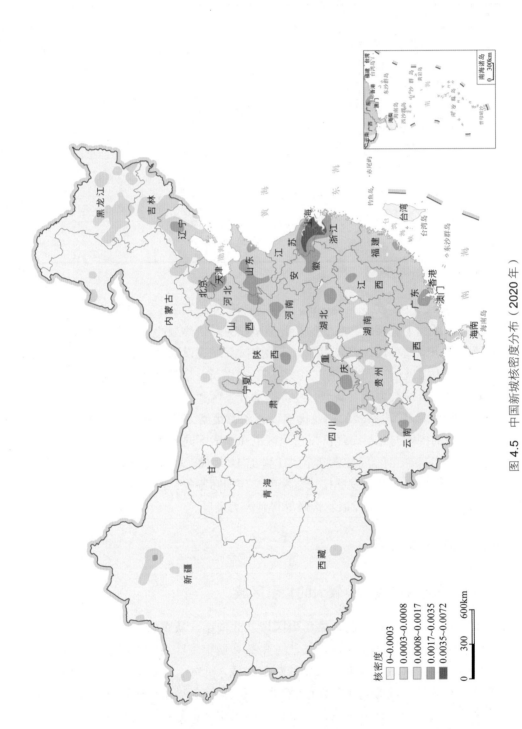

图 4.5　中国新城核密度分布（2020 年）

注：港澳台数据暂缺

核密度
0-0.0003
0.0003-0.0008
0.0008-0.0017
0.0017-0.0035
0.0035-0.0072

0　　300　　600km

处于建设起步期。东部沿海的津、冀、鲁、苏、沪、闽、粤、琼以及内陆鄂、皖、湘、陕、甘等均有零星新城建立。数量少、空间分散是这一时期新城的主要特征 [图 4.6（a）]。20 世纪 90 年代，中国新城呈暴发式增长，全国大部分地区相继建设新城，但总体上这一时期的新城仍然集中在东部和中部地区，尤其是东部地区的长江三角洲最为密集，中部地区的河南省及湖北、湖南两省的新城在空间分布上较分散，西部地区的新城呈点状分布格局，六大新城集聚区域格局初显 [图 4.6（b）]。21 世纪初，中国新城在 20 世纪 90 年代的基础上再一次大发展，东部地区的山东省、京津冀地区、长江三角洲地区、珠江三角洲等多个地区出现新城集聚区域，中部地区的新城数量增多，仍以分散分布为主，西部地区出现明显集中的新城集聚区域，如西安、兰州、乌鲁木齐、成都、重庆等市，尤其是围绕成都、重庆两市形成了川渝新城集聚区域 [图 4.6（c）]。21 世纪 10 年代，中国新城在 21 世纪初的基础上进一步集聚，这一阶段变动最剧烈的是中部地区的河南省以及东部地区的河北省，这两个省的新城增长数量多、范围广，致使河南省与河北省形成连片的新城集聚区域，东部地区的长江三角洲的新城进一步集聚，此外东北地区和西部地区的新城也出现不同程度的增长 [图 4.6（d）]。

中国新城的空间增长方式呈现集聚和自东向西发展的态势。

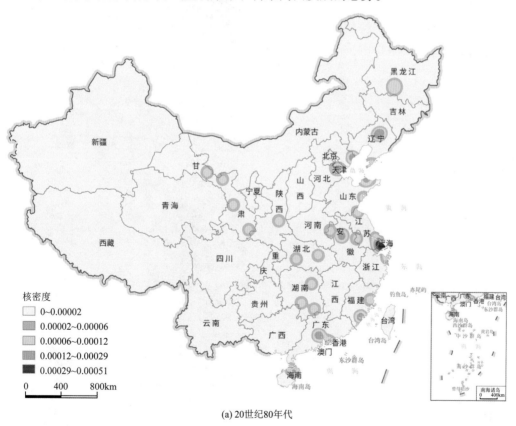

(a) 20世纪80年代

图 4.6 中国新城空间分布格局

注：港澳台数据暂缺

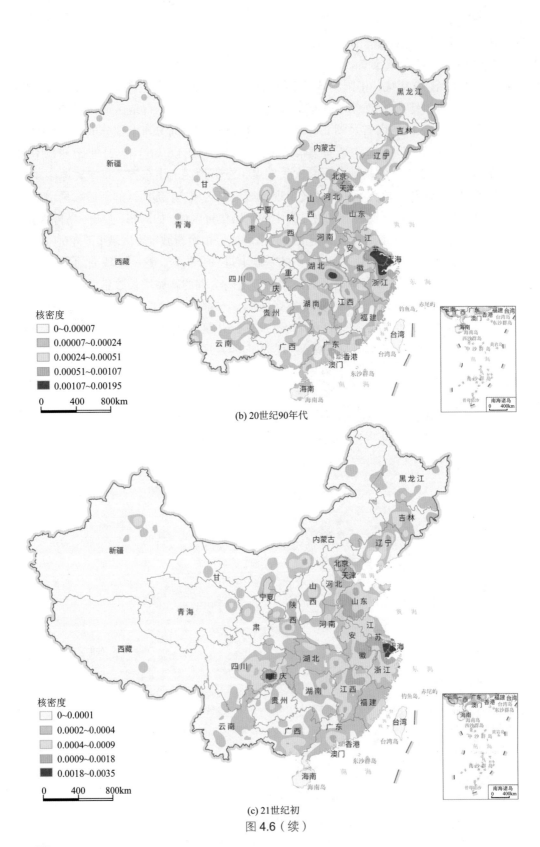

核密度
- 0~0.00007
- 0.00007~0.00024
- 0.00024~0.00051
- 0.00051~0.00107
- 0.00107~0.00195

0　400　800km

(b) 20世纪90年代

核密度
- 0~0.0001
- 0.0002~0.0004
- 0.0004~0.0009
- 0.0009~0.0018
- 0.0018~0.0035

0　400　800km

(c) 21世纪初

图 4.6（续）

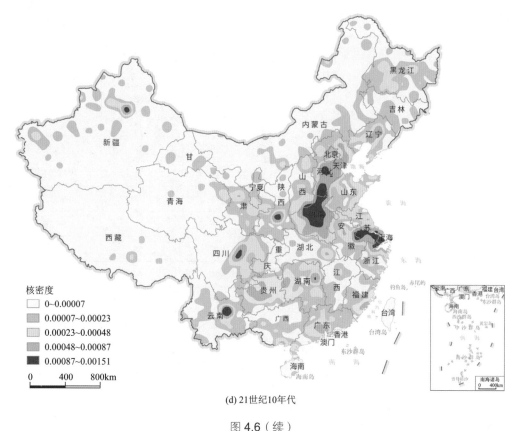

(d) 21世纪10年代

图 4.6（续）

（二）中国新城的省际分布差异显著

中国新城的省际分布差异显著（表 4.5）。新城数量位于前十位的省份的新城数量总和占新城总数的比重达到 54.09%。占据新城数量前两位的山东省和江苏省，它们的新城数量均超过 200 个。这两省是中国经济发达地区，其中江苏省在改革开放之初探索出一条地方化的工业发展之路——苏南模式。这种模式的特征是以集体经济的乡镇企业实现非农业化发展。山东省是中国传统的工业省份，尤其是重工业比重较高，其工业经济中，传统的能源、原材料和初加工产业占有较大比重。例如，山东省的轻工、化工、机械、冶金和纺织五大主导产业占全部工业的 73%。

表 4.5　中国各省（自治区、直辖市）新城数量与累计比重情况（2019 年）

省份	中国新城		省份	中国新城	
	数量 / 个	累计比重 /%		数量 / 个	累计比重 /%
山东	251	7.64	浙江	185	20.24
江苏	229	14.61	河南	182	25.78

续表

省份	中国新城		省份	中国新城	
	数量/个	累计比重/%		数量/个	累计比重/%
安徽	167	30.87	甘肃	83	83.07
湖南	159	35.71	上海	78	85.44
广东	157	40.49	贵州	78	87.82
四川	150	45.05	陕西	73	90.04
江西	150	49.62	吉林	72	92.23
河北	147	54.09	重庆	70	94.36
辽宁	138	58.30	山西	55	96.04
湖北	137	62.47	天津	44	97.38
福建	108	65.75	宁夏	27	98.20
云南	103	68.89	北京	25	98.96
黑龙江	99	71.90	青海	15	99.42
广西	96	74.82	西藏	10	99.72
内蒙古	95	77.71	海南	9	100.00
新疆	93	80.54			

注：港澳台资料暂缺。

（三）从母城的空间关系上来看，中国新城大部分位于母城的近郊地区

新城与母城的空间关系邻近。以地级市政府所在地为圆心，以 $r = 20/50/100km$ 进行缓冲区分析，统计落入不同圈层范围内新城的数量。

中国新城数量随着远离母城呈递减趋势（图4.7）。统计表明，小于20km以及20～50km的新城数量分别为1364个和966个，占比分别为42%和30%，50～100km以及大于100km的新城数量为667个和270个，占比分别为20%和8%。

中国新城大多坐落在距离母城50km范围内的母城近郊及其周边地区，接受母城的辐射，大约71%的新城坐落在距离母城50km的范围内。新城与母城强空间邻近的位置关系与新城的类型有直接关系。新城类型以经济开发区为主，功能比较单一，这些新城往往是母城经济功能的外溢，对母城的劳动力等依赖很大。50km范围内，经济技术开发区、工业园区的新城数量最多，这两种类型的新城约占总量（50km范围内）的45%（表4.6）。

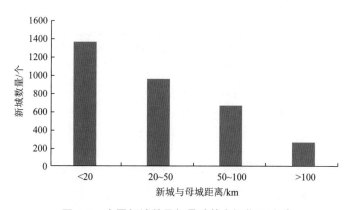

图 4.7 中国新城数量与母城的空间位置关系

表 4.6 中国各类型新城数量与母城的空间位置关系（2019 年）

新城类型	开发区类别	<20km	20～50km	50～100km	>100km	总计
工业新城	工业园区	250	302	261	136	949
	经济技术开发区	490	437	309	99	1335
	出口加工区	38	27	7	—	72
商务型和贸易型新城	保税区	58	41	14	1	114
	金融贸易区	2	—	—	—	2
	边境/跨境经济合作区	7	1	12	13	33
	自由贸易试验区	14	6	1	1	22
知识型新城	科技园区	9	7	—	—	16
	高新技术产业开发区	218	56	33	12	319
	国家自主创新示范区	10	2	2	—	14
	大学城	98	30	7	1	136
	文化新区	2	—	—	—	2
交通枢纽型新城	临空经济区	5	5	—	—	10
	临港经济区	5	5	4	1	15
	高铁新区	2	—	—	—	2
旅游型新城	旅游开发区	5	8	—	1	14
主题性综合新城	城乡融合发展试验区	4	4	1	—	9
	国际合作示范区	2	2	—	—	4
	国家综合配套改革试验区	1	1	2	2	6

续表

新城类型	开发区类别	<20km	20～50km	50～100km	>100km	总计
主题性综合新城	城乡一体化示范区	11	—	—	1	12
	跨界合作区	1	—	1	1	3
	海峡两岸渔业合作示范区	—	1	—		1
	国家文化与金融合作示范区	—		1		1
	海洋经济发展示范区	7	5	2	—	14
典型性综合新城	城市新区	125	26	10	1	162
总计		1364	966	667	270	3267

综上所述，新城的分布圈层结构明显，与母城具有强空间邻近性，其类型上是母城经济功能的外溢。

第二节　新城规划与用地

一、新城规划

新城是我国城市化快速发展进程中出现的规划和建设现象,是调整城市规模结构、顺应郊区城镇化的产物,或是围绕某一重点项目建设的成果,或是传统重点小镇经济水平提升的结果,或是国家针对落后地区对口援建而重点打造的区域。新城一方面顺应了大城市人口和产业的疏散趋势,优化了城市的空间结构;另一方面加速了大城市郊区的城市化进程,促进了城乡协调发展,带动了区域开发。

（一）新城规划理念

20世纪30年代以来,国际现代建筑协会(CIAM)在《雅典宪章》中提出功能主义城市的观点,其主要设计观是对城市功能的严格划分,即使其中涉及对特色建筑的保留,但城市历史文化传统并未在功能主义城市观念中得到充分体现。柯布西耶是功能主义的代表,在他的"光明城市"概念中(图4.8),认为城市规划的重点是一种推倒式的重建,并提出"建筑是居住的机器",其对复杂的城市结构和环境的把控相对片面,功能分区的严格划分也造成了生产与日常生活关联性的降低,加剧了复杂的城市结构矛盾,降低了城市运转效率。

图 4.8　柯布西耶的"光明城市"

当前中国的新城建设主要还是沿袭现代主义的"功能城市"理念，在功能主义导向下：①形成了功能较为单一的城市分区、尺度巨大的街区，人与人之间的关系未在规划中得到充分考虑。②缺少城市文脉的延续和再塑，城市街道空间与重要建筑设计形式单一，毫无地域文化特征，景观设计手段较低端，无法体现城市新区的新面貌。③土地和城市规划强调以汽车为主导的交通模式，以延长道路线、拓宽道路、建设公路等方法满足交通量不断增加的要求，街区之间多被宽阔的路网分割，城市空间被割裂，居民出行距离超过了人的步行能力。④空间公平出现缺失，特别是大城市郊区的新城，空间安排不符合当地中低收入人口特征，就业设计与当地就业环境不符。

功能主义只是在孤立地考虑问题。现阶段新的城市发展带来更加多元化的要素，城市发展涉及的课题日益复杂化，要求从更加全面系统的角度来关注城市设计、城市建筑和人的关联，以及城市历史文脉的延续性。城市是一个互相渗透、协调发展的统一整体，城市中种种多样性、复杂性的要素需要得到综合考虑。结构主义以系统为研究对象，对于城市来说，在复杂的城市系统上考虑整体城市设计，是未来城市规划的重要思路。

（二）新城规划体系

新城规划属于分区规划，在传统城市规划编制体系中属于城市总体规划层面，大城市按片区对城市总体规划进行细化和进一步做出安排（图 4.9）。新城规划在承接、落实总体规划的基础上按照新城特征进行调整，同时引领和指导控制性详细规划，具有承上启下的作用。在管理上，由于"总体规划—分区规划—详细规划"的层次递进关系仅仅被认同为规划编制的技术范畴，使分区规划仅停留在技术方案层面，同城市规划管理脱节，影响到分区规划的时效性。

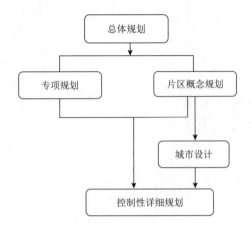

图 4.9　新城规划体系

自《中共中央 国务院关于建立国土空间规划体系并监督实施的若干意见》文件发布以来，全国逐步建立国土空间规划体系并监督实施，将主体功能区规划、土地利用规划、城乡规划等空间规划融合为统一的国土空间规划。"五级三类"的空间规划体系成为国土空间规划的框架（表 4.7）。"五级"指国家、省、市、县、乡（镇）五个行政层级，"三类"指国土空间总体规划、专项规划、详细规划三类规划。分区规划属于市县层国土空间总体规划类别。

表 4.7　"五级三类"的国土空间规划体系框架

	三类			
	总体规划	详细规划		专项规划
五级	国家级国土空间规划	城镇开发边界（内）详细规划	城镇开发边界（外）村庄规划	专项规划
	省级国土空间规划			专项规划
	市级国土空间规划			专项规划
	县级国土空间规划			
	乡（镇）级国土空间规划			

新城规划体系纳入所在行政辖区国土空间规划体系。新城具体项目建设和设施落实将结合新城发展建设实际情况，随下一层级控制性详细规划、乡镇域规划等规划编制和规划实施进一步细化落实。从所属的层级和类别上看，新城规划依旧是导控性的

规划，扮演着"上传下达"的重要角色，一方面深化落实城市国土空间总体规划，另一方面指导下级（镇、乡）国土空间规划和各类详细规划，并与各专项规划衔接调整。与传统规划体系中新城规划的作用相比，国土空间规划体系中的新城规划不仅是技术范畴上市级国土空间总体规划的深化和递进，而且还是城市空间治理和管控的重要手段，需要相对应的事权机构对其进行落实和管理。

二、建设用地

（一）用地规模

1. 各阶段内新城用地规模的演变

我国各阶段内所建新城的平均面积和各阶段内所建新城总面积呈增长趋势，2006～2010年新建的新城规模达到最大，其后经历"U"形的发展，新城平均建设面积在2011～2020年增幅显著（图4.10）。

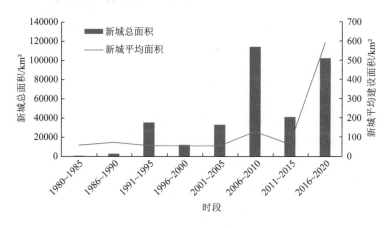

图4.10 中国新城规模（1980～2020年）

1980～2000年是新城起步探索和初步发展阶段。新城开发以中小规模试点开发为导向，以经济特区、经济技术开发区、工业园区等为主，用地规模总量不大且增长速度较慢。

2000～2010年各城市间新城建设加速，各新城之间形成了强烈的投资竞争关系。新城在规划中安排出很大的空间，可是在全国更多同构空间竞争下，预设的招商引资目标难以实现。国务院在2003年对开发区展开整顿清理工作，不符合标准的开发区被清理整顿，部分开发区朝着创新的产业空间和综合新城转变。新城从中小型开发区向大型新城进行空间整合，其用地规模和平均用地面积大幅度显著增长。

2010～2015年新城建设趋缓。在经历大规模的新城建设后，各地对新城建设进行了重新考量，要求加强基础设施供给，避免大规模拆迁，从而提升了新城发展活力，减少了"摊大饼"式的新城发展，工业新区的数量和规模得到控制，该阶段内新城建设总规模和平均面积下降。

2016～2020年进入大型国家级新城建设时期。高质量发展成为国家社会经济发展的主线和要求，以各类高质量发展为目标的示范区、融合区等大型新城的建设带来了新城用地规模和平均用地规模的显著增长。其中，城乡融合发展试验区走城乡融合发展之路，海洋经济发展示范区旨在促进海洋经济高质量发展，以雄安新区为代表的大型综合新城建设旨在探索人口经济密集地区优化开发新模式，调整区域城市布局和空间结构。

2. 各类型新城用地规模的差异

不同类型开发区、新城用地规模差异显著。从开发区规模上看，国家综合配套改革试验区、城乡融合发展试验区、城市新区、经济开发区用地总规模位居前列且与其后各类型开发区用地规模形成断层，这四类开发区多为国家级、省级开发区，用地规模大（图4.11）。国家综合配套改革试验区由国务院批准，包括开发开放型的上海浦东、天津滨海等，统筹城乡型的成都、重庆，新型工业化道路型的沈阳经济区等。城乡融合发展试验区选择有一定基础的市县两级设立，包括浙江嘉湖片区、福建福州东部片区、广东广清接合片区等。这两种开发区用地总规模和平均用地规模都较大。城市新区为综合型的片区，生产生活设施配置相对完善，经济开发区以扶植产业为目的，在20世纪80年代和90年代形成一波建设热潮，这两种开发区类型多，平均用地面积较小。此外，用地面积相对较大的是工业园区、高新技术产业开发区、国家文化与金融合作示范区和海洋经济发展示范区，其中国家文化与金融合作示范区现阶段包括整个宁波市和北京东城区，平均用地规模大。

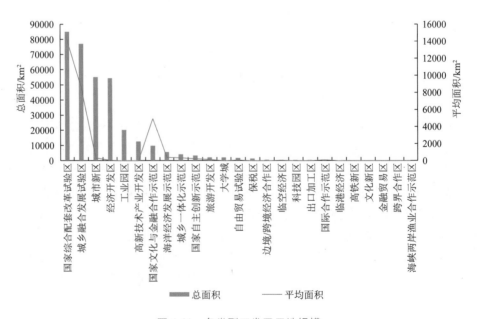

图4.11 各类型开发区用地规模

从各类型新城用地规模上看，主题性综合新城和工业新城总面积大，主题性综合新城和典型性综合新城平均面积大（图4.12）。主题性综合新城包括城乡融合发展试验区、国际合作示范区、国家综合配套改革试验区等大型且级别高的开发区类型，其中海峡两岸渔业合作示范区、国家文化与金融合作示范区、海洋经济发展示范区均为国家近年来批复设立的大型新型新城，旨在发展海洋经济，深化文化与金融合作，促进供给侧结构改革与高质量发展。其生产和生活配套设施相对齐全，用地总规模和平均用地规模大。工业新城包括各种类型的出口加工区、工业园区和经济开发区，总数达2359个，总面积大，但以生产功能为主，很难留住从业者在此定居，缺少相应的生活配套设施和空间，平均面积较小。典型性综合新城包括各种类型的新城新区，相对于工业新城和主题性综合新城普遍缺少相应的产业支撑和经济增长潜力，平均面积较大但总面积较小。

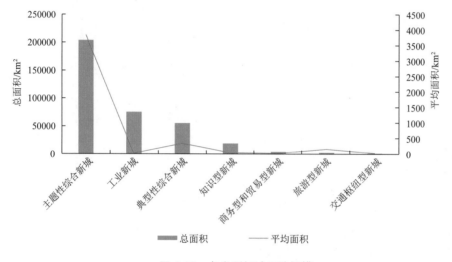

图 4.12　各类型新城用地规模

（二）用地效率

土地财政和分税制使地方政府逐渐走上以土地征用、开发和出让为主的发展模式，土地开发和城市扩张成为地方经济增长的核心动力。在此背景下，新城建设大幅开展并占用了大量土地，特别是经济开发区和城市新区，其选址和规划大都偏离了土地的有效利用状态。此外，开发区间激烈的竞争使其多被当作低廉的土地资源筹码吸引项目，而土地利用方式又极为粗放，迫使其不断进行土地外延扩张，土地利用效率进一步下降。

有学者利用夜光灯数据对2013年城市居住区进行了分析，得到2013年中国及部分城市空置住房空间分布结果（图4.13），研究表明，空置住房多集中在中西部二三线城市的外缘地带，也是城市新区建设的集中区域。其中，甘肃的兰州新区、河南的郑东新区、四川的天府新区、辽宁的营东新区、云南的呈贡新区等住房空置率高，新区土地利用效率低下。

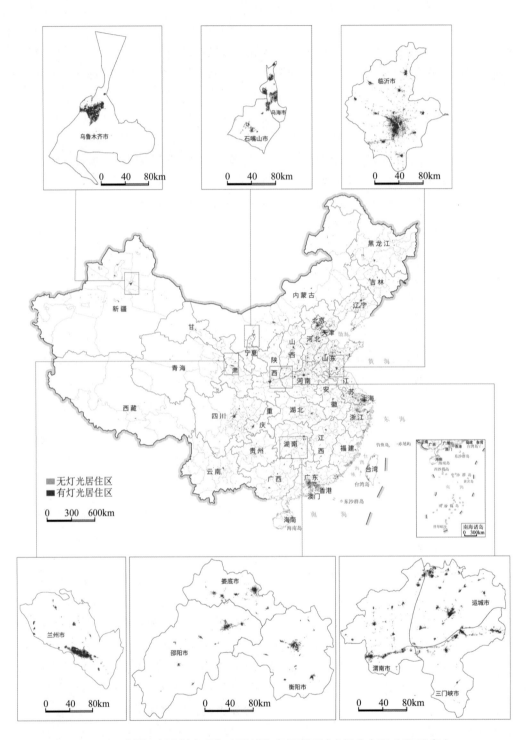

图 4.13　中国及部分城市无灯光区域和有灯光区域空间分布图（2013 年）

（三）功能设置与用地布局

现阶段大部分新城功能设置和用地布局服务于产业发展，对居民的生活保障力度较低。中国新城起步阶段处于国内资本积累不足时期，当时的工作重点是以优惠政策和较好的基础设施吸引外部资本并以此推动工业化进程，因而招商引资一开始便是工作重点，也被称为"以发展工业为主、以利用外资为主、以出口创汇为主"的发展方针。新城因此被称为"带有意图和目的性被生产出来的"空间产品。由此，中国开发区建设主要吸引了产业的集聚，相对忽视了生活在其中的人的发展需求。同时，在级差地租的影响下，远郊地区地价较低，多被选作新城建设用地，远郊较低的土地开发程度也加剧了新城基础设施不足的现状。

此外，现阶段建设的新城中，有很大一部分是尚未完善的新城，以居住区、工业区或大学城的形式存在。这无法满足居民生产生活要求，大量居民需要长距离通勤，给居民带来不便的同时还形成交通资源浪费。新城留不住人，既没有提高社会效益，也使政府失去财政收益。因此，在新城建设中更多要注重的是服务业的发展和基础设施的后续建设。

（四）新城行政组织类型

新城在行政组织上有行政区内部整合、跨行政区整合、新城上设立行政区、行政区新城合署、行政区升级、新设六种形式。

行政区内部整合：指同一行政区内部，通过划定特定区域或园区整合来设立新区，如合肥滨湖新区、南通新区、赣州章江新区。

跨行政区整合：指跨越数个行政区（市、区县、街道）的子新区（新城），合并为一个更大的新区，此种新区比较破碎，空间不连接，如武汉新区包含经济技术开发区、汉阳区、蔡甸区和汉南区的部分区域。

新城上设立行政区：指在新城的基础上成立新行政，行政区范围与新城范围完全重合。这种形势下的新区以经济开发为先导和主体，社会管理作为辅助和后继，如鹤壁新区、常州新北区等。

行政区新城合署：指新城与行政区合署办公，兼具管理社会事务和发展经济的职能。宁波新城位于北仑区小港镇，2002年与北仑区合并，实现了合署办公，北仑境内同时共有北仑区及5个国家级新城（宁波新城、宁波保税区、宁波出口加工区、大榭新城、梅山保税港区）。

行政区升级：指在原有的县级行政区上建立新区，行政区管理机构与新区管理委员会合署办公，新区的范围覆盖整个县级行政区，县级行政区融入新区范围内。

新设：指调整行政区和新城范围，新设行政区，新设新区机构包含若干个子新区管理委员会，如乌鲁木齐米东新区是将东山区、米泉市合并新设新区，其中还包含东山区工业园、米泉城东工业区和乌石化建成区等。

第三节　建设资金和融资模式

一、新城建设资金的需求与供给

（一）主要领域资金需求

在新城建设中，对应不同的开发阶段会出现不同的资金需求。新城建设资金需求包括土地一级开发过程资金、土地二级开发过程资金和公共服务设施项目建设资金三类。土地一级开发过程为基础设施建设。在土地初期开发过程中，基础设施建设资金需求量大、建设和资金回收周期长、风险高，土地一级开发过程资金一般由政府筹集，市场主体难以承担。土地二级开发过程产生的资金需求源自产业项目建设。产业项目投资周期相对较短，可在三五年内完成建设，如住宅地产、加工制造业等各类商业开发项目。公共服务设施项目建设位于两轮土地开发之后，相应的资金属于新城建设初步完成后新增的公共投入性资金。

（二）新城建设资金供给

从资金供给来源看，新城建设资金供给包括政府财政性资金、开发性资金和商业性资金（图4.14）。现阶段基本形成了以市场为导向、多主体参与的新城资金筹措体系，其中开发性资金和商业性资金在新城建设中发挥的作用日趋重要。

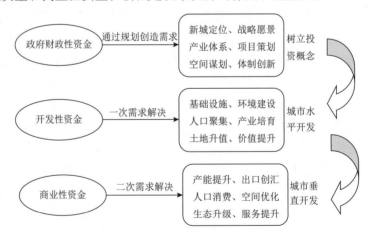

图4.14　中国新城开发阶段与对应的资金需求

政府财政性资金。政府财政性资金来源主要是政府的自有资金和借贷，财政划拨供给机会主要集中在新城定位、战略愿景、产业体系、项目策划、空间谋划、体制创新等方面。

开发性资金。开发性资金在新城建设领域的作用尤为显著，如苏州工业园二、三区基础设施的建设。开发性资金初期投入较大，企业承担的风险较高，后期政府通过土地出让、政府税收等进行平衡和弥补，为企业资金回流提供了一定的保障。开发性资金供给机会一般集中在基础设施和产业培育等领域（图4.15）。

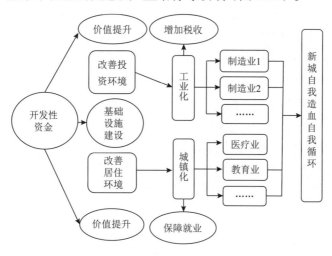

图4.15　开发性资金在新城建设中的作用

商业性资金。商业性资金供给主要集中在产能提升、出口创汇、人口消费、服务提升等领域。当下金融机构和市场提供的金融产品有限，金融机构和市场自身结构失衡，金融机构和市场提供的融资难以满足实体经济融资需求，商业金融供给方面表现出较强的供给侧结构性问题。

二、新城融资模式

（一）不同融资途径下的融资模式

1. 融资类型[①]

（1）债务性融资。债务性融资是通过银行或非银行金融机构贷款或发行债券等方式融入资金，当前产业新城的开发主要采用债务性融资模式。债务性融资下地方平台公司成为主体，地方政府的财政性资金、赋予特许经营权、国有资产注入等为融资提供保证，其主要类型包括城投债、地方融资平台贷款等。城投债是地方城投公司公开发行的债券，其资金主要用于基础设施和公益性项目的建设，并利用项目自身的收益或地方政府的补贴偿还债务，在新城融资方面发挥重要作用。地方政府发起设立了地

① 温锋华. 2012. 我国新城建设中的融资规划模式研究 // 中国城市规划学会. 多元与包容——2012中国城市规划年会论文集（13. 城市规划管理）：676-686.

方融资平台公司，通过划拨土地、规费、股权、国债等途径组建。银行业金融机构为支持地方经济发展，向地方融资平台公司发放贷款用于城建开发。

（2）证券化融资。证券化融资以项目所拥有的资产为基础，以预期收益为保证，通过在资本市场发行债券来融资，股票是其主要的融资模式。城投公司在达到监管部门的上市要求后，便可使用这种融资模式，此外还可以利用融资主体借壳上市，辽宁铁岭新城在建设中便采用了这一融资模式。2009年铁岭新城借壳中汇医药公司上市成功，中汇医药公司自此成为城市运营商，通过证券化融资为新城建设提供了充足的资金。

（3）基础设施产业投资基金融资。基础设施产业投资基金融资是对上市公司和企业进行股权融资，并且从事资本经营与监督的集合融资制度。其资金主要运用于基础设施领域。它对于加强城市基础设施建设、改善财政收支结构、提高资金利用和资源配置效率起到积极作用。曲江新城的建设采用了这一融资模式，其发展由初期的完全依靠政府信用的融资平台向后期的行政化管理式土地储备类贷款平台转变，并逐步发展成为集城市基础设施建设、投资基金等众多功能为一体，采取集团化管理的城市运营体。

2. 融资模式比较

三种不同的融资模式具有不同的特征（表4.8）。融资门槛上，债务性融资只需满足银行或债券发行的相关标准即可，其融资门槛最低；基础设施产业投资基金融资的要求次之，除满足债务性融资的标准外，在选择投资人上还设有一定的标准，此外还需得到监管部门批准；证券化融资是三种融资中要求最高的模式，它需要满足监管部门上市或借壳的条件，同时需要证监会的批准。投资回报上，债务性融资使得融资方承担更多的经营风险。政府参与度上，债务性融资政府参与度很高；证券化融资政府参与度最低；在基础设施产业投资基金融资中，政府需要发挥杠杆作用并作为一个主体参与投资，其参与度位居两种融资模式之间。期限长短上，债务性融资的融资期限可根据项目融资的需要变化；基础设施产业投资基金融资存续期相对较长；证券化融资没有期限限制。融资期限结构形成的影响上，债务性融资由于既可短期也可长期，对于融资结构形成发挥了重要作用；而证券化融资和基础设施产业投资基金融资模式本身期限较为单一，其对融资期限结构形成的影响相对较小。

表 4.8 不同融资模式比较

比较内容	债务性融资	证券化融资	基础设施产业投资基金融资
融资门槛	低	高	较高
投资回报	低	高	高
政府参与度	高	低	较低
期限长短	可长可短	永久性	长期
对融资期限结构形成的影响	高	低	低

（二）不同融资主体下的融资模式

1. 融资模式类型

（1）政府主导建设的融资模式。政府主导模式下的建设资金主要来自土地出让金、税收和融资，覆盖新城建设的各个环节、各个阶段。这类融资模式规模较大，可为基础设施建设提供大量资金支持。在新城建设初期，政府需要直接投入财政资金，用于土地一级开发和基础设施建设。该投资是新城融资的基础，由于投入较大、产生资金回报的周期较长，一般的市场主体难以取代。进入新城项目运营阶段后，政府会再次投入资金用于招商引资、设立产业基金，这部分的投资效益取决于招商引资的效果。当前，地方政府主导的新城融资模式主要是地方政府融资平台融资，包括政策性银行贷款、城投债、土地储备融资等。

（2）政企合作建设的融资模式。PPP（public-private partnership）模式是政企合作建设融资模式的主要类型，这种合作框架下政府和新城运营商签订协议，对自己所属范围内的项目进行融资。地方政府一般采用项目分类投资管理模式，对新城发展规划、选址、产业规划等非经营性项目进行购买或投资；对于新城规划、土地整理、新城运营等经营性项目，政府和运营商利用建设－经营－转让（build-operate-transfer，BOT）等合作模式，通过政府授予运营商特许经营权，由运营商进行投资；在招商引资、公共产品配套建设等准经营性项目上，政企双方共同投资建设。在投资和建设任务完成后，政府会给予合作方一定年限的经营维护权，使其能够收回成本并获得相应的利润，之后便由政府收回基础设施的所有权和经营权。

2. 融资模式运营

（1）强化政企协作的融资分担模式。新城建设需要较大的融资规模，单独依赖政府和企业都会产生巨大的资金压力。政企双方制定合理的融资边界、比例和方式，建立合理的融资分担机制有助于提高融资效率。新城建设中的非经营性项目由政府主导，经营性项目、准经营性项目交由城市运营商主导。准经营性项目以社会资本为主，政府适当参与。政府融资比例可以适当低于社会资本，比例的制定既要体现政府在新城建设中的引导地位和掌控力，又要充分发挥市场机制的主导作用，从而保证资源配置的效率。

（2）优化协作各方融资风险管控。当前各地新城建设所依赖的地方政府融资平台债务规模巨大，导致地方政府债务风险显现，也引起了对于债务风险安全的思考。地方政府在执行融资时要注重融资平台清理和降杠杆。此外，社会资本也一样存在融资风险，在融资过程中也要注意规避风险。各协作方管控好各自总体债务规模、债务的期限结构和融资品种结构，主动降低融资风险，保证新常态下新城建设的正常开展。

第四节 产业发展

一、产业现状

（一）新城产业类型与发展

1. 新城产业类型

根据 2017 年《国民经济行业分类》（GB/T 4754—2017）标准和我国新城产业现状，将新城产业划分为装备制造、通信电子、农副产品、食品行业、石油化工、金属冶炼、生物医药、纺织服装、汽车制造、新材料新能源等共 19 个类型，对已知主导产业的 2539 个新城按主导产业类型进行划分（图 4.16）。

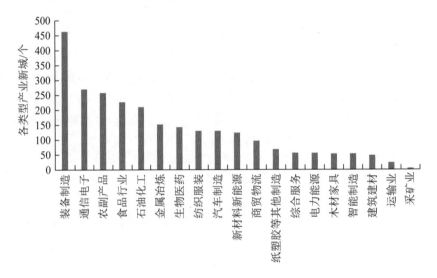

图 4.16 各类型产业新城数量统计

现阶段我国按主导产业划分的各类型新城中占比最高的为装备制造型新城，其占比为 17.92%，其次为通信电子型，占比 10.45%，其后的农副产品型、食品行业型、石油化工型新城占比分别为 9.99%、8.79% 和 8.13%（图 4.17）。从产业上看，现阶段国内新城主导产业以制造业为主。装备制造作为制造业的核心，为国民经济各部门进行简单生产和扩大再生产提供装备，是产业发展的重要基石。随着互联网时代的到来，电子信息渗透到国民经济生活的各个部分，通信电子产业已经具有相当规模。同时我国是农业大国，农产品的生产加工对促进农业生产发展和提高农业生产效益具有重要意义，是国民生产生活正常运行的基础。此外，石油化工、金属冶炼、纺织服装、汽车制造作为我国传统的优势产业，在新城发展中也占据较强优势，生物医药、新材料新能源、商贸物流等新型行业呈现较强的发展势头。

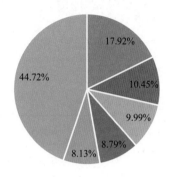

17.92%

10.45%

44.72%

9.99%

8.13% 8.79%

■ 装备制造 ■ 通信电子 ■ 农副产品 ■ 食品行业 ■ 石油化工 ■ 其他产业

图 4.17 各类型产业新城占比

2. 新城产业发展

各类型产业新城建设在 1980 ～ 2010 年呈现增长的态势，特别是 2001 ～ 2010 年新建各类型产业新城最多，此后新城建设趋缓，新建新城数量下降，但国家级新区、各类试验区、示范区等大型新城的建设带动了新城建设用地规模的增长。从各阶段新建新城的主导产业上看，1991 ～ 2010 年国内新城各主导产业发展速度较快，其中以纺织服装、金属冶炼、农副产品、石油化工、食品行业、通信电子、装备制造为主导产业的新城增长速度较快；2011 ～ 2020 年各类型新城建设速度趋缓，但其中仍有部分以基础行业和新型产业为主导产业的新城保持了之前的发展态势，如农副产品型新城、新材料新能源型新城未来发展前景较好（图 4.18）。

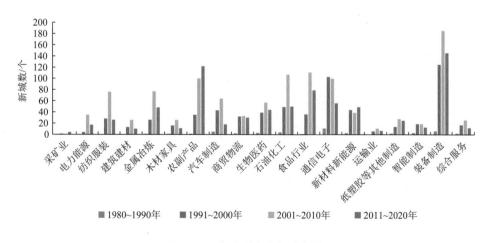

图 4.18 各类型产业新城发展

（二）新城产业结构

将不同类型的产业新城按要素在各类产业的密集程度进行划分，可分为技术密集型新城、资本密集型新城和劳动密集型新城。在我国，技术密集型数量最多，占比46.0%，资本密集型和劳动密集型占比分别为23.2%和30.8%（表4.9）。可见，国内现阶段新城产业发展质量较高，产业核心竞争力较强。

表 4.9 新城产业结构

产业结构	占比/%	产业类型	新城数
技术密集型	46.0	装备制造	462
		通信电子	270
		生物医药	143
		汽车制造	130
		新材料新能源	124
		智能制造	54
资本密集型	23.2	石油化工	210
		金属冶炼	152
		商贸物流	97
		电力能源	56
		综合服务	57
		运输业	24
劳动密集型	30.8	农副产品	258
		食品行业	227
		纺织服装	130
		纸塑胶等其他制造	69
		木材家具	54
		建筑建材	49
		采矿业	5

从各类型产业的发展历程上看，以技术密集型、劳动密集型和资本密集型为主导产业的新城在各阶段的发展上表现出相似性，同时也呈现出一定的差异。技术密集型产业新城在发展的大部分阶段占据优势，整体上技术密集型产业新城发展水平＞劳动密集型产业新城发展水平＞资本密集型产业新城发展水平（图 4.19）。

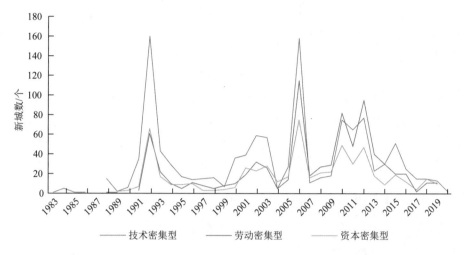

图 4.19　不同要素密集型产业新城发展水平

20 世纪 90 年代初，以产业经济为主布局在城市边缘的开发区成为新城建设的主导力量，新城建设在 1990 年迎来第一轮爆发。2003 年，为制止开发区发展出现的过多过滥和严重侵害农民利益等问题，国家开始对开发区进行四年的清理整顿，撤并开发区 4813 家。2006 年，由商务部、国土资源部联合印发《国家级经济技术开发区经济社会发展"十一五"规划纲要》，标志着新城的转型和新一轮的发展，2006 年新增新城数迅速增长。2010 年前后，为应对全球经济变化风险，国家加大了产业结构调整和深化对外开放步伐，在国家级新区、国家自主创新示范区、自由贸易区等方面进行重点探索，中西部开发区加快设立，新城进入新一轮发展阶段。

当前新城创新体系不完善、生产性服务业发展不足，这样的发展环境对高端产业的发展造成了一定障碍。新城产业未来的发展应该重点关心创新、产业链，将加快培育和发展战略性新兴产业作为推进我国产业结构升级、加快经济发展方式转变的重要手段。

二、产业布局

（一）不同产业结构下的新城布局

劳动密集型新城、技术密集型新城和资本密集型新城布局模式差异显著。劳动密集型新城呈面状布局在中部和西部劳动力密集区域，以成渝双城都市圈、河南省、河北省为主（图 4.20）。产业发展依靠当地廉价劳动力，生产环节多位于产业链前端，产业发展质量不高。

技术密集型新城呈组团状布局在经济发展程度较高的长江三角洲、京津冀、珠江三角洲、成渝双城都市圈、武汉城市圈等（图 4.21）。在技术密集型产业形成发展过程中，技术和知识是产业发展的核心引擎，高额的技术开发费用、科研费用是产业发展的基础，同时对劳动者素质要求高，需要较好的经济基础和创新环境。因此，技术密集型新城多布局在经济发展水平较高的沿海城市群和内陆城市圈。

资本密集型产业新城以小型组团状布局在各省资本较为密集的省会城市和大城市（图 4.22）。资本密集型产业的发展需要较多资本投入，该类型产业技术装备多、容纳劳动力较少、资金周转较慢、投资效果也慢，因此需要拥有大量技术设备和资金的大城市作为依托。

（二）不同产业类型下的新城布局

选择建设数量最多的装备制造型新城、通信电子型新城和农副产品型新城进行具体行业类型的新城空间布局分析。

装备制造型新城布局在制造业基础较强的区域（图 4.23），在华北平原、长江三角洲形成"两核"式的空间布局，此外重庆西部和湖南北部形成局部装备制造业布局中心，这些区域都是高端装备制造园区建设取得较快进展的地区[①]。

通信电子型新城的布局与我国城市群布局大致吻合，形成了以长江三角洲、珠江三角洲、京津冀为中心的"三核多心"空间布局结构（图 4.24）。电子通信行业需要依托先进技术和市场，长江三角洲地区作为中国最具经济活力的地区之一，其科技资源和综合配套能力得天独厚，是中国重要的软件产品和信息服务基地，产业势能不断提升。珠江三角洲地区是中国最重要的软件产业基地之一，汇聚业内众多知名企业，产业集中度高。京津冀已形成完整的电子信息产品制造业产业链。

以农副产品生产为主导行业的新城多布局在中西部、东北农业生产水平较高的区域（图 4.25）。农副产品型新城布局属原材料导向，在其生产过程中，由于原料易变质，长途运输容易造成损耗，且原料到产品的重量大幅减轻，相比于产品而言原料的运输费用高，因此该类型产业多布局在原料产地。

---

① 前瞻产业研究院发布的《2011—2020 年高端装备制造园区发展模式与投资战略规划分析报告》。

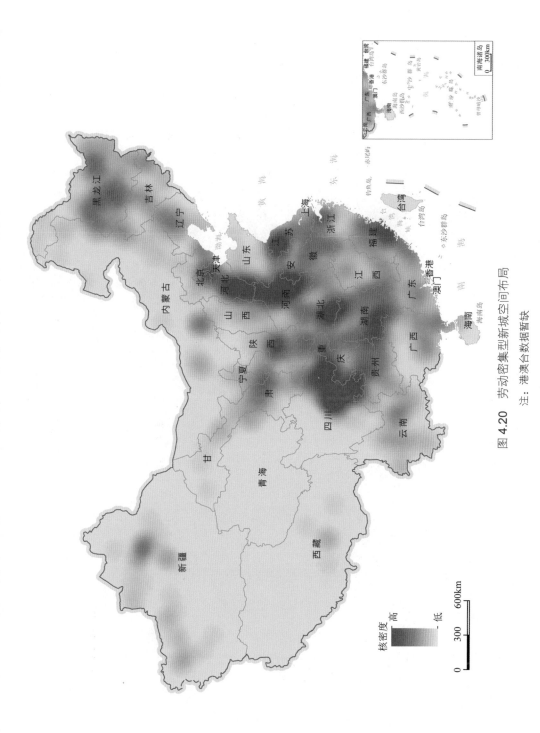

图 4.20　劳动密集型新城空间布局

注：港澳台数据暂缺

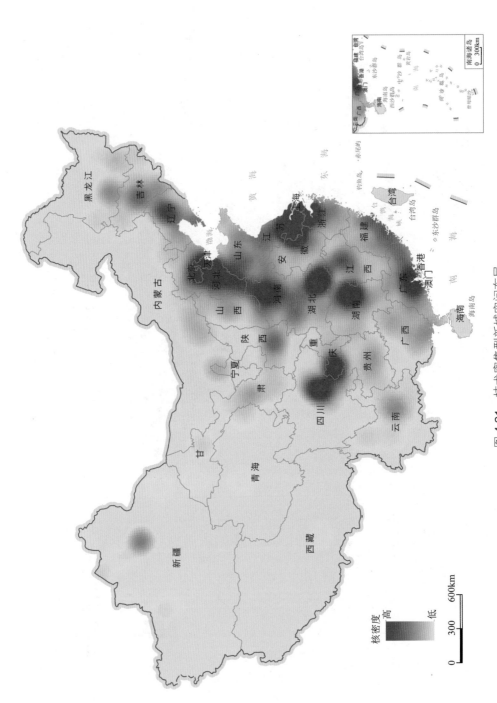

图 4.21 技术密集型新城空间布局

注：港澳台数据暂缺

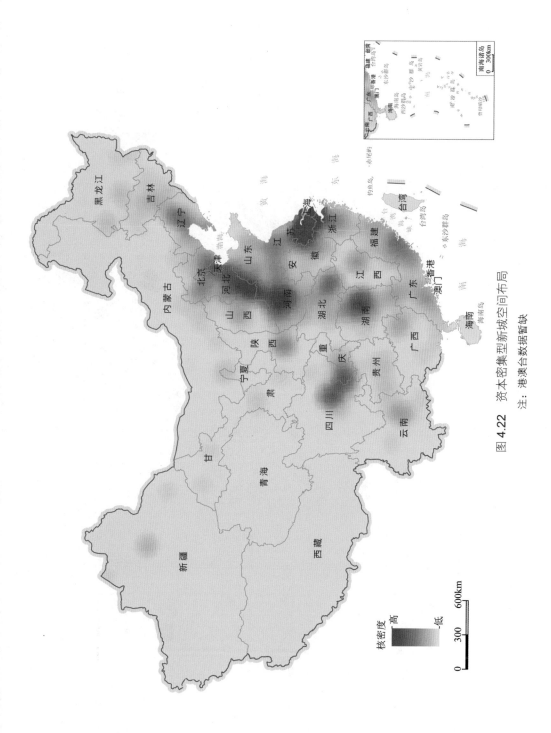

图 4.22　资本密集型新城空间布局

注：港澳台数据暂缺

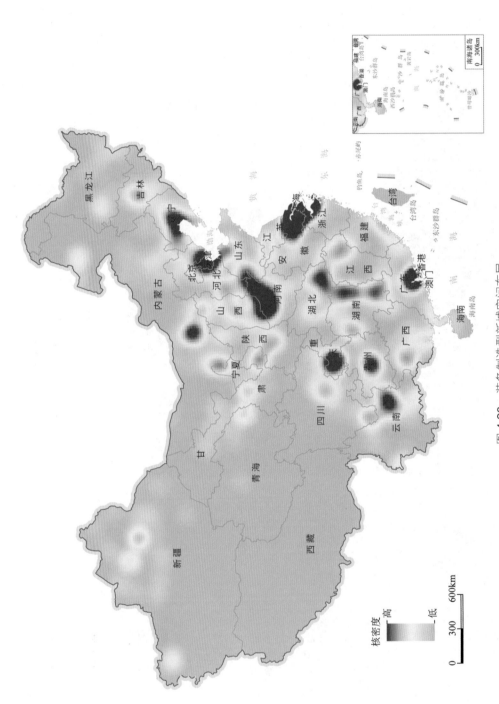

图 4.23 装备制造型新城空间布局

注：港澳台数据暂缺

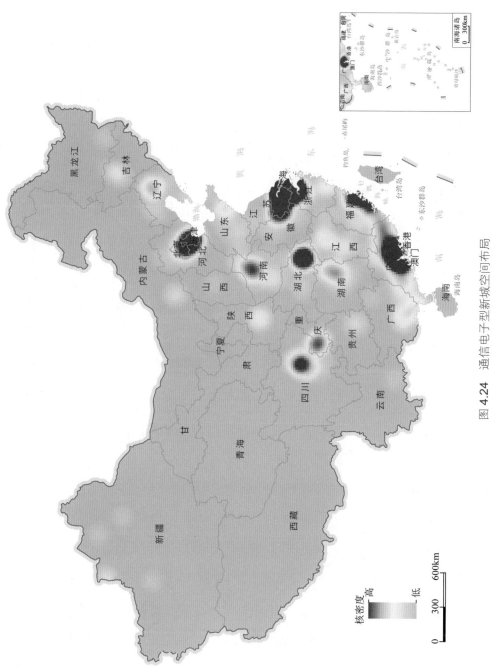

图 4.24 通信电子型新城空间布局

注：港澳台数据暂缺

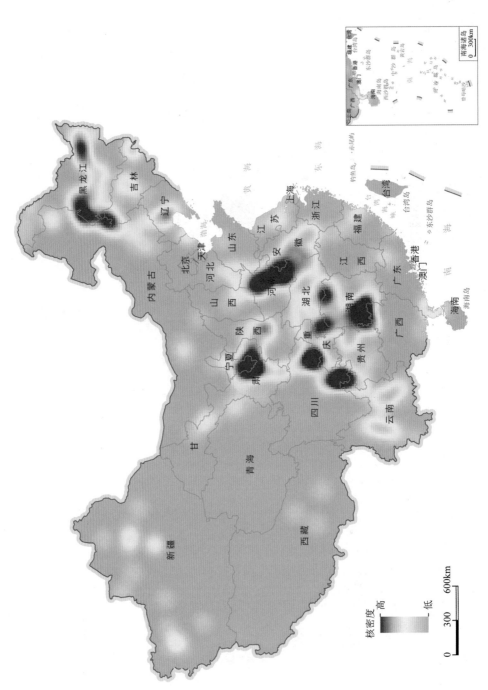

图 4.25 农副产品型新城空间布局

注：港澳台数据暂缺

核密度
高
低
0 300 600km
0 300km

第五节　人口与社会发展

一、人口

（一）人口结构

新城发展的初期以生产功能为主导的各类专业性开发区形式存在，对青壮年劳动力具有强烈的吸引力，同时由于开发时序较晚，人口整体上未进入老年阶段，公共服务资源不足，难以满足老年人养老和未成年人受教育的需求，造成了产业型、技术型、年轻型的人口结构。其后，新城逐渐朝两个方向转型：一是增强产业优势，走专业化发展之路，如高新技术产业；二是向综合化方向转变，如广州开发区、天津开发区、苏州工业园等。在新城的发展过程中，产业集聚带来大量的产业人口，新城的主导产业类型决定其产业人口的结构。

广州开发区是最早设立的经济技术开发区之一，其逐渐由专业新城演变为综合新城。其发展经历4个阶段，人口结构也随之演变（图4.26）：① 1984～1990年工业加工阶段，以粗浅的加工制造业为主，所引进的两百多家企业中绝大多数属于中小型加工制造企业，其中大部分是玩具厂、制衣厂、塑料厂等，此时的新城以蓝领工人为主。② 1991～1995年现代工业阶段，引进的项目大部分具有一定科技含量，此时需要掌握一定知识和技能的劳动力才能胜任，因此劳动力偏向于技术型。③ 1996～2004年综合经济功能阶段，开发区、高新区、出口加工区、保税区"四区合一"，区内产业结构向综合化发展，除工业制造业外，房地产业、餐饮业等相关配套服务业也发展较快，并形成了萝岗（现已撤并到黄埔区）、新塘等新的生活服务中心，新城的人口也由产业人口转变为居住人口，成为普通市民。④ 2005年以来广州市行政区划调整后的新城（区）阶段，萝岗区政府与开发区实行合署办公，进一步促进了开发区向新城（区）的转变。

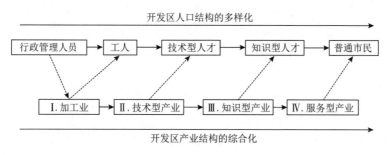

图 4.26　新城演化过程中人口结构的演变

鄂州主城区发展历史长，是人口和产业的主要聚集地，葛店开发区升级为国家级经济技术开发区，并向新一代的综合新城（葛华科技新城）发展。比较鄂州主城区和葛华科技新城的人口结构可以很明显地发现，产业新城的人口呈现出矩形结构，即在15～60岁的人口最多且任一年龄段的人口都没有占绝对优势。此人口结构的统计结果与鄂州主城区形成强烈的对比（图4.27）。这一现象反映的是产业新城主要以产业型人口为主体，没有拖家带口的现象，其集聚的目的主要是获得劳动收益。像葛华科技新城这样的产业新城中，年龄占优势的人群主要取决于新城的产业类型。年轻型人口集中在纺织、医药等需要一定学历和技能的行业，中年型人口多偏向于冶金、制造等行业。

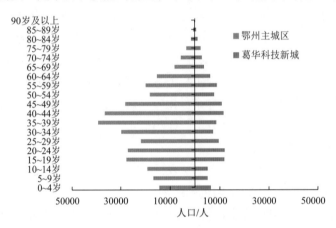

图 4.27　鄂州主城区与葛华科技新城人口结构的差异

资料来源：2010 年第六次全国人口普查数据（口径为常住人口）

　　随着家庭化迁居成为我国未来人口流动的主要趋势，新城家庭化迁移模式逐渐成为新城人口增长的另一种方式。家庭式的迁移带来了非就业人口的增长，但从现阶段新城整体人口特征上看，人口依旧以产业型、技术型、年轻型为主体。

（二）人口集聚与分散并存

　　新城引导人口集聚是由其产业集聚引发的，对城市空间结构的重构也是由于它作为一个增长空间而起作用的。产业和人口的增长带动的是所在地城市建成区的扩展，从而演化出自组织结构而作为城市新的增长空间，进而影响和改变城市的经济活动和空间结构。

　　新城经济空间结构演变过程包括对母城依赖和索取的成型期、对周边区域扩散辐射的成长期、对母城反哺的成熟期三个时期（图4.28）。新城人口在新城发展过程中相应地呈现集聚与分散的特征，在对母城依赖和索取的成型阶段，人口从母城迁往新城，在新城内形成了人口的集聚；在对周边区域扩散辐射的成长阶段，新城与母城间的人口流动增强，同时表现出向周围区域扩散的趋势；在对母城反哺的成熟阶段，新城－母城－周边区域的人口流动变得频繁，对新城而言人口集聚与分散并存。

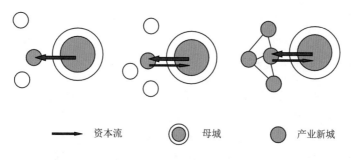

图 4.28　产业新城与母城的关系演变

（三）城市新区与旧城区人口结构差异

在城市新区对城市人口产生外溢－回波－反磁力截留效应的同时，城市旧城区、城市新区各自的人口年龄结构、人口性别结构、人口就业结构和人口素质结构发生一系列的反馈效应（表 4.10）。人口年龄结构方面，与旧城区老龄化发展态势不同，城市新区人口总体呈现年轻化和增长型的趋势。人口性别结构方面，城市新区性别比显著高于旧城区，并且生产型新区性别比快速增长，服务型新区则呈逐渐下降趋势；人口就业结构方面，旧城区第三产业人口占主体，且一般以生产运输和商业服务等职业为主；生产型新区的生产型职业特质显著，服务型新区人口职业的技能化发展趋势明显。人口素质结构方面，旧城区人口受教育水平相对较高，服务型新区以高等文化程度人口增长为主，生产型新区初期仍呈现中等文化程度人口增长的态势。

表 4.10　城市新区与旧城区人口结构的反馈效应比较

人口结构	城市新区	旧城区
人口年龄结构	①总体属年轻增长型结构，城市新区劳动年龄人口的比重较大，抚养比较低；②外来非户籍人口以青壮年人口为主体，促使城市新区向年轻化方向发展	大都市旧城区已具有逐步步入老龄化的发展趋势
人口性别结构	①城市新区性别比显著提高，一般远超出正常范围；②外来非户籍人口以男性就业者为主，造成性别比较高；③生产型新区性别比呈快速增长趋势，服务型新区性别比呈逐渐下降趋势	大都市旧城区性别比明显低于新区，甚至部分地区出现女多男少的情况
人口就业结构	①从行业结构看，生产型新区以第二产业就业人口占主导，服务型新区以第三产业就业人口占主导，生产型新区三产增长快但基数较小，第一产业就业人口在发展初期较长时间内比重仍较大；②从职业结构看，城市新区发展经历由生产型工人—公务型人员—技术型人才—知识型人才—普通城市居民的转变，服务型新区的技能化发展趋势明显，生产型新区的生产型特质长期显著	大都市旧城区第三产业吸纳就业能力持续加强，第三产业从业人口仍是旧城区增长的主体。人口职业结构一般以生产运输和商业服务为主
人口素质结构	①城市新区产业结构差异影响了外来人口的文化差异，从而改变城市新区的人口素质构成；②服务型新区以高等文化程度人口增长为主，生产型新区初期仍呈现中等文化程度人口增长的态势；③大学功能组团在城市新区的集聚加速了城市新区人口素质结构的提升	大都市旧城区人口受教育水平相对较高，大学专科以上人口明显大于城市平均水平

二、社会发展

（一）人户分离现象普遍，社会体系不完善

新城建设过程中，工业用地等生产型用地的建设是其发展的重点，而社会服务功能配套相对被忽视，因此出现了大量的通勤人口在区外解决其生活需求的现象。各新城在人口导入的过程中，产生人户分离的现象，这分为人在户不在和户在人不在两种情况。户在人不在的情况下，部分居民选择在新城购买住房，而就业则倾向于在中心城区从事金融、贸易、科研等方面的工作，这种类型下住户的新城住房多出租或空置。人在户不在的情况下，新城的就业机会吸引了部分从业者在此就业，但新城的生活服务设施相对欠缺，因此很难吸引从业者在此定居。

新城向综合新城的发展过程中经历了初创期、成长期、完善期和扩展期四个阶段。其对应的人口迁移分别为以外来人口为主、外来人口与常住人口混合、以常住人口为主、人口向外扩散四种模式。现阶段我国大部分的新城处于成长期，其人口构成分为外来型和常住型，外来人口占据主导。这直接影响了区内社会体系和结构的稳定，以及对主城的依赖程度。职住失衡在一定程度上反映了开发区建设过程中城市型功能的缺失，使产业人口无法真正转变为区内常住居民。

关于杭州市职住关系的研究表明，杭州市新城存在职住分离的现象。其通勤人口类型及结构可分为三类：职住均在新城的人群（A类）、仅工作在新城而居住在外的人群（B类）、仅居住在新城而工作在外的人群（C类）。2011年在新城内工作的通勤人口为21.5万人（A+B类），在新城内居住的通勤人口约为16.3万人（A+C类），即居住在外的通勤人口（B类）明显大于工作在外的通勤人口（C类）。新城内居住的通勤人口中，A、B、C类人群数量的比约为48.2 ： 36.1 ： 15.7（图4.29）。

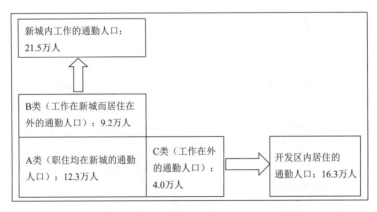

图 4.29　杭州市新城通勤人口结构及职住关系图

上述数据的关系说明：①杭州市新城中职住平衡的人数最多；②新城可作为单纯

的工作地或单纯的居住地，也有一定比重较大的职住分离人群；③新城既是杭州市主城区的居民就业地，也是其卧城，承担部分居住功能。

（二）政策新城的"特区"机制加剧城市内部经济社会空间极化

政策新城凝聚了地方政府的强烈发展意愿，使其成为城市的政策高地而具有"特区"的性质。"特区"机制加剧了物资、资金、技术、人才、信息等在新城的集聚，加剧了内部经济社会空间的极化。例如，沈阳经济区，实际上加剧了省域内经济开发区和非经济开发区的经济、社会与民生分异，产生分异的重要冲击源就是政府主导的分区战略规划。

政府主导的分区战略规划是"特区"机制加剧区域、城市内部经济社会极化的典型。沈阳经济区是以省级政府为主导的分区战略规划，实现区域一体化和对非经济开发区的辐射、带动作用是其发展目标，但实际上其辐射和带动作用不但没有得到充分发挥，反而却进一步加剧了经济开发区（沈阳、抚顺、鞍山、辽阳、本溪、铁岭、营口、阜新8市）和非经济开发区（盘锦、锦州、葫芦岛、朝阳、丹东5市）之间的差距。究其原因，是因为在实际建设过程中相关部门决策者常常以核心城市优先发展为思路来进行产业布局，以经济增长为导向来决定规划方向，忽视了经济开发区和非经济开发区之间的差异。为获得对经济开发区的政策支持，地方政府积极申报国家级战略经济开发区，忽视了对非经济开发区的建设，加剧了两者间失衡的趋势。

第六节 管理模式

一、市场型管理模式

市场型管理模式采用较广泛，是典型的建、管分离体制。该模式的管理架构是"开发建设指挥部（党工委）+城市建设投资公司+相关行政区"（表4.11）。其中，政府派出机构开发建设指挥部（党工委）是组织机构，负责组织规划、投融资、土地运作、招商引资以及协调等工作；城市建设投资公司是实施机构，负责新区土地整理与开发、基础设施投融资以及运营管理等事务；相关行政区负责辖区内社会事务、新区审批等工作。新城开发建设完成后，新城撤销党工委，将建设项目按城市建设投资公司的参股情况通过BOT模式进行市场化管理，并将新区管理权移交地方行政区政府。

该模式属小型组织架构，适合用于规模较小、空间独立性相对较弱、以服务型为主导或刚刚起步建设的城市新区，如武汉新区、合肥滨湖新区、防城港河西新区、南通新区等。其优点是行政资源投入相对较小，以小投入换取大效益的概率高；但较少的投入也导致了运营效率较低、权力有限（如只有组织协调权而无行政权、审批权和社会管理权）。

表 4.11 市场型管理模式下城市新区的部门机构及其职能

部门机构	职能
开发建设指挥部（党工委）	一般设有办公室（人事处）、财务处、综合处、规划建设处、征地拆迁处、招商策划处等。①组织编制新区建设规划并负责组织实施；②负责投融资管理、招投标管理、竣工项目审查、土地出让等；③负责土地储备（征地拆迁）管理、督查协调征地拆迁实施进度；④负责新区招商引资、对外商务活动等；⑤负责新区内部运转的组织协调
城市建设投资公司	设有办公室、投资部、财务部、工程部等。①负责基础设施及市政设施的投融资；②负责新区内土地整理、土地开发、委托融资代建等；③负责新区部分重大产业项目的投资和运营；④负责对已建成项目的后期运营与管理
相关行政区	负责各自行政区在城市新区相关地域的社会管理事务

对应的空间组织包括行政区内部整合（行政区内部通过特定区域划定或园区整合来设立新区）和跨行政区整合（跨区、县或跨市整合设立新区）两种形式（图 4.30）。

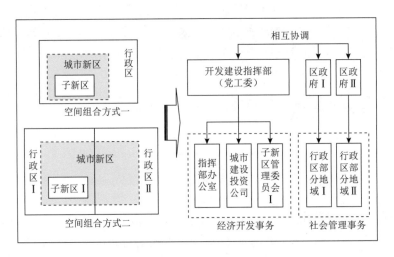

图 4.30 市场型管理模式的组织架构

二、开发区型管理模式

开发区型管理模式是使用最多的新城管理模式。开发区型管理模式通过"管理委员会 [市（区）政府派出机构]+ 党工委 [市（区）政府派出机构]+ 相关行政区"的结构来实施管理（表 4.12）。管理委员会之上往往会设立开发建设领导小组，由市（区）主要领导牵头，由发改委、规划、建设、国土等职能部门分管领导参与组成。管理委员会是城市政府的派出机构，负责招商引资，同时拥有地方政府的部分事权，如新区内部的开发建设权、经济发展权、招商引资权等。党工委则负责干部管理、纪检、思想教育及重大问题研究等工作。社会事务由地方政府管理。

表 4.12　开发区型管理模式下城市新区的部门机构及其职能

部门机构	职能
管理委员会 [市（区）政府派出机构]	①组织编制新区建设规划并负责组织实施；②负责新区招商引资项目洽谈、用地报批、工程报建等；③负责新区内基础设施建设及融资；④负责新区内征地、拆迁、安置补偿和土地开发经营；⑤负责协调上级派出机构工作及市（区）政府交办的其他事项
党工委 [市（区）政府派出机构]	①贯彻党的路线、方针、政策和上级党委决议；②按照市委授权，负责新区内干部管理；③研究辖区内重大经济社会发展问题；④负责新区党的组织、思想、党风廉政、纪律检查、精神文明建设等；⑤协调新区政法、工会、共青团、妇联群团工作及市委交办的其他事项
相关行政区	负责各自行政区在城市新区相关地域的社会管理事务

该模式的优点是操作性强、管理效率高。但其也存在较为明显的缺点：①管理委员会行政主体地位和法律地位不明确；②权责不清、管理权限可大可小；③管理委员会与行政区衔接不顺，在资源配置和地方利益协调方面存在较多摩擦。

其空间组织与市场型管理模式相似，也包括跨行政区整合和行政区内部整合两种，但是不同之处在于行政区内部整合形式较多采用市场型管理模式，而跨行政区整合形式则更多采用开发区型管理模式（图 4.31）。行政区域内部的城市新区由于较少存在与行政区的摩擦，未来较易演变为行政区。

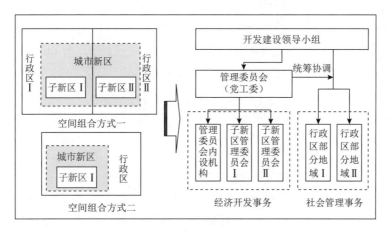

图 4.31　开发区型管理模式的组织架构

三、政区型管理模式

政区型管理模式是政府全面负责新区的经济发展、开发建设和社会事务的新区开发管理模式。该模式适用于规模较大、地域空间独立性较强、功能相对综合的城市新区，属于大型的组织架构体系，是目前我国相对全面、成熟的城市新区开发组织模式。采用"区委（党工委）+区政府（管理委员会）"的"政（行政区）区（开发区）合一"结构体系（图4.32）。与前两种模式相比，该模式具有经济和社会发展双重职能和独立审批权，行政区与开发区能做到"统一领导、各有侧重、优势互补、协调发展"。

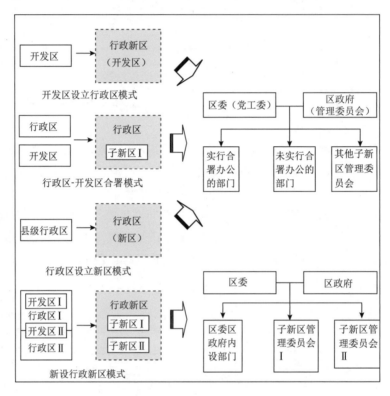

图 4.32　政区型管理模式的组织架构

　　政区型管理模式包括：①开发区设立行政区模式，指先期设立产业开发区，后期以开发区为基础整合周边区域设立行政新区，行政区范围与开发区范围完全重合；②行政区－开发区合署模式，指将行政区与开发区合署办公，统筹协调开发区和行政区，使合署机构同时行使经济开发职能和社会事务管理职能；③行政区设立新区模式，指在县级行政区基础上建立新区，行政区与新区管理委员会合署办公，新区范围覆盖整个县级行政区，融入中心城区的一部分，是拓展城市空间架构最直接的方式；④新设行政新区模式，指整合调整部分行政区或开发区，建立全新的行政区，行政新区机构可能包含若干个子新区管理委员会（表4.13）。

表 4.13 政区型管理模式的主要空间组织类型

序号	开发模式	主要特征	典型案例
1	开发区设立行政区模式	先期设立产业开发区，在此基础上整合周边区域设立行政新区	鹤壁新区（淇滨区）、哈尔滨松北新区、贵阳经济技术开发区（小河区）、遵义经济技术开发（汇川区）、常州新北区
2	行政区-开发区合署模式	将行政区与开发区合署办公，统筹协调开发和行政区，使合署机构同时行使经济开发职能和社会事务管理职能	营口经济技术开发区（鲅鱼圈区）、北京南部新区、沈阳沈北新区、大连金州新区、沈阳铁西新区、昆明海口新区、乌鲁木齐经济技术开发区（头屯河区）、宁波经济技术开发区（北仑区）、苏州高新区（虎丘区）、株洲新区（天元区）等
3	行政区设立新区模式	在县级行政区基础上建立新区，行政区与新区管理委员会合署办公，新区范围覆盖整个县级行政区	昆明呈贡新区、昆明宜良新区、昆明嵩明空港新区、昆明安宁新区、昆明晋宁新区、昆明富民新区
4	新设行政新区模式	整合调整部分行政区或开发区，建立全新的行政区，行政新区机构可能包含若干子新区管理委员会	天津滨海新区、上海浦东新区、乌鲁木齐米东新区、银川金凤区、广州天河新区

这种管理模式的优点在于：①管理效率高，经济发展和社会管理完全统一；②协调性好，避免了新区与行政区利益矛盾；③互补性好，新城财力和行政区腹地及行政职权有效结合。其缺点是在政策可操作性上，受行政区划调整的束缚，政区型管理模式难以在短期内一蹴而就。

四、各管理模式差异

市场型、开发区型、政区型三种管理模式在空间组合方式、架构规模、职能分工、结构体系等方面都具有显著的差异（表 4.14）。

表 4.14 不同空间组织与管理模式的特征比较

	市场型管理模式	开发区型管理模式	政区型管理模式
空间组合方式	①行政区内的城市新区；②跨行政区的城市新区	①跨行政区的城市新区；②行政区内的城市新区	①开发区设立行政区模式；②行政区-开发区合署模式；③行政区设立新区模式；④新设行政新区模式
结构体系	开发建设指挥部（党工委）+城市建设投资公司+相关行政区	管理委员会[市（区）政府派出机构]+党工委[市（区）政府派出机构]+相关行政区	区委（党工委）+区政府（管理委员会）
架构规模	小型组织架构	中型组织架构	大型组织架构
职能分工	开发建设指挥部（党工委）负责组织协调、招商引资；城市建设投资公司负责设施建设及投融资；相关行政区负责社会管理	党工委负责组织管理等；管理委员会负责规划建设、招商引资、设施建设；相关行政区负责社会管理	区政合一体制，区政府（管理委员会）有独立审批权限，全面负责经济发展与社会事务职能

续表

	市场型管理模式	开发区型管理模式	政区型管理模式
优点	行政资源投入较小，有利于小投入换取较大效益	可操作性强，管理效率高	管理效率较高；区域协调性较好；区域互补性较强
缺点	管理效率低下，管理权限有限	行政主体地位不明确；管理委员会与行政区关系不畅	受行政区划调整限制，难以在短期内一蹴而就
结构体系	规模较小、独立性较弱、服务型主导、起步建设的城市新区	规模适中、独立性适中、工业型/综合型功能为导向的城市新区	规模较大、独立性较强、功能相对综合的城市新区
案例	武汉新区、合肥滨湖新区	各类开发区	上海浦东新区、常州新北区

从架构规模和职能分工来看，市场型管理模式的组织架构最小，动用的行政资源最少，开发建设指挥部只具备组织协调和招商引资功能，其他功能完全由城市建设投资公司和原属相关行政区来完成；开发区型管理模式组织架构居中，管理委员会作为市（区）政府派出机构，其权限比开发建设指挥部要大得多，且根据不同地域其权限可大可小；政区型管理模式的组织架构最大，享有区一级政府的全部权限，全面负责经济和社会双重职能。

从模式的优缺点来看，市场型管理模式属建管分离体制，行政资源投入最少，但管理权限也最有限；开发区型管理模式管理效率比市场型管理模式要高出许多，对发展经济的促进意义最为明显，但管理委员会与地方政府的摩擦性也最大，协调性较弱；政区型管理模式作为管理模式的高级发展阶段，在效率性、协调性、互补性等方面都最强，但受政策和条件制约，难以速成，一般都要经过市场型管理模式和开发区型管理模式的过渡。

从对应的空间组合方式来看，市场型管理模式和开发区型管理模式都有行政区内的城市新区和跨行政区的城市新区两种方式，但行政区内的城市新区往往与市场型管理模式匹配较多，跨行政区的城市新区则通常更多采用开发区型管理模式；政区型管理模式的空间组合方式最多，可基于开发区设立行政新区，可将原有行政区和原有开发区合署办公，也可基于行政区设立新区，或者直接新设行政新区。

基于管理模式的功能特征以及城市新区空间组合方式的多样性，可以归纳出管理模式对城市新区的一般适用性：规模较小、独立性较弱、服务型主导、起步建设的城市新区适合采用市场型管理模式；规模适中、独立性适中、工业型/综合型功能为导向的城市新区适合采用开发区型管理模式；规模较大、独立性较强、功能相对综合的城市新区则适合采用政区型管理模式。

随着城市新区开发进度持续深入，开发规模不断扩大，空间独立性日益增强，综合功能不断完善，一般来说都会经历从市场型管理模式到开发区型管理模式再到政区型管理模式的更新演替。组织方式和管理模式的变化，使得城市新区从分散的独立园区向多区合一的行政区转变，真正成为中心城区的组成部分。但根据不同城市新区的自身特点，往往采取适合自身条件的管理模式或演变策略。例如，大部分工业园区或基于工业园区发展的城市新区一般只采用开发区型管理模式，当规模和功能达到一定水平时采取政区型管理模式，如苏州新区、广州南沙新区等；起步期，即具有综合发展功能或者客观条件较为成熟的新区则往往跳过前两种而直接采取政区型管理模式。但在现实中，由于新城上述管理模式的根本缺陷也逐步形成了土地财政、债务风险、产能过剩、环境污染、空城（鬼城）现象等一些突出的矛盾和问题。

第五章　工　业　新　城

　　工业新城是以工业开发为先导的新城，是中国改革开放的特有产物。本书将中国的工业新城划分为工业园区、经济开发区、出口加工区三类。工业园区包括工业集中区、产业园区（产业园、生态产业园区、产业基地、产业开发区、加工园区、园区、工业港、民营经济成长示范基地、现代产业区、边境贸易加工园区／边境贸易加工区）和专业园区（铝产业示范区、陶瓷产业园、化工产业园、化工区、化工产业园区、石化产业园区、石材园区、有色金属产业园、零部件产业园、玻璃钢产业园）；经济开发区包括经济技术开发区、经济示范区、投资区、经济区、开发区等。工业园区与经济开发区有许多共通之处，许多经济开发区的前身是工业园区，据不完全统计，中国的经济开发区与工业园区占工业新城的比例远高于出口加工区；出口加工区是国家划定或开辟的专门制造、加工、装配出口商品的特殊工业区，位于一国正常的关税壁垒之外，在该区域内，投资企业以外国企业为主，可在中间产品的进口、公司税、基础设施供应，以及在该国其他地区实施的行业管制的解除等方面享受优惠待遇。本章对工业园区、经济开发区、出口加工区的背景与历程、基本特征和主要类型展开研究，并选取了经典案例进行分析。

第一节　工业园区与经济开发区

一、背景与历程

　　20世纪60年代以前，传统的国际劳动分工是指发达工业国家进行产品制造，发展中国家提供原材料或初级生产产品的模式。但随着技术进步以及交通、通信技术的发展，生产过程被不断分化，在空间上产生分离，表现为技术创新在发达国家、标准化生产在发展中国家的现象。于是，集中发展工业园区成为大部分发展中国家经济发展的必然选择。中国工业园区、经济开发区的成立与西方国家不同，它不以解决城市病或城市蔓延为目的，而是兴起于改革开放时期，一方面是为了加快本国经济建设、推动转型期国内经济的发展，另一方面是国际投资及新国际劳动分工格局下的主动选择。

（一）产生背景

1. 变消费城市为生产城市

1949 年 3 月，中共七届二中全会提出党的工作重心由乡村转移到城市，并提出要把消费城市变成生产城市。在中华人民共和国成立以后，"生产城市"被提出。当时的社会大环境亟须进行生产建设，恢复和发展城市生产是当时的重要任务，工业发展成为城市的主导方向，这为工业园区的建设提供了时代背景。

2. 以经济建设为中心

以经济建设为中心是中国共产党在社会主义初级阶段基本路线的内容。中共八大鉴于生产资料社会主义改造基本完成，指出全国人民的主要任务是集中力量发展社会生产力，实现国家工业化，逐步满足人民日益增长的物质和文化需要。这一论断，已含有以经济建设为中心的思想。1980 年 1 月 16 日在中央召集的干部会议上正式指出要把经济建设作为中心，这为城市的工业生产、园区建设提供了时代背景。

3. 改革开放后快速城镇化发展

中华人民共和国成立之后，国民经济进入恢复时期。1953 年，中国开始实施第一个五年计划，提出将工业建设的重点放在冶金、煤炭、机械等重工业部门上。于是，在沿海地区出现了一些零散的卫星工业镇。改革开放以后，中国城镇化速度加快，中国经济发展进入高速发展时期，表现为城市数量增加、城市规模扩张与城镇化水平提升。快速城镇化使得城市发展产生了新的特征和发展趋势，为工业园区、经济开发区的建设提供了重要契机。

4. 经济全球化下的新国际劳动分工

经济全球化背景下发展中国家凭借资源及人口优势发展制造业，以提高在世界经济中的竞争力，通过发展本国工业，满足人民需求，替代原先由发达国家进口的工业产品，并希望最终将本国生产的工业产品推向国际市场。改革开放以前，中国与世界经济联系较弱。改革开放之后，特别是中国加入 WTO 之后，中国参与世界经济活动的程度逐渐加深，外国资本开始大量流入中国市场，中国通过大力发展制造业，建立起与世界其他国家的经济合作与联系。

（二）发展历程

中国工业园区、经济开发区的发展大致经历了探索、扩张发展、调整转型以及稳步发展四个阶段，由只以工业发展为主导的工业园区、经济开发区、出口加工区逐渐发展成配套完善、运作良好的综合型工业新区。

1. 探索阶段（20 世纪 50 ～ 70 年代）

20 世纪 50 年代以来，中国从西方引进了一系列城市规划理论和方法，发展重工业、打造生产型城市成为中华人民共和国成立初期城市发展的主要指导思想。"一五"时期，在"集中力量主要发展重工业、建立国家工业化"总路线的影响下，以 156 项重点工程与 694 个大中型项目为主体，中国开始了社会主义工业建设，全国各级行政区围绕重点项目集中力量发展工业，工业城市建设成为当时的潮流。因为该时期新型工业城市的建设受中央意识影响较大，是典型的"自上而下"的开发模式，所以工业城市主要集中在东北、中西部地区的陇海铁路沿线与京广铁路线地区。1966 年，中国城市用地规模急剧扩张，出现了大量低效率、布局混乱、配套设施严重不足的孤立卫星城。之后，国家投资逐渐由东部沿海转向"三线建设"地区，至 20 世纪 70 年代末，45 个专业生产科研基地以及 30 个新型工业城市已经出现在"三线建设"地区。该阶段为工业园区发展的探索阶段，其布局主要局限在沿海开放城市。工业卫星城的选址与城市中心距离较远，作为"孤岛"发展，在经济发展较为薄弱的时期，工业卫星城主要发展第二产业和外向型经济，规模较小且自主创新能力弱，基本是劳动密集型产业。

2. 扩张发展阶段（20 世纪 80 年代至 2000 年）

改革开放后，中国开始了"以经济建设为中心"的全面改革，成立了一些经济特区，1984 年又进一步开放了大连、福州、广州、湛江、北海等 14 个沿海港口城市。邓小平南方谈话之后，中国经济进入新一轮增长阶段。许多城市纷纷在郊区设立开发区与工业园区，具有对外贸易优势的城市也设立了一些出口加工区。以长江三角洲、珠江三角洲、京津冀地区为代表的中国沿海、沿江都市区发展速度较快，形成了一批特色鲜明的开发区。中央对开发区采取了"放权让利"的政策，准入机制有所松动，地方政府建设开发区的积极性得到极大调动。至 20 世纪 90 年代初，国家级经济技术开发区和国家高新技术产业开发区分别达到 32 个和 52 个。这期间掀起两次开发区建设热潮：①第一次开发区建设热潮（90 年代初）。据国家土地管理局的统计，1991年全国仅有 117 个各类开发区，但到 1992 年年底各省、地（市）、县、乡级的开发区就达到 2000 多个，较 1991 年增加 16 倍。1992 ～ 1996 年，引进外资在增加，也增加了跨国公司。至 1996 年，首批 14 个经济开发区的工业产值达到 1887.86 亿元，合同外资达到 57.88 亿美元。与此同时，出口加工区建设步伐也在不断加快。②第二次开发区热潮（90 年代末）。2000 ～ 2002 年，国家先后批准了中西部 15 家国家级经济技术开发区，标志着对外开放由沿海向内陆延伸，呈现更加全面的格局。此时，各级地方兴办的开发区总数也达 5000 多个，开发区建设再创新高（表 5.1）。这一阶段开发区或工业园区数量和规模提高速度较快，沿海开发区内部企业存在外资、合资两种形式，出现了跨国公司和中大型的企业，技术型企业逐渐增多。

表 5.1 中国开发区数量和土地开发规模（1992 年、1997 年）

名称	1992 年	1997 年
开发区数量 / 个	8700（其中沿海地区 700）	4210（其中非法设立 3080）
规划土地开发规模 /km²	15000（其中沿海地区 7500）	12357
实际土地开发规模 /km²	307	1852
实际开发 / 规划开发	2%	15%

资料来源：小岛丽逸，幡谷则子 . 1998. 发展中国家的城市政策与社会资本建设 . 简光沂译 . 北京：中国城市出版社，33.

3. 调整转型阶段（2000 ～ 2008 年）

随着中国加入 WTO，开发区优惠政策逐渐减弱，开发区的转型成为必然之路。与中西部地区开发区相比，中国沿海城市开发区发展条件好，发展规模日益扩大，向新城转变的趋势更加明显，开始进入"三次创业"时期。与前几个阶段的开发区相比，这一阶段开发区增长速度有所放缓，虽然园区仍然比较关注产业发展，但随着园区功能的不断完善，就业人员在园区内可享受到丰富的生活娱乐配套设施，也可依赖城市中心附近的配套设施。沿海开发区内部企业中外资企业比例减少，高新技术产业数量增加。开发区除了发展工业以外，还增加了相应的配套公共服务、居住、文化及休闲设施，同时，更加注重金融、贸易、物流和房地产等现代服务业的发展，开发区功能趋于完善，逐渐发展成为独立的城镇单元[1]（图 5.1）。

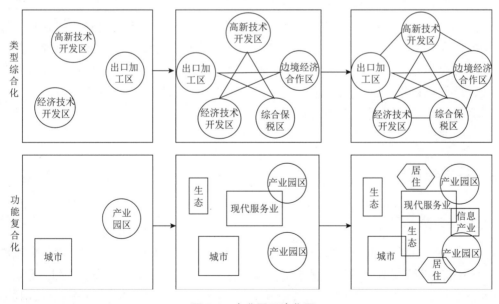

图 5.1 产业园区演化图

---

[1] 邬登悦 . 2014. 中国新城发展过程与类型研究 . 南京：南京大学硕士学位论文。

4. 稳步发展阶段（2009 年至今）

2009 年以来，全球金融危机对中国外向型经济产生了较大的冲击，随着中国经济转型，加快城镇化进程成为拉动内需的重要方向。截至 2020 年，中国已有工业新城 2284 个，其中，经济开发区 1335 个（占比 58.45%）、工业园区 949 个（占比 41.55%）（表 5.2）。该阶段工业园区开发的重心偏向于提质增效与产业转型升级，在开发过程中强化工业园区创新及转化功能，更注重新兴产业、知识密集型项目的引入，整合发展多产业集群，这一方面提升了产业整体竞争力，另一方面也加强了集群内企业间的有效合作。该阶段的工业园区发展更为综合，工业园区逐渐成为集住宅、写字楼、商业、休闲、娱乐于一体的城市综合体，产城关系得到了较好的融合。

表 5.2 中国工业园区、经济开发区数量统计（2020 年）

项目	数量	占比 /%
工业园区	949	41.55
经济开发区	1335	58.45
合计	2284	100

新时期更加强调新型城镇化建设与高质量发展，这为工业园区、经济开发区的发展提供了新的发展背景与指引。新时代推进新型城镇化建设，必须贯彻创新、协调、绿色、开放、共享的新发展理念，在推动产业转型升级和经济快速发展的同时，更加注重完善城市配套功能，加强生态文明建设，提升居民生活质量，促进社会全面进步。工业园区、经济开发区的发展应更重视产业品质的提升，更强调综合且全面的发展建设。2018 年国务院政府工作报告指出"按照高质量发展的要求，统筹推进'五位一体'总体布局和协调推进'四个全面'战略布局，坚持以供给侧结构性改革为主线，统筹推进稳增长、促改革、调结构、惠民生、防风险各项工作"，高质量发展成为保持经济持续健康发展的必然要求，这对工业园区、经济开发区的发展提出了更高的要求。

二、基本特征

（一）空间分布

改革开放初期，邻近海港的地区城市发展水平较高，人口分布密集，对外联系度高，区位优势明显，便于吸引人才、资金和发展港口运输。于是，上海、广州、北京、天津等近海地区率先建立国家经济技术开发区。随着改革开放逐渐由沿海向沿江转移，经济技术开发区、经济示范区、投资区、出口加工区等多种类型的工业新区（新城）逐渐增多，并由沿海向内陆逐渐过渡。从整个发展过程来看，其经历了"沿海卫星工业城镇—沿海开放经济特区—沿海及内地经济技术开发区和高新技术产业开发区"的过程，空间上呈现"由东部近海地区兴起，逐渐向内陆过渡"的特征。

（二）功能演变

工业园区、经济开发区发展的初期用地结构单一，以工业用地为主，生活、生产服务功能十分滞后，在功能上对母城形成了较大的依赖。在工业园区、经济开发区的成长期（扩张发展阶段与调整转型阶段），其与母城之间的关系由原来的"单方依赖"转为"互动联系"。虽然该阶段仍以生产功能为核心，但其居住、服务功能也开始发展，出现了一些工人宿舍区与金融、保险、商品零售业等功能区，用地类型突破了单一的工业用地，生活、商业用地的比例开始增加。随着工业园区、经济开发区功能的逐步完善，其已不再是单纯的工业新区，对母城产业、人口的疏解开始发挥作用。在工业园区、经济开发区发展的成熟期（稳定发展期），其与母城进入全面互动阶段，并承担一部分母城的功能；与此同时，同一区域内的开发区"一体化"及"网络化"的趋势越发明显[①]（图 5.2）。

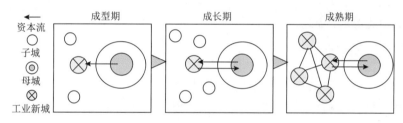

图 5.2　工业园区、经济开发区与母城的关系

（三）空间格局变化

中国工业园区、经济开发区在发展过程中，其空间格局经历了"独立点状—多团状—多中心片状"的转变。发展初期，其规模很小，与城市空间的关系并不紧密，以"孤岛"或"飞地"的形式存在于距母城一定距离的地区。国家首批设立的 14 个经济技术开发区中有 7 个与母城的距离大于 20km。这一阶段工业园区、经济开发区在空间上呈现点状或团状布局。在招商引资竞争、资本对廉价土地的诉求以及行政力量的影响下，工业园区、经济开发区呈现出蔓延式的扩张，用地扩张明显，土地开发较为粗放。随着区域交通线网的逐步完善，原先独立分散的点连接成片，由最初的"单核集中布局"转向"沿轴线发展的多团状或连片带状发展"。在工业园区、经济开发区的后期，其发展由"以向外扩展为主的膨胀发展模式"逐渐转向"对内部的更新和填充的模式"，在空间上开始出现多中心的发展形态，形成了功能和结构完善且相对独立的城镇单元。

---

① 王寅生 . 2014. 产业新城空间生长机理及优化策略研究 . 苏州：苏州科技学院硕士学位论文 .

（四）增长方式调整

从区位类型来看，内陆型工业园区、经济开发区与母城的空间距离较近，平均在13km左右，大部分分布在母城边缘且连续增长，或者是在母城近郊呈跳跃式发展。相比之下，滨海型工业园区、经济开发区与母城距离相对遥远，平均在36km左右，这主要是由于滨海型工业园区地理位置偏向于港口，多依附于港口的地理区位。从工业园区、经济开发区的规模类型来看，大型新区（100km²以上）规模较大，空间独立性与综合性较强，距离母城较远，以近、远郊跳跃模式为主；中小型新区（100km²以下）距离母城较近，以边缘连续型、近郊跳跃模式为主。

（五）规模拓展

工业园区、经济开发区的开发经历了一个由"小范围局部试点"到"大范围全面发展"的过程。在工业园区、经济开发区发展的起步期，其规模一般较小，除经济特区之外，大部分面积都在100km²以下。随着工业园区、经济开发区内部企业数量逐渐增多，用地类型逐渐多元化，规模不断扩张，以行政区划调整和工业园区整合主导的大规模工业园区成为建设的主流。

（六）建设目标变化

中国工业园区、经济开发区发展到现在功能逐渐多元，不再局限于单一的工业产业模式，产城融合的趋势较为明显。产城融合发展的动力是以产兴城，以城促产，产城互动，实现动力循环，从而促进产业与城镇空间整合，促进生产空间、生活空间、生态空间的有序协同，产生多重含义的复合"空间"。它在发展动力、发展方式、特点、产业与居住方面不同于传统的发展模式，多元化的产业结构将在市场经济中更加稳定（表5.3）。产城融合的理念为工业园区、经济开发区的发展提供了指引。

表5.3　产城融合模式特征

项目	传统发展模式	产城融合发展模式
发展动力	以城带产，以产扩城	以产兴城，以城促产，产城互动
发展方式	扩空间：数量上的扩展（空间、人口、经济体量的扩大），忽略"人"的要素	提质量：质量上的扩展（生产及生活方式的优化、价值观提升），重视"人"的发展
外部形态	城市建设"摊大饼"式发展，产业园区、大型居住区无序布局	依托城市圈多心多核组团发展，产业要素与居住生活要素有序搭配
产业	服务业与园区主导产业相分离，服务业滞后于园区及生活区发展，城市发展受限	生产性服务业及生活性服务业兴起带动经济发展质量提高，城市发展逐步趋于平衡
居住	住宅需求增多，带动住宅地产繁荣	产业地产概念逐渐融入实践，并成为建设主流

三、主要类型

（一）按开发主体划分

1. 政府主导型

政府主导型开发模式是以政府为开发主体，由政府进行规划与开发，企业配合政府实现规划意图的模式。中国工业园区、经济开发区建设的初期，大部分是政府主导型开发模式，主要布局在东部沿海及较为发达的城市，如苏州工业园区。苏州工业园区于 1994 年 2 月经国务院批准设立。2019 年，苏州工业园区共实现地区生产总值 2743 亿元，连续四年（2016～2019 年）位列国家级经济开发区综合考评第一，在国家级高新区综合排名中位列第五[1]。这种模式的特点体现在行政力量对新区的发展起到很强的干涉作用且具有很强的引导性。政府招商明确，配套设施相对充足，建设进度可控，但同时也弱化了市场机制的作用。

2. 市场主导型

市场主导型开发模式是以开发商为主体，政府提供一定政策倾斜的模式。在这一开发模式中，企业是资金的主要提供者，降低了政府的开发成本，政府为企业分担一部分开发风险，提高了社会资本的参与度，能更好地按照市场需求进行新区的开发，其发展方式更符合市场规律。但由于政府作用减弱，在经济利益的驱动下，工业园区、经济开发区更易呈无序开发态势，出现用地失控、侵占部分耕地、土地使用效率低下等问题。

3. 混合作用型

混合作用型开发模式是指政府拥有全部或部分股权，由法人财团以商业形式经营、自负盈亏的一种模式。开发的资金一部分来源于政府的财政拨款、出口信贷、银行贷款或者发行债券等。相比较而言，这一模式既可以充分反映政府的意图，也可以满足市场自主选择的意志，避免了市场的无序竞争，可以在满足市场需求的同时进行有序合理的开发，如固安工业园区。2013 年后，中国政府大力推行的 PPP 模式成为工业园区、经济开发区发展的重要载体。PPP 模式通过政府与社会资本在公共领域建立的合作关系，弥补地方政府事权多、财力少所形成的投融资缺口，并提高供给效率，实现公共服务领域里的"补短板"[2]。

（二）按行政区域划分

1. 跨行政区

跨行政区的工业园区、经济开发区一般横跨多个行政区，同时包含了各个行政区

---

[1] http://www.sipac.gov.cn/zjyq/xzqh/202004/t20200426_1114241.htm。
[2] 王宁.2018.PPP 模式应用于产业新城的研究.济南：山东大学硕士学位论文。

内的开发区（子新区），属于"园区拼贴型"和"行政区划整合型"的城市新区，其规模相对较大。在空间上，其一般布局在城市的远郊地区，与城市中心距离较远。与行政区内部的工业园区、经济开发区相比，此类工业园区、经济开发区的功能相对完善，除了生产功能之外，还有居住、商业等其他相关配套设施（图5.3A）。

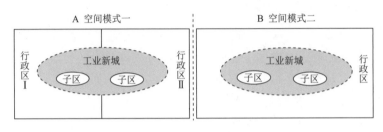

图 5.3　工业园区、经济开发区空间模式

2. 行政区内部

行政区内部的工业新区一般布局在距离城市中心不远的近郊区，其规模较小，对母城的依赖作用也相对明显。其核心功能是产业发展，相关的服务配套功能较少，主要承担经济发展的功能。但也有部分工业园区、经济开发区由于功能的逐步完善，逐渐脱离母城而发展成为独立的城镇单元（图5.3B）。

（三）按与城市之间的空间关系划分

1. 工业新城包围城市模式

工业新城包围城市模式对生活功能区进行围合，使工业空间与生活空间有所分离，对居住生活的干扰较小。在交通方面，其主要通过轴向的交通联系进行交通疏解，货运交通集中在工业功能区与生活区的外围地区，如安徽省六安市东部产业新城。

2. 工业新城与城市相间模式

工业新城与城市相间模式，即工业功能组团与生活居住功能组团相间分布，受各种因素影响的灵活布局模式。该模式对于用地的集约性利用有极大的促进作用。但城市空间、用地规模较大，分组团、分产业类型分布时比较适宜，如安徽省合肥市的产业发展。

3. 工业新城与城市伴生模式

工业新城与城市伴生模式相对于工业新城包围城市模式，其功能分区更为独立。工业空间与居住空间有序分离，城市风貌特色连片发展。该模式中工业对城市的干扰较小，联系性较强，适合城市规模不大的地区，如武汉光谷东机械电子产业新城的布局。

四、案例分析

（一）河北固安工业园区

1. 园区概况

河北固安工业园区于 2002 年 6 月 28 日奠基，位于河北省廊坊市固安县，在北京以南 50km 处，与北京隔永定河相望，处于大北京经济圈的前沿部位。其周边交通网密集，具备国际上最具魅力的 1h 工业区的交通条件。园区距离北京大兴机场仅 10km，距北京南三环玉泉营环岛 39km，东南距天津 110km，驱车 1h 可以到达首都机场、1.5h 可以到达天津港。固安县之前是一个传统农业大县，主导产业为钓具、滤芯、塑料等，经济地位在全省中排名靠后。但 2017 年，全县财政收入达 98.5 亿元，总量居河北省第三位。这一发展水平的急速上升得益于固安工业园区的发展思路，固安创新地实施"全球技术、固安加速、中国创造"的产业发展路径，提高了固安工业园区的经济与产业发展水平。固安工业园区属于混合作用型、行政区内部型、工业新城与城市伴生模式型，发展至今，固安工业园区已演变成"固安新城"。固安工业园区是中国最具投资潜力的开发区、大北京经济圈投资性价比最高的园区、河北省发展速度最快的园区。这个未来城市试验区将立足于营造一个工业与人居完美和谐的城市，成为具有"超越工业区，高于工业区"全新社会内涵的新市镇。

2. 产业发展

固安新城位于固安县的北部现代新兴产业区，是县域经济增长极和城市功能拓展重心。通过引入市场化的力量，固安新城建立了完善的产业体系，主要包括新型显示、航空航天、生物医药与智能网联汽车四大主导产业（表 5.4）。在产业升级的同时，固安新城更关注城市生活品质的升级，未来将建设功能聚集、层次健全、服务齐备、品质高尚的城市核心，引领县域经济转型升级；改造道路、公共服务等基础设施，打造生态公园，满足各层次人群的需求。

表 5.4　固安新城产业体系

主导产业	产业集群
新型显示	新一代有机发光二极管（OLED）显示产业集群
航空航天	国际化航空航天产业集群
生物医药	医疗康养服务，全产业链共振发展
智能网联汽车	研发创新、智联汽车小镇

3. 园区布局

园区确立了"电子信息产业""汽车零部件产业""现代装备制造业"三大产业方向，

复合规划了中国北方电子信息产业基地、中国北方汽车零部件产业基地、现代装备制造业基地、城市核心区、生活配套区，五大区域突出功能分区（图5.4）。

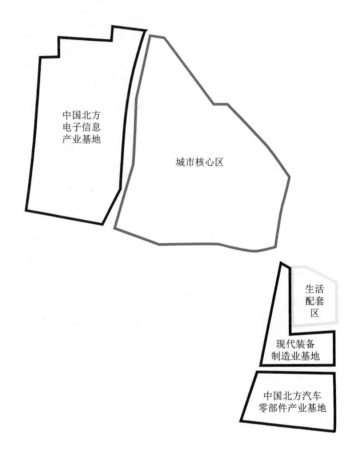

图 5.4   固安工业园区空间布局

4. 核心区规划

1）核心区发展定位与目标

固安工业园区的核心区位于"城市核心区"板块，核心区的定位原则一是要融入京津冀都市圈、承接北京功能外溢；二是要依托固安工业化进程、助力城市化发展；三是要构建城市发展高地、承载城市核心功能，将核心区定位于北京南翼、固安新兴大型生态低碳城市的中央核心区，以"建立清晰的城市意向，塑造完美的城市形象""设置标志性建筑，具有强烈的昭示性，增强中央核心区精神支柱""建设现代化、立体化的交通体系，实现人车分流，强调健康的生活模式""创建集聚城市，通过各个区域的功能混合，产生动力，推动城市发展""设置生态城市"为发展目标，该核心区由五大城市功能（政务文化中心、中央健康绿地、创新商务板块、都市商业中心与绿色宜居社区）构成，形成生态低碳、亲切宜人、宜动宜静的生活工作休闲新乐土。

2）核心区规划结构与土地利用

核心区规划打造集聚而又别具个性的新市镇核心区，从确立城市架构、聚焦城市功能到建立多层次的开放空间系统，形成核心区土地利用结构。主要公共核心功能沿锦绣大道展开，中央公园、商业办公、行政办公、文化展览、体育活动等城市功能集中分布（图 5.5），便于分期开发与形成集聚效应。在大广高速与 106 国道进入锦绣路入口处设计特殊的商业与景观节点，展示固安门户形象。

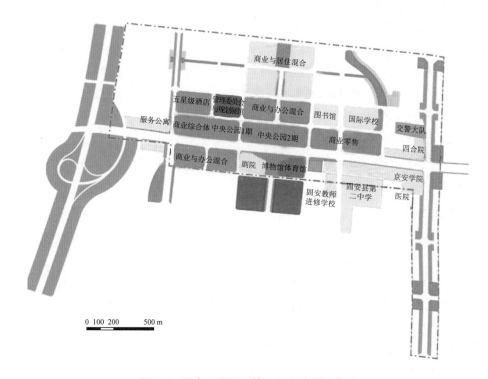

图 5.5 固安工业园区核心区土地利用布局

5. 案例特色：PPP 协议

固安县政府委托华夏幸福整体投资开发园区，并划清政府与企业职责边界。在责任方面，政府主导园区的重大决策、组织制定计划与规划、确定建设与维护标准规范、提供政策支持、负责基础设施及公共服务价格和质量的监管等，以保证公共利益最大化；政府负责在合同期内对项目进行审批和监督，只有在合同到期后才能获得工业园区的全部所有权。企业全权负责固安工业园区的开发建设业务，华夏幸福承担了城市规划和设计、基础设施和公共设施开发、城市运营管理以及产业招商的责任。华夏幸福为其每个 PPP 项目创建了一个"区域公司"，承载具体的项目。固安县政府与华夏幸福分工合作的 PPP 模式有力推动了固安新城的开发进程与发展水平。

（二）成都经济技术开发区

1. 基本情况

成都经济技术开发区成立于 20 世纪 90 年代，2000 年 2 月，获国务院正式批复为国家级经济技术开发区。其位于成都市区东 13.6km 的龙泉驿区内，开发区地理位置优越，交通便利，成渝、成昆铁路环绕开发区，成渝、成南高速公路及成龙路、成洛路、外环路、绕城高速公路穿区和环绕而过，是四川省和成都市确定的以汽车（工程机械）整车及关键零部件为主导的现代制造业基地，是四川省重点培育的"特色成长型千亿产业园区"，是成都市汽车产业综合功能区主体区和高端制造产业功能区。2011 年，成都经济技术开发区在全国国家级经济技术开发区综合考评中排在第 25 名，位列西部第二。发展至 2014 年，成都经济技术开发区规划面积 160 余平方千米，区内有 350 家汽车整车和零部件企业，成为中国西部汽车工业的主要聚集地。2019 年，其入选工业和信息化部绿色园区名单。2020 年 1 月 17 日，其入选国家级经济技术开发区综合发展水平前 30 名。成都经济技术开发区属于政府主导型、行政区内部型、工业新城与城市伴生模式型。

2. 发展目标

成都经济技术开发区处于成都市向东发展的重点区域，是四川省和成都市对外开放、城市和工业经济建设重点区域，是成都市科技创新、工业结构调整、产业产品升级的新兴机械、电子工业基地。它坚持把建设成都国际汽车城作为战略重点，以汽车产业综合功能区为依托，大力推进汽车主导产业集中集群集约发展，全力构建以强大的现代汽车制造业为支撑、以汽车高新技术产业为先导、以现代服务业和总部经济为核心的现代产业体系。当前，成都东部新区与成都经济技术开发区签署战略合作协议，明确九大方面合作内容，推动两个区域实现高质量协同发展。

3. 产业发展

改革开放后，成都市龙泉驿区的发展从农业开发起步，1990 年开始大力发展工业，以成都经济技术开发区为载体，不断摸索，最终找到了一条以汽车产业为主导的现代工业发展之路。汽车产业从无到有，由低端向高端，从"制造"转变成为"智造"。

1）汽车产业制造发展

2008 年，成都市龙泉驿区开始建设汽车产业功能区。2010 年，成都市编制了《成都经济技术开发区汽车产业发展核心区域产业布局纲要》，龙泉驿区（成都经济技术开发区）被成都市确定为汽车产业主体功能区。2010 年，进一步加快汽车产业集群发展。龙泉驿区（成都经济技术开发区）坚持"龙头带动、整零互动、双轮驱动"的发展战略，强化"龙头"带动，充分发挥龙头企业的支撑和带动作用，在整车企业上，先后引进一汽大众、四川一汽丰田、东风神龙、吉利汽车、沃尔沃等汽车龙头企业；在零部件企业上，先后引进了一汽大众发动机、博世底盘等重量级企业；在汽车研发上，先后引进成都孔辉汽车科技有限公司、成都汽车产业研究院等龙头企业。

2）汽车产业"智造"发展

2016 年开发区对汽车产业结构进行调整，实施"主业突出、多元共兴"战略。2017 年建设"先进汽车智造区"。同年年底，龙泉驿区（成都经济技术开发区）提出要大力打造汽车产业"五基地"，即全国重要的乘用车制造基地、全国重要的汽车零部件产业基地、全国重要的新能源汽车产业基地、全国重要的智能网联汽车基地、全国重要的汽车增值服务业基地，同时提出"三步走"发展目标：到 2035 年，先进汽车产业形成规模，绿色智能成为主流，汽车产业生态圈全面构建，局部领域达到全国领先水平，基本建成"先进汽车智造区"。

4. 案例特色：绿色园区建设

成都经济技术开发区制定了《成都绿色智能汽车产业功能区总体规划》，在引进项目时，设计了投资强度、建筑密度、产出强度、环境准入 4 项约束指标，在环境准入方面，主要污染物排放严格执行国家或地方排放标准。除了园区的限定外，园区内各工厂贯彻绿色建设，如四川一汽丰田秉承"企业与自然和谐共处"的环保理念，在日常生产过程中遵守相关法律法规并积极改善，平均每年环保投入超过 3000 万元，经相关部门层层审核，四川一汽丰田完全符合绿色工厂评价标准，最终获得国家级"绿色工厂"称号。成都富维安道拓汽车饰件系统有限公司开发了搪塑生产线和自配料技术，致力于打造先进而有特色的企业文化，践行绿色发展理念，促进企业生产力的快速发展。

第二节　出口加工区

一、背景与历程

（一）产生背景

1. 合作与发展成为世界的主流

经济全球化和区域经济一体化是当前国际社会的主要潮流，国家之间的依存度不断加强，全球经济一体化进程步伐加快。一体化最为突出的优势在于它突显了区域市场的区位优势，拓宽了市场的范围，加大了经济的总体规模，提高了经济的抗震性，降低了国际贸易中的许多不确定性。世界各国不同程度地介入经济全球化过程中，合作与发展成为世界发展的主流。

2. 中国加工贸易发展迅速

改革开放以来，中国加工贸易发展迅速，1981～1999年，中国的进出口总额增长了74.3倍。2019年，中国全年进出口总额31.54万亿元，增长3.4%，进出口、出口、进口规模均创历史新高。1996年加工贸易进出口总额在进出口贸易总额中首次过半，占到50.6%，1999年占到51.2%，加工贸易已涉及我国绝大部分产业，成为我国对外贸易持续快速发展的主要推动力。此外，加工贸易能产生促进区域经济繁荣、推动利用外资、解决社会就业、增加出口创汇等效益，也能引进国外先进技术和管理经验，从而取得明显的经济效益和社会效益。

3. 加工贸易分散型布局弊端突出

中国前期的加工贸易多以分散经营为主，遍地开花，在一定程度上加大了管理难度。因而，其运作模式比较复杂，有时也易于引发利用加工贸易渠道走私等一些不容忽视的问题。如何改进和完善加工贸易的管理工作，已成为一个刻不容缓的课题。集中化贸易园区建设成为解决问题的主要方式。

（二）发展历程

出口加工区的发展可分为三个阶段（萌芽期、蓬勃发展期与快速发展期）[①]。20世纪50年代，世界上第一个出口加工区建于爱尔兰的香农国际机场，中国台湾高雄在60年代建立出口加工区。以后，一些国家和地区也效法设置，到90年代，已有40多个发展中国家和地区建立了300多个出口加工区。中国在1978年实行改革开放政策后，沿海一些城市也开始兴建出口加工区。

1. 20世纪50年代末至70年代中期：萌芽期

20世纪50年代诞生了世界上第一个出口加工区（香农自由贸易区），它建设的目的是吸引国际投资投向制造工业。虽然香农自由贸易区在称呼上不是出口加工区，但一般被认为是出口加工区的始祖。这一时期，出口加工区还未受到世界各国的普遍重视，发展相对比较平稳，区内企业以劳动密集型为主，产品加工深度浅、附加值低。第一代出口加工区的产生和发展恰好处在60年代世界性产业结构调整时期。工业发达国家重点发展资本和技术密集型的重化工业，而把劳动密集型轻纺工业的若干部门和工序转移到发展中国家和地区，其中大部分转移到出口加工区。

2. 20世纪70年代后期：蓬勃发展期

这一时期，出口加工区的作用突显，在世界各地主要是在发展中国家和地区蓬勃兴起。从20世纪70年代前半期开始，亚洲发展中国家和地区的出口加工区发展尤为迅速，相继设置了20多个出口加工区。这一阶段出口加工功能和贸易功能在深度和广

---

① 韩宝昌. 2008. 重庆出口加工区功能定位的研究. 重庆：重庆大学硕士学位论文。

度上得到进一步发展，并开始向其他领域拓展。出口加工区内工业处在劳动密集型为主向资金、技术密集型为主的过渡阶段，区内企业存在着劳动密集、资本密集和技术密集的多层次技术结构。

3.20 世纪 80 年代至今：快速发展期

这一时期，全球设立了 850 多个出口加工区，创造了约 440 万个就业机会。出口加工区主要分布在亚洲、拉丁美洲和加勒比海地区与非洲。为促进加工贸易发展，规范加工贸易管理，国务院于 2000 年 4 月 27 日正式批准建立首批 15 个出口加工区（表 5.5）。之后，出口加工区以强劲的势头保持着迅猛发展。2006 年 12 月，国务院批准在北京天竺、上海松江、江苏昆山、山东烟台、陕西西安、浙江宁波、重庆七个出口加工区拓展保税物流功能试点，在原有出口加工区保税加工制造功能的基础上，增加保税物流和研发、检测、维修等方面的功能。这一时期出口加工区的功能不断拓展到加工、贸易、物流、仓储、工业生产和科技开发等领域，从具有单一功能，以转口贸易和进出口贸易为主的初级水平、具有贸易和生产、加工功能的中级水平，向具有多种功能，形成有竞争优势的产业集群的高级水平迈进。

表 5.5　中国首批 15 个出口加工区基本情况

名称	批准面积 /km²	通过验收时间	封关运作时间
上海松江出口加工区（A 区）	2.98	2000	2000.11
江苏昆山出口加工区	2.86	2000.9.6	2000.10.8
山东威海出口加工区	2.6	2001.1.8	2001
山东烟台出口加工区	2.96	2001.1.9	2001.1.9
江苏苏州工业园出口加工区	2.9	2001.1.10	2001.1.10
广东广州出口加工区	3.05	2001.3.30	2001
广东深圳出口加工区	3	2001.3.31	2001
辽宁大连出口加工区	2.95	2001.5.16	2001.5.16
浙江杭州出口加工区	2.92	2001.5.16	2001.5.16
吉林珲春出口加工区	2.44	2001.5	2001.5.30
湖北武汉出口加工区	2.7	2001.5	2001.10
北京天竺出口加工区	2.726	2001.6.12	2001
四川成都出口加工区	3	2001.6.22	2001
天津出口加工区	2.54	2001.6.29	2001.6
福建厦门出口加工区	2.4	2002.1	2002.9

（三）新时期发展新变化

出口加工区当前有两大新变化：一是园区类型向综合工业园区转变，二是发展方向向新兴科技转变。2015 年 8 月 28 日，国务院办公厅印发了《加快海关特殊监管区域整合优化方案》，明确强调了在整合中将出口、物流、工业、保税区这几大区域整合成综合工业园区[①]。出口加工区已经成为转变经济发展方式、发展多元化产业的有效渠道，依据其内在的经济运行规律，需要进一步发展与相关产业相配套的非生产性服务业，需要继续打造配套设施，进而形成完整的产业链，使功能更为综合。中国新兴科技正处于飞速发展阶段，进出口贸易量也在不断增长，出口加工区今后将形成以新兴科技入驻和输出的格局。

二、基本特征

（一）功能性质：以开展出口加工业务为主的特殊封闭区域

从功能定位上看，它主要是开展出口加工业务，区内企业生产的最终产品基本上都是直接出口的，功能较为单一。从出口加工区的性质来看，它是经国家批准设立，由海关监管的特殊封闭区域。货物从境内区外进出加工区视作进出口，海关按进出口货物进行监管。出口加工区必须设立符合海关监管要求的隔离设施和有效的监控系统。海关在出口加工区内设立专门的监管机构，并依照《中华人民共和国海关对出口加工区监管的暂行办法》，实行 24h 工作制度。

（二）管理要求：专一型较强，区内外加工贸易监管有差别

出口加工区内可设置出口加工型企业、专为区内加工企业生产提供服务的仓储企业和经海关核准专门从事区内货物进出口的运输企业。区内不得建立营业性的生活消费设施。除安全保卫人员和企业值班人员外，其他人员不得在区内居住。出口加工区内的企业可以开展与产品出口有关的生产、仓储和运输业务，不得经营商业零售、一般贸易、转口贸易及其他与出口加工无关的业务。国家禁止进出口的货物、物品不得进入出口加工区。此外，在监管方面，区内区外有不同的监管手续（表 5.6）。

表 5.6　海关对区内和区外加工贸易监管的区别

区内	区外
（1）不实行银行保证金台账制度，合同备案只需管理委员会审批	（1）实行银行保证金台账制度。合同备案须经对外经济贸易委员会—税务—海关—银行四个部分，十三道环节
（2）取消手册，实行电子底账管理。企业通过电子数据交换申报的电子数据，经审核后，自动存入电子底账	（2）实行登记手册管理。涉及合同打印、加贴防伪标签、核发手册等多道环节

[①] 崔成云 . 2017. 珲春出口加工区向综合保税区转型研究 . 延吉：延边大学硕士学位论文。

续表

区内	区外
（3）货物进出口采取"一次申报，一次审单，一次查验"的新通关模式	（3）货物进出口采取异地报关或转关运输的方式，手续繁杂，如异地保管，涉及主管海关合同异地传输和口岸海关报关等多道环节
（4）充分利用现代高科技技术，企业—主管海关—口岸海关实行计算机联网管理	（4）监管手段基本以人工监管为主，计算机在管理中的应用程度较低。企业管理及合同中期管理均需人员下厂
（5）计算机滚动核销，效率高	（5）手工核销，手续烦琐、效率低。每份合同核销需60天（其中企业报核30天，海关核销30天）。因为有退单等多道环节，所以经常有大量过期合同无法按期核销
（6）合同变更手续简化，可以直接办理	（6）合同变更手续较烦琐，需按合同备案程序到各部门办理相应的手续

（三）发展缘起：由自由贸易区演变而来

出口加工区由自由贸易区衍生而来，因此具有经济特区的内涵。出口加工区是在借鉴国外自由贸易区成熟经验的基础上逐渐建立起来的，也可以说是自由贸易区在我国逐渐发展而衍生出来的一种特殊经济形态。出口加工区是国际贸易发展的产物、是科技产业结构转换的平台、是国际运输业和通信业发展的重要产物、是国际企业扩张战略部署的载体。

（四）交通区位：区位条件良好，交通便捷

出口加工区由于对交通运输有较高的要求，一般选在经济相对发达、交通运输和对外贸易方便、劳动力资源充足、城市发展基础较好的地区，多设于沿海港口、机场或国家边境附近。

三、主要类型

（一）按与港口的区位关系划分

出口加工区的流程多是"进口原料—原料加工—再出口"，按照与港口的关系，可分为前港后区、港区一体与港区分离三种空间布局模式。前港后区或港区一体的布局模式可以实现便捷的直通式通关，在发展出口加工、保税物流、转口贸易等功能方面具有得天独厚的区位优势。港区分离的布局模式远离港口，造成物流成本上升、通关效率相对较低（图5.6）。

（二）按运作方式划分

1. 效率寻求型

由于出口加工区的区位优势、特殊政策，到港物料和加工成品能够快进快出、快

速组织、快速反应、快速加工。这类出口加工区主要分布在沿海和具有大密度国际航空条件的特大中心城市,这样能够迅速(按订单要求)从海外及毗邻地区组织各类零部件进行加工生产,如上海的松江、青浦,江苏的昆山等出口加工区。

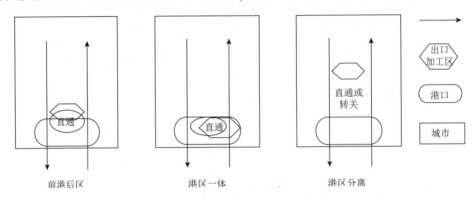

前港后区　　　　　　港区一体　　　　　　港区分离

图 5.6　出口加工区与城市港口的区位关系

2. 市场寻求型

此类加工区较接近市场以便于就近销售,从产业类型看,主要产业一般具有产品批量大、不宜长距离运输或运输成本占总成本比重高的特点,如汽车及配件、手机及消费类电子产品等。例如,以轿车生产为主的广州和以手机组装为主的天津出口加工区。

3. 政策引导型

利用区内的加工保税、管理规范、寻租活动小等政策和体制优势,将周边原有的或新建的外向型企业吸引到加工区内;或者将主要生产环节放在区外,贴牌包装和最终出口在区内完成。这种运作方式比较适合内陆有国际航空优势条件的地区,如成都出口加工区具有许多免税或优惠政策。

4. 资源寻求型

把国际市场的需求和所在区域的自然、要素资源结合起来,利用加工贸易活动提升加工区的作用。总的来讲,国内各出口加工区基本上都利用了中国人力资源丰富和成本较低的优势,无论是科技含量高的 IT、手机、汽配等产业,还是轻工业制品和金属制品,都含有人力资源优势的特征。

5. 核心企业带动型

通过几家核心企业的加工贸易运作,带动整个出口加工区以及区外的配套产业发展。例如,上海松江加工区内从事电脑产业的台商企业达丰公司加工贸易效益突出,带动了区内外一大批中小配套企业成长。此外,天津和广州的出口加工区也有因摩托罗拉和本田公司等核心企业的带动而促进了区内外其他企业发展的范例。

6. 配套依托型

出口加工区的成长主要得益于所在地区的配套支撑。出口加工区自身的经济效益往往被对入区企业的优惠政策所抵消，其自身的直接效益并不可观，更大的作用则反映在与当地的产业耦合和带动开放型经济发展方面。因此，许多运作较好的出口加工区都具有较好的外部配套和协作条件。全国第一个出口加工区昆山的出现，并不是政府计划安排的产物，而是当时云集在附近的众多台商企业对产品出口的快捷高效要求所催生的。上海青浦、成都、西安等出口加工区将现代制造业、高科技产业等作为发展重点，加工区的迅速发展与城市雄厚的产业基础、科技和教育优势配套有极大的关系。

四、案例分析

本节以深圳出口加工区为案例来说明。

（一）基本情况

深圳出口加工区设立于 2000 年 4 月，位于深圳坪山新区，距深圳宝安机场 60km，至盐田国际集装箱港口、广深铁路编组站均约 25km，离文锦渡、罗湖、皇岗等陆路口岸约 40km；封关面积 3km^2，是国家根据开放经济发展新形势设立的首批 15 家出口加工区之一[①]。深圳出口加工区进出口总额 2008～2016 年先增后减（图 5.7），2015 年之后减少的原因与国际经济形势动荡有关。到现在，深圳出口加工区吸引了 93 家企业入驻，分别来自美国、英国、日本、荷兰、新加坡等 12 个国家和地区。深圳出口加工区属于港区分离型与政策引导型。

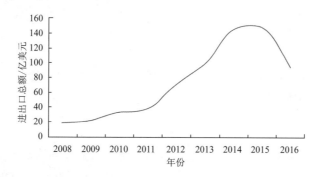

图 5.7　深圳出口加工区进出口总额变化图（2008～2016 年）

（二）发展目标

深圳出口加工区发展的定位与目标可分为五个阶段（表 5.7），即"单一制功能的

① 王一鸣 . 2018. 深圳出口加工区转型升级研究 . 广州：华南理工大学硕士学位论文。

出口加工区""拓展保税物流、研发等功能""综合保税区""以国际贸易、保税物流为主，以研发、展示和制造为辅""围网撤销，重点发展贸易服务、科教研发与制造展示等功能"。深圳出口加工区在成立之初位于外围地区，但它与城市副中心相距较近，靠近高铁站点，撤销围网、与城市融合发展是必然的发展方向。

表5.7 深圳出口加工区发展路径

年份	定位	围网	功能	与城市关系
2000	出口加工区	保留	制造	隔离
2009	出口加工区＋保税物流中心	保留	制造＋物流＋研发	隔离
2015	综合保税区	保留	物流＋制造＋贸易＋研发＋展示	带动
2020	综合保税区＋城市功能区	保留	贸易＋物流＋研发＋展示＋制造	互动
2040	城市功能区	撤销	贸易服务＋科教研发＋制造展示	融合

（三）产业发展

深圳出口加工区致力于发展高科技工业和现代物流业。截至2014年已有22个国家和地区的投资者在深圳出口加工区内投资，产品主要为微电子、电脑及零配件、光通信元器件、生物医药工程等。深圳出口加工区商品交易市场已投入运作，可协助区内企业开展进出口贸易及与国内企业开展贸易活动。加工区内的产业功能主要有保税仓储、流通性简单加工和增值服务、全球采购和国际配送、国际转口贸易、检测维修与商品展示。

1.保税仓储

除国家禁止进出口的商品外，园区内可保税储存各种贸易方式的进出口货物及其他未办结海关手续的货物。

2.流通性简单加工和增值服务

园区企业可以对所存货物开通不改变货物化学性质的流通性简单加工和临港增值服务，包括分级分类、分拆分拣、分装、组合包装、打膜、加刷码、刷贴标志、拼装、拆拼箱等具有商业增值的辅助性作业。

3.全球采购和国际配送

根据需求面向国内外两个市场进行全球采购和国际分拨、配送、深度分销等。

4.国际转口贸易

对国内、国外集装箱货物（包括来自不同国家、地区的）进行快速拆拼、集运、转运至境内外其他目的港。同时，可开展以转口贸易为核心的服务贸易活动，提升口岸功能。

5. 检测维修

在园区设立专业检测维修中心，提供检测、维修服务，延伸保税物流产业链，进一步提升物流园区功能。

6. 商品展示

经园区主管海关批准，园区企业可以在园区综合办公楼专用的展示场所举办商品展示活动。

（四）案例特色

深圳出口加工区与毗邻的港区实施一体化运作，专门发展现代物流业，园区内的企业在海关、检验检疫、外汇、税收等方面享受保税区的优惠政策，实行"入区退税"，即国内货物入园区视作出口，办结出口报关手续后即可申请退税。

深圳出口加工区的政策优势突出。深圳市委、市政府于 2000 年 10 月 8 日审议通过了《深圳出口加工区若干规定》，赋予深圳市坪山新区管理委员会市一级的经济管理权限。深圳海关驻出口加工区办事处、深圳出入境检验检疫局出口加工区办事处已全部挂牌办公，将为投资者提供并联式高效、优质服务。

出口加工区是目前关税最优惠、通关最快捷、管理最简便、经济最开放的海关监管特定区域。从国外退运的货物退到保税区等于货物留在国外，还没有进入国内海关所管辖的范围，无须向海关申请退运货物。这种处理方式的优点一是无须办理复杂的退运手续，无须向海关申请退运货物，无须交纳保证金，无须报进口关；二是节约时间、成本，特别是从香港码头提货到深圳出口加工区（包含办理手续时间）只需 3h，国内厂家可以自带工人到区内维修，成本是在香港维修费用的 1/3。

第六章 居住新城

　　居住新城指的是大城市边缘地区或近郊区开发建设的设施较为齐全的大型住宅区。居住新城主要是为了解决大城市的住宅问题，是由郊区化住宅演化而来的。由于生产功能外置，居住新城与城市中心的距离一般不会相隔很远，且通过成熟、完善的交通体系与母城进行联系。本书将中国的居住新城分为七大类：商品房居住新城（区）、混合式综合居住新城（区）、"单位制"居住新城（区）、动迁平民居住新城（区）、经济适用房居住新城（区）、低收入者及流动人口集聚新城（区）、运动员村。不同的居住新城由于开发模式不同，服务的居民对象也不同，目前中国的住房体系现状如图6.1所示。

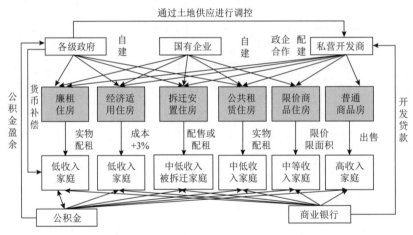

图6.1　中国住房体系现状的运作流程

第一节　"单位制"与商品房居住新城（区）

一、背景与历程

（一）产生背景

1. 住宅区作为工业区配套设施而发展起来

1949年3月，中共七届二中全会提出党的工作重心由乡村转移到城市，并提出要把消费城市变成生产城市,这一方针统领着中华人民共和国成立初期的各项城市工作。从中华人民共和国成立到 1978 年,长达四分之一的时间里,城市建设的总方针是围绕工业化有重点地建设城市。1965 年第一次全国城市建设会议以后,不仅出现了一批新的城市和新的工业区,旧的城市也不断扩大郊区的范围。1958 年开始的"大跃进",使城市工业进一步扩张。当时国力有限,人力、物力和财力集中用于工业建设,这期间,城市建设的发展远远跟不上工业建设规模和城市人口的增长,住宅区主要作为工业的配套而发展起来。1960 年,全国城市居民人均居住面积下降到 $3.1m^2$,是中华人民共和国成立以后的最低水平,如太原市人均居住面积只有 $2.7m^2$,南昌市人均居住面积只有 $2.5m^2$。

2. 城市人口的快速增长

改革开放以来,随着经济的快速增长,以及户籍制度、就业制度的改革,农村到城市的人口迁移速度加快,城市人口快速增长,城市住房的需求越来越大。

1984 年以来,中国所有城市的人口年增长率平均值维持在 4.5% 左右。中等城市人口增长速度最快,高达 5.34%;其次是大城市和特大城市,其年增长率平均值分别为 4.94% 和 4.75%;小城市的增长速度最慢,年增长率平均值为 4.09%。

3. 住房制度改革产生新的居住空间

20 世纪 90 年代,为了建立与社会主义市场相适应的新的城镇住房制度经济系统,中国开始实行住房制度改革:① 1998 年确定停止住房实物分配的政策,逐步实行住房分配货币化方针;②建立和完善以经济适用住房为主的多层次城镇住房供应体系,保障多方面住宅需求;③发展住房金融业务。住房制度改革激发了中国城市居民的住房需求,自 20 世纪 90 年代末以来,中国开始了大规模的商品房建设,城市内部建筑密度日益增高,居住环境每况愈下。在此驱动下,城市边缘出现了一部分居住区,以承接旧城区以及中心城区的居住功能。

4. 城市产业结构转型

改革开放之初,随着新国际劳动分工的形成,中国逐渐成为传统制造业基地,表现为在城市外围第二产业快速发展。随着经济全球化日益加深,资本成为城市发展的重要因素,为了提高城市的综合竞争力,城市开始注重第三产业的发展,一些发展较好的中心城区普遍采取"退二进三"("退二进三"是指 20 世纪 90 年代,为加快经济结构调整,鼓励一些产品没有市场,或者濒于破产的中小型国有企业从第二产业中退出来,从事第三产业的一种做法)的发展战略,企图通过提高服务质量及改善信息环境吸引并留住资本。"退二进三"对城市空间结构产生了一定的影响,表现为旧城的大规模改造,大量拆迁人口向城市中心迁移,导致城市中心的集聚作用不断上升,城市内部人口膨胀,城市扩张呈现圈层状。

（二）发展历程

中国"单位制"与商品房居住新城（区）并非一开始就是建立在城市边缘区以居住功能为主的新区，而是在社会经济不断发展转变下，从一类附属空间转化为功能突出的独立单元。中华人民共和国成立以来，中国大城市的住宅面积迅速增加，新建的住宅区绝大部分分布在城市边缘区。城市住宅的演进阶段可以分为四个主要阶段：1949～1978 年的国家经济恢复阶段到"文化大革命"影响期；1979～1999 年改革开放背景下的城乡二元结构时期；2000～2004 年市场经济体制下的土地使用制度和住房制度改革时期；2005 年以来提倡新居环境提升的宜居城市时期。

1. 国家经济恢复阶段到"文化大革命"影响期（1949～1978 年）

中华人民共和国成立后，城市发展面临恢复生产以及改善人民居住环境的双重任务。工业发展优先的经济发展战略使得这一时期的城市边缘出现了大量的工业卫星城，城市住宅只是作为工业发展的附属空间。在城市建设的过程中，为城市边缘的工业卫星城配套建设了工人住宅，在空间上形成了随工业区布局的零散工人新村，其成为该时期住宅新区的主要形式。至"大跃进"及国民经济调整时期，受国家"山、散、洞"建设方针的影响，除了部分随工业区远离城市中心布置的居住区以外，还有部分在城市中心区和边缘区"见缝插针"分散布局的居住区。与西方"邻里单位"模式相似的是，在中国农村实行"政社合一"后，居住小区的规划思想逐渐渗透到居住区的建设之中，以往零散的工人住宅逐渐向行列式或竖向发展，工人住宅数量和规模大幅增加。"文化大革命"期间，城市建设步伐放缓，几乎没有新居住区的建设，但人口却在高速增加，城市住房危机日益突显。

2. 改革开放背景下的城乡二元结构时期（1979～1999 年）

20 世纪 80 年代以后，社会经济进入新的发展时期，城市建设开始与国民经济其他方面的建设协调，除了发展工业之外，第三产业也开始得到重视，同时，基础设施得到大力发展。由于先前土地的无序开发，再加之城市内部住宅质量较差，城市内部旧房、危房比例较高，城市居民住宅环境十分恶劣。于是，城市建设的重心一部分放在城市内部，旧城改造成为该时期住宅建设的主要形式之一。随着经济体制逐渐向市场经济转变，土地制度及住房制度改革，以商品房建设为特征的郊区居住区建设逐渐兴起。由于城市中心区日益拥挤，地价大幅上升，加之旧城改造下拆迁人口的安置问题，政府鼓励在郊区进行居住开发活动，以缓解中心城区的压力，于是在一些大城市的边缘区出现了个别连接成片的居住地带。

3. 市场经济体制下的土地使用制度和住房制度改革时期（2000～2004 年）

随着土地制度与住房制度的不断深入，中国大部分地区房地产业蓬勃发展。受制于中心城区的可开发空间以及地价，大规模的住宅楼盘被安排在城市郊区，居住功能外迁加剧。特别是一些发展较好的大城市，居住郊区化随着基础设施的不断完善而越加明显。该时期，一些大城市郊区住宅增长的速度已经明显超过城市中心区，形成了以高层为主，兼有少量低密度独立式别墅区的商品房居住新城（区）。同时，居住区配套设施得到完善，进驻了超市、购物中心、餐饮等服务业，以及幼儿园、中小学、诊所等公共服务设施，逐渐形成功能较为完善的城市单元。

4. 提倡新居环境提升的宜居城市时期（2005 年至今）

2005 年 1 月 27 日，国务院文件国函〔2005〕2 号《国务院关于北京城市总体规划的批复（2005）》首次提出"宜居城市"的概念。伴随着轨道交通、公共配套服务的发展，郊区住宅集中建设区通过配套公共服务、娱乐设施的建设，已逐渐成为能够自行运转的新区。在当前宜居品质的导向下，许多大城市的商品房居住新城（区）建设如火如荼，如东莞的滨海湾新区商品房居住新城与宜宾的天柏组团居住新城。

2015 年 12 月 20 日召开的中央城市工作会议上明确指出要把提高城市发展的宜居性作为城市发展的主要目标。中国城市发展已经进入了新时期，人们对居住区的生活质量和环境品质也有了更高的要求。在宜居导向下，商品房居住新城（区）建设应回归以人为中心，以居民的基本需求和根本利益为主，营造舒适宜人的居住环境，注重生态环境保护，完善公共服务设施配套，建立服务居民的便捷的交通基础设施，改善绿色出行环境，为城市发展提供活力。

（三）新时期发展新变化

新城市主义主张的居住区规划是以人为主体，以自然环境为本，营造一个以步行为主、功能紧凑、居住环境优美宜人的社区。在快速城镇化的背景下，虽然城市生活空间得到了扩展，但是人们的居住生活品质却没有得到相应的提高，居住区的无序蔓延使人居环境日益恶劣。新城市理论告诉我们，应提升我国现代城市社区人居环境，使之有序化发展；对于居住区的建设，需强调方便快捷的服务体系，优美舒适的环境；居住区的集约开发使用不代表忽视环境建设，一味地追求经济利益，应强调突出城市居住区的特色、创造宜人的居住环境，从而提高居住空间的适宜度。

"单位制"与商品房居住新城（区）建设面临新的发展背景，品质建设的导向越来越突出：一是宜居城市强调"单位制"与商品房居住新城（区）应注重品质的综合性。宜居城市是适宜人类居住的城市，是城市的重要发展趋势，也是城市居民追求生活质量和品质的要求，它强调环境健康、安全、自然宜人、社会和谐、生活方便与出行便捷。二是"单位制"与商品房居住新城（区）内部的"品质居住"对住宅有更高的要求。品质居住时代已经来临，居民对生活的品质越来越关注。在稳定的市场环境下，高收入家庭的改善型置业、中等收入家庭的首次置业、单身独居人群的品质居住以及老龄人口的分散式居家养老等各类人群的不同居住需求渐渐明朗成形，住房需求已经开始从数量向品质转变，住得更有品质成为全社会关注的焦点之一。

二、基本特征

（一）空间拓展：由近郊向远郊发展

在中国郊区"单位制"与商品房居住新城（区）开发的早期阶段，住房主要是选在距离城市中心 15km 以内的近郊区域，其建设目的一方面是疏散旧城人口，另一方面是为近郊的工业园区进行居住配套。因此，早期郊区"单位制"与商品房居住新城（区）主要分布在近郊交通区位良好，或者是工业区周边，方便工人生产生活的区域。随着城镇化的不断推进，城市空间不断向外延伸，以往的近郊区已不能称为严格意义上的郊区，而被纳入城市建设用地之中。同时，城市及其周边地区交通基础设施不断完善，小汽车逐渐进入城市家庭，由此引发了"单位制"与商品房居住新城（区）开始向距离城市中心更远的远郊区扩散。与近郊"单位制"和商品房居住新城（区）相比，远郊"单位制"与商品房居住新城（区）开发规模更大，配套设施也相对齐全，注重居住区的开放性及居住环境。与西方居住空间"跳跃式"蔓延不同的是，中国郊区居住因无法完全脱离母城而在空间上呈现"连续式"的空间拓展形式。

（二）建筑形式：以高层为主，兼有少部分低密度住宅

"单位制"与商品房居住新城（区）形成初期，主要是配合工业园区建立工人居住区，房屋层数一般为 5～6 层。随着城市中心居住压力增加，居住空间向郊区拓展的现象日益明显，郊区房屋层数也日渐增加。在大量住房需求及建设用地紧缺的刺激下，郊区住房已由原来的多层逐渐向高层转变，形成一个个城市峡谷。为了满足一部分富裕群体的需求，郊区"单位制"与商品房居住新城（区）也建设了少部分联排别墅。"单位制"与商品房居住新城（区）以高层住宅为主，并分布有少量的低密度住宅；结合自然环境，营造花园式居住环境。自然村与高层住宅和高层公寓楼灵活布置，使建筑高度既有渐降也有过渡，公园和多层住宅区相接。在"单位制"与商品房居住新城（区）各区连接轴线段上，选择蝶式的高层住宅单体，沿道路错落有序地布置，形成舒适的活动空间。

（三）空间转变：从附属空间转变为相对独立的城市单元

从早期的工人新村到成熟阶段的新城（区），"单位制"与商品房居住新城（区）的功能及结构发生了转变。早期作为工业园的配套设施附属于生产空间的居住空间、依附于产业空间而存在。随着郊区居住空间日渐成熟，其结构与功能也日趋完善。从单纯的居住区向以居住为主、多元化发展的新城转变，主要表现在通过商业服务设施、公共服务设施的配套，逐渐提升居住区内部的服务功能，满足内部居民生产生活需要，通过完善内部交通线网，建立连续、完整的街区肌理，形成相对完整而独立的城市单元，

与旧城在功能上进行协调。从"单位制"与商品房居住新城（区）的发展过程可以看出，随着郊区居住配套不断完善，居住人口增加，一些企业也开始向郊区进驻，完成了从"产业带动居住"向"居住带动产业"的转换过程。

（四）开发模式：从以政府主导为主向企业经营转变

纵观中国郊区"单位制"与商品房居住新城（区）的发展过程，其开发模式大致可以划分为两个阶段：第一阶段为20世纪50～80年代计划经济时期以政府为主导的开发模式。政府出面征用城市边缘土地，以指令性计划的形式告知有关部门进行市政配套建设，并由国营建筑公司建造住宅，建成后由政府统一管理并分配使用。当然，该时期除了政府主导建设的居住区外，也有少量自发形成的郊区居住区，较为常见的是城乡接合部的农村居住区。第二阶段为80年代以后，随着住房制度及土地制度改革，住宅建设进入高速发展时期，城市边缘居住区开发模式也发生变化，由政府主导向政府规划、提供政策引导、招商引资转变，更多的企业开始加入城市边缘居住区开发的热潮中，并提出"企业经营城市"的理念。

（五）人口结构：构成复杂

自改革开放以来，中国城市经历了快速的郊区发展，"单位制"与商品房居住新城（区）因其所处的特殊位置、建设目的以及房屋类型而具有复杂的人口构成。城市的边缘地带通常是各类资本的混合地带。"单位制"与商品房居住新城（区）建造的目的是建立与中心区吸引力相抗衡的反磁力中心（图6.2）：一是吸引郊区人口就地城镇化，防止被城市中心所吸引；二是疏解旧城中心过多的人口来郊区"单位制"与商品房居住新城（区）生活和工作；三是吸引新增外来就业人口（其他城市人口）。

有研究从城市发展阶段出发，发现部分新城开发的意图旨在缓解中心城区人口压力，但却在发展建设过程中使新城成为外来人口继续向大城市迁移的聚集地。同时，新城开发和征地过程中产生了大量的失地农民，在当代中国新城的发展模式下，郊区新城人口的多样性特征尤为明显，不同背景下的居民能否在同一物理空间里相互渗透、融合，产生共同的地方身份认知，形成和谐包容的社会关系，是新城社会发展的核心问题。

在商品房居住新城（区）里至少有三类居住景观：第一类是占据主导地位的公寓社区，这类社区混合程度大，其中一部分被承租人分割成若干个小房间出租给外来人员；第二类是环境优雅的高档别墅区，其吸引中心城区生活质量较高的人群；第三类是新城周边一些城中村社区。从空间角度来看，新城发展模式可能导致新城内严格的、排他性的功能空间分区特征，并且郊区新城规模往往很大，不同功能区域之间的间隔巨大，这种新城的空间分异可视为不同社会群体相对独立聚居，并划出群体边界的分布模式。

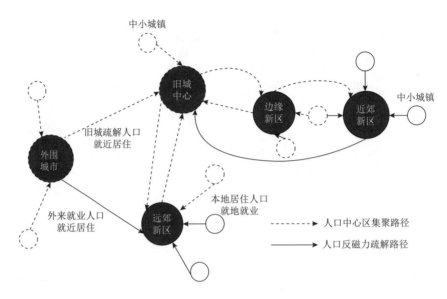

图 6.2 城市新区人口反磁力吸引的空间路径模式

三、主要类型

（一）按开发模式划分

1. 渗透模式

"单位制"与商品房居住新城（区）开发的渗透模式是指在城市近郊区建设一部分住宅区，以承担城市中心一部分人口压力。因为与城市中心之间的距离并不很远，所以其建设规模一般不大，且以相对单一的居住功能为主，其对城市中心具有较强的依赖作用。渗透型的开发模式在中国"单位制"与商品房居住新城（区）建设的早期比较常见，通常是选择距离城市中心 10km 以内进行"单位制"与商品房居住新城（区）的建设。一部分住宅区配合工业区布置，穿插在工业园区之间；另一部分住宅区与受城市拓展影响的边缘乡镇进行融合，形成具有田园特色的农村小镇，从而推动农村城镇化的发展（图 6.3），如四季花城系列居住区。四季花城系列居住区在楼盘开发之初往往没有公交出行方式，万科通过开放住户大巴和逐步引入市区公交车两种方式解决较低收入住户的出行问题。住户大巴起点一般设在小区主入口一侧，终点设在市中心交通枢纽，以方便住户转换交通方式，中间设一处或不设停靠点，从而大大缩短了住户出行时间。四季花城系列居住区用地面积一般在 20 hm² 以上（上海、北京除外），总建筑面积在 20 万 m² 以上。居住人数达到一个居住小区的规模，可以配套相当规模的设施。容积率在 1.0 ～ 1.5 是比较适中的密度，在这个密度之下建筑组合方式以多层、小高层呈封闭式组团布置。小区的交通组织方式一般都采取人车分流的措施，车行道在外侧形成环路，组团内部有一条或几条相互联系的步行轴线，使步行交通不受干扰。

2. 组团模式

随着城市空间的拓展，早期所谓的郊区已不再是真正的郊区，城市居住空间又向距离城市中心更远的郊区进行拓展。受新城市主义深入的影响，一些大城市郊区住宅的开发规模大幅增加，形成了一个个城市外围的居住组团。与零散的郊区住宅不同的是，这些居住组团强调整体性原则，拥有自己的道路网、公交系统、商业、公共服务设施等，服务于"单位制"与商品房居住新城（区）的人口。但是，各个居住组团并没有完全脱离城市，而是通过社区的开放性建设，将内部交通路网与城市道路相连接，建立起与城市中心的联系。与渗透模式的"单位制"与商品房居住新城（区）相比，组团模式新区因自身内部具有相对完善的功能，基本能够满足内部居民的需求，所以对城市中心的依赖作用较小。相反，它们还会吸引城市中心的人口和产业，成为极具吸引力的"反磁力"新城，甚至发展成为城市的副中心（图6.3），如位于济南市龙洞片区的奥体居住片区就是组团模式拓展，规划居住用地面积328.03hm²，规划城镇居住人口约11万人，共规划五个居住片区，居住区基础设施、服务设施较为完善，联系较为紧密，依托地形，充分发掘其独特的地理和人文特征，构建独具风貌的山地型生态居住社区。

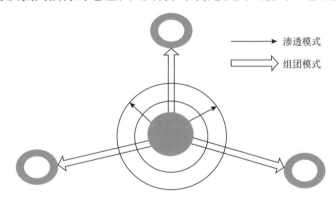

渗透模式
组团模式

图6.3 居住新区开发模式示意图

（二）按居住类型划分

1. "单位制"居住新城（区）

改革开放以来，工业郊区化的现象逐渐显现。为了解决生产工人的住宿问题，按照"就近生产，就近生活"的原则，围绕城市郊区工业区进行居住配套建设。此类居住区由一个或多个单位筹建，自设各类基础服务设施，内部居民主要在周边的工业区工作，居住用地与生产用地虽有明确的界限，但二者距离并不遥远，居住区互动与单位互动合二为一，如四川省成都市金牛区铁路新村社区就是典型的为了解决工人住房问题的"单位制"居住新城（区）。铁路新村社区作为成都铁路局的职工居住区，始建于20世纪50年代末至60年代初，规划时拥有相对独立的体系，拥有独立的派出所、医院、幼小中学校、体育场馆等公共设施，居民达 30 万人之多。由于建设时期较早，如今的新村公共配套、环境规划严重滞后。另外，由于建筑布局拥挤混乱，再加上各种违规搭建和占道，这里不仅卫生条件较差，还存在较大的消防隐患。

2. 商品房居住新城（区）

中国商品房概念源于 20 世纪 80 年代初，商品房居住新城（区）不局限房子本身，还包括周边人文、生态、经济等相关环境。20 世纪 90 年代以来，随着土地制度及城市住房制度改革，住宅空间发生了巨大变化，计划经济时期的实物福利分配制度、"单位制"独立大院逐渐被市场化的住房形态所代替。商品房居住新城（区）为缓解普通住宅的供需矛盾，建造有专门用于动迁安置的配套商品房。

在快速城镇化的背景下，商品化住宅比例快速上升，迅速成为中国城市居住空间的重要表现形式。在公共服务设施方面，此类居住区内部具有相对完善的交通基础设施、教育、商业、诊所等公共服务设施，并配有特色的空间组合和绿地布局。在社区文化建设方面，居民大多数受过良好教育，因此有着多样且富有活力的社区文化，如昆明巫家坝新城在巫家坝国际机场停止使用后，在巫家坝片区规划新的高档住宅区，定位为商业集中居住区，着力将巫家坝升级为主城东南门户的现代城市精品商务居住区。通过增加公园绿地和混合功能用地，配备完善的公共服务资源设施和基础设施，着力将其打造成充满活力的城市居住区。

3. 混合式综合居住新城（区）

中国在现代主义"功能分区"思想的影响下，不断提高居住要求，于是涌现出了新的商品房居住新城（区）——混合式综合居住新城（区）。混合式综合居住新城（区）是为了节约城市土地、缓解城市交通问题、丰富居住区功能、营造更为和谐的人际关系和培养居民地缘情感而提出的，其主要目的是提高人民居住质量，创造和谐的居住环境，提高我国居住区建设持续健康发展水平。

改革开放后，中国在城市边缘区的独立地带建设功能较为单一的大型居住区，以缓解城市人口居住问题。居住区配有基本的服务设施，以及小规模的商业中心。但因为此类居住区建设时期较早，建设较为急迫，所以居住区内部物质环境相对落后，居住环境也相对简陋，如杭州丁桥居住区就属于为了缓解城市人口居住压力而建设的新城。其规划依托杭州地铁三号线的超级综合体进行高度集约开发，赋予其综合功能，从而带动周边发展。

4. 运动员村

运动员村作为居住新城的类型之一，是赛时免费为运动员和随队官员提供的居住地。但在赛后，根据奥运会、亚运会等大型综合性运动会的惯例，运动员村将整体转化成住宅小区对外销售，作为商品房居住新城（区）的类型之一。相较于其他类型商品房居住新城（区），运动员村的配套设施还包括室内外运动训练场地，其能够满足后期入住的人群日常训练和生活，如武汉市江夏区大桥新区办事处柏木岭村（世界军人运动会运动员村）在规划时将其划分为居住区和配套区，居住区按照不同国家居住习惯进行设计，配套区有商业购物、餐饮美食、休闲娱乐、医疗训练、特色活动五大类服务设施，这些设计能够吸引更多有地域需求与运动爱好的人群居住。

四、案例分析

本节以昆明巫家坝新城为案例来说明。

（一）基本情况

巫家坝位于云南省昆明市官渡区，处于昆明市主城区、呈贡新区和昆明空港经济区三角交会的核心地带，距昆明主城中心区仅约 3km，距呈贡行政中心区约 15km。作为昆明主城区与呈贡新区之间的重要功能节点，其有区位优势和空间优势。随着昆明的城市化迅速发展，原巫家坝国际机场已经不能满足昆明日益增长的航空需求。因此，昆明市政府在 2012 年决定停用巫家坝国际机场，在巫家坝规划新的高档住宅区，将巫家坝打造成昆明的混合式综合居住新城。

（二）发展历程

1. 准备阶段（2012～2014 年）

巫家坝在 2012 年以前是昆明的首个也是中国第二个国际机场所在地，是中国历史上最大的国际口岸机场之一。为了缓解日益增长的航空需求，昆明市政府决定迁建一座新的国际机场——昆明长水国际机场，并于 2012 年正式通航。巫家坝也在距离市中心约 6km 的黄金地带，留下了接近 10km^2 的土地可以重新开发利用。经过 4 年的准备，随着巫家坝控制性详细规划的出炉，巫家坝迎来新的发展机遇。

2. 起步阶段（2015～2018 年）

在 2015～2018 年的起步阶段中，巫家坝的开发以"设施先行、回迁安置先建"为主要目标，围绕着征地回迁、土地储备、回迁安置以及基础设施建设等方面开展工作。该阶段内，原计划完成巫家坝片区内基础设施建设的 75%，2018 年年底巫家坝夯实基础阶段的大部分目标已经基本完成。

3. 快速发展阶段（2019 年至今）

从 2019 年起，巫家坝新城中心开始进入快速发展的开发阶段，着力开发巫家坝新城的商业办公、城市综合服务中心、现代金融以及生态示范产业。根据巫家坝的实地环境，加快土地出让，通过招商引资，逐步突显巫家坝新城的功能。在该阶段，万科、保利、绿地、中交、中南、中铁建、中海、金茂、金地等房地产开发商已经入驻巫家坝，绿地东南亚区域总部项目、中交建南亚总部项目、中铁建西南总部项目、保利集团"保利大厦"项目、金茂逸庭商务中心项目、中海巫家坝总部基地项目、云南景成集团"景成大厦"等多个项目已经开工建设。

（三）规划设计

1. 总体定位和规划理念

巫家坝新城总体定位为"昆明未来城市中心区"，生态、产业、宜居等多元化功能复合的"智慧城市"示范区。规划理念：围绕巫家坝路景观轴建设、健全配套设施，完善综合交通体系，向北与火车站、国贸中心相呼应，向南延伸至昆明国际会展中心和环滇池半岛，打造集生活、水系、城市、历史为一体的整体联动开发样板区，着力将巫家坝升级为主城东南门户的现代城市精品商务居住区。

2. 功能分区

规划依托巫家坝原有机场轴线进行综合利用开发，根据功能不同，将巫家坝片区分为：①金融中心总部基地；②文化娱乐休闲区；③文化创新居住区；④生态低碳居住区；⑤国际社区；⑥商业文化区；⑦传媒中心；⑧文化宜居区；⑨城市中央公园。

3. 开发运作

市、区政府两级联动，兑现企业帮扶机制，鼓励企业稳步发展。自项目落地实施以来，政府一直协调解决项目在投资、建设、生产和经营中遇到的困难，积极辅助企业工作，为立项、报建、开发建设等各环节所涉及的行政审批提供全程式、保姆式服务。政府通过采取"一次规划、分期供地、分批办证、分片开发、分期核实"等措施加快项目审批，促进房地产业稳健发展；采用奖励机制，对当年房地产销售面积增长30%以上的房地产开发企业进行奖补等，积极引导商品房销售面积稳步增加。中交集团、中城建和中铁建作为巫家坝片区的一级开发公司，按照"基础设施先行、开发一片、成熟一片"的原则及"两年成聚、四年成邑、五年成城"的开发思路计划分三步完成巫家坝片区项目一级开发整理工作，设置5年内基本完成片区基础设施配套和产业导入工作计划、8~10年全面建成新城的目标。

（四）案例特色

昆明巫家坝新城居住区经过规划设计具有四大亮点：①公共服务设施资源配套完善。结合人口规模和居住社区划分，新城对公共服务设施进行了配套完善，包括行政办公设施、文化、教育、医疗及宗教设施等。规划共设置初中5所、高中4所、小学11所。采取在居住用地内配建幼儿园，共设置28所幼儿园，每所幼儿园规模9~18个班。根据人口规模和医疗设施规模，巫家坝片区规划建设1家三甲医院，2家区级综合医院，10处社区卫生服务站。②交通网便捷，优先慢行交通，形成"两纵两横"

的公交主走廊。巫家坝新城规划纳入了通往周边城市与地区的广泛交通线路,优先考虑步行、骑行与公共交通。结合各条道路交通功能定位,合理分配巫家坝片区快速路、主干路、次干路、支路道路,形成片区内快速、主、次、支多级层次分明的交通,以提高片区路网的功能。远期巫家坝片区将规划多条轨道交通线路,在片区内共设置13处轨道交通站点,同时新增了两条轨道线控制走廊,为远期轨道交通加密预留条件;此外,在片区内设置地面公交主走廊和地面公交次走廊,形成"两纵两横"的公交主走廊。③独具特色的紧凑型功能邻里。按照组团式用地的基本格局,巫家坝片区内部规划道路网采用"小街区、密路网"的方格网形式,并且这个新区混合用地类型较多,将配备各种文化、公共、商业设施与住宅,各种功能混合,形成了独具特色的紧凑型综合功能邻里。④共享优质景观,打造充满活力的城市居住区。新城增加公园绿地面积,打造连续的城市公园,同时,为共享城市公园的优质环境景观,形成了由西向东依次递减的高度控制要求,建筑视野开阔,公园内布置了公共服务设施、文化设施,以提升公园的服务功能,居民可以共享城市绿地,展现园林城市特色,提升绿色创新魅力。该区域将运用广泛的水道与绿地网络减少径流并自然净化水流,改善昆明风景秀丽的滇池水质,同时打造充满活力的城市居住区,丰富产品和业态,提升城市品质。

第二节 保障性住房居住新城(区)

一、背景与历程

(一)时代背景

2007年8月,住房和城乡建设部发布《国务院关于解决城市低收入家庭住房困难的若干意见》,该意见指出,各城市应当制订解决城市低收入家庭住房困难的工作目标、发展规划和年度计划,纳入当地经济社会发展规划和住房建设规划,并向社会公布。保障性住房建设规划是在发展规划和年度计划的基础上,进行的时限长、系统性强的规划,是对未来较长一段时间内保障性住房建设进行调控和指导的主要依据。做好保障性住房建设规划以及保障性住房建设年度计划的制定和实施工作是各城市人民政府的重要职责。

2008年12月,《国务院办公厅关于促进房地产市场健康发展的若干意见》中指出,要加大保障性住房建设力度、进一步鼓励普通商品住房消费、支持房地产开发企业积极应对市场变化、强化地方人民政府稳定房地产市场的职责、加强房地产市场监测。

2009年5月,住房和城乡建设部、国家发展和改革委员会、财政部三部委在《关于印发2009—2011年廉租住房保障规划的通知》中要求,2009～2011年,争取用三年时间基本解决747万户现有城市低收入住房困难家庭的住房问题。进一步健全实物配租和租赁补贴相结合的廉租住房制度，并以此为重点加快城市住房保障体系建设，完善相关的土地、财税和信贷支持政策。

2010年1月，国务院办公厅《关于促进房地产市场平稳健康发展的通知》指出，要增加保障性住房和普通商品住房有效供给，合理引导住房消费抑制投资投机性购房需求，加强风险防范和市场监管，加快推进保障性安居工程建设，落实地方各级人民政府责任。

2011年，《国务院办公厅关于进一步做好房地产市场调控工作有关问题的通知》指出，为巩固和扩大调控成果，进一步做好房地产市场调控工作，逐步解决城镇居民住房问题，促进房地产市场平稳健康发展，要进一步落实地方政府责任，加大保障性安居工程建设力度，调整完善相关税收政策，加强税收征管，强化差别化住房信贷政策，严格住房用地供应管理，合理引导住房需求，落实住房保障和稳定房价工作的约谈问责机制，坚持和强化舆论引导。

根据相关文件政策，在制定保障性住房建设规划和保障性住房建设年度计划时，要明确提出廉租住房、经济适用住房和公共租赁住房的建设目标、年度建设指引、住房结构比例、土地供应保障措施等，并提出包括新建、存量住房利用等多种渠道的综合解决方案。

党的十七大报告指出，我国必须在经济发展的基础上，更加注重社会建设，着力保障和改善民生，努力使全体人民住有所居，将解决住房问题作为改善民生的重要方面，始终把改善群众居住条件作为城市住房制度改革和房地产业发展的根本目的。从2011年2月21日开始，住房和城乡建设部已陆续与各省、自治区、直辖市以及计划单列市签订《保障性住房目标责任书》，完成1000万套保障性安居工程住房的分配任务。2011年3月，全国两会《政府工作报告》明确提出，2011年要建保障性住房1000万套、2012年再建1000万套、"十二五"期间全国总计建设3600万套。

（二）社会背景

1. 社会和谐发展的内需

我国财税体制改革后形成了中央与地方政府分税制度，当商品房市场快速发展时，出现了地方政府重市场而轻保障的情况，出现了房价高涨的情况，中低收入群体以自身经济能力购房成为"泡影"，而政府又没有为他们提供足够的保障性住房，这使得他们的居住条件难以得到改善。从建设和谐社会的需要来看，加快保障性住房制度的构建显得十分必要。

住房问题同时更是重大的社会问题。随着整个社会收入差距不断扩大，城镇居民住房条件也出现扩大化的差距。效益好的单位，通过增加工资收入、提高公积金比例使员工住房超过平均居住面积，但贫困家庭单位效益差或无单位，自身经济实力不足，住房条件改善缓慢，住房条件不均衡的问题逐渐突出。住房问题没有解决好，会使得广大建设者和劳动者享受不到国家经济发展的红利，低收入人群的居住聚集甚至有形成国外贫民窟的可能性，从而将导致严重的社会问题。反之，如果政府加大重视，构建科学的保障制度，规划良好的城市布点，建设高品质的保障性住房，则社会和谐、人们安居乐业。

2. 新的社会行为方式与人口构成的变化

在我国居民传统观念中，居者有其屋即拥有房产，这从农村中稍有资金的家庭就不断翻新自家住宅可见一斑。城镇居民同样如此，只有拥有房屋的产权才算在城里有家，也因此才能考虑结婚生子、安家立业。这种观念在住房保障领域造成了某种偏差，即优先提供产权性质的保障性住房，即经济适用房。但在社会收入分配差距较大的阶段，把住房保障的重点放在提供产权房上，居者有其屋等同于"居者有其产"，这就超越了目前经济发展阶段的现实，会导致低收入群体没有实力购得产权性质的保障性住房，而用于出租的保障性住房数量不足。这种观念随着时代的发展也开始出现新的变化，政府开始更加关注租赁型保障性住房，这有助于政府手中掌握保底和固定的保障资源，而保障对象也开始逐步接受拥有居住权力与拥有居住产权之间的区别。

（三）发展历程

从 1995 年至 2016 年，我国保障性住房发展大致经历了以下五个阶段。

1. "安居工程"起步阶段（1995～1997 年）

1995 年 1 月 20 日出台的《国家安居工程实施方案》标志着"安居工程"在我国全面起步，其计划在原有住房建设规模的基础上，新增"安居工程"建筑面积 1.5 亿 m^2，用五年左右时间完成。"安居工程"住房直接以成本价向中低收入家庭出售，并优先出售给无房户、危房户和住房困难户，在同等条件下优先出售给离退休职工、教师中的住房困难者，不售给高收入家庭。这一阶段我国住房的主要模式为集资合作建房和"安居工程"两种，同时实物分房还没有完全取消。

2. 保障性住房体系初步确立阶段（1998～2001 年）

1998 年 7 月 3 日国务院出台《国务院关于进一步深化城镇住房制度改革加快住房建设的通知》，标志着以经济适用住房为主的多层次城镇住房供应体系已经全面建立起来。新的住房保障体系主要分三个层次：一是面对最低收入家庭的廉租住房。这是救济性的，基本不需要贫困家庭出钱，完全依靠政府救济。廉租住房的核定标准是"双困标准"，即收入和现有住房面积的双困。二是为中低收入家庭提供的经济适用住房。这是援助性的，即政府补贴一部分，个人掏一部分。三是面向中高收入家庭的商品房。这是完全市场化的。这一阶段以商品住房的供应为主。

3. 保障性安居工程全面萎缩阶段（2002～2006 年）

从 2001 年年底开始，以大连市为代表的部分城市提出了经营城市的理念，以出让土地来让政府获取收入，导致建设经济适用住房的积极性逐步减弱。从 2002 年开始，经济适用住房投资占房地产投资的比例大幅下降，2005 年更是达到了历史最低点，仅为 3%（2005 年经济适用房投资额为 519 亿元，同期房地产开发投资额为 15909 亿元），一些城市甚至停止经济适用住房的建设。

4. 保障性住房体系重新确立阶段（2007 ～ 2009 年）

2007 年国务院出台《国务院关于解决城市低收入家庭住房困难的若干意见》（简称《意见》），《意见》提出了住房保障制度的目标和基本框架，即以城市低收入家庭为对象，进一步建立健全城市廉租住房制度，改进和规范经济适用住房制度，加大棚户区、旧住宅区改造力度，力争到"十一五"（2006 ～ 2010 年）期末，使低收入家庭住房条件得到明显改善。《意见》中要求城市新审批、新开工的商品住房建设，套型建筑面积 90m² 以下住房（含经济适用住房）面积所占比重，必须达到开发建设总面积的 70% 以上；廉租住房、经济适用住房和中低价位、中小套型普通商品住房建设用地，其年度供应量不得低于居住用地供应总量的 70%。

2008 年年底，国务院提出争取用三年时间基本解决城市低收入住房困难家庭住房及棚户区改造问题，计划 2009 ～ 2011 年，全国平均每年新增 130 万套经济适用住房。到 2011 年年底，基本解决 747 万户现有城市低收入住房困难家庭的住房问题。

2009 年国家制定保障性住房发展规划，计划 2009 ～ 2011 年解决 750 万户城市低收入住房困难家庭和 240 万户棚户区居民的住房问题。

5. 保障性住房体系逐步完善阶段（2010 ～ 2016 年）

2010 年国务院出台《国务院关于坚决遏制部分城市房价过快上涨的通知》，要求加快保障性安居工程建设，确保保障性住房、棚户区改造住房和中小套型普通商品住房用地不低于住房用地供应总量的 70%，并优先保证供应；房价过高、上涨过快的地区，要大幅度增加公共租赁住房、经济适用住房和低价商品住房供应；确保完成 2010 年建设保障性住房 300 万套、各类棚户区改造住房 280 万套的工作任务，我国保障性住房体系已经逐步趋于完善。

通过大规模保障性住房建设，到"十二五"末，中国城镇保障性住房覆盖率将提高到 20% 以上，基本解决城镇低收入家庭住房困难问题。

（四）新时期发展新变化

2014 年，全国计划新开工城镇保障性安居工程 700 万套以上（其中各类棚户区 470 万套以上），计划基本建成 480 万套。截至 2014 年 8 月底，已开工 650 万套，基本建成 400 万套，分别达到年度目标任务的 92% 和 83%，完成投资 9500 亿元。从 2015 年国务院印发《国务院关于进一步做好城镇棚户区和城乡危房改造及配套基础设施建设有关工作的意见》之后，棚户区改造成为我国保障性住房建设的具体形式之一，我国的保障性住房建设形式呈现多样化的趋势。

二、基本特征

我国保障性住房是具有特殊性的一种住宅类型，它通常是指根据国家政策以及法律法规的规定，由政府统一规划、统筹，提供给中低收入的人群使用，并且对该类住房的建造标准和销售价格或租金标准给予限定，起社会保障作用的住房。作为政府提供的公共资源，其核心任务是用政策性手段为城市低收入居民提供住房，同时也指向对商品化住房市场的政府调控行为。

（一）分阶段的保障方式和住区建设

我国住房保障制度实行了 26 年，除了在 1998～2006 年的市场经济背景下因大量建设商品房而导致保障性住房建设的暂时缺位外，其他阶段的保障性住房建设均规模较大，特别是从 2010 年开始，国家对各地提出保障性住房建设的目标要求，对促进社会公平、解决城市中低收入住房困难家庭的住房问题和调节住房市场起到了较大作用。在我国住房制度从福利化向市场化转变的大背景下，住房类型、供应对象、供应主体、住区规模和居住环境等从单一走向多元，保障的覆盖面扩大，针对性和实效性也逐渐增强：①在住房类型上，从单一的保障性住房向多类型保障性住房并行转变，体现了对多元社会群体住房需求的重视。②在区位规模上，早期建设的保障性住房多位于城市边缘区，随着城市扩张逐渐融入城市中心区，特别是近年来，随着城区"三旧"改造的进行，中心城区建设用地功能被置换，政府将部分保障性住房安排在中心城区，但是规模较小，且大部分新建住区仍位于城市边缘区。③在住区居住环境建设上，受各个时期规划思潮和时代背景的影响，早期的保障性住房多重视基本生活设施配套的建设，包括菜场、商店等消费性设施，在环境设计上也较少考虑到城市低收入居民的特殊需求；近期建设的住区则考虑整体居住环境的营建和改造，如针对残疾人、精神病患者和独居老人等特殊人群设置非障碍设施，设置老年人活动中心，在社区服务中心提供特殊人群关怀服务等。④从供给主体看，从早期的由单位供给到国家、地方政府供给，再到政府和企业多主体供给，体现了对保障性住房建设这种维护社会稳定的社会责任的共同担当，这也是实现保障性住房保质、保量供给的有效途径。

（二）多层次的住房保障体系

随着住房商品化的推进，我国保障性住房供需的结构性矛盾逐渐突显。由于我国实行多层次的住房保障体系，保障对象从单一的国企单位和政府机关住房困难家庭扩大至社会中低收入家庭，在住房类型上也逐步细分，从准入、退出制度等方面对保障对象进行分类界定，各类保障性住房的保障形式、住房价格等都各不相同。以广州为例，其廉租住房和经济适用住房针对城市低收入居民，其中廉租住房针对城市最低收入居民，特别是身体和精神残疾、独居老人等丧失工作能力或工作能力低的人群；公共租赁住房则针对城市的"夹心层";限价商品住房主要是向那些不符合经济适用住房条件但暂时又无能力购买普通商品房的中等收入家庭提供中低档次、中小户型的商品房,其与经济适用住房类似,在租用5年后可进入市场流通,具有保障性住房和商品房的双重特征,是政府在一定时期内调控房地产市场、调节住房供需矛盾的有效手段。公共租赁住房是今后重点建设的对象,政府通过租金补贴、租金核减和实物供应等多种方式保证住房供应,而政府补贴从"补砖头"向"补人头"转变,也让保障对象可以自主选择居住地点,在市场的调节下实现职住平衡。广州市政府提出的广州市住房保障政策体系如图6.4所示。

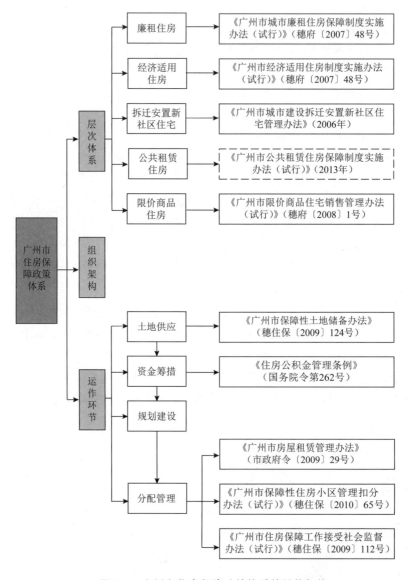

图6.4 广州市住房保障政策体系的总体架构

（三）较单一的社会保障性住房供应体系

我国的保障性住房供应主体为国家和地方政府，以地方政府为主，无论在土地还是在生产销售上，均享有国家优惠政策。近年来，在政策要求和政策福利下，部分开发商参与到保障性住房建设中，政府给予开发商土地和容积率方面的奖励，开发商出资建设保障性住房并移交给政府管理，总体上由地方政府推动。

（四）住区环境建设仍处于探索阶段

我国保障性住房环境建设整体质量较差，近几年才开始认识到住区环境提升对住区社会融合的积极作用。早期建设的保障性住房多存在设施配套缺失、人车交通混杂、公共活动空间被非法侵占、住区安全堪忧和设施使用不便等问题，这些问题大多是由对居住环境的重视程度低和相关政策规范引导不足引起的。随着我国保障性住房建设的持续加快，为了避免上述问题的出现，有必要创造一个激发人们生活积极性和社区整体健康发展的住区环境。

三、主要类型

（一）动迁平民居住新城（区）

此类居住新城（区）出现于 20 世纪 80 年代后期，其作用主要是配合城市旧城改造和市政基础设施建设。居住新城（区）开发由政府主导，通常布局在中心城市边缘或近郊区。居住新城（区）内部一般布置有简单的公共场所和公共绿地，配有基本的商业及教育服务设施。内部居住居民多为无力回迁至城市中心的中低收入者，因此户型相对简单。居民之间交往也并不密切，如北京市昌平区沙河新城居住区，就是为了居民回迁而建立的，居住区位于沙河新城中心区域，东靠轨道交通昌平线沙河站，西临京藏高速，总占地面积 38.88hm^2，周边医院、幼儿园、中小学、银行服务网点以及文化场所等设施齐全。

（二）经济适用住房居住新城（区）

经济适用住房是由国家统一计划，通过行政划拨方式，免收土地出让金，对各种经批准的收费实行减半征收的一种具有社会保障性的商品住宅。为了降低房屋价格，此类房屋通常远离地价较高的城市中心区，布置在地价相对便宜的郊区。由于是政府牵头进行，大型的经济适用住房住区基础服务设施条件往往较好。大量经济适用住房的建设带动了郊区居住新城（区）的发展，如南京六合新城雨花庭、莉湖畔地块经济适用住房小区。两地块均位于六合新城的核心地段，分布于金穗大道两旁，地形平整，无明显起伏。居住区规划方案布局合理，与周边环境相协调，考虑居民生活的方便性及地段的经济价值，合理地布置了住区商业配套；小区为高层低密度形态，建筑间距较大，视野开阔。为适应不同家庭结构的生活需要，住宅户型设计了 5 种不同类型，满足了不同人群的需要，将得房率控制在 80% 以上，所有户型均做到房间全明，优先保证了居住空间的良好朝向，并通过合适的尺度和设置飘窗增大了房间空间。

（三）低收入者及流动人口集聚新城（区）

城市的快速发展导致内部空间几近饱和，随着城市辐射范围的扩大，城市外围农用地逐渐成为城市建成区，需要动迁大量的农民及低收入者。一些大城市中的流动人口及低收入者受限于高价的住房而选择居住在中心城区边缘或近郊区交通便利的民宅，久而久之，形成低收入者及流动人口的集聚区。此类住区功能混乱，居民职业结构复杂，住区环境较差，社会治安问题突显。这些名义上虽是社区，动迁居民也大多拥有城市户口，但许多"街道－居委会"的管理体系尚未健全，依然用乡镇的方式来管理新城社区，使得新城的社区管理和服务水平在相当长的时段里都难以满足居民需求，如昆明市盘龙区大树营社区是昆明二环内最大的城中村，居住区内交通便利，人员较为杂乱，由村民、市民和流动人口混合构成，外来人口比例较高。这个地方房屋密度高、采光通风条件差，村民居住环境差；街巷狭窄、拥挤，存在严重的消防安全隐患。

人口迁移存在两种动因：一是原居住地推动人口迁出的力量，二是迁入地存在吸引人口迁移的力量，两种动因单方面或共同导致人口的流动和迁移。新城产业在发展与转移过程中也有一批学历及就业层次较高、生活质量相对稳定的流动人口在新城建设过程中由于单位迁移等原因流向新城，他们在中心城区激烈的劳动力竞争市场中不占优势，但是在新城劳动力市场中还具有一定优势，因此他们愿意选择更好的工作环境以及有在新城长期居住的愿望。

四、案例分析

本节以广州金沙洲保障性住房新城为案例来说明。

（一）基本情况

金沙洲位于广州西部，横跨广州与佛山两市，通过金沙洲大桥、广州外环高速与广州市中心相连。金沙洲将来是广佛同城计划的中心区，是重要枢纽。金沙洲西、北、南三面均为佛山南海区，东与罗冲围隔江相望，拥有 4km 的江岸线，总面积约 9km^2。金沙洲社区是广州市为解决双特困户住房问题而兴建的大型保障性住宅小区，由市政府统一规划、统一建设。该社区地处广州最西端，位于白云区以北，东临金满家园，西靠环城高速，南接凤岗村，北临金沙大道，包括平乐和凤岭两个社区。

（二）发展历程

1. 起步阶段（2004～2006 年）

2004 年，金沙洲被规划为低密度的高档住宅区，政府开始推出居住用地。2005 年，金沙洲被定义为全国示范性居住新城。这段时间开发商们争相在金沙洲拿地进行商品房开发，总规划面积达到826hm²，规划居住人口为11万人。2006年，广州疲弱多年的房地产市场开始暴发。广州的商品房价格超越了很多有住房需求的市民的承受范围，广州市政府决定以限价房产品来调控楼市，在金沙洲推出多块限价房用地，同时计划自行投资兴建金沙洲新社区以提供经济适用住房。

2. 快速发展阶段（2007～2009年）

2004年，广州市政府决定投资3亿元兴建真空垃圾收运系统，所有的新建项目都强制采用该系统，其中包括新建的经济适用住房社区——金沙洲新社区。2008年，金融海啸暴发，同年限价房及经济适用住房产品正式推出市场。2009年，房地产行业迎来"小阳春"。限价房与经济适用住房的优势突显，剩下不多的房源被迅速购买。

3. 平稳发展阶段（2010年至今）

2010年，房价疯涨与通胀引起了地产开发成本上升。由于各种原因，位于金沙洲新社区南边的限价房用地尚未开发。一方面，开发商认为按限价房进行开发控制不好成本容易造成亏本；另一方面，广州市政府正为年初承诺的完成8.5万套保障性住房任务而寻找用地。因此，双方达成了合作协议，共同开发该项目，计划建造以廉租房为主的保障性住房社区。其中，保障性住房及其配套公共建筑（简称公建）由政府投资建设并运营，而非配套公建则由开发商持有经营权。

（三）规划设计

1. 总体定位与设计理念

金沙洲新社区是以经济适用住房标准进行设计和建造的居住组团，以安全、相对舒适为前提，为广州市的双特困户提供价格可承受、户型基本适用、环境良好并配套设施齐全的居住条件。根据"节约型设计原则"，总造价控制在7.56亿元以内，根据总预算严格控制成本造价。其以"以人为本"的设计思想，以生态理念、节能思想与"和谐社会"的要求为基本目标，创建一个布局合理、功能齐全、交通便捷、绿色盎然、生活便利的居住小区，力求引导居民的生活方式，激发人们的家园认同感，与此同时树立起金沙洲崭新的面貌。

2. 功能分区

金沙洲新社区总体规划结构为"一心、二带、三片六区"。一心：现代化商贸金融中心、行政办公中心、文化娱乐中心综合形成金沙洲居住新城的中心，布置规划区级的公建配套设施。规划中的一心主要考虑现有唯一一座连接中心城区的大桥——金沙洲大桥的交通便利性以及一心处于整个新城地理位置中心的优越区位条件而设置。二带：其一为沿江南北向100m宽的绿化带，充分利用沿江岸线，精心组织沿江绿化空间，使沿江绿化与区内绿化相互渗透；其二为高速公路两侧绿化带，即在贯穿规划区的环城高速公路和广佛高速公路两侧各设 50 ～ 80m 宽的绿化带，形成居住新城中部的绿色走廊。金沙洲居住新城土地利用规划中，经营性用地几乎全为住宅用地，共 249.29hm²，约占整个用地的 33.2%，商业用地规模很小，共 34.2hm²，只占到 4.6%，而工业用地更是只有原村集体的三块用地，共计 6.79hm²，占总用地的 0.9%。

3. 开发运作

金沙洲居住新城的开发建设完全由政府主导，从大型的市政基础设施到教育、医疗、交通及商业等公共服务设施都是由政府建设和经营。目前，这种模式从长远来讲能有效配置资源、实现土地经济效益，但同时从近期来看政府在财力、物力及人力上的投入有点力不从心，或者说无法专注。针对这种模式在开发初期所出现的问题，需要对现存的发展用地提出合理的土地开发建设模式，以引导金沙洲居住新城地区城市开发建设有序、健康地发展，促进地区社会发展近期与远期的协调，保证各个时期所有居民的利益。

（四）案例特色

1. 选址创新

由于金沙洲大桥以及广州环城高速的落成，金沙洲地区成为广州市政府经济性用地的主要储备来源。在出让了多块商品房用地后，房地产市场迎来了房改以来的第一轮繁荣。由于选址是旧称"西伯利亚"的新发展区域，而且选择了靠近环城高速的一侧而非景观较好的沿江一侧，项目用地即使挂牌出让其地价也不会太高，这有利于降低政府的土地机会成本。金沙洲已经被定为全国的示范性居住新城，随着配套的不断落实，以及地铁六号线的开通，该区域的生活将会变得非常便利，从而降低居民的生活成本。金沙洲作为全国示范性居住新城，在其土地上进行保障性住房的实践有一定影响力，可以作为传递政府关怀弱势群体倾向的载体。

2. 规划创新

其总体布局采用围合式，增强了居民的归属感与家园感。高层布置在中轴线上，多层布置在两侧，既有利于创建丰富的城市天际线，也有利于景观的共享。配套设施不仅在各区内独立完善，还设置了 5 个居住区公园，公建小区外围设置居住区公园有利于同时服务小区内外。所有楼栋均有环通的消防车道。车行入口均布置在东西两侧主要城市道路上，在南北方向设置人行入口，在有利于实现人车相对分流的同时将被东西向城市道路分隔的地块连接起来。在景观规划上，利用原有水系再复制——人工水流布置在小区的中部，创造了小区中部的连续景观绿化带，形成"一水多点，移步易景"的感觉，丰富了居民的休闲生活。

第七章 商务型和贸易型新城

"商务型新城"，又称"商务新区"或"新城商务区"，是城市中交通便捷，具备完善配套设施的商务、文化服务机构与金融聚集地。它一般拥有良好的生态环境，便于开展大规模商务活动。商务型新城是服务型新城中的一个分支，一般位于城市中心或未来开发优势区位，本书界定的商务型新城指在未来具有开发优势区位、与母城有一定距离的新城。贸易型新城包括保税区、边境 / 跨境经济合作区、自由贸易试验区和金融贸易区等，该章节主要介绍贸易型新城中的保税区和边境 / 跨境经济合作区。保税区由国家批准而得以设立，由海关监管，其显著特性在于"境内关外"，该区域拥有的功能不仅包括进出口贸易，而且还包括加工和保税仓储等，不同于其他经济区域的存在，它具有"免证、免税、保税"等功能。本书中的保税区不单指我国首批建立的保税区，同时还包括保税物流园区、保税港和综合保税区。边境 / 跨境经济合作区是指在毗邻国家边境地区由两国或多国政府共同推动的，在次区域合作框架下设立的具有"两国一区、境内关外、封闭运作、协调管理"特点，且享有出口加工区、保税区、自由贸易区等特殊优惠政策的次区域经济合作区。

第一节 商务型新城

一、背景与历程

（一）产生背景

1. 城市职能转变的迫切需求

进入 20 世纪 90 年代以后，中国城市经济快速发展，第三产业高速增长，城市职能向流通领域转变，商业贸易、金融保险等产业在城市产业结构中的比重日益上升，成为拉动经济增长的重要力量，管理调控、信息服务咨询、技术支撑服务等"中间性产业组织"也从传统产业中"脱颖而出"，以传统零售商业、批发贸易等为核心功能的商业部门以及相关商业服务设施开始向城市的特定地域空间集聚，规模经济初露端倪，而加工制造等利润小、低端的生产部门则向远郊迁移集中，商业部门同生产部门率先在空间上出现了分离。三产部门在专业化与集群化的影响下，进一步进行了产业精细化的分工，以商务办公、金融保险和专业性服务为主要功能的商务产业从第三产业中突显出来，商务用地需求加大。

2. 经济结构调整的强大动力

随着 21 世纪高技术时代的到来，中国许多城市为适应时代要求、提高自身竞争力而进行产业结构调整与转型。它们一方面将重工业、低端制造产业和劳动密集型产业向高技术、高端制造业和知识密集型产业转型，另一方面增加生活服务设施、提高居民的生活质量，使产业区向综合功能区转化。

3. 信息技术发展的科技支撑

随着知识经济时代的到来，以信息技术迅速发展为代表的科技革命一方面使原城市中心区再现聚集经济的比较优势而重新走向繁荣。以社会化网络设施为基础的电子商务、电子国际贸易、电子政务、电子银行等技术平台的开发启用，让大量的商务活动（如资金的融通和结转、跨国公司的经营管理、物流管理等）可以远离制造和商贸现场便捷进行。因此，商务活动可以进一步从商贸和生产活动中分离出来。

（二）发展历程

1. 探索起步阶段（20 世纪 80 年代中期至 20 世纪末）

改革开放以来，随着中国经济的快速发展和市场化进程的加快，一些城市开始探索发展中央商务区。然而，改革开放初期的基本国情决定了中央商务区的实践探索只出现于当时经济实力较强、腹地经济较好的少数发达城市。1986 年国务院批准的《上海市城市总体规划方案》提出，在陆家嘴附近形成新的金融贸易区，随后党中央提出以上海浦东开发开放为龙头，进一步开放长江沿岸城市，尽快把上海建成国际经济、金融、贸易中心之一，以带动长江三角洲和整个长江流域地区经济的新飞跃的战略部署，并按照上海的中央商务区进行规划开发，全国首次提出了中央商务区的使用性质。随后，上海市政府于 1991 年正式启动陆家嘴金融中心区的国际招标工作，1993 年完成规划设计方案并启动开发建设工作。深圳也是全国城市规划中较早提出建设中央商务区的城市。1992 年深圳福田中心区控制性详细规划编制中明确提出了福田中心区作为深圳城市中心的发展性质和高强度的开发规模。在这一时期，中国的中央商务区处于形成的初期阶段，主要呈现商业中心逐渐发展形成的基本特征。中心城区凭借交通和区位优势，形成以零售商业为主，金融办公、文化娱乐等协调混合发展的中央商务区。随后，城市的商业中心逐渐演变为相对独立的"商业区"。大规模的工业生产，一方面促进了社会经济的繁荣和商业的发展，另一方面则造成了城市地域空间职能"专业化"的趋向，加之改善城市卫生、防火安全和建筑管理等的需要，滋生了城市分区的思想（图 7.1）。

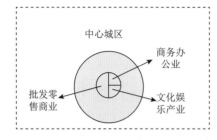

（a）以商业为主的混合发展阶段

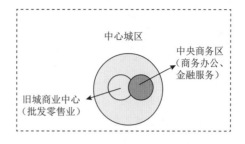

（b）商务功能的强化与分离阶段

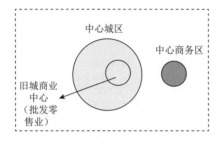

（c）商业功能郊区化发展阶段

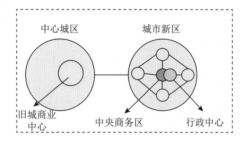

（d）商务区建设与城市新区形成

图 7.1　商务区发展阶段

2. 快速发展阶段（21 世纪初至今）

进入 21 世纪后，伴随着中国加入 WTO，全球跨国公司加紧了进入中国市场的步伐，大批跨国公司总部、金融机构开始进入中国，对高档办公环境和高端商务服务产生了大量且持续的需求。同时，随着中国工业化和城镇化的快速推进，各地掀起了商务区建设和发展的热潮，中国的商务区建设进入了快速发展阶段。在这一阶段，各地以商务区为主要载体实现了服务业对经济的持续拉动，同时也为城市经济转型和产业结构的优化升级提供了有力支撑。在这一时期，中国的中央商务区处于高速发展阶段，主要呈现以下特征。

1）商务功能的强化与分离

第一，中心区商务功能逐渐强化。在产业结构调整和三产迅速发展的背景下，商务办公功能逐渐强化，金融贸易、会展会议、文化娱乐等成为商务型新城发展的重要导向；与此同时，城市制造业与普通零售业出现离心的倾向，中心区只保留了高品位、高影响力的零售商品，商务金融机构的大量进驻使得中心区商务型新城空间受到制约，规模的迅速扩大与功能分化要求对商业商务实现功能专业化和空间独立化。于是，传统零售商业、批发商业开始逐渐聚集，朝着规模经营演化。以商务办公、金融和服务为主导的商务功能也出现聚集而形成商务区，商务型新城在空间区位上与传统中央商务区出现分离并向外扩张。

第二，中心区商务功能具有挤出效应。一方面原因可能是地价上升、环境质量下降、治安混乱等导致主城区商务职能空心化。另一方面原因可能是人口郊区化和新型商业业态的竞争导致主城区商务职能竞争力弱化（图 7.1）。

2）商务功能的扩建与空间越移

随着城市经济的发展，中心地段由于地价上升、环境质量下降、人口郊区化和新型商业业态的竞争等，城市原有中央商务区的竞争力在某些方面逐渐弱化是一种历史的必然。商务型新城的开发主要有两种方式：其一，城市原有中央商务区的扩建。它是指城市原有的中央商务区规模已经不能满足整个城市（区域）经济快速发展的需要，在中央商务区周边存有空余土地的前提下，对中央商务区的规模进行适当的扩大建设，以适应市场发展的需要。这一类新城，因其依附原有中央商务区而建设，所以大都位于城市中心城区，在公共服务配套、交通等方面较为完善，其商务职能在原有基础上得以提升，与主城区之间形成良好的互动。其二，商务功能"跃移"，在有条件的发展区位新建商务型新城。随着中心城区商业金融机构的高度集中，用地已达到或接近饱和状态，城市往往选择利用近远郊的天然条件和用地宽裕的相对优势建设商务区。这种类型的商务型新城的建设是一个大型系统工程，往往依附于城市综合新区的开发。这种商务型新城的开发方式在发展中国家（尤其是中国）的特大城市比较常见。因为在快速发展的城市中，城市经济的快速发展和用地的扩张都对商务型新城有着非常大的需求。因此，在条件优越的区域新建商务型新城成为目前发展中国家商务型新城发展的一个重要途径（图 7.1）。

3）商务新区的成熟

随着金融保险、会展会议、中介服务等行业在商务型新城的快速发展，原有中心城区的空间狭小、地价高涨以及交通拥挤等问题影响了产业的发展，商务型新城的功能扩散成为未来趋势，许多城市的商务型新城选址更加灵活，以至于脱离中心城区向城市边缘区或近郊区实现边缘连续性或近郊跳跃性发展，并形成新的城市功能中心，使得城市由单中心朝多中心空间形态发展，有力地疏解了中心城区的商务功能压力，商务型新城成为这些城市的次级商业商务中心[①]（图 7.1）。

（三）新时期发展新变化

党的十八大明确提出"科技创新是提高社会生产力和综合国力的战略支撑，必须摆在国家发展全局的核心位置"。强调要坚持走中国特色自主创新道路、实施创新驱动发展战略。2019 年 3 月 5 日，国务院总理李克强在政府工作报告中提出，过去一年，深入实施创新驱动发展战略，创新能力和效率进一步提升。实施创新驱动发展战略，对中国提高经济增长的质量和效益、加快转变经济发展方式具有现实意义。实施创新

① 倪剑波 .2007. 城市新区商务区空间形态研究 . 天津：天津大学硕士学位论文。

驱动发展战略，加快产业技术创新，用高新技术和先进适用技术改造提升传统产业，既可以降低消耗，减少污染，改变过度消耗资源、污染环境的发展模式，又可以提升产业竞争力。目前，中央商务区除了主导产业的发展外，中小微创新企业发展也逐渐兴起，未来的发展应该通过创新实现产业的可持续发展，实现由单一产业向多元产业的转型，实现向综合创新区的发展[①]。中央商务区发展当前已进入 2.0 时代，应该发展创新能力，向内涵式发展。

二、基本特征

（一）产业特征：以第三产业为主，商务功能占主导地位

商务型新城聚集了大量的金融、服务、商业等办公机构和众多的公司总部。其最鲜明的功能特征是商务功能，具有很强的经济控制功能。

（二）开发主体：政府是决定性的主导力量

尽管各城市开发运作模式有所不同，但政府在商务型新城规划建设中依然是决定性的主导力量。例如，上海中央商务区通过政府投资进行公共设施、基础设施和部分商务功能的开发。北京中央商务区以政府的引导和政策支持为干预手段，以原土地使用者的市场化运作为主。

（三）空间特征：具备高可达性、高聚集性与高辐射性

商务型新城经过近百年的发展，源于市场经济的发展和参与全球经济的需要，已经从直接从事各类贸易、保险和股票等各类经济活动，演变成具有参与、协调、控制和管理世界范围内经济活动的中心城市核心区。商务型新城发展至今，具备高可达性、高聚集性与高辐射性的特征：①高可达性是商务型新城最基本的特征。商务型新城内交通用地面积大，具有城市最发达的内部和外部交通联系，形成一个便捷的交通网络。②高聚集性是指由于商务型新城内高层建筑林立，人流、车流、信息流高度聚集，它反映了商务型新城高地价、高密度的特点。③商务型新城的商务功能的发挥，能促使商品流、资金流、信息流在商务型新城交会，并通过各种经济活动改变其形态，然后向外输出，以此辐射整个城市和更广阔的地区，带动这些地区的发展。

（四）土地开发：呈现出稀缺高价状态，单位土地开发强度大

商务区建筑高度较高，单位土地成本较大，多数位于城市中心区，呈现出稀缺高价状态。因此，土地开发强度较大，促使了商务区内的建筑积极向垂直空间发展。

[①] 杨郑鑫 .2018.创新驱动下的 CAZ 发展方向与路径——滨海新区中心商务区的转型之路探析 // 中国城市规划学会，杭州市人民政府 .共享与品质——2018 中国城市规划年会论文集（11.城市总体规划）.16-28。

（五）交通特征：对外交通需求较强，"潮汐式"交通特征明显

商务型新城对外辐射除了表现在商品流、资金流与信息流方面之外，还表现在交通流方面。商务型新城与周边城市之间的交通需求较大，上下班"潮汐式"交通较为明显，因此对交通的需求以及标准较高。

三、主要类型

（一）市场引导的自发性生长

大部分商务型新城在成长的雏形阶段都遵循自身的发展规律自发有序的发展。城市的交通区位、宗教或政治等因素驱动其发展，属于市场驱动型的发展。在社会经济稳定的前提下，在市场机制驱动下发展的商务型新城稳定性较强，其自发产生的机理与整个城市呈自然协调的状态。

（二）政府政策的强制性干预

在社会发生急剧变化等外部因素影响的情况下，商务型新城的发展受政府驱动性较大，将在以强制性建造为主导的驱动机制下进行发展。宏观调控能力具有强指引性，可能会使商务型新城发生原有商务型新城区域跃迁或在某地区进行商务新区的新建等行为。

（三）介于市场与政府之间的适调性干预

适调性干预机制是介于市场引导的自发性生长和政府政策的强制性干预模式之间的一种发展机制。它是政府与市场各司其职的表现，政府一般负责组织该模式的运行。干预的科学性与理性、干预程度的适度性是适调性干预机制同强制性干预机制的主要区别，目前各国大城市发展商务型新城普遍使用这种发展机制。

四、案例分析

本节以天津于家堡商务型新城为案例来说明。

（一）基本概况

天津于家堡商务型新城位于天津市东部临海地区的天津滨海新区，地处环渤海地区的中心和华北、东北、西北三大区域主要的出海口，与日本、韩国隔海相望，是中国对外开放的重要窗口和通道。于家堡地区以港口服务业为主，工业、仓储、铁路、码头等占地比例较高。

（二）定位

于家堡地区规划定位为天津滨海新区的中央商务区，建设以商务、商业功能为主，

居住、娱乐休闲为辅的现代化国际性中央商务区核心地区（表7.1）。于家堡地区在形象上创造代表中国经济增长第三极——滨海新区中央商务区的窗口城市景观。

表 7.1　天津于家堡商务型新城发展内容

发展目标	发展内容
商务中心	以金融创新和金融办公功能为主，承担部分总部办公功能，成为核心商务区
文化中心	设置博物馆、科技馆、金融创新展示馆等文化设施，增添商务型新城的文化氛围
人才孵化中心	规划在于家堡地区东北角布置国际金融学院用地，为金融改革和金融创新培养输送高级金融人才
滨水娱乐中心	为丰富市民活动空间与内容，塑造活力四射的商务型新城氛围，发挥于家堡地区的部分娱乐功能
生态居住板块	合理安排一定比例的高档住宅和公寓用地

（三）空间结构

于家堡地区总体布局结构特征可概括为"一个中心、两条发展轴、三大功能区"的规划结构，即一个中心指商务核，两条发展轴指中央大道、海河沿线两条发展轴线，三大功能区指商务公建区、中央绿化区与滨河生活区。各功能组团相对独立，设施配套完善，形成有机联系体（表7.2）。

表 7.2　天津于家堡商务型新城空间结构

结构	规划重点
一个中心	在于家堡半岛北部建设商务核，集中金融、信息、办公、科技研发等产业，形成国际性的商务服务中心
中央大道发展轴线	中央大道是滨海新区北接汉沽、南连大港的交通主干线，同时也是滨海新区的发展主轴线和景观主轴线
海河发展轴线	海河是天津的母亲河，海河两岸丰富的历史文化资源为滨海新区的旅游、商贸发展提供了有利条件
三大功能区	商务公建区、中央绿化区与滨河生活区，其中环绕商务核及中央公园建于家堡地区的商务公建区，其容纳与商务型新城相关的多种商业服务设施，如宾馆、会展、娱乐、餐饮等。这些设施将为在商务型新城工作和生活的人们提供全面、人性化、现代化的服务

（四）案例特色

于家堡商务型新城有三大特点：一是交通便利。城际铁路直入中央商务区，乘坐城际列车从北京南站到于家堡站不到一小时，方便于家堡金融区对外交通出行。公共交通体系完善，内部设置"三横两纵"五条地铁线路，对外交通与内部轨道交通换乘方便。二是配套设施多样。地下空间规划设计详细且符合商务区人群需求，实现了地下全部连通，营造出浓厚的商业氛围。近几年来，于家堡商务区打造了文化创意街区特色，文创产业发达，开辟出一套文创产业的全新路径。三是地下空间集约利用度高。地下空间设置有车行系统、人行系统、商业系统、轨道系统等，这些系统将区内的主要道路、景观和建筑串联起来，可以有效实现低碳出行。

第二节 贸易型新城

一、保税区

（一）背景与历程

1. 产生背景

1）改革开放背景的现实需求

改革开放以后，我国对外开放进程不断加快，对外开放的程度也不断加深，形成了经济特区、沿海开放城市和经济技术开发区的对外开放格局。而从最初的规划方面来看，经济特区是其中开放程度最高的一种开放形式，国家最初的目的就是要将我国的经济特区建设成为特殊的关税区域。

2）全球市场之间的联系加强

中国加入 WTO 标志着体制全面接轨和互利共赢阶段的开启，由单方面的自我开放转向中国与 WTO 成员之间的相互开放，在国际制度规范下进行全方位的开放，形成互利共赢、多元平衡和高效安全的开放型经济体系。党的十八大后，我国进入了全面对外开放阶段，强调适应经济全球化新形势，实行更加积极主动的开放战略，全面提高开放型经济水平。伴随着频繁的贸易往来，全球市场之间的联系越来越密切，为了使国际贸易更加通畅，各国通过创建如自由贸易区等特殊经济功能区，利用区域内的特殊政策来逐步降低关税、简便通关手续，最终实现区域内的无国界国际贸易。当前我国处于经济发展新常态，面对新的发展局面，2015 年 5 月 5 日中共中央国务院发布了《关于构建开放型经济新体制的若干意见》，提出要优化开放型经济的制度构建，逐渐剔除制度型障碍，最终搭建涵盖多个层面的开放式体系。

2. 发展历程

1）起步阶段（20 世纪 80 年代末至 90 年代初）

1987 年 7 月，广东第一次"对外加工装配工作会议"在深圳召开，会议提出要走出改革开放的新路子和新模式来。会后，深圳市提出建立"出口加工区"的想法，并向正在深圳考察的国务院领导做了汇报，得到支持。同年 12 月 25 日，深圳市政府正式决定在与香港接壤的沙头角镇设立"深圳市沙头角保税工业区"，从此中国内地第一个保税工业区诞生。1990 年 6 月，为推动浦东新区的开发，国务院批准设立上海外高桥保税区，标志着中国对外开放和经济建设的一种新模式正式产生。此后，国家开始陆续设立第一批保税区，到 1996 年年底，除了赋予海南洋浦经济开发区保税区政策外，全国先后设立了 15 个保税区（表 7.3）。在保税区建设初期，为吸引大量资金和企业进入保税区，政府相继颁布了一系列优惠的投资、关税和税收政策，主要体现在外汇管理和税收优惠方面。

表 7.3　首批国家级保税区基本情况

序号	名称	批准时间	批准面积 /km²	封关面积 /km²
1	上海外高桥保税区	1990.6	10.00	8.50
2	天津港保税区	1991.5	5.00	3.80
3	深圳沙头角保税区	1991.5	0.37	0.27
4	深圳福田保税区	1991.5	1.68	1.35
5	大连保税区	1992.5	1.95	1.95
6	广州保税区	1992.5	2.00	2.00
7	海口保税区	1992.10	1.93	1.93
8	厦门象屿保税区	1992.10	1.50	0.63
9	张家港保税区	1992.10	4.10	4.10
10	宁波保税区	1992.11	2.30	2.3
11	福州保税区	1992.11	1.80	0.80
12	青岛保税区	1992.11	2.50	2.50
13	汕头保税区	1993.1	2.34	2.34
14	深圳盐田港保税区	1996.9	0.85	0.85
15	珠海保税区	1996.11	3.00	3.00

2）快速发展阶段（20 世纪 90 年代末至 21 世纪初）

这一时期保税区着重发展区内投资软环境，跟进招商引资后的服务配套工作，形成集商贸、税务、金融于一体的全方位管理，并有《福州保税区优惠政策 40 条》《上海外高桥保税区条例》中的关税优惠政策陆续落地。同时，随着中国承担越来越多产业转移过程中的加工制造环节，中国的出口加工贸易得到了蓬勃发展。为了更好地支撑中国加工贸易的发展，国家于 21 世纪初在大连等地设立了十几个出口加工区。

3）战略调整和转型阶段（21 世纪初至今）

面对加入 WTO 和区域经济跨越式发展的新形势，各保税区在实践中逐步将物流分拨作为主要功能进行开发，并由此带动周边区域物流业的发展。2003年12月，国务院办公厅批复海关总署，同意《上海外高桥保税区区港联动试点方案》，在外高桥保税区设立了中国第一家保税物流园区，标志着中国保税区与港区联动试点的启动，保税区的国际物流功能开始得以充分发挥。随着国内进出口贸易迅猛发展，需要功能更加综合的平台满足进出口贸易活动，同时为加快上海国际航运中心和东北亚航运枢纽港的建设，国务院于2005年批准设立了上海洋山保税港区，接着陆续批复了十几个保税港区。2015年又将海关特殊监管区域逐步整合为综合保税区，以扩大和优化保税区功能来支撑国家战略。为了更加有效地对接国内外两个市场，打造国际贸易开放创新的新枢纽，国务院于2019年8月印发了《中国（上海）自由贸易试验区临港新片区总体方案》，提出建立洋山特殊综合保税区。

3. 新时期发展新变化

随着中国对外开放水平的全面提高，跨国企业运作模式不断调整创新，资源约束增强的同时保税政策优势逐渐弱化，保税区的转型升级和可持续发展均要求在功能内涵和形式、发展空间等方面向更高层次提升。近年来，国务院相继批准设立了9个综合保税区、13个保税港区，中国保税区在空间布局、功能层级、运作模式等方面进一步扩展。保税区作为经济开放的前沿阵地，正面临着新的转型和发展机遇。在保税区转型发展的总趋势下，以保税区资源优势为基础，大力发展物流和高新技术产业，使其逐步发展成为以国际贸易、现代物流与高新技术产业和制造为主导的海关特殊监管区域，带动中国经济的发展。党的十九大报告指出，在新的历史方位下，解决社会主要矛盾，全面深化改革仍是必由之路。保税区转型成为自由贸易区是当前中国经济体制改革的重点，是中国全面深化改革的必然要求，有必要按照当前国情，扎实推进保税区转型为自由贸易区。同时，中国经济发展步入新时代，形成了陆海内外联动、东西双向互济的开放格局。中国经济发展更加注重区域经济均衡协调发展，需要积极推进内陆地区保税区向自由贸易区转型，积极发挥内部市场的自由贸易趋势。

（二）基本特征

1. 区位特征：交通便利，地理位置优越

保税区拥有明显的区位优势，一般来说交通十分便利，选址的标准之一是邻近交通要塞，因此可能是重要港口、铁路枢纽或者国际机场，这也是保税区发展对外贸易的重要条件。例如，大连保税区依靠渤海湾和东北老工业基地发展成为东北亚重要的物流集散地。深圳福田保税区设立在通往香港的皇岗口岸旁，成为我国陆路进出物流的重要通道。

2. 空间分布：主要分布在东部沿海地区，并逐渐向内地转移

受地理位置因素的影响，中国保税区多建立在东部沿海地区。最早设立的15个

保税区均设在东部沿海地区，之后保税加工区才逐渐设立在内地。同时由于东部沿海产业向内陆地区转移的需要以及内地经济的迅速增长，保税区在内陆地区的加速发展逐渐成为一种新的趋势，其中当前中国综合保税区中的大部分设立在了内陆地区。

3. 经济特点：开放型经济特点显著，招商引资效果良好

中国的保税区从设立以来一直在招商引资方面效果良好，始终以开放型经济发展为原则，这样一来给保税区吸收进来很多国外投资单位，不仅促进了中国的对外开放政策，而且提高了国内经济全球化的速度。到目前为止，国外商人在中国投资的高密度区域依然是保税区，一些大众耳熟能详的世界五百强企业，像通用、强生、西门子、戴尔等都设立在保税区，这些企业在保税区投放资金设立工厂正源于保税区的活力与顽强的生命力。

4. 产业类型：以高新技术产业为主导

中国保税区成立的时间差距悬殊，地区发展条件也各不相同，发展方式也呈现多样性。但目前中国的保税区基本上都以高新技术产业作为主导产业，以高新技术作为提高企业劳动生产率的手段。例如，早期的宁波保税区在区内设立了电子信息产业园，大力发展电子信息产品制造业，并已经逐渐形成了完整的IT产业化基地。

5. 辐射作用：带动腹地经济不断发展

保税区将其自身特点鲜明的区位优势和政策优势应用起来，吸引了国际上大量先进管理经验、发达的技术和资本，在很大程度上推动了保税区经济和腹地经济的增长。由于政策和区位优势的吸引，大量优质外向型企业集聚于保税区内。这些企业同处于产业链的上游或下游，它们之间既是盟友又是竞争对手，通过横向和纵向拓展逐渐形成保税区内专业化的分工格局；又经过相互间的溢出效应实现资金、信息、人才、科技等资源的共享，从而使得集聚于区内的企业通过外部经济效应获得规模经济效益，进一步促进保税区的快速发展，并对周边地区产生明显的辐射带动作用，最终推动腹地经济持续增长。保税区这种强有力的辐射作用是其他区域无法替代的。

（三）主要类型

各保税区根据其所处的区位条件和经济环境，不断探索自身的发展模式，走出了适合自身的发展道路，在产业结构和功能定位等方面逐渐形成了各自的发展特色，形成了以下三种不同的发展模式。

1. 贸工物流综合型

贸工物流综合型保税区全面发展国际中转、分销配送、国际采购、转口贸易、出口加工、研发制造、商品展示和旅游观光业务。企业在区内不仅可以开展货物的保税仓储和加工、制造业务，还可以开展对外贸易等业务（图7.2），如天津港保税区。

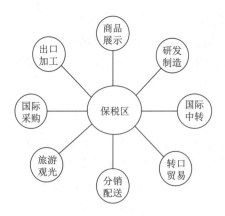

图 7.2　贸工物流综合型保税区

2. 贸易物流主导型

随着保税物流园区国际采购、国际配送、国际中转和转口贸易四大功能的深入拓展，保税区已成为跨国公司在中国及亚太地区的采购中心、配送中心及物流中心的聚集地。以贸易物流为主导的保税区物流业的发展经历了保税仓储、物流分拨、第三方物流等传统到现代的过程，其中保税仓储、国际采购、分销配送、简单加工、转口贸易等主要物流功能得到了不断拓展与深化（图 7.3），如宁波保税物流园区。

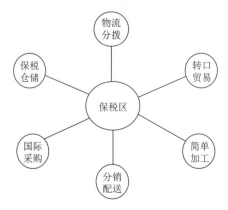

图 7.3　贸易物流主导型保税区

3. 出口加工主导型

以出口加工为主导的保税区内的生产企业主要经历了从最初的商业性简单加工到汽车零配件、家电生产制造，再到大规模集成电路的生产制造等劳动密集型到资金密集型产业发展的过程。此类保税区已经成为中国出口加工业和高科技产业的重要基地（图 7.4），如深圳福田保税区。

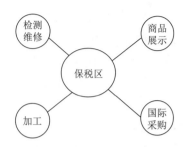

图7.4　出口加工主导型保税区

（四）案例分析：上海外高桥保税区

1.基本概况

上海外高桥保税区位于浦东新区的高桥镇旁，处于中国黄金水道——长江与东海岸线的交汇点，面向良好的深水岸线，背依富饶的长江三角洲腹地。依托浦东开发开放的优势，上海外高桥保税区现已发展成为集国际贸易、先进制造、现代物流及保税商品展示交易等多种经济功能于一体的综合型保税区，也是目前全国所有海关特殊监管区域中经济总量最大、经济效益最好的保税区。

2.定位

上海外高桥保税区重点建设国际贸易示范区，大力发展进出口贸易、转口贸易、保税展示、仓储分拨等服务贸易功能（表7.4）。

表7.4　上海外高桥保税区发展内容

发展目标	发展内容
外汇试点	以金融创新和金融办公功能为主，承担部分总部办公功能，成为核心商务区
离岸贸易	积极推动外汇、税收、监管等方面的政策创新，深化离岸贸易运作模式，集聚跨国公司资金结算中心，进一步丰富贸易运作模式，提升贸易能级
商品分拨	运用以"保税-滞后纳税"为特征的分拨运作模式，将区内商品销售到国内和国际市场，建立商品快速进入市场的高效流通渠道
保税延展	区内保税货物、入区保税延展货物在存储、加工和销售环节实现海关的统一监管
采购配送	集中采购众多供应商的小批量多批次货物，在外高桥保税物流园区进行简单增值服务后进行配送
产品维修	允许开展高附加值、高技术含量的高端产品维修业
保税市场	集聚高能级贸易主体，建立各类专业化的国际商品交易市场，成为上海服务长江三角洲和全国的重要载体

3.产业体系

1）国际贸易业

以跨国公司为主导的贸易企业纷纷在原有业务的基础上大规模开展分拨业务，分拨面也从单一的国内市场逐步向国际市场拓展，使上海外高桥保税区成为跨国公司跨区域的货物集散中心之一。在中国经济日益融入世界经济一体化的背景下，依托保税和非保税贸易结合所形成的产业链优势，上海外高桥保税区的跨国贸易企业将其功能提升为中国乃至亚太地区的营运中心和销售总部已成为发展趋势。

2）现代物流业

目前，上海外高桥保税区已经基本形成了以第三方物流企业为主体的现代物流产业体系，集聚了包括美国 APL、英迈，日本近铁、通运，德国飞鸽等世界知名物流企业在内的 1000 多家物流仓储企业。近年来，新批物流项目占保税区各类项目的比重不管是在数量还是在投资额度方面都呈现出快速发展的态势。

3）先进制造业

保税区加快了对长江三角洲地区的功能辐射，形成了与长江三角洲地区相配套的较为完整的加工制造链和产业体系。保税区的现代加工制造业未来发展的趋势将符合跨国公司实现全球资源配置的运作模式的需求，实现从单纯的加工制造向发展现代制造业和承接国际服务外包并举的转变，形成高附加值的制造与服务相结合的产业，并成为跨国公司跨地区加工制造的订单中心、技术服务中心和研发中心。

4. 案例特色

上海外高桥保税区有三大特点：一是贸易便捷程度较高。上海外高桥保税区经过多年的发展逐渐从开始的加工贸易转化为以国际贸易为主，兼顾物流、加工和内贸的贸易平台，功能更加综合化和专业化。货物从境内非保税区进入上海外高桥保税区并不进行出口退税，这些产品在保税区内进行加工生产再运出保税区进入国内市场不需要对这部分原材料征税，海关通过卡口登记管理办法避免了烦琐的报关，国内外贸易便捷、成本低廉。二是拥有完善的综合贸易平台。上海外高桥保税区拥有多家各类保税交易平台和市场，囊括了钟表、汽车、酒类、医疗器械等贸易平台，这些平台及市场拥有高度的聚集度和专业化程度。三是综合配套设施完善。上海外高桥保税区位于高桥镇，邻近地区人口密度大，经过不断发展，上海外高桥保税区周围的综合配套已经趋于成熟，如住房、教育、医疗配套、交通设施和其他服务设施一应俱全，这些都为保税区的发展提供了良好的环境。

二、边境／跨境经济合作区

（一）背景与历程

1. 产生背景

1）全球经济面临重大调整

随着全球经济中心的东移，中国周边国家的经济更是进入快速发展期，经济不断增长，对外开放水平不断提升，特别是金融危机之后，全球经济面临重大调整，中国为了更好地利用国际国内两种资源和两个市场，规避市场和资源的风险和挑战，区域经济合作就成了提高对外开放与合作水平的有效途径。

2）国际产业转移呈现新趋势

后金融危机时代，技术变革推动科技型产业蓬勃发展，激活了新一轮的全球资源配置，先进制造技术的环节、高端价值链工序和现代服务业整合速度加快，跨国服务外包由传统环节外包加速向流程整合外包、服务创新外包等高增值领域转变，转移产业的总体质量日益提升。发达国家与新兴经济体不断改善投资环境，积极参与国际产业新一轮分工和转移。边境/跨境经济合作区要把握国际产业转移新趋势、新特点，创新利用外资方式，积极承接国际高端、新兴产业转移，优化利用外资结构，加快转变发展方式。

3）区域发展新格局成为国家重大战略

为推动区域经济协调发展，缩小地区差距，中国将按照区域发展总体战略和主体功能区战略，构筑区域经济优势互补、主体功能定位清晰、国土空间高效利用、人与自然和谐相处的区域发展新格局。中国13个区域规划相继升级为国家级规划，与西部大开发新十年规划共同构成新时期区域协调发展的总体蓝图。作为所属区域经济的增长极和社会发展的动力源，边境/跨境经济合作区进一步发挥龙头带动作用，为国家区域发展战略实施提供更加坚实的支撑与保障。

2. 发展历程

1）萌芽阶段（1949～1959年）

中华人民共和国成立之初，为尽快改变落后的面貌，党和政府对内实施"一五"计划，推行三大改造，对外奉行独立自主的和平外交方针，积极同周边国家开展边境贸易，沿边地区对外开放开始启动。

2）相对停滞阶段（1960～1978年）

步入20世纪60年代，面对复杂的国际形势，沿边地区对外开放遭遇瓶颈，处于相对封闭状态。这一阶段中国政府重点考虑国防安全，沿边地区对外经济文化交流非常少。

3）恢复阶段（1979～1998年）

十一届三中全会以来，中国政府在沿海地区设立经济特区、沿海开放城市的同时，沿边地区对外开放被重新提上议事日程。在此背景下，中国先后出台了《边境小额贸易暂行管理办法》（1984年）、《国务院关于口岸开放的若干规定》（1985年）、《关于加快和深化对外贸易体制改革若干问题的规定》（1988年），沿边地区开放型经济的发展逐渐步入规范化轨道。同时针对沿边地区对外开放混乱、走私严重等现象，国务院又相继颁布了《国务院关于边境贸易有关问题的通知》（1996年）、《关于进一步发展边境贸易的补充规定的通知》（1998年），确保沿边开放型经济发展步入健康轨道。

4）加速推进阶段（1999～2012年）

经过改革开放20多年的政策实践，党和政府深刻意识到对外开放对于改善沿边地区落后面貌的重要意义，于是在1999年启动"兴边富民行动"，沿边地区开放型经济逐渐步入发展快车道。2007年，中共十七大正式提出"提升沿边开放"战略，其成为沿边开放向纵深推进的催化剂。同年，《兴边富民行动"十一五"规划》发布，提出要培育一批边民互市贸易示范点，坚持将"引进来"和"走出去"相结合，通过口岸经济带动沿边地区贸易的总量扩张与结构升级，深化同周边国家的经济技术合作。

5）全新发展阶段（2013年至今）

2013年，习近平总书记提出"一带一路"倡议，全面提高沿边地区对外开放水平成为构建人类命运共同体的关键一环。2015年，《推动共建丝绸之路经济带和21世纪海上丝绸之路的愿景与行动》发布，将实现政策沟通、设施联通、贸易畅通、资金融通、民心相通确立为"一带一路"建设的目标，从而为重塑沿边地区对外开放格局提供了契机。

3. 新时期发展新变化

党的十九大报告首次提出"高质量发展"的概念，指明中国正处于转变发展方式、优化经济结构、转换增长动力的攻关期，而提升对外开放水平正是高质量发展的重要表现。自"一带一路"倡议提出以来，国家先后印发了《沿边地区开发开放规划（2014—2020年）》《关于支持沿边重点地区开发开放若干政策措施的意见》《兴边富民行动"十三五"规划》等一系列文件，明确了新时代沿边地区对外开放的基本原则。迈入新时代，沿边地区将以此为指导，在有选择地吸收沿海地区开放有益经验的同时，考虑辖区内城市、自由贸易区的现状以及跨国合作的实际进展，提高开放型经济的质量。

（二）基本特征

1. 空间分布：东北、西北和西南边境为主要分布地区

目前，中国的边境/跨境经济合作区以东北边境地区与东北亚国家、西北边境地区与中亚五国、西南边境地区与东南亚开展的经济合作为主。

2. 目标转向：以安全防御转向经济发展

在全球日益紧密的联系和相互影响下，毗邻国家边境地区的政治、经济、军事等领域的安全扩展到能源、金融、环境等各方面，边境/跨境经济合作区突破了地缘政治和地缘经济边界，以实现边境地区从以安全防御为主向以经济功能为主的转化，形成跨国次区域范围内的经济集聚和加速边境城市发展为主要目标，从而推动地缘政治与经济的长远协调发展。

3. 产业转向：产业反向梯度转移加速

在全球范围内资本、技术、人才等生产要素迅速流动的背景下，全球产业结构升级加快、产业的国际化程度不断加强、产业转移的进程逐渐推进。边境/跨境经济合

作区作为实现从传统边贸走出去的发展战略跳板，以实现产业的反向梯度转移为目的，将有竞争力的产业链条延伸到境外。

4. 影响范围：以边境口岸为跳板，扩散对周围的影响力

边境 / 跨境经济合作区以边境口岸为重要跳板，通过利用毗邻国家的资源和市场形成经济网络，扩大合作区的影响范围。同时，边境 / 跨境经济合作区通过带动边境地区外贸、加工、金融、投资、运输、物流和通信等各方面的发展，以此来推动边境地区的工业化和城镇化进程。

5. 管理模式：封闭综合与复合开放双重性

边境 / 跨境经济合作区是一个具有封闭综合和复合开放双重性的统一体。就封闭综合性而言，在两国边境的区域内划定范围进行封闭管理，各参与主体在这一范围内共谋经济发展、共同应对挑战，促进毗邻国家经济共同发展。就复合开放而言，如果边境 / 跨境经济合作区成功，则可以向本国其他地区进行推广，反之则将不利影响控制在最小的范围内，以降低政治和经济的风险成本。

（三）主要类型

边境 / 跨境经济合作区的建设离不开接壤边境地区的配合与互动，需要接壤国家政府的支持与协调，因此边境 / 跨境经济合作区的发展主要有以下两种类型。

1. 边境口岸规划主导型

此类边境 / 跨境经济合作区主要依托边境口岸的单方面规划起步，吸引或鼓励对方边境地区也采取相应的政策，然后通过国家间谈判和签署协议实现双方边境 / 跨境经济合作区的对接运作，如绥芬河边境经济合作区通过该形式设立。但通过该形式建立起来的边境 / 跨境经济合作区未来存在着双方区域功能对接的一些问题，因此需要在开始建立的时候就做好双方的沟通协调工作。

2. 中央政府主导型

以中央政府为主导建立的边境 / 跨境经济合作区直接通过两国中央政府谈判和签署协议，划定边境两边一定区域共同设立边境 / 跨境经济合作区。例如，中哈霍尔果斯国际边境合作中心通过该形式建立。以该形式建立的边境 / 跨境经济合作区由于未有先例和成熟的发展模式可以遵循，因此在管理和运行上往往会遇到不可知的难题和风险，从而延缓边境 / 跨境经济合作区的进程。

（四）案例分析：中哈霍尔果斯国际边境合作中心

1. 基本概况

中哈霍尔果斯国际边境合作中心是中哈两国的重要合作项目，于 2006 年开工建设，

是中国与其他国家建立的首个跨境经济贸易合作区。合作中心位于哈萨克斯坦阿拉木图州和新疆伊犁哈萨克自治州的边境地区，总面积 5.28km²，中国所占面积为 3.43km²，哈萨克斯坦所占面积 1.85km²。合作中心于 2012 年 4 月正式封关运营，实行一线放开、二线监管的"境内关外"管理模式。目前，合作中心中方区已完成基础设施建设，已投入近 15 亿元，计划总投资超过 300 亿元的 30 个重点项目入驻合作中心，其中 18 个项目已建成运营，完成投资 100 亿元，入驻商户 5000 家，解决就业人数 6000 余人。2018 年霍尔果斯区域（含中哈霍尔果斯国际边境合作中心和都拉塔口岸）实现进出口货运量 3574.26 万 t，同比增长 23.3%；进出口贸易额 1352 亿元，同比增长 22.2%。货运量、贸易额分别占新疆关区的 60.2% 和 45.6%，居全疆口岸之首。

2. 定位

中哈霍尔果斯国际边境合作中心总体的战略定位是以贸易洽谈、商品展示、销售、仓储运输、宾馆饭店、商业服务设施、金融服务、国际经贸会议和休闲旅游为主，将合作中心建成经济繁荣、功能齐全、环境优美、自由开放、社会文明的贸易窗口。

3. 管理模式

合作中心的管理模式——"一关两检"，具体而言，等进出境查验机构退至合作中心入口处时进行二线管理，边境线不设立查验机构。中哈两个国家的公民、第三国公民及货物、车辆可以在合作中心内跨境自由流动，可免签在合作中心停留 30 天。合作中心在中哈双方区域全部实行封闭管理，由横跨中哈两国的通道相连形成一个整体。合作中心各自一侧受本国的司法管辖，适用本国现行法律及有关国际条约、中哈协议。合作中心内货物及服务贸易项下的资金支付和转移，遵循可自由兑换的原则进行办理，合作中心双方区域内设立的银行或其他机构根据本国法律提供现钞兑换服务。

4. 空间结构

中哈霍尔果斯国际边境合作中心总体布局为"一心、一带、四区"，"一心"即商务会展区（商务办公区、国际会展中心、商品展示销售）；"一带"即中亚风情大道，带状的人行系统贯穿中心南北，作为各功能区联系的通道；"四区"即商务会展区、国际贸易物流区、综合服务区和休闲娱乐区。

5. 功能分区

1）商务会展区

商务会展区位于合作中心最南面、亚欧路北侧，以开敞的公共空间为主，是入口和人流汇集的主要区域，也是合作中心发展的心脏，利用该区的集聚作用，形成向外发展的辐射趋势。它为各行政管理机构、商贸企业、金融等服务机构提供办公区域，同时也是国际交流中心。该区域也可以作为商品展示销售中心，以展示、交易中国优质出口产品为主，因此也规划建设了大型商品展示、批零和交易市场。

2）国际贸易物流区

国际贸易物流区位于商务会展区以北，规划建设成为集系统化、规模化、集约化、标准化、专业化为一体的国际商品展销平台，以大宗货物批发流通为主。

3）综合服务区

综合服务区位于国际贸易物流区以北，是为各地游客提供各项配套服务的综合型区域，设置有宾馆、酒店、会馆、商务公寓、医疗、邮电、通信等设施。

4）休闲娱乐区

休闲娱乐区位于合作中心最北端，以休闲娱乐、服务业为主，该区的建设将与商务会展区一并成为中心发展的动力区，主要包括餐饮、娱乐、购物广场、休闲主题空间、咖啡馆、茶楼等其他相关功能类型。

6. 案例特色

中哈霍尔果斯国际边境合作中心有两大特点：第一，具有专门的中心配套区域。为支撑合作中心的产业发展，在距离合作中心 2km 处规划了 9.73km^2 的配套区，包括轻纺工业园区、食品工业园区、建材加工区、电子产品组装加工区和保税出口加工区，主要用来发展出口加工、保税物流和仓储运输。第二，实行有限且无歧视的关税减免。合作中心区域没有原产地规则，双方也未进行关税减让谈判，关税的减免不具有地区歧视性，对区内项目所需要的某些进口商品免征关税，无论这些商品的原产地是否是双方国家，仅需要看是否属于免征关税的商品。

第八章 知识型新城

知识型新城是为提升地方经济竞争力和科技发展，依托大学、科研机构在城市边缘区或近郊开发建设的新城，如在一些科技实力雄厚的大城市开发高质量的各类园区、科研院所产业园等。知识型新城可划分为：科技园区、高新技术产业开发区、国家自主创新示范区、大学城等。高新技术产业开发区和大学城这两类知识型新城数量较多、规模较大，最具有代表性和影响力，因此本节主要介绍知识型新城中的高新技术产业开发区和大学城。

第一节 高新技术产业开发区

高新技术产业开发区，简称高新区。其发端于 1988 年科学技术部组织实施的火炬计划，是中央及地方政府以发展高新技术为目的而设置的集中规划建设的科学－工业综合体。作为一种科技、经济、社会互动的整体和一种特定的组织方式，其具有科技孵化、技术与人才集聚、技术扩散、产业示范功能，是高新技术成果转化、高新技术产业发展的重要基地。

一、背景与历程

（一）产生背景

1. 知识经济时代对创新资源的大力需求

知识经济是一种需要不断创新，集知识密集型、智慧型和信息型为一体的新经济形态。知识经济时代的来临意味着资本和能源被取代，而知识和信息将会成为财富的主要资源。体力劳动逐渐演变为需要创造性的脑力劳动，对智力的管理利用将会成为未来获取高价值信息的关键。知识经济时代经济发展的主要动力是以知识为基础的高科技的创新、传播和应用，而经济发展的关键部门是教育和科学部门，经济中最有活力的产业是以网络、多媒体、数码、电子计算机、光纤等为主要标志的信息产业。

2. 新技术革命和产业结构调整的推动

20世纪40年代末兴起了一场以电子计算机、航天空间技术、原子能为标志的科学技术革命，即第三次技术革命。这场起源于美国的新技术革命迅速扩展到西欧、日本、大洋洲等世界各地，其涉及各个重要的科学技术领域和国民经济的各个重要部门。从70年代初开始，又出现了以新型材料技术、微电子技术和生物工程技术为标志的新技术革命。新技术革命使得产业结构和传统产业部门发生了重大变化，第三产业以及知识、技术密集型产业迅速发展。在新技术革命和产业结构调整的推动下，当今国际竞争的核心点已经转移到高新技术产业，世界各国也都开始大力开展高新技术产业。

3. 国家财政的大力扶持

高新技术产业具有高投入、高风险、高收益以及知识密集等特点，使得企业在进行高新技术投入时容易遭受资金、人才、资源等条件的制约。因此，为鼓励企业发展高新技术产业，各个国家采取了多种类型的财政支持方式，主要包括财政补贴、税收优惠、政府采购和金融支持四大类。而中国从20世纪80年代起开始积极推动科技创新，逐步发展高新技术产业园区。1988年科学技术部正式提出实施火炬计划，提出创新产业集群、科技服务体系、产业化示范项目和产业化环境建设项目等扶持内容，着重建设和发展高新技术产业开发区，并且为发展高新区提供了大量政策和财政保障，中国高新区的发展序幕随之开启。

（二）发展历程

1. 酝酿阶段：1984～1988年

1984年6月，国家科委、国务院在迎接世界科技革命的对策报告中指出要给高新技术企业一些优惠政策，以鼓励国内发展高新技术产业。1985年3月13日，中共中央《关于科学技术体制改革的决定》指出要在全国选择若干智力资源密集的地区，采取特殊政策，逐步形成具有不同特色的新兴产业开发区。同年4月，国家科委提出了在中国经济发达、智力密集的北京中关村、上海张江、武汉东湖、西安西郊、广州天河等地建设高新技术产业开发区的设想。1986年在王大衍等科学家的倡议下，国家开始实施863计划[①]。1988年5月国务院批准在北京市建立高新技术产业开发试验区（后改名为中关村科技园区）。1988年8月，党中央、国务院正式批准实施旨在发展中国高新技术产业的指导性计划——火炬计划。

2. 创立阶段：1989～1991年

1988年8月22日，党中央、国务院做出加快发展沿海地区外向型经济的重大决策，

---

① 王大衍等于1986年3月3日发布的《关于高新技术研究发展计划的报告》。

实施沿海经济发展战略。在深化沿海地区科技体制改革时，鼓励科研单位、高等学校、大中小企业办外向型科技企业。1991 年 9 月，国家科委、国家体改委联合下发《关于深化高新技术产业开发区改革，推进高新技术产业发展的决定》，正式批准在地方新办高新区的基础上建立 26 个国家级高新技术产业开发区。到 1991 年年底，全国共有国家级高新技术产业开发区 27 家，高新区发展初具规模。

3. 发展阶段：1992 ～ 2009 年

1992 年 11 月，国务院批准决定在保定、太原、大庆、苏州、南昌、青岛等地建立 25 个国家级高新区。1997 年 6 月，国务院批准在陕西杨凌建立第一个国家级农业高新技术产业示范区。2007 年，宁波省级高新区升级为国家级高新区的申请得到国务院批准。2009 年，国务院批准泰州医药高新技术产业开发区、湘潭高新技术产业开发区升级为国家级高新区。到 2009 年年底，中国国家级高新区已发展到 56 家，除西藏、青海、宁夏、香港、澳门外，所有省级行政单位都有国家级高新区。

4. 壮大阶段：2010 年至今

2010 年后，随着经济发展和产业结构转型与升级，高新技术产业的重要地位进一步提升，国家级高新区在这一阶段规模再次扩大，截至 2020 年年底，国务院又批准了 112 家国家级高新区，其中 2010 年批复 27 个、2011 年批复 5 个、2012 年批复 17 个、2013 年批复 9 个、2014 年批准镇江高新区升级为国家级高新区、2015 年批复 31 个、2017 年批准 10 个，2018 年批准 12 个（表 8.1）。

表 8.1　国家级高新区批准时间及个数

批准时间	1988 年	1991 年	1992 年	1994 年	1997 年	2007 年	2009 年	2010 年
个数	1	26	25	1	1	1	2	27
批准时间	2011 年	2012 年	2013 年	2014 年	2015 年	2017 年	2018 年	
个数	5	17	9	1	31	10	12	

二、基本特征

（一）产业特征：高新技术产业起示范带动作用

高新技术产业发展是指知识密集、技术密集的高新技术通过研究、开发、应用、扩散等过程形成产业的过程。高新区内产业分为两大部分：一是电子信息、新能源和新材料等第四产业的引领；二是应用高新技术对传统产业进行渗透、改造、提升，促使传统产业结构升级、协调、优化，通过技术创新和多学科技术交叉，在传统产业中发掘新的经济增长点。通过高新区内高新产业的引领发展形成新的产业和更高的生产力，提升产业优势，进而促进整个国民经济的持续发展（表 8.2）。

表 8.2　高新区各类企业数量（2012 年和 2013 年）

名称	2012 年	2012 年占总量 /%	2013 年	2013 年占总量 /%
企业数量	63296	—	71180	—
其中：高新技术企业	17958	28.1	21795	30.6
规模以上工业企业	20862	33.0	25053	35.2
收入超亿元企业	13126	20.5	15710	22.1
上市企业	1001	1.6	1186	1.7
三资企业	10065	15.7	10791	15.2

（二）空间格局：东中西梯度分布

截至 2020 年，中国共有 169 个国家级高新区，其空间分布区域特征明显：主要集中在东部沿海地区，逐渐向中部与西部递减。据统计，截至 2020 年，东部沿海地区共有 86 个国家级高新区，占全国的 50.9%，主要集中在浙江、广东、江苏、山东等经济较发达省份，其中以江苏省最为突出，共建设有 18 个国家级高新区；其次是广东（14个）、山东（13 个）和浙江（8 个）。中部地区共 44 个，占 26.0%。西部地区 39 个，占 23.1%（表 8.3）。

表 8.3　中国高新区区域分布（2020 年）

地区	数量	占全国比例 /%	高新区所在城市及其个数
东部沿海地区	86	50.9	北京 1，黑龙江 3，浙江 8，广东 14，上海 2，河北 5，吉林 5，福建 7，天津 1，辽宁 8，江苏 18，山东 13，海南 1
中部地区	44	26.0	江西 9，湖南 8，山西 2，安徽 6，河南 7，湖北 12
西部地区	39	23.1	重庆 4，广西 4，内蒙古 3，陕西 7，宁夏 2，四川 8，甘肃 2，青海 1，云南 3，新疆 3，贵州 2
总计	169	100	

（三）人员构成：汇聚高端科技人才

高新技术产业创新的主导力量是科研人员。2010 年年底高新区企业从业人员 859.0 万人，同比增长 6.0%（表 8.4）。其中，大专学历以上人员 444.6 万人，同比增长 15.6%，占从业人员总数的 51.8%；具有中高级职称人员 114.3 万人，占从业人员总数的 13.3%。在 263 名国家"千人计划"引进的海外高层次创业人才中，近 85% 来自高新区，人才高地效应明显。高新区从事科技活动的人员为 161.1 万人，同比增长 3.5%，占从业人员总数的 18.7%。高新区拥有 R&D 人员和 R&D 研究人员按人头计分别为 86.8 万人和 25.7 万人，按全时当量计分别为 54.4 万人年和 15.5 万人年，合高新区每万名劳动力中 R&D 人员和 R&D 研究人员分别为 61.0 人年和 18.0 人年，分别是全国平均水平的 1.9 倍和 1.2 倍。

表 8.4　高新区从业人员构成情况（2010 年）　　（单位：万人）

年份	从业人员	大专学历以上人员	硕士毕业人员	博士毕业人员	留学人员	科技活动人员	研发人员	中高级职称人员
2009	810.5	384.7	31.7	3.8	3.6	155.7	54.1	108.6
2010	859.0	444.6	36.9	4.3	4.7	161.1	86.8	114.3

（四）区域影响：增长极与孵化器

高新技术产业开发区对区域的影响可以分为两个阶段，即增长极阶段和孵化器阶段。当高新技术产业开发区看作增长极时（图 8.1），投资目标的核心是研究与开发机构设施和其他基础设施，并同时提供有关优惠政策，提供舒适的研发和生活环境，从而吸引先进的高科技公司在此建立研究与开发机构和分支工厂。这些研发机构生成增长极的动量，从而推动区域经济发展。其具体包括三方面：一是通过区内外的前后向产业联系诱使产生新的制造业活动，从而带动地方经济；二是通过区内外的零售和消费服务业增加而促使地方经济增长；三是通过区内外税收的增加来发展地区经济。

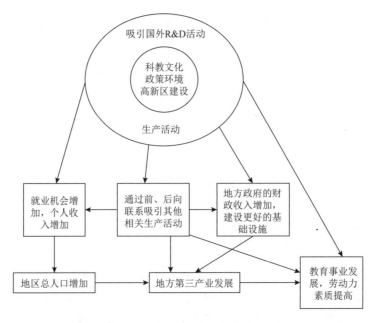

图 8.1　高新区作为增长极的作用图

区域经济发展的重要标志是新企业的衍生。高新区的真正目的是创造良好的孵化环境，使得不断有新企业聚集和繁衍，通过发展支撑服务和客户网络，以及相互作用和协同作用，促进区域经济的产业结构调整升级（图8.2）。

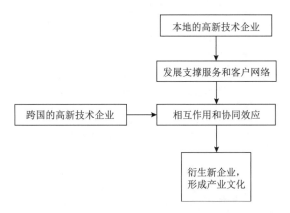

图 8.2　高新区作为孵化器的作用图

三、主要类型

（一）按区域空间关系划分

1. 双核式

双核式是由于高新区远离中心城区，经济活动在高新区集聚，促使其功能完善并向综合性的新城区发展（图8.3），如大连高新技术产业开发区、天津滨海高新技术产业开发区、青岛高新技术产业开发区等。

2. 连片带状式

连片带状式是指高新区距中心城区较近，受中心城区的辐射影响作用较大，随着高新区的发展，其逐渐与中心城区连成一体，呈连片带状式发展（图8.4），如苏州高新技术产业开发区、重庆高新技术产业开发区等。

图 8.3　双核式空间结构　　　　　　图 8.4　连片带状式空间结构

3. 多级触角式

多级触角式指多个高新区位于城市的近郊地区，呈现多区位的特征，促进城区结构的扩散,在空间上形成多级触角式向外延伸的形态(图8.5),如成都高新技术产业开发区。

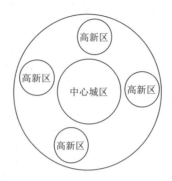

图 8.5　多级触角式空间结构

（二）按开发模式划分

1. 政策区

政策区指在大城市科研院所和高等院校集中地区设立的高新区,区内的高新企业可享受政府给予的各类优惠政策,其区域范围往往较大,如北京中关村科技园区就设立在北京大学、清华大学、北京航空航天大学等名牌大学附近。

2. 新建区

新建区指高新区集中连片建设的类型。管理部门对其进行统一的规划建造管理,创造良好的投资环境,以吸引高新企业进区。新建区又可分为两类:一类是独立的新建高科技产业园区,如深圳科技工业园。另一类是在大中城市边缘地带新城区内建造的高新区,如西安高新区、苏州高新区、青岛高新区等。第二类新建区范围往往很大且具有综合社区性质,在这类新建区内建造的高新区只占其中一部分面积,如上海浦东新区中的张江高科技园和金桥科技园等。

3. 中外共建区

中外共建区是指中国政府和地方政府以吸引外资为主而新建的高科技园区,如苏州和无锡的中新合建的工业园区,其以新加坡管理模式为主。

4. 大学科技园

大学科技园是指在大学校园内及其周边建立的专门从事大学科技成果商品化的高新区。

5. 民办科技园

民办科技园是指由有技术的民营企业家或留学生提出项目设想,吸引港、台和外资合办的高新区。这类高新区一般规模较小,但管理机制较为灵活,如上海嘉定、南京江宁、山东日照民办科技园及天津、扬州的留学生高新技术工业园等。

（三）按空间结构划分

1. 单中心结构

单中心结构的高新区是综合性的城市中心，可以引领高新区向综合新城发展，其发展模式又分为两种：同心圆发展和扇形发展模式，如广州开发区。

2. 多中心结构

多中心结构又包括多中心主副结构和多中心均衡结构，其中多中心主副结构指高新区的中心结构体系由一个或两个主中心和多个副中心构成，构成网络或轴向发展的模式，如天津高新技术产业园区；多中心均衡结构即中心结构体系由多个均衡发展的中心构成，构成网络或轴向发展的模式，如苏州高新区。

四、案例分析

本节以上海张江高新技术产业开发区为案例来说明。

（一）发展概况

上海高新技术产业开发区始建于 20 世纪 90 年代初，是在漕河泾新兴技术开发区的基础上发展而成的，是中国最早获批的国家级高新技术产业开发区之一。1992 年上海的国家级高新区更名为上海高新技术产业开发区，张江科技园区成为其组成部分；之后其他园陆续进入，1998 年形成"一区六园"的历史格局。2006 年 3 月经国务院批准，上海高新技术产业开发区更名为上海张江高新技术产业开发区（简称上海张江高新区或张江高新区）。

2010 年，上海张江高新区经营总收入达到 1100 亿元，年总收入增速达 15% 左右，成为中国高科技产业化的龙头区域。上海张江高新区正在全力打造十大拥有自主创新能力的国家级高科技战略产业平台，即集成电路制造与装备平台，移动终端产品集成平台，多元化多模式显示终端，生物医药研发、产业化，物联网基础设施技术，商用大飞机设计研发，数字内容与互联网技术，金融后台服务平台，低碳技术、高端价值链和现代农业示范推广平台。

截至 2012 年年底，上海张江高新区累计注册企业 9164 家；从业人员 27 万人，本科学历以上占比超过 60%；实现经营总收入 4200 亿元，同比增长 13.5%；工业总产值 2084 亿元，同比增长 19.75%；固定资产投资 206 亿元，同比增长 1.93%；税收收入 189.15 亿元，同比增长 10.6%，成为浦东发展的重要增长极。根据《2012 年上海市开发区综合评价报告》，上海张江高新区再度蝉联综合排名第一，同时在创新发展和投资环境指标上也排名第一。

（二）功能定位

上海市第十五届人大常委会第十四次会议对《上海市推进科技创新中心建设条例

（草案）》（简称《条例草案》）进行了审议，《条例草案》中提出打造张江区域创新极，明确了三个"张江"的功能定位，为统筹推进张江综合性国家科学中心、张江科学城、张江国家自主创新示范区建设，形成具有国际影响力的区域创新极提供法治保障。其具体包括：依托张江综合性国家科学中心核心载体和张江国家自主创新示范区核心园区的功能，把张江科学城建设成为世界一流科学城；依托科技创新中心承载区的功能，把张江国家自主创新示范区建设成为培育高新技术产业和战略性新兴产业的示范区域。

（三）空间结构

张江高新区由管理部门对其进行统一的规划建造管理，是城市边缘新建城区与高新区相结合的空间类型。1992 年张江高新区成立，与漕河泾开发区合并为"上海高新技术产业开发区"，形成"一区二园"格局，之后市北上大园、中纺城园、嘉定园和金桥园陆续进入，形成"一区六园"格局，占地面积 42.117km²。2006 年，上海紫竹科学园区以及杨浦知识创新基地被纳入张江高新区管理范畴，形成了"一区八园"的空间格局，园区面积达到 117 km²。2011 年 6 月，上海紫竹科学园区升级为国家级高新区，上海市进一步扩大了高新区范围，形成了上海张江高新区"一区十二园"以及上海紫竹科学园区"12+1"的空间格局，占地面积达到 296.4km²。

第二节 大学城

大学城的概念最早来源于古希腊时代的学园或者古罗马时代的修辞学校和法律学校。国内有学者从不同角度对大学城的概念进行了定义，从功能性角度将大学城定义为围绕一所或多所大学，具有教育、产业、生活服务等多方面功能的城市特定区；从社会结构角度将其定义为以大学、科研机构为核心和依托的有机联系网络（包括开放式办学、资源共享、后勤社会化等）。本书将大学城定义为：围绕一所或多所大学发展形成的大学校区集群及其配套设施所构成的知识导向型城市功能新区，是服务型新城的一个分支。

一、背景与历程

（一）产生背景

1. 20 世纪 50 年代的院系调整

中华人民共和国成立前夕，国民党统治区内共有高校 205 所，其中国立、省立的公立高校有 124 所，私立高校（包括教会学校）有 81 所。中华人民共和国成立后，在对这些高校进行接管与初步改造的过程中，为了发展中国高等教育事业，培养大批专业人才，以满足国家经济建设需要，20 世纪 50 年代仿照苏联模式在全国高等院校院系之间进行跨省、跨地区和跨院系的改组、撤销和合并，这一改革覆盖到当时中国 3/4 的高校，被视为中国现代大学史上前所未有的大规模的大学体制改革。这一批高等院校通过全国性的院系调整，大多相对集中在城市的特定区域，在城市中形成了"文教区"。

2. 知识经济的兴起

21 世纪是知识经济的世纪，降低了农业经济与工业经济对自然与劳动资源的高度依赖，知识、信息、科技、创新等成为经济发展的核心要素。在知识经济席卷全球的背景下，20 世纪末，国企成为标兵，引领中国经济增长模式向集约化转变。相关研究表明，工业化初期阶段，制造业产品中的体脑贡献比[1] 为 9∶1，到知识经济时期则转换到 1∶9。经济要素组成与产业结构也在该经济发展模式的巨大转变中发生相应变化，高新技术产业逐渐发展成为国家支柱性与战略性产业，对高素质劳动力的依赖性逐步增强，高等教育则成为提升劳动力知识水平与整体素质不可或缺的因素。

3. 提高中国人力资源素质的诉求

综合国力竞争日益激烈，国家间的竞争逐渐转变为人才的竞争，只有拥有足够的高素质人才储备才能在新时期国家竞争中占据一席之地。从中华人民共和国成立到 20 世纪末，中国农村土地面积辽阔，城市化率不高，导致教育资源不足，高等教育更为落后，整体劳动力素质不高。1998 年，中国大学生入学率远不及欧美、亚洲等地区的发达国家，同时相比于一些经济实力相当的发展中国家，如印度等，入学率也偏低，这与中国在国际上日益提升的经济发展地位并不对称（表 8.5）。

表 8.5　中国与部分国家的大学生入学率比较情况表（1998 年）　　（单位：%）

项目	中国	美国	英国	俄罗斯	日本	韩国	新加坡	印度
大学生入学率	6.03	69.95	59.5	47.58	43.56	66.01	43.8	6.57

4. 高校扩张而硬件设施跟不上发展的矛盾

1999 年，中国高校扩大招生，虽然入学人数与高校数量都得到了明显的提升，但由于中国高校大多位于城市中心区，高校空间与教育资源的拓展受到了较大限制，扩大招生则进一步突显了高校硬件设施不足的问题。基础设施不足、校园人满为患、公共设施负荷过载等问题越来越突出，而大学城开发是解决这些问题的良方。大学城不仅能够承担教育产业化的空间落实，也是高校多元化办学（包括合作办学、中外办学、异地办学等）发展的空间载体，更为各高校集聚提供了教育资源整合的探索空间（资源整合、共享以及学科交叉）。

5. "政府 + 市场"的大力推动

大学城开发一方面能够盘活本地高校资源，另一方面有利于吸引外来优质高校，

---

[1] 体脑贡献比：体力劳动的经济产出占经济总量的比与脑力劳动的经济产出占经济总量的比的比值。

对提高当地教育水平具有重要的积极作用；此外能够有力地促进教育与科技、经济的紧密结合，为城市21世纪的可持续发展提供智力支撑、人才保障和区域空间。大学城周边地区的吸引力也能因此得以增强，城市化进程加快，城市文化品位逐渐提升，城市环境得以改善，进而能够吸引更多的外来资金参与城市建设，促进地方经济发展，增强城市综合竞争力。因此，大学城的开发建设成为政府提升城市发展品质的重要方式。

1994年的"分税制"改革为地方政府大学城开发提供了有利的资金与政策条件，地方政府在城市规划与资金统筹等方面的权力渐增，可以通过土地城市化的"发动机"，采用以土地空间资源为核心要素的商业运作模式，通过银行借贷实现城市空间拓展。大学城开发就采用了这种市场化的土地策略，以土地为资本，政府进行前期投入，而后凭借土地升值，通过土地的市场运作，逐步收回成本，高校则通过部分土地的差价收益来进行校园建设，大学城只需向政府偿还生活用地成本。"政府＋市场"的运作模式为大学城的发展提供了资金与政策保障。

（二）发展历程

1. 雏形期：20世纪50年代城郊建设

中华人民共和国成立初期，兴建了一大批高等院校，出现了高校建设的第一次热潮。

这一批高等院校通过全国性的院系调整，大多相对集中在城市的特定区域。当时全国许多城市按照现代功能分区，在城市中某一区域集中安排一些学校和文化场所，在城市中形成了"文教区"。多数"文教区"位于城市偏远地区，但伴随城市扩张，很多"文教区"已经发展并入中心城区。

2. 过渡期：20世纪70年代末异地办学

20世纪70年代末至80年代中，一些高等院校开始与所在城市或其他城市合作进行异地办学，建立多校区大学。改革开放后到1998年是教育体制改革的第二次建校热潮阶段。

历经了十年"文化大革命"，高等院校普遍受到不同程度的破坏。1977年，中断了的中国高考制度得以恢复，同时改革开放后社会对人才的需求量大幅增加，高校人数迅速增长。这一时期高校校园的扩建、改造成为建设重点。为响应中央号召，改革开放初期，各地兴建了一批中小型院校和专业院校。

3. 发展期：20世纪90年代到21世纪初的大学城兴建

1998年教育改革之后，大学城进入了建设发展阶段。在管理体制转型后，1998年起中国高校招生规模得到前所未有的扩张，高等教育进入大众化、产业化时代。截至2002年秋季，全国高等院校招生人数超过300万人，在校生人数达1600万人，比1998年翻了一番。由于招生规模的迅速壮大，原有高校教学和教育硬件设施跟不上需求；同时，市区内规划教育设施用地有限，拆迁成本高，许多高校开始选择异地分散建设校区来解决扩招压力。因此，在一些教育基础好、经济实力较强的大中城市，开始了大学发展的全新探索模式。通过建设大学城来解决高校共同面临的扩招压力，全国各地的大学城建设达到高潮。

大学城建设热潮产生了新的城市空间，促进了经济发展，但由于缺乏建设管理经验等，短短几年间一些大学城的发展就遇到了瓶颈和挫折，如建设资金与选址问题等。为了摆脱大学城发展困境，降低投资风险，从2004年起，中国大学城的规划建设进入新的理性发展阶段。

4. 成熟期：21世纪大学城的理性建设阶段

随着社会各界对大学城建设关注的增加，从2004年起，中央开始针对大学城各项建设进行验收与审查，并颁布多项条例。2004年3月，"两会"政协委员呼吁严禁乱占土地。同年4月，国务院办公厅下发《关于深入开展土地市场治理整顿严格土地管理的紧急通知》。当年6月，国家发展和改革委员会、国土资源部等五部委对江苏新一轮土地市场整顿情况展开验收，其中大学城成为验收的重点项目，江苏某一大学城因违规征用土地被国土资源部点名批评，大量在批和在建项目全部被叫停。自此，中国各地不再盲目批地建设大学城，而是逐渐控制用地规模，转向了更深层次的区域城市化。此后的很长时间里，中国大学城发展向着产业集约化、配套完善化、服务业多元化的方向转变，大学城的规划面积得到控制，高校资源更加集中，建设更注重内涵发展。

（三）新时期发展新变化

新时期，中国大学城建设更重视产学研一体化。产学研相结合指的是生产、教育和科学研究的功能联动与功能协同，强调教学、研究向生产实践转化。在产学研一体化的发展模式下，政府的创新空间平台搭建作用，学校的教育与激发科研创新作用，企业在与学校进行合作、将新技术转化为产业的作用都会进一步突显，也为大学城这一产学研发展空间平台的空间结构、交通联系、企业引进等提出了更高要求。

二、基本特征

（一）开发模式：地方政府推动规划建设

目前，中国正处于高等教育跨越式发展阶段，大学城的开发建设主要由地方政府组织、协调与管理，这主要基于中国土地所有制与规划建设规定的基本国情。

（二）空间格局：东中西递减的区域分布格局

中国大学城的空间分布区域特征明显：大学城主要集中在东部沿海地区，逐渐向中部与西部递减。截至2020年，据不完全统计，东部沿海地区共有79个大学城，占全国的 58.5%，主要集中在浙江、上海、广东、江苏、山东等经济较发达省份，其中以江苏最为突出，共建设有 15 个大学城，其次是山东（12 个）、广东（10 个）、上海（9 个）和浙江（9 个）；中部地区共 32 个，占 23.7%；西部地区 24 个，占 17.8%（表 8.6）。

表 8.6　中国大学城区域分布（2020 年）

地区	数量	占全国比例 /%	大学城所在城市及其个数
东部沿海地区	79	58.5	北京 2，黑龙江 2，浙江 9，广东 10，上海 9，河北 3，吉林 1，福建 4，天津 2，辽宁 9，江苏 15，山东 12，海南 1
中部地区	32	23.7	江西 6，湖南 6，山西 1，安徽 6，河南 8，湖北 5
西部地区	24	17.8	重庆 1，广西 5，内蒙古 1，陕西 3，宁夏 1，四川 4，甘肃 3，云南 1，新疆 2，贵州 3
总计	135	100	

（三）规模面积：用地规模大小不等

全国各地大学城建设规模不一，从 0.1 km^2 到 90km^2 不等。其中，建设面积较大的有南京仙林、江宁、浦口大学城，厦门集美大学城，武汉汤逊湖、黄家湖大学城，兰州榆中大学城，济南长清大学城，广东广州大学城，贵州贵阳花溪大学城和天津西青大学城等，其面积均在 30 km^2 以上。其中，天津西青大学城规划面积达 90 km^2。而建设面积较小的，如江苏滨江、南通大学城，北京南洋国际大学城，上海奉贤大学城，四川温江、团结大学城，江苏徐州大学城，辽宁本溪大学城等均在 2 km^2 以下。大多数大学城面积集中在 10 ～ 30 km^2，占中国大学城总数的 34%。

（四）建设意义：集聚效应明显

有着内在联系的高等院校的相对集中能够产生多方面的集聚效应。大学城将各高等院校集中在一起，能够极大地发挥教育与人才资源的集聚效应。同时，它所具有的规模效益是集聚效应的必然结果。根据国际经验，一个城镇至少集聚 5 万人时，才能在建设基础设施和发展社会事业时真正做到节省资源和投资成本。高校集中布局既节约了大量土地，又可避免重复兴建公用设施，提高了土地和设施的使用效益。同时，大学城本身可以形成新的消费市场，并创造新的消费需求。此外，大学城的多方面、专业化知识集聚对地区的产业经济集中化具有积极影响。例如，硅谷从依托国防工业向以中小型高科技企业为主的民用工业发展，研究开发涉足电子、航空等领域，与斯坦福大学的科学研究的专门化和多样化有着密不可分的关联；北卡罗来纳州三角研究园区拥有通用电气公司、杜邦公司、BIM 等大型企业，研究开发涉及半导体、计算机、生物工程等多项高技术类型，与园内多所大学的学科多样性与研究开发多样性相关联。

（五）重要特性：开放连通与资源共享

大学城的开放连通性体现在：一是提供了良好的教学与创新载体，任何具有科研创新能力的高校、学者及其学生都享有大学城的使用权；二是大学城与城市发展相互依存、密不可分，一方面大学城与城市共享资源，从城市吸引生源等多方面资源，另一方面城市的发展繁荣也依托于大学城建设；三是大学城的内部资源，包括硬件资源和软件资源等，都实现了校际共享。这在大学城的空间结构中体现为共享区基本是必备区域。

三、主要类型

（一）按区域空间关系划分

1. 城内城型大学城

该类大学城一般位于高校自然聚集的城区范围内，是在原有高校资源基础上规划扩建而成的，如广州石牌五山大学城、北京中关村大学城等。该类大学城由于受到城市土地资源的限制，很难大规模发展，但对旧城的环境质量与文化内涵具有提升作用（图8.6）。

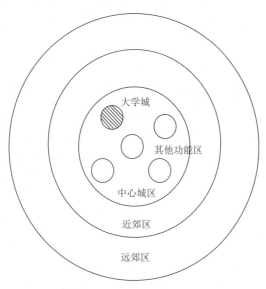

图 8.6 城内城型大学城

2. 边缘型大学城

该类大学城一般建设在城市旧城区的边缘地区，是中国大学城目前的主要发展模式。它主要利用城市边缘地区廉价的土地进行大规模的高校建设，既可以与城市中心联系便捷，充分享有城市的基础设施与人文精神服务，又可以享有城市边缘地区良好的生态空间与相对充足的土地，吸引高素质人才，同时有利于引导高科技知识型产业在边缘地区集聚。该类大学城有无锡大学城、深圳大学城等（图 8.7）。

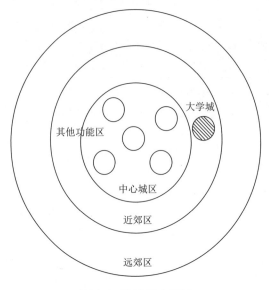

图 8.7　边缘型大学城

3. 卫星城型大学城

　　该类大学城一般位于城市远郊地区，在地理空间上相对独立于核心城区，一般出现在大都市地区，以大城市的卫星城的形式存在。其因距离核心城区较远，地价较为便宜，发展空间充足，有利于承载较大规模的教育发展用地，形成独立的服务支撑体系，可满足教师与学生的学习与生活。其建设规模一般较大，与主体城市通过快速交通干道连接。该类大学城会明显拉动周边经济，吸引人口迁移，如重庆大学城等（图 8.8）。

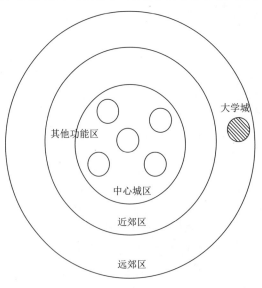

图 8.8　卫星城型大学城

（二）按内部空间结构划分

1. 平行带状模式

该模式大学城强调高校之间的资源共享，在空间上呈现生活区、教育区、共享区的平行带状分布，能够提高大学城分区管理效率。但该类型大学城独立性较强，与城市中心区缺乏功能联系，如上海松江大学城等（图8.9）。

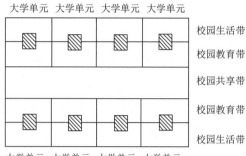

图 8.9　大学城平行带状模式图

2. 点轴模式

"点"指的是大学城和城市之间形成的资源共享区，"轴"则是指校际的资源共享区，即城市级别资源共享区位于中心，校际的资源共享区呈轴带分布，大学单元由轴带与大学城边界围绕而成，可以细分为生活区和教学区，大学城各等级共享资源配置见表8.7。随着大学城的进一步发展，各大学单元对科研成果的产业转换越发重视，大学单元的高新技术产业区逐渐成长起来（图8.10）。

表 8.7　大学城各等级共享资源配置表

城市共享资源	校际共享资源	校区共享资源
商业中心、展览中心、活动中心、会议中心、科研转化中心等	学术交流中心、科研交流中心、中等规模的商业服务业、学生宿舍、教师宿舍、食堂、大中型运动场设施、图书馆、中心绿地广场等	专业实验室、小型商业服务业、教学楼、运动场等

（三）按开发模式划分

1. 政府主导型

该类型大学城建设中，政府占据主导作用。其主要开发流程为：政府前期组织策划与规划，投入资金并进行建设，而后由入驻高校管理与使用，自主办学，如深圳大学城、珠海大学城等。

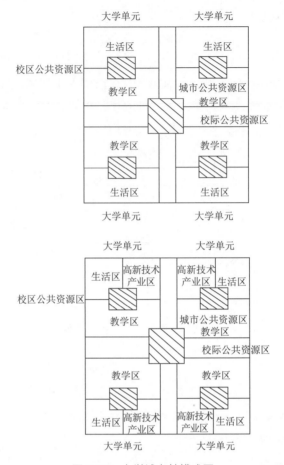

图 8.10　大学城点轴模式图

2. 企业开发型

该类型大学城建设中，企业占据主导地位。首先，企业以教育投资公司等身份参与建设，大学城建设完成后，学校对教育空间进行长期租赁并入驻，之后的后勤服务也由企业运作，如河北廊坊东方大学城等。

3. 多元投入型

该类型大学城由多方共同投资，以股份制方式运作，各方承担相应的责任，也享有相应的权利。该类型大学城的建设步伐一般较快，且有一定的社会信任度，十分重视市场运营。这类大学城有合肥大学城、湖北黄家湖大学城等。

（四）按功能划分

1. 教育主导型

该类型大学城以高等教育与科研为主，科研成果转换较少，办学层次一般较低，空间结构主要由教学区、生活区和共享区三区组成，如河北廊坊东方大学城等。

2. 高新技术研究主导型

该类型大学城以高新技术的成果转化为主，办学层次往往较高，以理工科高校或科研机构为主，空间结构除教学区、生活区和共享区以外，相应增加了高新技术产业区，如深圳大学城等。

3. 综合型

该类型大学城的特征位于上述两种大学城类型之间，其注重教育、科研与成果转化的综合提升。空间结构包括教学区、生活区、共享区和高新技术产业区四部分。目前，中国大部分大学城都属于该类型，如上海杨浦大学城、广州大学城等。

（五）按其他类型划分

1. 按照大学城内学校类型划分

按照大学城内学校类型划分，可分为研究生院型大学城、职业院校型大学城和综合型大学城。研究生院型大学城如深圳大学城，职业院校型大学城如河北廊坊东方大学城，综合型大学城如天津海河教育园区等。

2. 按照大学城内学校的来源划分

按照大学城内学校的来源划分，可分为本地院校型大学城与外来院校型大学城。大多数大学城属于前者，即入驻城内的都是原校址在本市行政区范围内的高校。本地院校型大学城又分为校区入驻和整体搬迁两种形式，如广州大学城属于本地院校型中的校区入驻型。外来院校型大学城即通过优惠政策吸引非本市的高校入驻，如珠海大学城、河北廊坊东方大学城、深圳大学城等。

3. 按照大学城内大学数量及地位划分

按照大学城内大学数量及地位划分，可分为单核心型大学城与多核心型大学城。单核心型大学城指大学城重点围绕一所核心大学建设，多坐落于中小城市，办学层次往往较低，如山东菏泽大学城等。多核心型大学城指大学城内有多所核心高校，办学层次相对较高，综合能力强，如上海松江大学城、广州大学城等。

四、案例分析

本节以昆明呈贡大学城为案例来说明。

（一）发展概况

2003年，云南省委、省政府提出了"一湖四环、一湖四片"的新昆明发展战略，呈贡新区成为实现该战略的重要片区之一，呈贡大学城则是片区的重点发展项目。云南呈贡大学城从功能上和大学城学校类型上看都属于综合型大学城,位于昆明市呈贡区南部,占地面积约43.15km²,距昆明市中心约24km;从区域空间关系上看属于边缘型大学城。2005年年底,呈贡大学城正式奠基,相继入驻了云南大学、昆明理工大学等9所高等院校(表8.8),按照大学城内学校的来源划分为本地院校型大学城,按照大学城内大学数量及地位则划分为多核心型大学城。呈贡大学城的资金来源多元化、市场化,依托了银行信贷资金、港澳财团投入等,高校后勤和公共服务设施的建设也由社会力量提供,从开发模式上看属于多元投入型大学城。

表8.8　云南呈贡大学城高校入驻情况

序号	学校名称	面积/亩	备注
1	云南大学	4000	211工程,全国重点大学,省部共建高校,中西部高校基础能力建设工程,中西部高校联盟成员,卓越法律人才教育培养计划,卓越工程师教育培养计划
2	昆明理工大学	3200	省属重点大学,中西部高校基础能力建设工程,卓越工程师教育培养计划,国家创新人才培养示范基地
3	云南师范大学	2800	省属重点大学,中西部高校基础能力建设工程,卓越教师教育培养计划
4	云南民族大学	2600	省属重点大学,卓越法律人才教育培养计划,省部委共建高校
5	昆明医科大学	1024	省属重点大学,中西部高校基础能力建设工程,卓越医生教育培养计划
6	云南中医学院	824	省属高校
7	云南艺术学院	800	省属高校
8	云南开放大学	800	省属高校
9	云南交通职业技术学院	600	国家示范性高等职业院校,云南省高水平高职院校项目

(二)功能定位

云南呈贡大学城的发展定位以教育科技产业为主要城市功能,带动城市其他功能多元化、综合平衡发展,探索大学与周围开发区之间的关系,积极促进各教育资源和社会资源的共享,体现现代教学新区的风貌,使之成为中国西南地区的经济及科研中心之一。通过对该区的开发建设,引入国内外知名大学,实现产学研一体化,在滇池东岸构成呈贡新城的重要部分,将其建设成为云南及全国的主要高等教育中心之一。

(三)空间结构

云南呈贡大学城的空间结构以共享区为核心,各高校围绕共享区(公共绿地和活动广场)向外围分布。主干道延伸至大学城内部,环城路延伸为大学城的内部环路,以此连接中心城区与大学城(图8.11)。

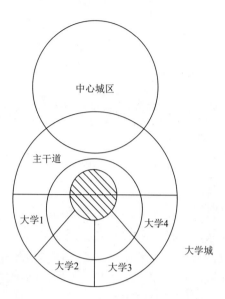

图 8.11　云南呈贡大学城空间结构图

第九章　交通枢纽型新城

　　交通枢纽型新城是指围绕重大交通基础设施建设起来的,能够创造大量就业岗位,同时拉动大量相关产业发展,并在不断壮大这些产业与城市功能中发展起来的新城。常见的交通枢纽型新城包括依托大型国际性或区域性港口建设的临港新城,围绕新建区域性机场建设的空港新城,以及在高速铁路站点周边形成的高铁新城。交通建设对于区域开发具有重大的推动作用,河运、海运、铁路、高速、航空的发展被认为是推进世界经济发展和城市兴盛的五种重要推动力。作为现代城市新兴的经济和产业现象,以河港/海港、城市空港、高铁站点为中心所形成的临港新城、空港新城、高铁新城成为城市功能调整新的增长极,对促进城市空间形态朝多中心演变起着重要作用,是城市郊区化发展和新区建设的重要组成部分。

第一节　临港新城

　　临港新城(也有临港经济区、滨海新城等说法)是指依靠港口资源和相关港口产业,如港口物流业、港口工业和港口服务业等发展起来的具有一定地域空间范围的新城。从世界范围来看,经济发达地区多位于沿海地区,这些地区的发展与港口经济的发展密切相关。特别是在重工业导向下的工业发达地区,重化工业、装备制造业的发展也都由港口带动。

一、背景与历程

(一)产生背景

1. 经济全球化对中国沿海港口发展的带动

　　经济全球化使得更多的生产、经营活动和资源配置实现了全球范围内的连通,海港作为全球物流网络的重要枢纽节点,是沿海地区参与经济全球化进程依托的重要门户。自20世纪70年代,在经济全球化的推动及国际航运交往日益紧密的背景下,大量海港城市就此产生。21 世纪后，全球贸易局势发生了巨大改变，亚洲特别是中国成为原材料生产、制造与出口的主要地区，因而港口分布逐步呈现出以河港为主到海港数量不断增加的格局，沿海地区发展迅猛，催生了大量滨海新城。

2. 重化工业对"植入型"临港产业区建设的驱动

20 世纪 90 年代以来，随着经济全球化的深入和全球产业价值链分工的进一步完善，一些资本技术密集型重化工业向中国转移。由于重化工业对港口物流的需求较大，为节约运输成本，这些空降的重化工业都不约而同地选择了中国沿海地区，同时中国港口城市为了在新一轮的城市竞争中脱颖而出，也自发吸引外来重化工业。因此，这种"主动 + 被动"的"植入型"重化工产业的引入推动了中国大批临港产业区的建设。

3. 城市空间发展战略走向"滨海时代"

自农业文明时期以来，中国许多滨海城市依旧以远离海岸线的内陆地区发展为主，但随着经济全球化与海港重化工业的发展，这些滨海城市开始谋划城市发展重点片区的转移。上海是谋划走向"滨海时代"的首发者，提出了"南下临海"战略并建设洋山港临港新城；天津步入全面建设滨海新区的进程，正式掀起中国滨海新区开发的热潮。此后，国家战略层面提出了"环渤海湾发展规划"等环湾发展战略，沿海多个省份也响应谋划沿海发展，陆续规划建设滨海新区，如江苏提出了"海上苏东"的沿海建设战略，连云港等城市编制了东部滨海开发规划等。

（二）发展历程

中国港口城市发展历程大致可分为四个阶段：初始阶段，中华人民共和国成立以前，港口功能单一，以所在城市港城之间的商业贸易为主；中华人民共和国成立后至 20 世纪 70 年代，临港工业功能逐步加强，港城联系日益紧密；20 世纪 70 年代末至 20 世纪末，国际港口码头的深水化发展使得河口港逐步衰落，港城分离现象在某些港口城市出现；20 世纪末至今，许多城市开始新建海港，并围绕海港资源或产业发展起临港经济功能区，如临港工业区、临港经济开发区等，逐步实现功能区的合并或提升，进一步发展成为临港新区。

（三）新时期发展新变化

新时期，"一带一路"倡议为中国临港新城建设注入更大战略意义。20 世纪后半叶开始的经济全球化推动了中国临港新城的发展，但从 2008 年金融危机开始，以美国为代表的西方国家为保护本国经济，似乎开始引领"逆全球化"进程；2016～2017 年，世界贸易增速开始低于世界国内生产总值增速；2019 年美国特朗普政府对中国发起贸易战，更突显了其"逆全球化"的发展态度。与此同时，中国开始谋划"一带一路"倡议并成立亚投行，表明中国坚持全球化的决心。临港新城也因此成为担负"一带一路"

倡议实现的重要支撑点,需要进一步发展其基础设施体系、交通集疏运体系、港口产业体系等,需要肩负起国家战略安全重任。

二、基本特征

(一)建设依托:发展依靠港口和临港产业带动

中国临港新城是在港口和临港产业的基础上逐步发展起来的。首先,依托港口发展港口运输业,吸引重化工业入驻。而为了服务于重化工业与重化工业带来的人口集聚等社会经济现象,港口周边地区开始发展相应的基础设施与服务设施,港口地区初步建立能够使其发展成为新城的硬件设施条件。同时,相应的服务型产业开始逐步发展与丰富,如港口物流、港口商贸、港口现代服务业等,使得港口地区逐步具备了一定的产业多样化与专业化发展基础,临港新城逐步建立与成熟。

(二)空间格局:空间利用呈现分散的"据点式"开发格局

企业具有沿海地区用地选择的主动性,同时滨海新区发展相对缺乏整体谋划,使得中国的临港新区发展呈现出明显的沿海分散的"据点式"开发格局。而这样的开发格局容易造成各个新城之间的资源抢夺、产业同质化和恶性竞争等问题,对海洋资源环境的消极影响也较大,因此在新时期临港新城的发展中更需要站在国家的宏观视角进行统筹安排,促进资源分配与利用最优化。

(三)重要特性:工业化超前城市化发展

目前,中国滨海新区发展的本质是工业化驱动下的城市化,是工业化超前城市化发展的一种表现。滨海新区以经济发展为最大驱动力,工业用地占比往往较大,相应的配套设施、服务设施用地等相对缺乏,城市化品质较差。但随着滨海新区的进一步发展,对新城形象、新城品质的关注呈上升趋势,如天津滨海新区对滨海生活岸线、滨海旅游产业等方面的重视、规划与建设。

三、主要类型

(一)按区域空间关系划分

1. 比邻式

该类临港新城一般位于中心城区的边缘,也有一部分位于距离中心城区不远处。该类新城保持了与中心城区的紧密联系,能够较好地利用中心城区已有的基础设施和服务设施,继而降低新城建设成本,有利于临港新城项目的启动与建设(图9.1)。

图 9.1 比邻式临港新城模式

2. 跳跃式

该类新城的形成主要受历史自然地理条件影响，离中心城区较远，因此初期发展投资较大，要形成综合良好的功能配置与新城环境也需要较长的一段时间（图 9.2），如泸州临港新城、扬州临港新城等。

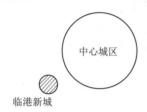

图 9.2 跳跃式临港新城模式

（二）按内部空间结构划分

1. 组团式

该类新城由多个相互分隔的功能片区组成，功能片区之间由便捷的交通相连，便于分区管理，如泸州临港新城、黄石临港新城。

2. 紧凑式

该类新城的各个功能分区联系更加紧密，但居住区与工业区的紧凑连接可能会导致居住区出现环境污染问题。该类临港新城典型代表为安庆临港新城[①]。

（三）按新区带动类型划分

1. 独立临港型

该类新城以港口为核心，以临港产业为主导产业，功能相对单一，如珠海高栏港经济技术开发区、日照岚山经济技术开发区等。

---

① 万浩然 . 2008. 长江沿线临港新城产业与空间布局研究 . 苏州：苏州科技学院硕士学位论文。

---

2. 港口依托型

该类新城大多是在独立临港型新区的基础上发展起来的，是以港口为重要交通依托，发展包括高新产业、临港产业、生活居住、旅游休闲等综合功能的新区，如天津滨海新区、温州瓯江口新区、茂名滨海新区等（图9.3）。

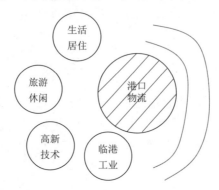

图 9.3　港口依托型临港新城

（四）按港口类型划分

按港口类型划分，临港新城可以分为两类：一类是河港依托型，如宜宾临港新区、岳阳临港新区等。另一类是海港依托型，这类新区占临港新城的绝大多数，如天津滨海新区、上海浦东新区、唐山曹妃甸新区、广州南沙新区等。

（五）按临港产业与港口码头的关系划分

根据对港口资源及相应产业的依赖类型及程度的不同，可以将临港新城划分为岸线资源利用型和港口码头运输功能依托型。

四、案例分析

（一）天津滨海新区

1. 发展概况

1994 年，天津市规划在已建成的天津经济技术开发区、天津港保税区等功能区的基础上整合资源来建设天津滨海新区。天津滨海新区于2005年被写入"十一五"规划并成为国家重要的发展战略之一。2006 年，天津滨海新区成为国家综合配套改革试验区。2009 年年底，天津滨海新区行政区成立。

天津滨海新区坐落于天津东部沿海地区，位于环渤海经济圈的中心区，包括塘沽、汉沽、大港三大行政区和天津经济技术开发区、天津港保税区等管理区。根据港口类型划分，其属于港口依托型新区，总面积为 2270km²，是中国北方首个自由贸易试验区、国家综合配套改革试验区和国家自主创新示范区。与城市中心空间相对独立，天津滨海新区从区域空间关系上看属于跳跃式发展新城。

天津滨海新区集港口、经济技术开发区、高新技术园区、出口加工区和保税区于一体。天津港是中国北方最大的国际贸易港口，通达全球 400 多个港湾，服务华北、西北、东北等国内省（区、市），其货物吞吐量和集装箱吞吐量分别位居全球第七和第十。天津经济技术开发区主要经济指标，包括生产总值、规模以上工业总产值、实际使用外资等一直处于全国各开发区的领先地位。天津港保税区是服务于华北、西北地区的北方最大的保税通道。新区内形成了航空航天、汽车及装备制造、生物医药、新能源、新材料和电子信息等八大具有优势的主导产业，具备雄厚的产业基础。

2. 功能定位

根据《天津市城市总体规划（2005—2020）》，天津滨海新区的功能定位是：依托京津冀、服务环渤海、辐射"三北"、面向东北亚，努力建设成为中国北方对外开放的门户、高水平的现代制造业和研发转化基地、北方国际航运中心和国际物流中心，逐步成为经济繁荣、社会和谐、环境优美的宜居生态型新城区。

3. 空间结构

从空间结构上看，天津滨海新区基本属于组团式的临港新城。其曾经历老港转型与港城一体化历程：北港（老港区）的货运功能（散货码头）、石化工业等逐步搬迁至南港，从而为新区成片联合腾挪发展空间。北港区改造为滨海生活岸线，植入高端商务、滨海旅游等功能，最终形成明确的新城新老空间分区，其是在独立临港型的基础上发展起来的港口依托型新城。

根据《天津市滨海新区城市总体规划（2005—2020 年）》，天津滨海新区规划形成"一轴"、"一带"、"三城区"和"七个功能区"。①一轴：沿京津塘高速公路和海河下游建设的"高新技术产业发展轴"。②一带：沿海岸线和滨海大道建设的"沿海城市发展带"。③三城区：即建设以塘沽为中心、大港和汉沽为两翼的三个宜居生态型新城区。④七个功能区：一是先进制造业产业区，重点发展电子信息、生物技术与现代医药等高新技术产业和加工制造业。二是滨海化工区，发展石油化工、海洋化工、能量综合利用等循环经济产业链。三是滨海高新技术产业园区，重点发展电子信息、生物技术、新材料和民用航空等高新技术产业。四是滨海中心商务商业区，形成滨海新区综合服务中心和标志区。五是海港物流区，重点发展海洋运输、国际贸易、现代物流、保税仓储、分拨配送及与之配套的中介服务业。六是临空产业区（航空城），努力建设成为以航空物流、民航产业、临空会展商贸、民航科教为主要功能的现代化生态型产业区。七是海滨休闲旅游区，建设成为特色突出的海滨休闲旅游度假景区和黄金海岸。

（二）嘉兴滨海新区

1. 发展概况

2005 年，为适应世界制造业向我国加速转移、长江三角洲区域经济一体化步伐加快和浙江省建设环杭州湾产业带的新形势，嘉兴建立了滨海新区开发建设领导小组和办公室，以加快嘉兴滨海新区的开发建设，嘉兴从此由"运河时代"正式步入了"滨海时代"。2011 年，为响应浙江海洋经济发展示范区建设战略，嘉兴将滨海开发战略提升为滨海开发带动战略，并作为全市"十二五"期间的七大发展战略之一。2011 年，滨海新区开发建设领导小组和办公室、市港务管理局等合署办公，全面履行滨海新区和嘉兴港开发建设的工作职责。

嘉兴滨海新区总面积 227km²，是浙江海洋经济"北翼"布局的重要组成部分，根据港口类型划分属于港口依托型新区，分别距离上海洋山港、宁波北仑港约 53n mile 和 74n mile，乍嘉苏高速公路、杭浦高速、杭州湾跨海大桥等贯穿境内，与上海、苏州、杭州等大城市形成"一小时交通圈"。新区内的嘉兴港是国家一类开放口岸和全国为数不多的海河联运港。新区内共有 1 个国家级出口加工区和 3 个省级经济技术开发区。

随着嘉兴滨海新区的不断发展，其港口能级持续提升，独山、乍浦、海盐三大港区联动发展。临港产业加速集群化，基本形成了以临港先进制造业、海洋服务业、战略性新兴产业为主导的现代产业体系。新城建设稳步推进，交通、供电、供水、供气、污水处理等城市基础设施配套基本完善，生态建设与环境保护成效明显，教育、卫生、商贸、旅游休闲等功能性设施逐步完善。

2. 功能定位

根据《嘉兴市滨海新区总体规划（2006—2020）》，嘉兴滨海新区确立了"加快集聚，突出中心，两翼推进，城乡一体"的发展战略方针，以乍浦为基础，以两翼临港产业为动力，在发挥集聚效应的同时，为各行政主体留下广阔的发展空间。滨海新区的建设将形成以临港产业为支撑，以山海生态为特色的区域经济发展新模式。嘉兴滨海新区规划建设成为长江三角洲的重要港口及环杭州湾的产业新区。

3. 空间结构

嘉兴滨海新区在整体发展的基础上突出重点，适应发展的不确定性和动态性，集中力量发展优势地区，实现产业发展的集聚效应，同时根据发展环境的变化，给予一定的预留空间，适时适度调整规模和建设时序。遵循土地开发与交通设施建设相协同的原则，建立以公共交通和快速交通为纽带的布局与土地利用模式，提高土地利用效益和建设用地的集约利用水平，建设节约型社会，促进理性增长。同时兼顾村镇发展，用新的理念和控制手段指导社会主义新农村建设，改善居住条件，促进经济发展，实现城乡整合发展。

嘉兴滨海新区规划形成"一心两翼五组团"的结构。①一心：中心居住组团。依托嘉兴港区建成区，形成以综合服务、商业、教育、医疗、文化等公共服务为核心，以居住社区和部分综合市场区为支撑的组团。②两翼：两大产业功能区。东翼：平湖独山产业区，依托平湖独山深水港优势和杭浦高速公路，形成位于规划区东部区域的独山港区综合产业区，主要集中发展石化工业、现代制造业、现代物流业等，同时配套一定规模的生活服务区。西翼：大桥综合产业区，依托杭州湾大桥和大桥新区产业区、乍浦化工园区，形成位于规划区西部区域的大桥综合产业区，主要集中发展现代制造业、现代物流业、高科技产业，同时配套一定规模的生活服务区。③五组团：按照带形城市的特点，结合防护绿地和生态绿地划分为五个组团，即杭州湾大桥西产业组团、杭州湾大桥东产业组团、乍浦主中心居住组团、黄姑产业组团、全塘产业组团。杭州湾大桥西产业组团：以工业、物流、观光旅游、产业配套服务为主。杭州湾大桥东产业组团：以工业发展、物流为主。乍浦主中心居住组团：以生活居住、公共活动、对外交通、教育科研、休闲旅游为主。黄姑产业组团：以工业开发、对外交通、产业配套服务为主。全塘产业组团：以工业开发、产业配套服务为主。

第二节 空港新城

临空经济区是借助于航空运输力，以机场及其边缘地区为空间载体，形成以航空运输业、临空现代服务业、临空制造业以及相关产业为主导的产业聚集区。随着机场规模的扩大以及机场对经济资源吸附能力的增强，机场及其周边地区之间的联系与渗透更加紧密，综合性多功能的空港新城在临空经济区的基础上形成。空港新城是相对临空经济区更发达、更高级的城市形态，除具有临空经济区的相关产业外，其周边配套设施更为完善，新城景观更为丰富，整体建设更加系统，成为城镇区域规划体系的重要组成部分，对提升城市的综合实力和国际竞争力具有关键性作用。

一、背景与历程

（一）产生背景

1. 新技术革命的兴起为空港新城建设创造有利条件

20世纪70年代以来，新技术革命得以兴起。它一方面改变了以往高度依托区位、资源条件等的经济发展模式，另一方面使得现代产品更具有小体积、少运量、大附加值、高单位产品运费承担能力、短产品生命周期、高时效性等特征，而具有如此特征的现代产品特别适合通过航空进行运输。在此背景下，临空经济得以快速发展。机场具有人流、物流、资金流、信息流等的集聚吸附能力，能够促进周边地区的产业发展与空间环境建设，继而逐渐形成了空港新城这一新城类型。西方国家整合机场及周边优质资源，围绕机场进行了相关规划，率先发展起空港新城。例如，绿色化与智能化并存的韩国仁川松岛新城、依托鲜花贸易与总部经济集聚的荷兰史基浦机场、电子商务与航空物流发达的孟菲斯国际机场等，这些机场周边的临空经济区成为地方经济发展的核心引擎与全球产业链的关键节点，也为其他城市的空港新城建设提供了借鉴。

2. 经济全球化发展为空港新城建设提供契机

经济全球化通过商品、服务、技术、信息、人员、资金、管理等生产要素的跨国与跨地区流动，将世界经济串联成有机整体。在经济全球化背景下，尤其在中国加入WTO之后，中国与世界经济的联系日益紧密，航空运输成为中国和其他国家进行全球化贸易的重要媒介。同时，随着产业结构的不断升级，因航空运输具有时间价值敏感性、技术先导性、市场速达性、空间聚集性等特征，中国对公路、铁路运输的依赖逐步被分散到航空运输上。因此，中国许多拥有良好机场资源的大中城市都试图通过机场与机场周边地区开发、机场相关产业引进等方式来带动地区经济发展，抢占领先的城市发展地位，如北京顺义空港工业区、上海浦东开发区等。

（二）发展历程

空港新城是现代工业与现代服务业的产业结合，空港区与开发区的功能统一。一方面，空港新城主体仍以机场业务为核心，包括航空客货运、航空维修制造、关联高新技术产业等现代工业，但又逐渐发展商务商贸、科技研发等现代服务业，是兼具工业和服务业于一体的综合功能新区；另一方面，空港新城作为开发区，依托机场交通优势发展具有临空经济特点的产业集群，不但可以发展临空客货运、企业物流、机场购物、商务商贸等空港区的特殊产业，也可以进一步带动区域整体经济的进一步发展，起到空港区与开发区的相互支持与相互促进的效果。

随着临空指向性产业不断朝着集群化、高端化发展，空港新城建设可以分为空港区、空港及周边工业园区、空港城和空港都市功能区发展四个发展阶段（图9.4）[1]。

（1）空港区发展阶段。空港区，即机场所在地区，一般是空港经济发展的核心与最初阶段的发展形式，其以航空客运为产业基础，以地勤服务、旅客服务、航空客货运等为主导。

（2）空港及周边工业园区发展阶段。空港及周边工业园区一般在机场5km范围内（5～10min车程）。随着机场辐射能力的增强，产业价值链以客运为主、货运为辅，空间范围上包括机场地区及周边紧邻区，产业以生活服务设施、高档酒店业、工业物流等为主导。

（3）空港城发展阶段。空港城包括机场地区、机场紧邻区和机场相邻区，距机场5～10km（15min车程）。产业价值链体现客运和货运并重，产业属于空港经济的延

---

① 朱孟珏. 2013. 新城的空间效应及增长机理研究. 广州：中山大学博士学位论文。

伸产业，如高新技术、电子通信制造等。

（4）空港都市功能区发展阶段。空港都市功能区的辐射范围进一步扩展到距离机场10km以外的地区（大于15min车程）。空港都市功能区是空港经济与中心城市经济的交接地带，体现为空港对城市其他区域的影响，包括企业的迁入、扩张等。

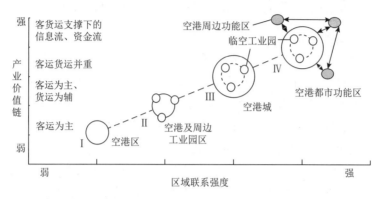

图9.4　空港新城空间形态的阶段性特征

（三）新时期发展新变化

新时期，中国空港新城相关政策指引空港新城发展，空港新城作为城市经济发展重要引擎的作用更加突显。中国大力推进空港新城规划、建设与发展。早在"十一五"期间，中国就重视机场枢纽的建设。进入"十三五"时期以来，《中国民用航空发展第十三个五年规划》更提出要构建国际枢纽、区域枢纽功能定位完善和大中小型枢纽、非枢纽运输机场、通用机场层次结构明晰的现代机场体系，为中国枢纽机场建设提出要求。在此背景下，许多城市都制定了相应的枢纽机场建设规划，如《广州国民经济和社会发展第十三个五年规划纲要（2016—2020年）》就提出要建设包括"国际航空枢纽"在内的"三大枢纽"；哈尔滨制定了《哈尔滨临空经济区发展规划（2019—2035年）》；乌鲁木齐也加快临空经济区的规划建设，于2019年发布了《乌鲁木齐临空经济示范区控制性详细规划及概念性城市设计》等，大力推动中国空港新城的发展。

二、基本特征

（一）区域格局：主要位于近远郊区

空港新城以机场为发展依托，逐渐发展航空相关产业，拓展新城建设用地范围，因此空港新城的布局与机场的布局存在一致性。受空域和净空条件、扩建潜力等影响，机场一般建设于近远郊区，如广州白云机场、上海大场机场等。而目前能够看到的建在市区的机场大部分原本也建在郊区，只是随着城市建设用地的扩大，城镇化进程的加快，机场被市区包围，这类机场土地发展潜力有限，因而空港新城不适于建设于此。

（二）空间结构：受空港经济影响的圈层式空间布局模式

临空经济区的圈层式空间布局能够实现资源的空间优化配置，提高各类资源使用效率，是国内外普遍推崇的临空产业布局形式（图9.5）。根据与机场的距离及其与临空产业的相关程度，由内而外主要分为核心区、紧邻区、相邻区和辐射区。机场位于核心区，核心区在空港新城的建设中起支配作用，通过交通、通信线路等与外围三区进行联系。核心区往往包括航空运输、运输保障、地勤服务三大机场功能；紧邻区往往位于机场周边5km范围内或5～10min的车程范围内，包括空港商务区、航空培训区、保税物流区、生活配套区等由机场运输延伸出来的产业及配套类型；相邻区一般位于机场周边5～10km范围内或15min车程内，包括新兴产业区、航空制造区、会议会展区、总部经济区、先进制造业区等；辐射区距离机场15min车程以外，与机场的功能联系最小，往往包括现代农业区、休闲度假区、高档居住区、文化创意区、科技产业城等。然而，圈层式空间布局模式只是一种理想模式，实际上，该模式会因机场周边地区与机场的联系成本情况产生变形。

图9.5 空港新城的圈层式功能分区

（三）建设作用：临空经济区是区域经济发展的新增长极

一方面，临空经济区在交通、技术、经济、服务等方面都具有明显优势，能够形成与航空相关的前后向关联产业，搭建起功能完善的产业价值体系，促进临空经济区自身的发展，同时对其他地区的发展起示范作用。另一方面，临空经济区能够通过与周边地区的联系，促进周边地区的要素流动与配置，形成区域整体互相联系、互相促进的空间发展格局。目前，中国的临空经济区经济增长率已经远远高出区域内平均水平，成为区域经济发展的新增长极。

三、主要类型

（一）航空城

航空城发展模式是以机场为推动力的一种城市发展模式，其集航空运输、物流、商贸购物、旅游休闲、工业开发等多功能于一体。该模式的新城可以拥有现代城市的所有功能，如产业、社会、交通功能等，是临空经济区发展的最成熟类型。典型案例有日本中古机场城等。

（二）机场自由区

机场自由区发展模式的空港新城往往会出台优惠吸引政策、加强物流设施配套、简化海关通关程序、创新新城开发模式等，以减小国内外顾客与企业、企业与企业之间的交往障碍，其以促进国内外联系与贸易为重点。典型案例有香港机场自由贸易区、迪拜自由贸易区等。

（三）机场商务区

该类型空港新城采取商务区的开发模式，将机场当作商业服务中心进行成片开发，设置购物中心、银行、酒店、会议中心、娱乐设施、办公场所、医疗场所等商业设施，以获取更多的商业收入，同时，将场地设施出租给航空公司、地面代理公司等，以获取租金收入。向餐饮、商贸等各类服务商收取经营特许费用，并为它们提供管理服务。典型案例有阿姆斯特丹的机场商务区和丹麦哥本哈根的机场商务区等。

（四）机场物流园区

该类型空港新城以建设与推动物流园区发展为重点，为航空公司、综合物流企业等提供物流设施、物流信息、物流支持、物流增值等服务。典型案例有成田机场的复合物流基地、香港机场的空海物流联运等。

（五）机场工业园区

中国目前最常采用的发展模式就是机场工业园区发展模式。临空工业园区由于具备紧邻机场的独特优势，而与其他园区有着显著的区别。国内外临空工业园区建设各具特色，如紧邻达拉斯沃斯堡国际机场的拉斯科林娜斯社区吸引了数以百计的科技公司，包括艾博特实验室、美国电话电报公司、埃克森美孚公司、惠普公司、微软公司等，年销售额达数十亿美元，成为带动区域经济增长的发动机。

四、案例分析

（一）广州空港经济区

1. 发展概况

早在 2004 年广州新白云国际机场搬迁投入运营后，为了更好地指导机场及周边地区开发建设，广州编制了《广州白云国际机场周围地区整合规划》。虽然当时并没有空港经济区的概念，但该规划也是广州最早研究机场及周边地区的规划，侧重于对机场本身的引导，对机场周边地区采取了较为严格的控制思路，划定了机场隔离区和机场控制区。2008 年后，由于广东省大力推进空港经济发展，空港经济区逐渐进入大家的视野。当时，广州空港经济区没有明确的范围，只强调交通枢纽与临空产业的互动发展。2011 年，伴随着广州空港经济区管理委员会的正式挂牌，广州空港经济区才有了明确的空间范围。2013 年，广州空港经济区进行了扩容，扩容不仅代表面积的扩大，其内涵与作用更发生了根本性的改变，已从偏向于交通枢纽、临空导向的特殊政策区，逐渐成为承担整合广州北部地区发展重责的综合型空港都市区，成为全市重要的战略发展平台之一[1]。

广州空港新城东起流溪河、西至 106 国道 - 镜湖大道、南起北二环高速、北至花都大道，加上白云国际机场综合保税区北区和南区范围，总面积为 116.069km²。充分依托白云国际机场、广州北站、大田铁路集装箱中心站"三港"，将广州空港新城打造成全球综合航空枢纽、亚洲物流集散中心之一、中国重要的临空经济中心、航空经济示范区以及粤港澳大湾区重要的发展引擎和增长极。

目前，广州空港新城共有企业约 1.7 万家，包括南方航空、省机场集团、GAMECO、新科宇航、联邦快递等。2019 年，白云国际机场旅客吞吐量突破 7300 万人次的枢纽能级，机场口岸跨境电商业务连续 6 年位居全国空港首位。根据《中国空港经济区（空港城市）发展指数报告 2018》，广州空港新城排名全国第三。2019 年，广州空港经济区获批国家级临空经济示范区。《中国临空经济发展指数报告（2019）》则表明，广州空港经济区高质量发展协调性指数位居全国临空经济示范区首位。

2. 产业选择

根据闫永涛等学者的研究，广州空港经济区产业选择的基本原则包括：①选择临空型产业，促进临空产业链的构建与完善；②注重服务于珠江三角洲，促进区域产业分工协作；③关注广州市的成长型产业及产业发展方向；④考虑周边地区的产业分布

---

① 廖远涛 . 2013. 广州空港经济区的嬗变与规划回顾：从交通枢纽区到空港都市区 // 中国城市规划学会 . 城市时代，协同规划——2013 中国城市规划年会论文集（14. 园区规划）. 147-156.

及产业发展政策。此外，考虑到空港经济的空间梯度性和政府管理引导的主次性，将空港经济区划分为核心区和拓展区两个层次，进行差别化的产业选择及引导。核心区以空港紧邻区的边界为参考划定，面积为 178.9km²（约 8min 车程范围），其将作为政府发展空港经济的重要抓手，选择重点产业，加强刚性控制，严格把握产业准入条件。扣除核心区用地，拓展区面积为 539.53km²。拓展区采用政府积极引导、市场多主体参与的发展模式，提出产业选择指引，产业准入条件可保持适度弹性，对于优先发展的产业在政策上给予优惠支持。

产业选择强调产业的临空指向性、高端性及带动作用，重点发展四类产业：①围绕机场产业链和航空公司产业链的航空类产业，包括航空运输服务业和航空制造业；②以航空物流为核心的现代物流业；③以总部经济、商务服务为主的现代服务业；④以总装、生物医药和汽车零部件为主的临空高新技术产业（表 9.1）。

表 9.1 广州空港经济核心区产业选择

产业类型	具体产业选择	选择依据
航空类产业	航空航天材料、器材制造；航空培训、航空技术服务、航空公司运营服务	国家重点支持发展的产业：市场需求巨大（国民生产总值每增长 5%，航空运输业增长 9.8%）；产业带动作用显著（投入产出比可达 1∶20）；满足机场运营模式转变、业务外包需求，并适应机场内部土地稀缺的限制
现代物流业	航空综合物流	航空物流是临空型产业发展的纽带与核心，是带动先进制造业发展的突破口；联邦快递亚太转运中心将极大地增强航空物流功能
现代服务业	总部经济、商务服务、信息服务、技术服务	航空公司、跨国公司总部或分支机构和国外机构进驻的巨大需求；临空高新技术产业发展对生产性服务业的客观需求；现代服务业和制造业的融合是临空产业链完善和升级的必然要求
临空高新技术产业	高新技术总装产业、汽车零部件制造业、生物医药产业、新材料产业	高新技术产业的强临空指向性（70%～80% 的高新技术产品需经航空运输到达市场或下一轮工序，高科技行业员工比一般行业员工坐飞机出差的机会至少多 60%）；广州和珠江三角洲雄厚的高新技术产业优势；广州建设国家生物医药产业基地的契机；广州作为国家三大汽车产业基地的优势和汽车零部件的广阔市场

3. 空间结构

根据《广州空港经济发展规划纲要（2010—2020）》，广州空港经济区规划形成"空港新城—空港都会区—空港辐射区"的空港经济空间体系。其中，空港新城具有航空物流、航空制造、空港商务服务、研发创意四大功能；空港都会区规划形成休闲创意产业区、知识经济产业区、商贸会展产业区和高端制造产业区四个功能区；与此同时，空港辐射区也规划形成高端物流服务、知识创新、制造业升级和高端生产服务四大门户（图 9.6）。

（二）成都天府空港新城

1. 发展概况

2014 年，四川天府新区设立，简阳市丹景乡、新民乡位于四川天府新区规划范围内。

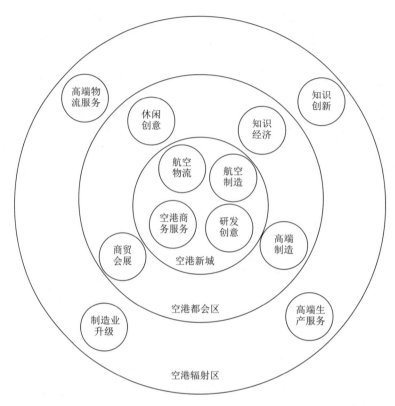

图 9.6　广州空港经济区空间结构示意图

2015 年，新增规划协调管控区，涉及邻近四川天府新区的 24 个乡镇。2016 年，经国务院及四川省人民政府批准，简阳市由成都市代管。2017 年，为加快成都天府空港新城建设，推动成都高新区和简阳市协同发展，简阳市 12 个乡（镇）委托成都高新区管理。2019 年，《成都市人民政府关于同意简阳市调整部分乡镇（街道）行政区划的批复》发布，将相关乡镇设立为街道。同年年底，完成成都天府空港新城 9 个镇（街道）的挂牌仪式。2020 年，成都高新区承担的空港新城建设任务暂告一段落，成都市委对高新区托管三年来的成绩予以充分肯定。成都天府空港新城纳入成都东部新区的管理规划范围内。

　　成都天府空港新城位于成都市东南部、简阳市西部，距离成都市中心约 50km，总规划面积约 483km^2。成都天府空港新城以天府国际机场为枢纽，以综合运输体系为动脉，以产城融合单元为节点，以临空基础产业和高新技术产业为支撑，以体制机制和政策创新为保障，瞄准临空基础性产业和临空战略性新兴产业，以全球新枢纽经济领航者为目标，以建成国际航空枢纽典范城、全球公民双创汇聚区和国家振兴产业发展集群地为愿景，着力打造一座创新之城、科技之城、低碳宜居之城。

2. 功能定位

　　成都天府空港新城的定位为：引领航空枢纽经济的新极核、支撑国家内陆开放的新枢纽、汇聚全球创新人才的新家园。将大力发展临空型枢纽经济、都市型服务经济和创新型新经济。临空型枢纽经济：国际贸易、枢纽物流、会展服务、航空维修制造。都市型服务经济：总部经济、体验型消费等。创新型新经济：大数据、智慧城市、云计算、物联网等产业。

3. 空间结构

成都天府空港新城规划形成"双轴一带、一港一核、六川六片"的区域空间布局（图 9.7）。①双轴一带：在南北向、东西向，将确立龙泉山东侧新城发展轴与天府新区拓展轴，围绕龙泉山、三岔湖构建生态景观带；②一港一核：依托成都天府国际航空港，在其西侧的绛溪河两岸，规划建设国际消费中心、商业商务中心、奥体中心和政务服务中心，构建新城极核；③六川六片：充分利用现状自然山水环境，以绛溪河、海螺河、毛家河等 6 条主要河流廊道自然划分形成金坛、绛溪北、绛溪南、三岔湖、机场北、机场南 6 个城市发展片区。

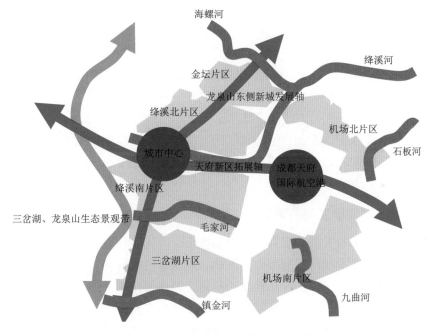

图 9.7　成都天府空港新城空间结构图

第三节　高铁新城

高铁新城依托高速铁路及其枢纽，在其周边逐步发展起相关产业，并逐渐完善周围配套如住房、购物、医疗、商业服务等，从而形成具有一定规模的城市级新区。高铁新城的占地面积和所需投资往往较大，对周边地区环境的影响也很突出，同时建设周期也比较长，常常建设在与城市中心具有一定距离的郊区。

一、背景与历程

（一）产生背景

1."高铁时代"的来临

高速铁路是指更改现有线路使运行速度达到每小时 200km 以上，或者专门修建新线使铁路运行速度达到 250km/h 以上的铁路系统。最早的高速铁路干线是日本在 1964 年开通的新干线铁路（东京—大阪）。日本之后，法国、意大利和德国等欧洲国家都开启了高速铁路建设。20 世纪 90 年代后期以来，美国、亚洲诸国展开了高速铁路的一轮又一轮建设浪潮。

中国的第一条高铁是 1999 年修建的秦沈客运专线。2003 年，该客运专线正式运营，标志着中国也开始走向了高铁经济时代。2004 年国务院通过了《中长期铁路网规划》，规划至 2020 年全国铁路运营里程达 10 万 km，客运专线达 1.2 万 km。2008 年，《中长期铁路网规划》根据需求进行了相应调整，规划至 2020 年客运专线要达到 1.6 万 km。截至 2019 年年底，中国高速铁路运营里程已达到 3.5 万 km，居世界首位。中国高铁线路包括称为中国高铁"试验田"的广深铁路，中国第一条完全自主知识产权的京津城际铁路，世界上一次建成里程最长、工程类型最复杂的武广高铁，世界首条修建在湿陷性黄土地区的郑西高铁等。

2.高铁建设对地区发展的带动

高铁对沿线城市的发展具有重要的带动作用。首先，高铁站的建设为高铁站及其周边地区的发展提供了硬件基础条件。例如，高铁站附近往往需要先修通公路，串联城市中心城区与高铁站，以发挥高铁站的高速交通连接作用，如汕尾高铁站与站前路的修建。硬件基础设施的完善为新城建设提供了基本有利条件。其次，高铁强大的通勤能力和快捷的速度，可以将各个区域紧密相连，通过区域城市间的分工合作，吸纳人口、物资、信息、资金等经济因素，为新城的发展提供有利的软性人文条件。此外，通过高铁而相互联系的城市能够发挥自身优势，与沿线其他城市互补，合理整合资源并进行分工，促进区域一体化发展。

（二）发展历程

高速铁路运量大、速度快的运输特点，使得高铁的建设大力促进了沿线地区的经济发展，加速了城市间、城市与区域间的人流、物流等各空间要素的流动，促成了城市空间由集中走向分散，都市圈、城市带也由此形成。根据增长极理论，高铁新城的发展历程如下：首先，高铁站自身作为交通枢纽节点，通过要素吸引与集聚发展起来。其次，开始向周边地区辐射，带动周边地区与高铁站点的共同发展，高铁新城逐步建立起来。随着中国高铁建设的全面启动，各地相关土建工程也纷纷开展，高铁沿线大中城市借机进行功能与产业的重新定位、城市发展重心的重新调整，着力打造高铁新城。

（三）新时期发展新变化

新时期，高铁新城建设为国家新型城镇化政策的实现提供支撑。2012年，"新型城镇化"的建设理念在党的十八大报告中被首次正式提出。2014年，《国家新型城镇化规划（2014—2020年）》发布，而后《2019年新型城镇化建设重点任务》发布。中国新型城镇化战略要求"以大城市为依托，以中小城市为重点，逐步形成辐射作用大的城市群，促进大中小城市和小城镇协调发展"，这意味着城市之间、城市群之间的资源流动将逐步增加，建设更加便捷的交通运输方式成为支撑新型城镇化建设的重中之重，而高铁是联系城市发展的快捷交通方式之一。从这方面来说，中国的高铁新城在担负着国家新型城镇化建设重任的同时，也是伴随着新型城镇化进程而产生的。

二、基本特征

（一）建设依托：高铁站点推动新城经济发展

交通枢纽型新城发展的产业内容都会有明显的指向性，即会凭借邻近重大交通站点的优势选择先导产业，以交通站点对人流、货流、资金流、信息流等的集散作用驱动相关产业的发展。高铁站点也是如此，能够通过人流、物流、资金流、信息流的集聚，促进高铁物流、高铁商务、高端商贸、休闲旅游、房地产等行业的发展，成为城市经济增长的又一重大引擎。

（二）规模面积：腹地区域相对广阔

高铁新城一般建设在郊区或城乡接合部，建设伊始一般有较大的绿地空间范围，区域面积相对广阔，其与中心城区保持一定的空间距离，避免人流大量集聚于中心城区，造成交通阻塞等问题，同时广大的腹地也为新城未来的进一步开发预留用地。

（三）重要特性：规划独立性与政策红利性

高铁站点的交通枢纽功能使得高铁新城的空间结构、交通组织、基础设施、管理运营等多方面都需要进行超前、独立的规划编制。同时，为在短时间内使高铁新城建设成型成势，地方政府往往会给予它其他区段所不具备的优惠政策，如土地政策、财政政策、融资政策等。为吸引相关产业集聚，也会对特定的产业入驻给予一定的优惠政策。

至此，可将临港新城、空港新城和高铁新城三类主要的交通枢纽型新城的特征进行对比。这三类新城虽有不少相似点，但又具有自身独特的特点（表 9.2）。

表 9.2 交通枢纽型新城特征对比

	共同点	不同点		
		临港新城	空港新城	高铁新城
目的	促进大城市人口疏解	以发展临港产业为主，为临港产业服务	以发展高端航空产业链为主，打造高端商务服务航空城	整体上有利于解决大城市的城市化人口和就业压力
区位	位于大城市郊区	在河港或海港码头周边或沿河岸海岸线布局，通常与中心城区有一定距离	独立于中心城区之外，远离中心城区的服务辐射范围，为边缘城市	独立于中心城区，与中心城区有绿地分割，有便利的交通联系
功能	具有居住、就业服务等城市功能	居住人口与就业人口有一定的相关性	居住人口与就业人口不直接相关	人口和就业岗位相对平衡，职住分离现象普遍
产业	具备一定的就业场所，是城市的经济增长点之一	主要发展临港经济和重工业，专业化程度高，经济发展由主导产业支撑发展	产业结构较单一，专业化程度高，经济发展由主导产业支撑发展	有主导产业，经济发展趋向综合
社会构成	相对稳定的社会实体	不独立于城市之外，是城市的一部分，但规模较小，社会构成依托于城市	独立于城市之外，虽不是城市的一部分，但规模较小，社会构成依托于城市	相当于中小城市规模，有相对独立的社会实体，具有综合性
环境	整体环境状况相对于老城区较好	重工业以及水路运输的发展对河港和海港的水质污染较大，生态环境容易受到影响	航空产业对环境要求较高，生态环境良好，不容易受到影响	经济社会相对独立综合，不易受到城市中心的影响，有大量的绿地，高科技支撑新城发展低碳经济，倡导低碳生活，生活环境良好可维持
交通	交通区位优越，道路系统较完善	道路系统自成体系，通过海海、海河、海工、海铁、海空联运等多种运输方式与城市联系	道路系统自成体系，通过快速干道以及多种公共交通方式与城市联系	道路系统自成体系，通过快速干道或者轨道交通与城市中心区相联系
设施	具备较完善的公共服务设施和市政公用设施	在新城范围内独立安排，与城市中心区保持密切的联系	在新城范围内独立安排，与城市中心区无关	在新城范围内独立安排，与城市中心保持良好的联系

三、主要类型

（一）按与中心城区的关系划分

1. "半独立式"空间发展模式

采用"半独立式"空间发展模式的高铁新城往往位于与中心城区距离不太远、区位条件仍然较好的城市边缘地区。该类新城发展的有利点在于能够依托中心城区资源，降低了新城开发的成本，但其发展受中心城区影响较大，功能选择性和可塑性相对较低，如哈尔滨西客站等。

2.“独立式”空间发展模式

采用“独立式”空间发展模式的高铁新城与中心城区的距离也往往不远，但自身具备强有力的产业支撑、政策扶持等独特优势，城市功能与行政管理权限也相对独立，因此能够与中心城区并肩发展，如无锡的锡东新城等。

3.“卫星城式”空间发展模式

采用“卫星城式”空间发展模式的高铁新城与中心城区的距离较远，依托便捷的交通系统与中心城区相连接。其发展优势在于腹地面积更为广阔，具有更大的发展空间，且能够通过吸引人口、就业等，减缓中心城区“城市病”并防止其无序扩张。其缺点在于前期投入较大，开发时序较长，同时在职能上仍从属于中心城区，发展独立性有限，如广州高铁新城等。

（二）按空间模式划分

1.点轴式

点轴式开发模式以高铁站为核心点，垂直于高铁线路的轴线为发展轴。受城市中心区影响，面向城市中心区且以高铁站为圆心的 500～1500m 空间范围内会逐渐形成高铁新城中心，高铁相关商务与商业等产业也逐步发展，1500～2000m 空间范围内则形成居住组团。背向中心区的一侧区位较差，往往会形成对专业性要求较高的产业园区（图 9.8）。

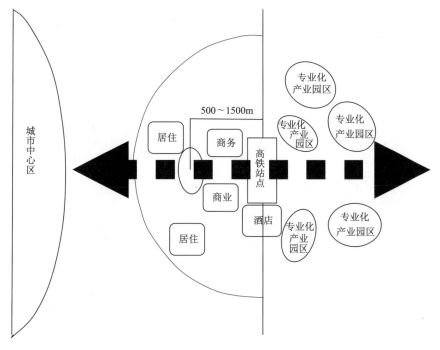

图 9.8 点轴式开发结构示意图

2. 圈层式

第一圈层是核心区域，距高铁站 5 ~ 10min 距离，主要功能定位是商务办公，开发强度和容积率都最高。第二圈层是受核心区影响明显的区域，距高铁站 10 ~ 15min 距离，以商务办公为主要功能并配套相关基础设施，开发强度较高。第三圈层是受高铁站点影响最小的区域（图 9.9）。

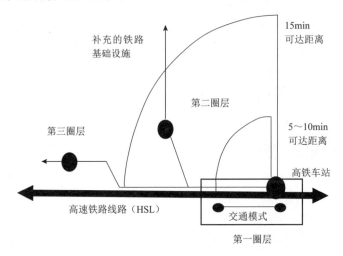

图 9.9　圈层式开发结构示意图

3. 圈层组团式

当高铁站选址在城市中心区、城市新区、产业园区、大学城和其他城市之间时，高铁新城所受到的辐射则具多向性，继而形成圈层组团式的发展结构。以高铁线路和垂直于高铁线路的轴为纵横轴，两轴交点为高铁新城核心区域，外围受各个城市功能区辐射影响，会形成商务组团、物流组团、居住组团、产业组团等（图 9.10）。

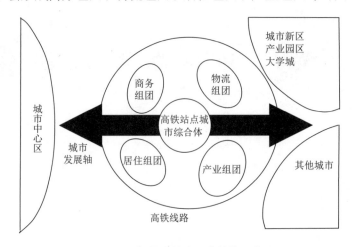

图 9.10　圈层组团式开发结构示意图

四、案例分析

（一）苏州高铁新城

1. 发展概况

2011 年 9 月 15 日，苏州市第十一次党代会明确提出了"一核四城"的发展战略，苏州高铁新城成为发展战略中的重要功能组团之一。2012 年，苏州高铁新城管理委员会挂牌成立，标志着苏州高铁新城的正式建立。

苏州高铁新城的规划面积为 28.9km²，东西南北分别以聚金路、元和塘、太阳路、渭泾塘为界，位于长江三角洲的中心地区、苏州北部的相城区，东部与昆山接壤，西面与无锡相邻，北部与常熟相连，分别距离上海市、无锡市约 100km 和 50km，与苏州老城区的距离则约 10km。苏州高铁新城一方面是未来苏州从东西向转向南北向发展的空间格局中北拓战略核心的发展地区；另一方面与上海建立合作关系，在区域东西向上共同促进长江三角洲地区的发展。

自 2012 年建立至 2017 年的五年间，苏州高铁新城的一般预算收入年均递增逾 62%，经济增长迅猛。目前，已建设有相城科技金融产业园，截至 2020 年，产业园共入驻各类产业基金 146 支；入驻科技金融企业 268 家，总规模达到 1258 亿元，引进了海内外上千名高端金融人才，拉动新城金融业的繁荣发展。紫光云引擎科技（苏州）有限公司、新松机器人产业发展（苏州）有限公司、京东智谷等科技公司已入驻新城，成为苏州高铁新城互联网与高科技发展的重要引擎。

2. 功能定位

根据苏州高铁新城概念性规划，苏州高铁新城建设以"国际化、现代化、信息化"为总体要求，以"高铁枢纽、创智枢纽"为产业引擎，以"苏州新门户、城市新家园、产业新高地、生态新空间"为发展定位，以"区域服务总部基地、高端非银创新金融服务中心、枢纽型商业旅游服务中心、数据科技研发培训基地、商务外包服务基地、创智文化交流中心"为功能驱动，全力打造"苏州风格现代都市城区、枢纽型高端服务业态区、低碳生态可持续示范区"，加快在发展现代服务业的基础上实现与苏州中心城区的多元功能融合，成为现代国际商务中心，进而与沿线城市产业深度融合，打造苏州乃至长江三角洲"产城融合示范区"，全面提高高铁新城的聚焦效应和辐射带动能力。《苏州市高铁新城片区总体规划（2012—2030）》则将其定位为：以高铁为引领，集商贸、科研、居住、办公、文化、旅游等功能于一体的国际化、信息化、现代化的国际商务中心。

3. 空间结构

根据苏州市高铁新城最新规划《苏州市高铁新城片区总体规划（2012—2030）》，新城将以"双核井字组团式"发展模式发展（图 9.11）。①双核。商务枢纽核心区和创新科研核心区，其中商务枢纽核心区包括枢纽型商业旅游服务中心、国际商务会议交流中心、非银创新金融服务中心三大组团，创新科研核心区以创新技术培训资源中心组团为核心，为商务和创新科技两大产业提供空间平台。②井字。依托主要河流以及高铁防护绿带构建"井"形生态绿带，保障新城的生态安全环境。③组团。依托主要道路、河道等将片区分成多个功能组团（区域服务总部基地、生态休闲区、多个生态社区），促进新城商贸、科研、居住、办公、文化、旅游等多功能的协调发展。

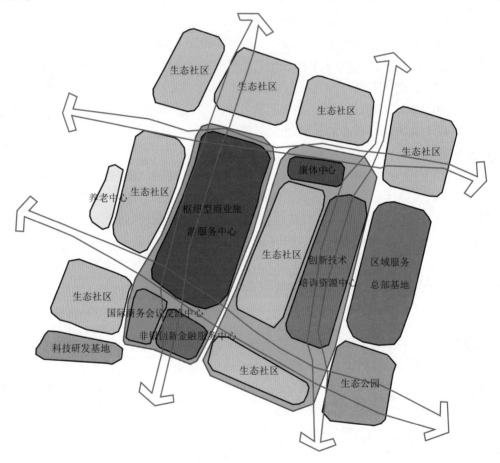

图 9.11　苏州高铁新城功能结构图

（二）西安高铁新城

1. 发展概况

2011 年 1 月，亚洲规模最大的高铁枢纽站——西安北站正式通车，标志着西安进入"高铁时代"。2013 年，西安成立北客站管理委员会，同年制定了《西安铁路北客站地区综合开发实施方案》和《西安铁路北客站地区市政及配套设施建设方案》，由未央区负责管理与建设。2018 年 9 月，西安市政府常务会议审定通过了《高铁新城移交西安经济技术开发区管理体制方案》，标志着经济技术开发区正式接管高铁新城片区。经济技术开发区作为西安城北区域的发展核心，在 2019 年全国经济技术开发区整体排名中，企业数量增速排名第一，工业总产值位居全国第三。经济技术开发区将按照"依托全国一流交通枢纽，发挥高铁效应，高起点规划，高标准建设，高水平管理高铁新城，塑造西安的地标门户形象，打造现代商务区"的标准，精心谋划区域开发，不断提升建管水平，推进高铁新城实现跨越式发展。

西安高铁新城是围绕西安北站打造的城市新区，是西安打造国际性综合交通枢纽和国际化中心城区的桥头堡。其规划面积 19.5km²，北至渭河、东至临浐灞生态区、南至经济技术开发区、西至西咸新区，分别距离咸阳主城区和渭北产业聚集区约 18km 和 32km，核心区域面积为 3.2km²。

自 2018 年 9 月西安高铁新城正式被经济技术开发区接管以来，先后已有总投资 14.7 亿元的中烟西安环保科技产业园、总投资 150 亿元的绿地之心项目、计划投资 100 亿元的恒大丝路总部大厦等大批高端产业项目落地或将要落地，经开 2.0 价值新高地逐步建成。

2. 功能定位

西安高铁新城以北客站为核心，将打造成集综合交通、特色商贸、娱乐休闲、生态宜居于一体的现代化高铁新城。

3. 空间结构

西安高铁新城将依托北客站及渭河两大资源，打造高铁经济片区和滨河经济片区双引擎，构建双核、两区、两轴、六板块的结构（图 9.12）。①双核：高铁核心、滨河核心。②两区：高铁经济片区、滨河经济片区。其中，高铁经济片区板块将围绕高铁站，打造高铁物流、高铁商务、配套服务、产业研发等相关产业，促进"以站建城"；将为高铁经济片区配套住宅，实现区域职住平衡，产城融合，促进"以住构城"。滨河经济片区将依托滨河高品质的生态环境和区域特色，重点搭建金融平台，并结合文化资源强化文化产业发展。通过金融银行、休闲娱乐、配套旅游和特色古镇等带动滨河区域发展，实现"以业兴城"；通过对古镇文化、军工企业文化、码头文化的活化利用，提升区域的影响力和吸引力，实现"以文营城"。③两轴：城市发展轴、渭河生态轴。④六板块：高铁经济发展板块、北客站安置板块、公共设施配套板块、滨水休闲娱乐板块、滨河发展核心板块、草滩文创特色小镇板块。

西安高铁新城还将依托渭河生态林带，将水环境以点、线、面的布局手法引入高铁新城区域，建设高品质生态步行走廊；沿线配以高品质咖啡店、书店、运动休闲品牌体验店等，将高铁新城打造成形象活力街区，提升宜居环境；尽快完善核心区域的绿化提升、夜景亮化、城市环境美化净化等工作，提高区域环境品质，同时，通过优先布局公益性设施，以保障区域市政配套设施配给，打造生态宜居之城。

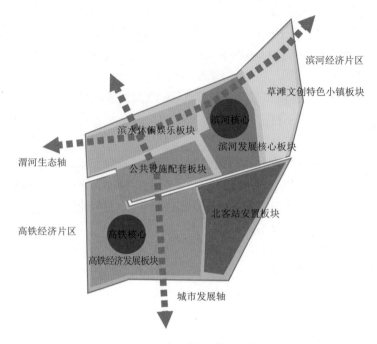

图 9.12　西安高铁新城功能结构图

第十章 其他新城

本书中其他新城主要包括旅游型新城、海洋经济发展示范区、国家文化与金融合作示范区和海峡两岸渔业合作示范区。本章主要介绍旅游型新城和海洋经济发展示范区。旅游型新城，又称休闲新城，是指具有一定边界和规模，以旅游产业为主导，具有旅游产业链、文化产业链、商业产业链、地产产业链等多条完整产业链的复合型新城。旅游型新城的建设是旅游业集聚发展的有效载体，是创新型的旅游产业形态，是独特的旅游型城市化发展模式。旅游业具有极强的产业相关性，一方面依托其他产业而发展，另一方面对其他产业的发展具有带动性。每一项旅游资源的开发和利用都会带动商业、房地产业、娱乐业、餐饮业等其他相关产业的发展，从而迅速、大规模地改变土地的使用性质，促进城市化进程。海洋经济发展示范区是指依托创新型产业集聚和产业结构调整等方式，推动海洋经济向高质量发展的先行示范区。加强海洋经济发展示范区的建设对于带动相关、派生产业的发展和提升沿海城市的经济竞争力具有重要意义。

第一节　旅游型新城

一、背景与经历

（一）产生背景

1. 全球范围内掀起旅游城市化热潮

在后现代社会，空闲时间占比日益增大，休闲等消费需求成为城市发展的主要动力，以规模化、标准化为特点的城市发展模式日趋弱化。消费经济的兴起使得城市本身及其文化属性成为能够生产与交换的商品，城市可以通过营销自我的方式来吸引人群前来消费。在消费经济发展的过程中，旅游业逐步发展成为城市的重要产业之一。

"旅游城市化"这一概念最早由 Mullins 于 1991 年提出，他认为旅游是能够促进社会经济转型、变迁及文化重构的动力，对区域的人口城市化、经济城市化、社会城市化和空间城市化等都具有显著推动作用（图10.1）。例如，美国的拉斯维加斯，澳大利亚的黄金海岸，法国的尼斯，墨西哥的坎昆等，中国的丽江、张家界、桂林、曲阜、武夷山、三亚等都具有显著的旅游城市化特征。

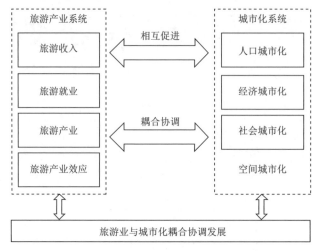

图 10.1　旅游产业与城市化的耦合关联

2. 旅游业在中国空前发展

改革开放以来，经过40余年的发展，旅游逐渐成为对中国经济社会文化具有影响的活动，旅游业则是中国国民经济的新增长点，旅游城市化也逐渐成为中国多元城市化道路的突出模式之一。2009年，《国务院关于加快发展旅游业的意见》发布，旅游业被确定为国家支柱性产业，吹响了中国旅游业发展的号角，各地方政府对发展旅游业的热情持续增长，纷纷投入人力物力财力发展地区旅游业。建设"旅游开发区""旅游度假区""旅游商务区"等旅游型新城成为地方政府利用旅游推进城市发展的重要手段。充分利用旅游资源的旅游型新城，不仅推动了旅游业的迅速发展，还带动了相关产业和配套基础设施的发展，进而增强了城市功能。

（二）发展历程

1. 雏形期：1949～1990年

中华人民共和国成立初期到20世纪80年代中期，中国北方的度假区多为政府建设。从功能来看，当时的旅游度假区以疗养和保健为主；从建筑及配套来看，大多为单幢建筑，设备也十分简陋；从性质来看，基本属于福利性质；从开发规模来看，规模都比较小；从类型来看，以依托滨海和山地等自然景观的度假区为主。改革开放后，珠江三角洲地区开始兴起了首批经济效益优先的旅游度假区。但一直到20世纪90年代，中国的旅游度假区开发依旧处在雏形发展期，总体规模较小。

2. 快速增长期：1991～2000年

为改变中国度假旅游产品相对落后的局面，1992年国务院批准建设了12个国家级旅游度假区，同时鼓励外国和港澳台地区的企业及个人在大陆投资、开发旅游设施并经营旅游项目等，对其给予了相应的优惠政策。当年，国务院批复同意了包括江苏太湖等在内的 11 个国家级旅游度假区的建设。次年，将"江苏太湖国家旅游度假区苏州胥口度假中心"更名为"苏州太湖国家旅游度假区"，将"江苏太湖国家旅游度假区无锡马山度假中心"更名为"无锡太湖国家旅游度假区"。1995 年，"上海佘山国家旅游度假区"正式取代"上海横沙岛国家旅游度假区"，中国 12 个国家级旅游度假区基本成形。至 1997 年，批准在建的国家级和省级旅游度假区（旅游开发区）超过130 个，加上全国建成并投入运营的 1000 多个省级以下的旅游度假区，旅游度假区总面积超过了 2000km^2。另外，以高尔夫球场、足球及其他球类训练营地等专业性体育运动为主题的度假区成为旅游度假产品发展的又一生力军。

3. 稳步发展期：2001 年至今

随着旅游业的持续发展，旅游度假区的类型扩展迅速，由原来以山地、滨海为主的度假区发展到温泉、森林、草原、滑雪等多种旅游方式并存的局面。新时期，国家不仅从数量上推动旅游度假区的发展，更强调质量的提升。2015 年 10 月 9 日，国家旅游局宣布江苏省阳澄湖半岛旅游度假区等 17 个度假区成为首批国家级旅游度假区（表 10.1）。2019 年 12 月，文化和旅游部制定《国家级旅游度假区管理办法》，规范国家级旅游度假区的认定和管理，以促进旅游度假区高质量发展。

表 10.1　首批国家级旅游度假区名单

序号	省份	名称	占地面积 /km^2
1	吉林省	长白山旅游度假区	18.34
2	江苏省	汤山温泉旅游度假区	29.74
3		天目湖旅游度假区	10.67
4		阳澄湖半岛旅游度假区	24.39
5	浙江省	东钱湖旅游度假区	230.00
6		太湖旅游度假区	11.20
7		湘湖旅游度假区	35.00
8	山东省	凤凰岛旅游度假区	28.00
9		海阳旅游度假区	31.64
10	河南省	尧山温泉旅游度假区	268.00
11	湖北省	武当太极湖旅游度假区	57.00
12	湖南省	灰汤温泉旅游度假区	44.10
13	广东省	东部华侨城旅游度假区	9.00
14	重庆市	仙女山旅游度假区	138.67
15	云南省	阳宗海旅游度假区	31.00
16		西双版纳旅游度假区	61.10
17	四川省	邛海旅游度假区	153.33

（三）新时期发展新变化

新时期，全域旅游观念为旅游型新城建设注入新活力。原国家旅游局《关于开展"国家全域旅游示范区"创建工作的通知》将全域旅游解释为：在一定的行政区域内，以旅游业为优势主导产业，实现区域资源有机整合、产业深度融合发展和全社会共同参与，通过旅游业带动乃至于统领经济社会全面发展的一种新的区域旅游发展理念和模式。旅游地理专家彭华将全域旅游理念划分为"旅游无限化理念""旅游大环境理念""大旅游形象理念"等，主要思想不仅包括：资源无限，即旅游资源不仅局限于自然景观和人文景观，如珠江三角洲地区的这两种资源能力不强但旅游产业却异常发达，源于其商务文化氛围等；项目无限，即任何项目都可以获得旅游功能，甚至一个社区活动；市场无限，即所有外来旅游者，不管是什么动机（休闲游憩或商务出差等），来者都是客。旅游环境不仅包括旅游景区环境和旅游服务环境，同时也包括社会、经济、文化、生态、设施等大环境建设等。

全域旅游理念扩大了旅游的内涵，一方面为旅游型新城的建设创造了条件，任何城市，即使不具有丰富的自然资源和人文资源，只要具有自身独特的发展条件，就有可能建设成为旅游型新城；另一方面也为旅游型新城建设的进一步完善提出了更高要求，旅游型新城建设应关注区域社会、经济、科技、文化、环境等多方面的发展。

二、基本特征

（一）建设依托：依赖于一定的旅游资源禀赋

在旅游产业发展的初期阶段，旅游型新城建设呈现出较强的自然资源和人文资源依赖性，旅游资源的分布直接制约着旅游产业的布局。随着"全域旅游""大旅游"观念的提出并逐步被大众所接受，旅游型新城所依赖的旅游资源禀赋不仅局限于自然资源和人文资源，而且包括城市风貌、居民文化素养、区域经济、科技发展等多方面，旅游型新城建设依赖于自然资源和人文资源的资源禀赋特点将不断减弱。

（二）产业基础：以文旅产业为主导

以文旅产业为主导，结合当地的其他产业，共同推动区域经济的发展。区别于制造业引导的城镇化，文旅产业引导的新型城镇化是一种依托服务产业、文化产业和创意产业来带动城镇化发展的城镇化。精品文化产业、文化旅游项目可以以小项目撬动大开发，极大地带动城市品牌和城市竞争力的整体提升。从性质和规模上区分，可将以文旅产业为导向的新城新区开发模式划分为旅游城市模式、旅游城镇模式、旅游综合体模式、旅游乡村休闲度假模式四种模式。

文旅产业导向下的新区开发有一些自然的核心优势：第一是低冲击的开发模式保护了生态环境；第二是拉动就业，带动三产的发展；第三是弘扬了当地的地域文化，盘活了当地文化旅游资源；第四是旅游行业能够通过旅游经营和旅游项目开发获得相应的经济回报，从而促进地方居民与相关从业人员的收入增长，这对于地方政府来说则是财税增收和扩大内需的重要支点。

（三）开发模式：政府主导开发建设

旅游型新城建设从构想之初到规划实施都有"政府主导"的影子，在旅游型新城建设中，如何最大限度地发挥"政府主导"的作用、引导旅游供给、激发旅游需求是旅游型新城实现跨越式发展的关键所在。政府主导作用主要体现在如下方面：①发展基础设施，增强城市竞争力；②旅游业的规模化和深度化发展；③形象宣传，提升城市品牌。

（四）空间结构：以旅游景区为中心、旅游配套为外围的"核心－边缘"结构

旅游型新城建设呈现明显的"核心－边缘"特征，即以旅游景区为中心，外围地区分布旅行社、旅游交通、旅游商业等相关产业及相应地理空间。核心与边缘之间通过旅游交通线路等相互联系，呈现突出的"点网状"分布形态（图 10.2）。

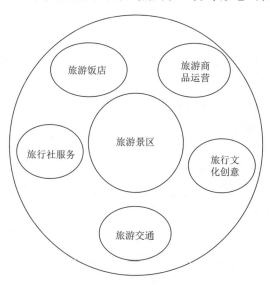

图 10.2　旅游型新城"核心－边缘"结构

三、主要类型

（一）旅游功能植入型

该类新城多是在后期植入了旅游功能。旅游为城市注入新的功能和活力，使旧城开发新功能、新产业，但本质不是传统意义上的新城。在旅游功能植入时可分为两种

情况：其一，各类型专业新城发展到一定程度后，引入旅游休闲产业，或进一步发展原有的旅游产业，如上海临港新城、苏州工业园。旅游型新城较多地作为一种规划的定位和城市建设的口号。其二，某些城市因需要转型发展或出于保护和恢复生态环境的需求，以转变产业发展的重点，并以旅游作为主导产业。例如，焦作，其原本是煤矿城市，在旧城上植入新功能，"旅游型新城"成为其转型目标。

（二）旅游主题型

该类新城多是"自上而下"发展的，有一个或多个景区，以旅游作为主导产业，并围绕旅游衍生出一系列服务于旅游产业和功能的新城。这些新城多由当地政府牵头，一般称为"旅游经济开发区""旅游度假区""旅游商务区"，如长春净月潭旅游经济开发区、无锡太湖国家旅游度假区、张家界阳和国际旅游商务区等。这也是本书主要研究的旅游型新城类型。

四、案例分析

（一）曲江新区

1. 发展概况

曲江新区位于西安市东南部，是陕西省和西安市共同确立的以文化产业和旅游产业为主导的城市发展新区、西安市"五区一港两基地"的重要组成部分、西安建设国际化大都市的重要承载区与文化和旅游部授予的首个国家级文化产业示范区。核心区面积约 51.5km^2，同时辐射带动大明宫遗址保护区、西安城墙景区、临潼国家旅游休闲度假区和楼观台道文化展示区等，形成文化产业全新发展格局。

目前，曲江新区不仅是西部最重要的文化区和旅游区，还是陕西文化产业和旅游产业发展的标志性区域，建成了大雁塔北广场、曲江池遗址公园、大唐芙蓉园、大唐不夜城等一批重大文化项目，组建了西安曲江文化产业投资（集团）有限公司、西安曲江大唐不夜城文化商业（集团）有限公司等企业集团，文化旅游、影视动漫、会展创意、出版传媒等文化产业迅猛发展。2018 年，曲江新区的地区生产总值在西安的开发区中位列第三，仅次于高新区和经济技术开发区。

2. 功能定位

曲江新区的定位是国家级文化产业示范区、西部文化资源整合中心、西安旅游生态度假区和绿色文化新城。将曲江新区建设成为引领"一带一路"国际文化交流合作先行区、国家级文化品牌活动核心区、"文化＋"战略试验区、文旅万亿级大产业建设主要承载区、转变城市发展方式和"腾笼换鸟"样板区以及大西安城市品质和人居环境提升引领区，实现国际化、品牌化、全域化、产业化、联动化、品质化。

3. 空间结构

根据《西安曲江国家级文化产业示范区总体规划（2014—2020）》，规划形成"两大产业核心、两大商业核心、两大遗址公园核心、两链一轴多片区"的空间格局（图10.3）。

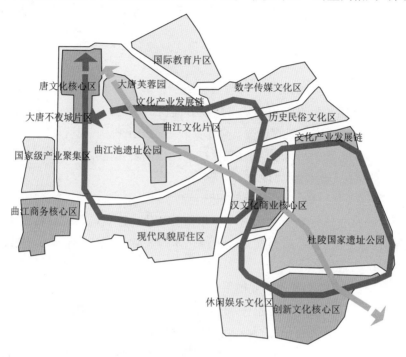

图 10.3 西安曲江新区规划功能结构图

1）两大产业核心

两大产业核心包括曲江商务核心区和创新文化核心区，其为曲江新区的文化商务及创意产业发展提供支撑。

2）两大商业核心

两大商业核心包括唐文化核心区、汉文化商业核心区，在传承新区汉唐繁盛历史文化的同时，也体现了文化商业价值。

3）两大遗址公园核心

西北部核心主要包括大唐芙蓉园、曲江池遗址公园，东南部核心包括杜陵国家遗址公园，应重点保护与合理开发区域范围内的文化遗址。

4）两链

两条文化产业发展链，其中一条连接汉文化商业核心区和唐文化核心区，另一条串联汉文化商业核心区和创意文化产业区，促进文化商业与文化创意产业的结合。

5）一轴

汉唐文化轴串联唐文化核心区、西北部遗址公园核心、汉文化商业核心区和东南部遗址公园核心。

6）多片区

多片区包括国际教育片区、数字传媒文化区、历史民俗文化区、休闲娱乐文化区、现代风貌居住区、国家级产业聚集区、曲江文化片区等，形成曲江新区的"宜居宜业宜游"的发展格局。

4. 发展策略

1）实施以政府为主导的文化产业发展战略

政府在征地补偿、生态工程和基本建设方面投入一定的资金，将政府服务和市场培育进行有机结合。西安新区管理委员会作为政府的派出机构，其管理者大多兼具官员和企业管理者的双重身份。因此，曲江新区的属性也向多元化方向发展，同时具有政府、国有企业和事业单位三种组织属性。

2）突显新区文化特色，整合区域文化资源

曲江新区中富含许多物质文化遗产和非物质文化遗产资源。依靠传统文化的底蕴和文化内涵，将历史遗迹、风俗文化、传统艺术等文化资源进行整合，创造富含传统文化的旅游项目和旅游产品。

3）构建具有包容性的文化产业体系

曲江新区的文化产业除了包括传统文化产业外，还应与现代文化发展相结合，推进文化娱乐产业、国际文化创意产业、国际文化体育休闲产业、出版传媒产业、影视娱乐产业、动漫游戏产业、会展产业、艺术家村落等文化产业的发展，构建具有包容性的文化产业体系。

5. 运营模式[①]

曲江新区运营模式主要包括"旅游＋地产"运营模式和"文化＋城市"运营模式（图10.4）。

图 10.4　西安曲江新区运营模式图

---

① 王凯 . 2019. 西安曲江新区文化旅游创新模式研究 . 西安：陕西师范大学硕士学位论文 .

1）"旅游＋地产"运营模式

曲江新区发展初期缺乏开发土地的资金。这一时期，曲江新区的资金主要来源于文化旅游项目和周边的地产开发。通过对文化旅游项目的建设和改造，并对配套服务设施进行完善，从而吸引众多的文化企业入驻，形成文化旅游产业的初步集聚。

2）"文化＋城市"运营模式

随着曲江新区的建设和不断扩张，文化旅游发展和城市运营逐步成为曲江新区重要的运营模式。在这一时期，曲江新区将历史文化主题和文化内涵进行深度挖掘，并打造了一系列具有盛唐特色的文化景区，并以此为基础进一步完善曲江新区的基础设施建设，逐步确立了城市文化的品牌，提高了区域的经济发展、吸引力和竞争力。

（二）长春净月潭旅游经济开发区

1. 发展概况

长春净月潭旅游经济开发区是 1995 年经吉林省政府批准设立的省级开发区，2006 年 3 月 6 日更名为长春净月经济开发区，2011 年年初，经吉林省人民政府批准转型更名为长春净月高新技术产业开发区，2012 年 8 月 19 日经国务院批准成为国家高新技术产业开发区。区内含净月潭国家森林公园、净月潭国家重点风景名胜区、净月潭国家生态示范区、吉林省净月潭旅游度假区和吉林省净月潭生态旅游示范区。区域面积 190km²，拥有 80km² 的人工森林和 4.3km² 的潭水。开发区以旅游经济产业为主线，依托森林、湖泊和冰雪等自然禀赋和区域特色，建设森林浴场、滑雪场和东北最大的人工沙滩浴场。大力发展以旅游业为主体的第三产业，围绕"吃、住、行、游、购、娱"六大旅游要素，全方位开发四季特色旅游、科普文化旅游、民俗风情旅游等项目。

2. 战略定位

开发区以生态环境的保护和优化为发展宗旨，以旅游业及其相关产业的开发为区域经济发展支柱，以森林、湖水和冰雪活动为旅游特色。其目标是经过若干年的发展，使之成为长春市新的经济增长点、多功能与综合性旅游胜地、山水型新城区。开发区积极实施"走出去"战略，不断开拓日本、韩国及东南亚等国际市场和其他地区的国内市场。到 2020 年，争取将净月潭旅游经济开发区建设成为国内一流，以冰雪旅游和生态旅游为特色，具有国际水准的多功能、高品位的综合性度假旅游区。

3. 空间格局

开发区被由南向北贯穿其中的双阳路分割为东西两部分，其中自然风景资源绝大部分集中在双阳路以东。"东部求名、西部求利、东西联动、优势互补"的战略思想为开发区的规划定性、功能区域划分和空间布局结构的确立提供了依据，也从根本上解决了开发区资源保护与开发利用的矛盾，保证了环境效益、经济效益和社会效益的协调发展，并在森林公园门前规划景区大门、净月塔楼和广场等单体设计。

4. 功能分区

开发区的功能区域划分和空间布局基本构架：自西向东依次为农业观光和绿色食品生产区、净月分团、入口综合区、旅游度假区、风景名胜区和森林公园五大功能区。其土地利用开发强度由北向南、自西到东呈渐弱的势态，即入口综合区和净月分团开发强度最高，旅游度假区次之，风景名胜区和森林公园较弱，风景名胜区内的生态控制区最弱（图 10.5）。

图 10.5　功能区域划分和空间布局构架

5. 管理模式

开发区实行政企分离的管理模式，即以开发区的管理委员会作为市政府的派驻机构。管理委员会仅在项目的投资、审批、政策和服务等方面进行管理，管理委员会下设建设投资集团、旅游发展集团以及建设发展总公司，专门负责开发区的招商引资、农业种植和畜牧养殖以及开发区内的基础设施建设等。

政企分离的管理模式不仅有利于集中一切物力财力用于加强开发区旅游资源的保护和建设，同时可以借助大企业的资金、技术和管理经验来促进开发区的发展。

第二节　海洋经济发展示范区

一、背景与经历

（一）产生背景

1. 陆地资源短缺对经济发展的制约日益加剧

随着社会的不断发展，陆地资源短缺问题逐渐突出，资源短缺问题不仅无法满足人类日益增长的生活需求，同时也限制了地区的经济发展。在"十二五"时期，中国经济面临陆地资源和环境的双重压力。海洋作为集聚要素和产业空间载体，对于缓解这种结构性矛盾具有重要作用。因此，开发海洋资源和发展海洋经济成为必然的选择，建立海洋经济发展示范区也成为促进区域经济发展、提升区域竞争力的重要举措。

2."一带一路"倡议推动沿海区域贸易不断发展

"丝绸之路经济带"和"21世纪海上丝绸之路"对于构筑陆海统筹的发展新格局具有重要意义。在"一带一路"倡议的背景下，通过促进海洋产业结构的转型升级、打造"一带一路"国际物流通道、建设海洋经济合作平台和强化生态保护等方式，来推动沿海区域在"宽领域，高层次"的基础上开展海洋经济的深度合作与交流，这样不仅可以加强区域经济的联动发展、促进海洋经济产业结构的优化升级，还可以提升区域海洋经济的辐射范围。

（二）发展历程

1.萌芽期（1978～1983年）

十一届三中全会后，中国决定实施对外开放的政策，并把突破口选在毗邻港澳台的广东和福建两省，将深圳、珠海、汕头和厦门四个沿海城市作为出口特区。1979年7月，国家对四个沿海城市实行特殊的政策和优惠举措。1980年5月，国家决定将出口特区更名为经济特区，同年8月，国务院正式完成设立经济特区的立法程序。

对于经济特区实行的优惠政策和管理体制主要包括四个方面：①建设资金主要为引进外资，所有制结构为多种形式并存，生产产品以出口为主，产业结构以工业为主导。②经济活动以国家宏观指导下的市场调节为主。③在管理上有更多的自主权，在投资审批等流程中给予优惠。④对于在经济特区投资的外商，在税收、出入境以及土地使用等方面给予优惠政策。

2.发展期（1984～2009年）

1984年国务院批准第一批对外开放的沿海城市，主要包括大连、秦皇岛、天津、烟台、青岛、连云港、南通、上海、宁波、温州、福州、广州、湛江和北海等城市，1985年和1988年又分别开放了营口和威海两个沿海城市。开放沿海城市是国家继设立经济特区后，采取对外开放的又一重大政策。

对于沿海城市的开放不仅有利于大力发展外向型经济，兴办出口企业，从而吸收更多外汇，还可以借鉴国外先进的经济管理体制。

3.成熟期（2010年至今）

21世纪以来，为了适应新时代的发展需求，进一步推进海洋经济的高速发展，国家充分利用沿海城市的资源禀赋和产业特色等优势，建立以海洋产业集群创新发展为载体的海洋经济发展示范区。

2016年3月发布的《中华人民共和国国民经济和社会发展第十三个五年规划纲要》中提出了建设海洋经济发展示范区的构想。同年12月，国家发展和改革委员会与国家海洋局联合发布《关于促进海洋经济发展示范区建设发展的指导意见》，2018年12月1日，国家发展和改革委员会与自然资源部联合下发了《关于建设海洋经济发展示范区的通知》，支持山东、福建、江苏等 14 个海洋经济发展示范区的建设，并对示范区的产业布局和功能区设置等进行长远规划（表 10.2）。

表 10.2 14 个海洋经济发展示范区的主要任务

海洋经济发展示范区	主要任务
山东威海海洋经济发展示范区	发展远洋渔业和海洋牧场，传统海洋渔业转型升级以及与海洋医药、生物制品业融合聚集发展模式创新
山东日照海洋经济发展示范区	推动国际物流与航运服务创新发展，开展海洋生态文明建设示范
江苏连云港海洋经济发展示范区	推进国际海陆物流一体化深度合作创新，开展蓝色海湾综合整治
江苏盐城海洋经济发展示范区	探索滩涂与海洋资源综合利用模式，推进海洋生态保护管理协调机制改革
浙江宁波海洋经济发展示范区	探索海洋资源要素市场化配置机制，推进海洋科技研发与产业化，创新海洋产业绿色发展模式
浙江温州海洋经济发展示范区	探索民营经济参与海洋经济发展改革创新，深化海峡两岸海洋经济合作
福建福州海洋经济发展示范区	探索海产品跨境交易模式，开展涉海金融服务模式创新
福建厦门海洋经济发展示范区	推动海洋新兴产业链延伸和产业发展配套能力提升，创新海洋生态环境治理与保护管理模式
广东深圳海洋经济发展示范区	加大海洋科技创新力度，引领海洋高技术产业和服务业发展
广东湛江海洋经济发展示范区	创新临港钢铁和临港石化循环经济发展模式，探索产学研用一体化体制机制创新
广西北海海洋经济发展示范区	创新海洋特色全域旅游发展模式，开展海洋生态文明建设示范
天津临港海洋经济发展示范区	发展海水淡化与综合利用技术，推动海水淡化产业规模化应用创新示范
上海崇明海洋经济发展示范区	开展海工装备产业发展模式创新，探索海洋经济投融资体制改革
海南陵水海洋经济发展示范区	开展海洋旅游业国际化高端化发展示范，探索"海洋旅游+"产业融合发展模式创新

（三）新时期发展变化

新时期的海洋经济发展示范区更加强调"五位一体"的发展理念，以世界眼光去规划海洋经济发展示范区的总体目标和功能定位，用国际的标准来衡量海洋经济发展示范区的建设与发展，逐步将海洋经济发展示范区打造为海洋科技研发中心、高端机构和人才集聚中心、海洋新兴产业培训中心以及蓝色旅游和养生中心。同时依托各自的区位优势，强化落实分工责任制，推进政企合作模式，加大"双招双引"力度。联合涉海科研院校、重点平台和龙头企业，进一步促进产学研的融合发展（图 10.6）。在开发滨海旅游资源的同时，着力保护海洋生态环境，促进蓝色海洋经济的可持续发展。

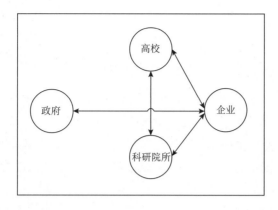

图 10.6 海洋经济发展示范区政企合作、产学研发展模式图

二、基本特征

（一）区位条件：拥有海洋资源禀赋

海洋是区域对外开放的窗口，邻近海洋这一区位要素是设立海洋经济发展示范区的先决条件。示范区内的交通运输、旅游开发、资源开采、生态建设以及产业结构等均与海洋资源密切相关。海洋是促进示范区内各个要素间进行转化、融合与发展的动力（图 10.7）。

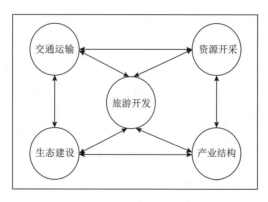

图 10.7 海洋经济发展示范区内部要素结构图

（二）空间布局：多集中于东部区域，沿海岸线分布

因为海洋经济发展示范区是依托海洋资源这一资源禀赋而建立的，所以中国海洋经济发展示范区多集中于东部沿海区域，并沿海岸线分布，从北向南依次分布在天津市、山东省、江苏省、上海市、浙江省、福建省、广东省、广西壮族自治区和

海南省。海洋经济发展示范区主要集中于在环渤海、长江三角洲和珠江三角洲三个城市群。

（三）产业结构特征：以海洋产业为主导

海洋产业是指集开发、利用和保护为一体的生产活动，主要包括海洋渔业、海洋油气业、海洋矿业、海洋盐业、海洋生物医药业、海洋化工业、海洋电力业、海洋船舶工业、海洋交通运输业、滨海旅游业等海洋产业。目前，海洋经济发展示范区的海洋产业发展由资源开发和渔业捕捞的传统模式向生物医药和生态旅游的创新模式逐步过渡。

三、主要类型

（一）蓝色经济发展示范区

蓝色经济是应对当前海洋资源和生态环境问题，为保障海洋和海洋带经济可持续发展而提出的一种新的理念，是加快转变海洋经济的发展方式，同时也是提高海洋经济质量和效益、实现海洋经济发展转型的有效途径。蓝色经济发展示范区是以开发和利用海洋资源、保护海洋生态环境、统筹海陆发展为重点，以海洋科技创新和体制创新为动力，以海洋产业、临海产业和涉海产业为支撑，以港口、产业、城市"三群"互动发展为路径，来推动海洋经济全面协调可持续发展。蓝色经济发展示范区主要包括山东半岛蓝色经济区和福建海峡蓝色经济试验区等。

（二）海洋经济科学发展示范区

高水平建设海洋经济科学发展示范区，不仅可以加快海洋经济的发展，同时有利于推进海洋科学强国的建设。海洋经济科学发展示范区是海洋科技实力雄厚的人才集聚区；加快搭建海洋科技创新和成果转化平台可以促进产学研的进一步融合，可以将示范区打造为中国海洋高新技术产业化基地。海洋经济科学发展示范区主要包括天津海洋经济科学发展示范区等。

四、案例分析

（一）浙江宁波海洋经济发展示范区

1. 发展概况

宁波处于中国长江发展轴和沿海发展轴的"T"形交会处，紧邻亚太国际主航道，是长江三角洲地区与海峡西岸经济区的联合纽带。宁波市海域总面积约 8356 km^2，海岸线总长 1556km^2，共有 611 个海岛，海域面积、海岸线长度和海岛数量分别占浙江省的 20%、24% 和 14%。浙江宁波海洋经济发展示范区位于象山半岛区域，地处宁波、舟山和台州的交会处，拥有象山港和三门湾两个港湾，海陆交通便利，海域面积、海岸线及岛屿岸线长度和岛礁个数分别占全市的 84%、75% 和 91%。

2. 功能定位

宁波海洋经济发展示范区的功能定位是建设成为国家级现代海洋产业示范基地、海洋高端科技研发和转化引领区以及海洋绿色协调发展样板区。到 2020 年，其生态高效、科技创新的现代海洋产业体系基本成型；陆海统筹、联通共享的基础设施网络基本完善；水清岸绿的海洋生态环境保护取得成效；高效便捷的海洋公共服务体系建设取得突破。到 2025 年，其成为全国乃至全球具有重要影响力的海洋绿色发展、创新发展战略平台和长江三角洲南翼的重要增长极。

3. 空间布局

根据《浙江宁波海洋经济发展示范区建设总体方案》，规划形成"一体二湾多岛，海陆联动发展"的空间发展格局（图 10.8）。

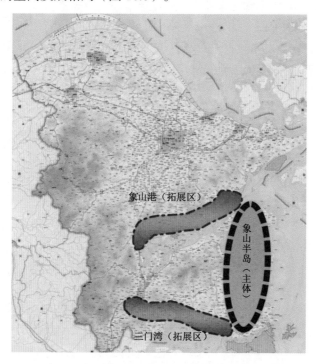

图 10.8　宁波海洋经济发展示范区规划功能结构图

1）一体

一体指象山半岛东部区域（功能分区总面积 105km²），为海洋经济发展示范区的主体区。

2）二湾

二湾指象山半岛北部的象山港（功能分区总面积 28km²）和南面的宁波三门湾（功

能分区总面积 16km²），为示范区的拓展区。

3）多岛

多岛指"一体二湾"海域内分属各功能块区的海岛。

4. 功能区块

1）海洋工程装备区块

海洋工程装备区块指位于象山半岛东北侧的临港装备工业园和城东工业园（用地面积约 26km²），其是示范的启动区。其主要发展产业为以海洋工程装备、海洋新能源装备和港航物流等为核心的临港产业。

2）海洋智慧科技区块

海洋智慧科技区块指位于象山半岛东侧的宁波象保合作区、滨海工业园、石浦科技园以及象山港畔的梅山岛（用地面积约 29 km²）。其通过与中国航天科工集团战略合作，重点发展海洋通信导航、航空航天科技导航等新兴产业。

3）海洋旅游（影视休闲）区块

海洋旅游（影视休闲）区块指位于象山半岛东侧的大目湾生态低碳城（含松兰山旅游度假区）和宁波影视文化产业园区（用地面积约 15km²）。其在现有旅游开发的基础上，强化影视文化要素集聚创新与海洋资源融合。

4）渔港经济区块

渔港经济区块指位于象山半岛东南侧的石浦港畔（用地面积约 35km²，含花岙岛、檀头山岛、东门岛、高塘岛、南田岛、南韭山岛、北渔山岛等岛屿）。其主要发展远洋渔业、海洋生态养殖、水产品大宗交易、冷链物流、水产品加工、渔港文化旅游、对台贸易等产业。

5）海洋旅游（康体养生）区块

海洋旅游（康体养生）区块指位于象山港畔的宁波滨海旅游休闲区、奉化滨海新区和宁海西店（用地面积约 28km²，含悬山岛、凤凰山岛、横山岛）。其主要发展滨海运动、医疗康体、旅游休闲、渔区文化等旅游产业、养生养老产业等新兴产业。

6）海洋生物医药区块

海洋生物医药区块指位于三门湾畔的宁波南部滨海新区（用地面积约 16km²）。其加快发展生物技术药物、创新药物等生物产业，同时发展多元化健康服务产业。

5. 发展路径和策略

1）引进国外资金与技术

制定国际信贷合作、国际融资合作等优惠投资政策，吸收国外资金，实现资金与项目的对接，包括无人岛的开发利用；同时发挥宁波渔业资源丰富的相对优势，促进海洋经济与渔业产业化、国际化、现代化进程。开展引进国外海洋科技人才、召开科技专题会、建立联合科研机构与培训中心等国际技术合作，学习国外的技术和管理经验，提高稀缺资源的开发利用与配置水平。

2）加强海洋高新技术产业合作

加强与国外海洋高新技术产业的合作，通过利用国外的先进技术，建设海洋高新技术产业园，为宁波海洋经济发展示范区的转型提供途径，从而提升海洋经济核心竞争力；同时积极引导国外企业加盟，开拓国内外市场，提高产品国际竞争力，促进海洋产业结构进一步优化升级。

3）加强海洋生态环境保护

加强海洋生态环境保护治理工作，在制定外商投资优惠政策时，也要规范外商的行为，做好减排减污工作。

（二）天津海洋经济科学发展示范区

1. 发展概况

天津海洋经济科学发展示范区依托天津港保税区临港北部区域，以海水淡化产业为切入点，带动示范区内海洋高端装备制造、海洋生物医药、海洋服务业等海洋新兴产业加速聚集，建成海洋经济管理体制机制精简高效、海洋经济发展布局合理、海洋产业竞争力较强、基础设施保障支撑有力、海洋公共服务体系相对完善的海洋经济科学发展示范区。

2. 战略定位

1）海洋生态环境综合保护试验区

大力发展海洋循环经济，积极推广循环经济发展模式，集约高效利用海洋资源，全面提升海洋经济绿色低碳循环发展水平。建立陆海联动的生态补偿机制，积极探索改善渤海湾环境质量的有效途径，加快建设海洋生态文明，努力促进人海和谐。

2）海洋经济改革开放先导区

深化海洋经济国际交流合作，进一步完善开放型经济体系，全面推进北方国际航运中心和国际物流中心建设，将示范区打造成为我国北方扩大开放的前沿和参与国际竞争的重要门户。

3）陆海统筹发展先行区

坚持陆海统一规划、统一开发、统一管理，充分利用陆海两种资源，加快完善陆海基础设施和公共服务网络，积极优化陆海产业布局,着力推进陆海环境污染同防同治，不断创新陆海综合管理体制机制，努力形成资源整合、设施对接、生态共建、产业联动的发展新格局。

3. 空间布局

推进形成"一核、两带、六区"的海洋经济总体发展格局。

1）一核

一核指天津海洋经济科学发展示范区核心区，是带动示范区加快发展的主体区域和重要引擎。其以提高自主创新能力为重点，建立以企业为主体、市场为导向，产学研有机结合的区域创新体系。加强基础设施建设和生态环保网络的建设，从而构建创新型、宜居型和生态型新区。

2）两带

两带指沿海蓝色产业发展带和海洋综合配套服务产业带。沿海蓝色产业发展带依托天津滨海新区海岸带地区，以海滨大道为骨架，加强海岸带及邻近陆域、海域优化开发，突出产业转型升级和集聚发展。海洋综合配套服务产业带依托区位和产业优势，以天津港为龙头，以京津塘高速公路和天津—山海关铁路为骨架，集聚发展海洋金融保险、科技和信息服务等海洋服务业，形成以海洋服务业集聚区域为主体、连接京津、辐射腹地、海陆空相结合的海洋综合配套服务产业带，打造保障示范区发展的支撑轴带。

3）六区

六区主要包括南港工业基地（海洋石油石化）、临港经济集聚区域（海洋工程装备制造业、港口机械、海洋交通运输装备）、天津港主体区域（海洋运输、国际贸易、现代物流）、塘沽海洋高新技术产业基地（海洋科技服务、海洋人才培养、海洋科技成果转化和产业化）、滨海旅游区域（高端滨海休闲旅游、海洋文化创意）、中心渔港（水产品加工、冷链物流、游艇）。

4. 发展路径与策略

1）提升海洋科技创新能力

整合利用现有科技资源，推进建设海洋化学与材料、海洋生物、海洋水动力等实验室和海洋监测设备的建设。深化海洋科技国际交流合作，加强与沿海其他省区在海洋产业、科技、教育等领域的交流合作。

2）保护修复海洋生态

搭建海洋保护区监测监视网络和综合信息平台，落实渤海海洋生态红线制度，将海洋重要生态功能区、生态敏感区和生态脆弱区划定为重点管控区域并实施严格分类管控。探索建立保护区生态补偿机制、生态原产地产品保护机制。

3）完善涉海基础设施

推进天津港主体区域建设，启动东疆第二港岛项目，稳步推进大港港区、高沙岭港区、大沽口港区、北塘港区建设。完善现代集疏运体系，发展多式联运，并围绕天津滨海新区打造智慧新区的目标，建设现代化数字海洋信息系统平台。完善海洋经济运行监测与评估系统，建立海洋经济基础数据库。

第十一章　从功能单一的专业新城到功能复合的综合新城

专业新城在发展的过程中会遇到城市功能单一、空间内涵与质量不高、管理体制不顺等问题。因此，专业新城在发展到一定阶段后会适时地向综合新城转型。本章将转型的过程划分为初创期、成长期、完善期、扩展期四个发展阶段。在转型的过程中，根据市场化水平和专业化程度的差异，将转型模式分为完全行政拉动型、政府管治与市场互动型、自发产业带动型和完全市场推动型四种。在转型机制上，本章从分散性与集中性、政策性到功能性、单一性到综合性三个维度进行探讨。最后以广州开发区作为案例地，具体探讨了广州开发区的发展背景与概况、发展阶段、产业特征、空间演变和影响因素。

第一节　专业新城发展存在的问题

在准政府组织模式和工业区发展思路的影响下，我国早期的许多新城在发展初期基本都是定位为性质与用地功能比较单一的产业区。随着我国城市空间进入快速拓展时期、城市化进程的深入，越来越多的城市逐渐意识到新城功能单一、新城与母城功能割裂、自身功能难以在短期内完善等缺陷，随之而来的是交通、环境、安全等诸多方面的城市问题。

一、城市功能单一

新城最开始以开发区等形式建设是为了弥补旧城工业空间的不足。从 20 世纪 80 年代开始，这些开发区在招商引资等方面发挥了巨大的作用，推动了城市制造业的兴起。但是单一的城市功能与产业结构也使得工业新城成为城市里的工业孤岛，在城市功能上必须完全依赖于母城。以单一城市功能为导向的开发模式，使得开发区过分追求某种经济要素的集聚与集群，忽视了对城市功能的合理开发与引导。随着新城不断专业化，新城的城市功能短板不可避免地暴露出来，对新一轮产业升级造成消极的影响。

由于过分追求经济增长和缺少以人为本的科学规划，许多新城忽视了城镇化与工业化的协调发展，导致了生产和生活功能的不平衡，也造成了产城分离等城市功能单一的现象。许多城市新城由于规划面积过大、远离主城区而脱离主城区基础设施和公共服务的辐射范围。在这样的条件下，城市服务功能不足导致新城不能持续有机发展，同时人口吸引力被缺乏集聚规模效应的产业所限制，出现"空城""夜间鬼城"等现象。这种空间城镇化或土地城镇化常表现为"有城无产"和"有产无城"两种情形。"有城无产"的城区往往缺乏足够的产业功能，片面发展房地产业与居住功能以获取土地财政，最终导致城市产业结构和功能单一。最典型的情况就是，当新城缺乏居住功能配套时，就会在新城与旧城之间产生巨大的通勤需求，造成大城市病。"有城无产"使得新城缺乏产业活力，导致就业岗位供给能力低下，难以达到设定的人口规模。"有产无城"的新城则缺乏基础的服务设施，城市功能单一、缺少公共服务供给、居住环境不佳，这种新城更多被当作制造业集聚的生产基地。城市功能的缺失限制了开发区稀缺高端要素的集聚。一方面，缺乏必要的城市功能配套，新城原有产业难以做大做强。另一方面，城市功能的失衡也使得开发区难以拓展新的经济增长极。

当下各地工业新城普遍存在"有产无城"的现象，它以传统工业为主导产业（表11.1）。作为一种功能单一并且具有过渡属性的城市空间载体，工业新城的设计不考虑完整的城市功能。与此同时，大部分工业新城受到本身产业类型的限制，新城内的服务性基础公共设施建设通常滞后于园区发展速度，缺乏公园、学校、医院、公共交通、娱乐商业中心等基础服务设施。城市功能单一、产业类型单一的工业新城在外部经济需求萎靡、园区自身工业发展优势减弱的情况下，工业新城内的企业很可能由于自身的地域植根性不足而选择外迁至地租、劳动力成本等更具优势的地区。

表 11.1　城市功能单一的典型表现

新城类型	主导产业	城镇化水平	分离程度	存在问题
工业新城	传统工业（劳动密集型产业、制造加工业）	滞后	有产无城	生活功能缺失、通勤成本巨大、企业层次低
居住新城	房地产业	发达	有城无产	产业空心化、"摊大饼"式扩张
交通枢纽型新城	交通运输业、房地产业	适中	重城轻产	区位偏远、配套设施不足、被极化风险高
知识型新城	高新技术产业、教育产业	适中	重产轻城	难以形成产业集群、人口通勤出现"钟摆式"交通

居住新城新区存在明显的看重房地产业、轻视实体经济以及假城镇化、过度城镇化的发展问题。在城市形象、官员政绩、政府土地财政等多重因素的影响下，居住新城往往使用"摊大饼"式的低效扩张方式建设居住新城，盲目扩张城市空间。政府利

用大规模的土地拆迁与征收和片面强化房地产业与居住功能的建设理念来实现居住新城的快速建设,以实现人口从主城区疏散到居住新城,实现人口的疏解,为主城区提供新的发展空间。

围绕高铁站点规划和建设新城成为目前很多地方政府的举措,但以高铁新城为首的交通枢纽型新城是否能真正成为地方经济的增长极还值得商榷。这种通过圈地确定交通枢纽型新城的粗放发展方式,在推动城镇化的同时并不重视产业引进和城市内涵的提升,这必然会导致严重的产城分离现象。对于中小城市而言,是否选择融入高铁经济带建设高铁新城,需要结合城市自身发展水平与发展阶段考虑,并且需要保证足够的财政支撑能力。在各项条件都无法充分保证的情况下,盲目快速建设高铁新城可能导致城市公共资源、政府财政能力的大量浪费,出现大量烂尾工程或者长期空城的现象,甚至可能破坏城市发展动力,阻碍城市的可持续发展。

知识型新城可能过多地着眼于当地少量的知识密集型龙头企业的发展和新兴高新技术企业的培育,从而忽略了其他各类型中小企业的全面发展。通常知识密集型、高新技术企业相对于其他类型企业具备更高的垄断特性,导致大部分知识型新城中知识密集型、高新技术企业发展存在明显的瓶颈。在这样的发展瓶颈下,忽略其他各类型中小企业的全面发展很有可能导致新城内部产业缺乏新的经济增长空间,同时也会影响本地化的产业集群和完整的创新产业链的构建。服务业尤其是生产性服务业未能得到相匹配的发育,这使得企业的创新氛围和环境改善的成果大打折扣。

以广州大学城为例,在发展初期,广州大学城基本处于只有高校没有产业的境地,支撑高校科研人才居住功能的房地产业处于起步阶段。在广州大学城发展的早期,广州的城市框架还未拉开,广州大学城所处的空间位置距离当时的广州城市中心相对较远,广州大学城属于边缘型大学城。这一时期科研院所的高素质人才在通勤时产生了往来于大学城和中心城区的"钟摆式"交通。因与中心城区的通勤时间较长,广州大学城的科研院所以行政力量推动建设的高校为主,市场自发形成的企业研发单位往往不以广州大学城作为最佳的选址区位。因此,广州大学城在发展初期,以高校教育职能为首要功能,属于教育主导型的类别。同时,广州大学城的基本商业服务能力也比较匮乏。初期,广州大学城高校外围的城镇化发展速度较慢,广州大学城的基本商业功能由周边的贝岗村所提供,但是村一级的商业服务能力显然不能满足产学研结合的发展理念。高新技术产业的发展,除了需要高校科研平台作为创意源头外,还需要科技金融、风险投资、普惠金融、商贸服务等一系列金融与商贸服务能力作为高新技术企业的孵化环境。广州大学城早期的开发模式属于政府主导型,由政府前期组织策划与规划,投入资金并进行建设,而后由入驻高校管理与使用,自主办学。行政力量的推动使得广州大学城成为中国面积最大的大学城之一,但是同时也忽视了广州大学城其他功能的同步推进。早期以单一教育功能为主的广州大学城在房地产业、生产性服务业、消费性服务业、公共基础服务设施等方面都处于滞后的状态,也就限制了广州大学城早期对知识密集型企业、其他科研院所与研发单位、高素质人才的吸引力,这成为广州大学城发展初期最大的诟病。随着大学城周边城镇化水平的逐步推进，房地产业以及各项城市基础设施的建设，广州大学城的城市功能得以进一步扩展和丰富。伴随着城市功能的多元化，广州大学城对高新技术企业、高素质人才的吸引力逐渐提高，新消费人群的进驻又进一步提高了广州大学城对多元城市功能的需求。但是由于早期规划中，其他城市功能布置明显滞后于教育功能，导致广州大学城的人口吸引能力（不考虑高校学生）明显滞后于高校的教育功能，并且持续影响至今。即便目前广州大学城的居住功能有了大幅度提升，但是早期吸纳优质高新技术企业和高素质人才的机遇已经逐渐消失，随着中新知识城、广州开发区、深圳大学城等一系列新城新区的崛起，广州大学城在城市功能不断综合化的发展下仍旧面临着较大的空间竞争。

二、空间内涵与质量不高

（一）用地布局不合理

在城市功能分区的理念下，开发区早期建设多采用生活与生产分类的方式。为了提高效率，避免功能相互干扰，新城往往只强调产业、居住、交通等单一功能，也就造成了用地结构单一、用地构成粗糙的低品质空间内涵。随着开发区不断发展壮大，单一功能的集中导致了工业围城、夜间"鬼城"等现象。新城初期规划缺乏足够的前瞻性，造成用地结构单一，继而引发一系列社会生态环境问题，使新城空间扩张的方向受限，同时用地布局不合理使得新城的功能也难以进一步多元化，最终造成了职住分离的现象。

（二）土地利用效益低下与低水平的扩张

开发区建设初期，由于招商引资门槛较低与城市规划经验缺乏，新城空间通常简单向外扩张，造成"摊大饼"现象，并且呈现出同心圆式的空间结构。同时，土地利用效率低、建设空间开发强度不足容易引发土地空间不足，继而盲目扩张，于是再次陷入用地粗放的恶性循环中。土地粗放低效使用导致土地开发速度远超前于实际建设的速度，形成空间扩张的"光圈效应"，导致建设用地的低水平外延扩张。

根据《中国城市建设统计年鉴 2017》统计，2017 年我国城市工业用地占城市建设用地的比重平均为 32% 左右，有学者统计，2015 年前后我国工业用地比例达 26%，发达地区的一些城市甚至高达 40%～50%，处于低效利用的城镇工矿建设用地约为 5000km^2，占全国城市建成区的 11%。而发达国家工业用地占比只有 7%，其中发达城市工业用地的占比只有 2.7%，相比之下，我国城市的土地利用尤其是工业用地的利用程度明显不足，经济效益明显低下。这样低效的土地利用方式同样延续到了功能单一的专业新城的土地利用开发过程中，使得专业新城土地利用效益低下。

同时，土地财政也使得新城土地效益低下和低水平扩张。在我国新城开发过程中，政府主导的模式较为明显。政府具有统筹协调各类资源的巨大优势，使地方在新城投资中，不计成本开发的现象十分突出。当以上现象与"土地财政"模式融资结合起来时，问题可能趋于螺旋式的恶化。中国科学院地理科学与资源研究所的研究表明，在现行财政体制下，地级市财政收入的 30% ~ 35%、县级市和县财政收入的 50% ~ 70% 来源于土地出让和房地产开发收入，这是一种典型的土地财政。一旦政府停止供地，政府财政就难以持续。为避免因土地出让不足造成的财政减缩，政府倾向于选择扩大土地增量而非提高存量土地利用效率。

这种主体功能定位不清、空间布局混乱、空间利用效率不高、空间扩张总体上呈现低水平外延的问题成为较普遍的现象。这种扩张方式虽然可以迅速获得开发区招商引资所需的土地，但毕竟不是长久之计，也不是解决问题的根本办法，反而会使开发区因大量基础设施投入而增加过多的财政负担。

三、管理体制不顺

大多数专业新城采用的管理模式多为开发区管理委员会的模式，通过机构精简来实现开发区的高效运营，发挥了"小政府大社会"的特点。但是，随着专业新城的不断综合化发展，这种管理体制逐渐暴露出诸多亟待解决的弊端。

首先是辖地与权属不统一。专业新城管理空间内存在不少不受本级政府管辖的特殊单元，它们受上一级政府的管理，与专业新城管理形成冲突，也就造成了新城管理上的权限不足，影响了新城对区域内的统筹协调。从目前来看，设立管理委员会是推进新城快速发展的重要手段。一方面，开发、行政与管理主体的分离不利于经济功能区的发展。以东部某新区为例，该新区建设所涉及的主体主要有管理委员会（管理主体）、市政府（行政主体）和某集团（开发主体）三方，作为派出机构的管理委员会既不掌握所负责区域的土地及相应的财力资源（由集团开发），也不掌握区域的行政资源（行政范围归属市政府），因此其很难在掌控资源较少的背景下发挥对区域发展的管控作用，也难以协调市政府、集团、相关街道及其所属社区的利益关系。另一方面，行政管理体制缺乏经济行政一体化的前瞻设计。促进经济功能区的开发建设向行政区延伸根本上是由经济开发的需要决定的，即这种"延伸"在根本上具有"经济属性"。而行政区根据属地原则又会加强对辖区内经济功能区的社会管理和公共服务职能的延伸。两个"延伸"属性的差异导致其价值取向的背离、利益矛盾的冲突。这种冲突极有可能导致该新区开发建设所需社会公共产品的短缺，公共管理和社会服务缺乏有效性，还会导致地域隔阂。

其次是权责不清。一般的工业开发区只有招商局、经济发展局、建设局、财政局和城乡管理局是直属机构，其余都是其所属的行政单位的派出机构。这种不协调造成了权责不清的混乱局面，不利于专业新城的综合化发展。例如，东部某市新区管理委员会是该政府的派出机构，其既是地方组织机构的一个重要组成部分，又是集体领导的一种重要组织形式。但该新区管理委员会是由该市政府职能部门抽调的无正式编制的临时人员组成的，处于"无编、无权、无钱"的状态，如果该市要求其承担责任，显然存在严重的权责利不统一问题，不符合管理学的原则要求。新城综合化发展必须考虑区域与城市的特殊条件，通过合理明晰的权责划分体系实现权责相当，做到执行顺畅、提高效能。

第二节　专业新城到综合新城的发展阶段与模式

一、专业新城到综合新城的发展阶段

随着专业新城的发展，城市问题日益突出，继续维持单一功能的发展模式已不可持续，因此大部分专业新城会在发展到一定阶段后适时地向综合新城转型。在专业新城的定位上，专业新城是母城功能的补充，是母城空间的延伸。因此，专业新城不能脱离母城而单独存在，但是随着专业新城的不断发展与完善，人口进一步集聚，城市功能的缺失就会成为限制新城发展的瓶颈。在这样的发展情形下，新城本身应作为一个相对自我完善的区域来对待。因此，从新城的功能类型以及与主城区的功能联系上看，专业新城逐渐发展到综合新城的过程可以划分为四个阶段（表 11.2）。

表 11.2　专业新城综合化的发展过程

发展时期	初创期	成长期	完善期	扩展期
空间模式				
园区性质	工业园区	综合产业区	复合型新城区	新中心城市
关注点	经济发展	经济/社会	经济/社会/文化	经济/社会/文化/环境
人口迁移	外来人口	外来/常住	常住人口为主	人口向外扩散

第一阶段是功能较为单一的初创期，这一时期新城的发展主要依靠某一主导功能聚集人气和产业，如产业新城多以工业发展为先导，交通枢纽型新城以重大交通设施为先导；第二阶段是成长期，这一阶段新城依托先导的功能或产业迅速聚集人气，吸引大量的就业和居住人口，用地规模扩大，对城市综合功能的需求日益突显；第三阶段是功能逐渐完善的完善期，这一阶段专业新城逐渐向综合新城转型，新城的功能定位、土地利用、产业结构、组织架构等方面都会发生相应的变化；第四阶段是新城已经成功转型成为综合新城的扩展期，这一阶段新城已经基本形成一个功能完善且相对独立

的城市，经济、社会、文化和环境等城市要素基本能够自成体系，并且人口有向外扩散的趋势。

二、专业新城向综合新城转型的模式

面对土地、生态、生活的发展约束和要求，新城必须突破原有"强调以单一功能带动新城发展"的模式，转而寻求产业、人居、生态及旅游的协调发展。20世纪90年代中后期，产业转型成为开发区普遍面临的挑战，提高产业发展质量、提高产品附加值成为开发区新的发展出路，同时，需要解决用地结构单一的问题，扩展新城城市功能，以提高新城的综合竞争力。在这样的背景下，专业新城开始谋求向综合新城转型。根据专业化程度和市场化水平，专业新城向综合新城转型的模式有以下四种（图11.1）。

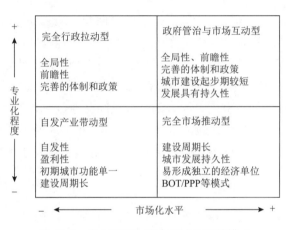

图 11.1 专业新城向综合新城转型的模式

由于大城市的建成区对人流、物流、信息流的吸纳作用很强，在大城市与周边区域中间地带往往难以自发形成"反磁力"的综合新城。因此，在向综合新城转型的初期，一般需要政府提供规划政策作为发展的原动力，并常需要辅之以市场化的融资经营形式，以解决巨额的前期投入。

（一）完全行政拉动型

完全行政拉动型的新城建设模式具有全局性和前瞻性的特点。新城初期规划时，政府可以通过规划塑造新城的经济增长极与核心城市功能，并辅以完善配套的政策。政府明确提出要建设或发展新城，即把原来的工业区（产业区）的定位提升至"新城区"的高度上，将其融入母城发展的总体框架内，提高其在城市与区域中的等级地位（如成为城市副中心），使得新城在城市与区域发展中占有更为重要的席位。

（二）政府管治与市场互动型

政府管治与市场互动型的新城建设模式具有发展动力持久的特点。这类综合新城的发展动力多元，既有来自行政的推力，也有市场自发的行为。从专业新城到综合新城的转型过程需要强大的动力。行政力量可以引导市场向既定的规划目标投入资本；这种模式通过吸引和培养高素质人才、争取国家项目投资等为开发区转型提供人力、财力和物力。政府与市场的互动可以利用政府的行政力量规划必要的产业空间与生活空间，推动基础设施建设。市场同时跟进政府的步伐寻找相应的投资机会，共同完成新城发展的前期投入。

（三）自发产业带动型

自发产业带动型通常由房地产开发活动或者企业落户引发。其最开始是为了满足较为单一的居住或者生产功能。新城开发建设周期长，缺乏合理的规划指引，基础设施建设相对滞后。同时自发产业带动型的新城有明确的经济导向也容易引发各类社会问题。但是，自发产业带动型的新城往往符合当时市场的发展需求，具有持久的建设动力，同时政府的前期投资少，财政负担轻。

在向综合新城转型的过程中，原来的工业空间会通过房地产、旅游、商业服务的发展而逐步发展成为居住空间、旅游空间和商业空间，推动新城转型。因此，现代服务业，尤其是生活性服务业对专业新城向综合新城的转型起到了重要作用。

（四）完全市场推动型

完全市场推动型的新城建设周期长，发展动力持久，容易发展成为相对独立的新城体系。完全市场推动的模式通常缺少政府的主导、规划指引和财政投入，最终导致相关基础设施的建设滞后，开发建设周期较长。但是，市场的自发行为往往意味着最优决策，新城开发会由市场各主体共同参与，发展动力来源多，可持续性强。

在新城的建设中，新城实现形式的选择是多种因素综合作用的结果，新城的区位、资源禀赋、与城市建成区的功能协调、与周边地域的功能协调，以及在产业链分工中的定位等都是需要考虑的因素，实现形式的选择也直接决定了新城未来发展的方向和水平。

第三节　专业新城向综合新城转型机制

一、分散化蔓延背景下的专业化集中

改革开放以前，城市空间增长方式体现为边缘式及填充式发展，促使单中心城市

规模不断扩大。1978 年以后，中国经济蓬勃发展，GDP 连续 30 年高速增长。在工业化迅速发展的带动下，中国进入了快速城市化发展时期。特别是 20 世纪 90 年代以来，土地市场机制加快城市的圈层化蔓延趋势，快速交通廊道建设促使城市空间向轴带式空间结构拓展，许多大城市的分散式蔓延现象渐趋显现。

通过对中国城市扩展情况的分析（表 11.3），1981～1990 年、1991～2000 年、2001～2010 年、2011～2017 年四个时间段的城市空间扩展系数均远高于国际上公认的 1.12 的合理值，并且呈现不断扩大的趋势。从 1981～2017 年的平均发展状况看，1981～2017 年中国城镇人口年均增长率为 3.95%，而城市建设用地面积年均增长率却高达 6.02%，城市空间扩展系数达到了 1.52，说明中国城市用地规模扩展过快，超前于人口增长的速度，以分散化蔓延增长为主。

表 11.3　中国城市空间扩展系数（1981～2017 年）

时间跨度	建设用地面积			城镇人口			城市空间扩展系数
	起始年 /km²	截止年 /km²	年均增长率 /%	起始年 / 万人	截止年 / 万人	年均增长率 /%	
1981～1990 年	6720.0	11608.3	6.26	20171	30195	4.58	1.37
1991～2000 年	12907.9	22113.7	6.16	31203	45906	4.38	1.41
2001～2010 年	24192.7	39758.4	5.67	48064	66978	3.76	1.51
2011～2017 年	41805.2	55155.5	3.13	69079	81347	1.83	1.71
1981～2017 年	6720.0	55155.5	6.02	20171	81347	3.95	1.52

从具体各类建设用地的扩展情况来看（图 11.2），2000 年、2017 年新增建设总用地面积中，居住用地、工业用地和道路广场用地增加最多，说明在城市用地外延式蔓延增长的过程中，居住用地、工业用地和道路广场用地起到巨大的推动作用。

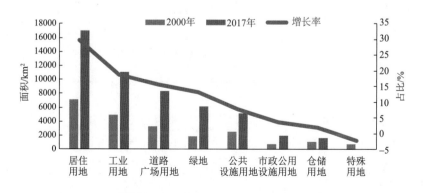

图 11.2　中国各类城市建设用地变化（2000 年、2017 年）

尽管此时内涵式增长始终存在，并以旧城更新、"退二进三"功能调整为特色，但外延式空间扩展方式占主导，外延内涵复合发展的格局已渐趋显现。与以往发展模式不同，改革开放以来，城市建设用地的外延式蔓延并不完全是传统"摊大饼"式的圈层扩展，而更多是以功能式、专业化的组团集中模式为主。在这一过程中，工业园区、大学城、居住新城、商业新城、中央商务区等各种新型城市空间也由于自身区位需求纷纷选址于城市外围郊区。这些功能各异的城市新区在市场经济以及城市空间结构调整的共同推动下，成为城市外延式蔓延下的重要空间增长载体。

二、政策弱化背景下的功能结构优化

基于我国"被动"郊区化发展的特色，国家宏观政策与区域发展战略长期以来对我国新城的形成与发展都起着重要的作用。从20世纪80年代开始，随着我国改革开放政策尤其是经济改革的影响，经济特区政策、开发区政策、浦东开发开放政策、西部大开发政策、综合配套改革政策、海洋发展战略等一系列开发开放政策的出台，创造了我国新城特别是生产型新城跨越式发展的契机，成功地起到了试点和试验的作用（表11.4）。

表11.4　我国主要新城发展政策的变化（1978～2010年）

时间	政策	主要内容	针对对象
1980年	经济特区政策	中资企业税收；出口渠道；投资规模；信贷指标；外汇留成等	深圳、珠海、汕头、厦门、海南、喀什
1984年	开发区政策	所得税优惠和免关税政策等	经济技术开发区、高新区等
1990年	浦东开发开放政策	外资开办三产；开办金融机构；设立证券交易所；设立保税区及项目审批等	国家级城市新区
2000年	西部大开发政策	包括财政投入；项目优先；信贷支持；税收优惠；土地优惠；吸引外资等	西部各省
2005年	综合配套改革政策	政府管理体制；市场经济体制；城乡二元经济与社会结构等改革政策	浦东新区、滨海新区等10个地区
2010年	海洋发展战略	海岛开发利用保护；用地与资金支持；海洋产业准入、财税、投融资等	山东、浙江和广东三省

2000年以后，这些优惠政策有所弱化，主要原因在于以下几点：

第一，中国加入WTO的影响。2001年中国加入WTO，使得各项改革开放政策受到WTO的非歧视贸易原则、公平竞争原则和国民待遇原则的影响，原有城市新城的优惠政策逐步受到弱化或者逐步取消。

第二，优惠政策到期。国家关于沿海经济开放区、经济技术开发区等的部分定期减免税收优惠政策和财政支持政策由于期限相继到期而消失。

第三，工业用地"招拍挂"政策的出台。2007 年开始，工业用地必须采用"招拍挂"的出让方式，遏制了工业用地的压价竞争、低成本过度扩张，对城市新区的土地优惠政策有一定程度的弱化。

在优惠政策弱化尤其是国家 2003 年清理整顿开发区的背景下，大量开发区或消失或积极朝着城市新区转型。与此同时，土地市场化、房地产市场化制度的出现，促使了土地供求关系的变化和资源的重新配置，引发了城市功能结构的优化发展，从而带来了城市空间形态的演变。在这一过程中，市区的土地功能更新促使了许多产业功能的逐步分离与外迁，并朝着郊外开发区集聚。开发区与外迁功能的重新整合推动着新一轮城市新区的不断演化与发展。新区的开发已不能仅仅依靠优惠政策的支持作用，以政策性新区为主格调的新区开发逐步朝着政策性与功能性并重的方向迈进，新区综合化程度进一步提升。

三、城市需求增长背景下的功能综合化

郊区城市化（suburbanization）可以追溯到 20 世纪 50 年代。随着人口不断激增，中心城区地价不断上涨，西方大城市出现了人口稠密、交通拥堵、环境恶化等"城市病"。同时，私人汽车的发展加速了城市人口、产业和就业岗位从大城市中心向郊区迁移，一个庞大的全新的城乡人口、产业要素逆流动的过程开始出现。

从美国、英国等国家的郊区化演变过程来看，西方大城市一般主要经历四次郊区化扩散浪潮（图 11.3）：①住宅郊区化，上中层阶级由于拥有购买现代交通设备的能力，开始远离城市迁移到郊区，郊区人口的增长速度超过了中心区的人口增长，出现了郊区居住新城。②商业郊区化，人口的外迁导致了为居民提供服务的商业服务部门随之外迁，郊区出现了大量购物中心和超级市场。③工业郊区化，几乎与商业服务部门同时外迁，基于郊区低廉的地租以及政府的企业吸引政策，大量企业纷纷在郊区设立工厂，原先往返于中心区与郊区的通勤人员开始定居在郊区工作地点附近，郊区经济功能的完善使得兼具居住、工作、购物娱乐功能于一体的郊区新城越发独立。④办公郊区化，

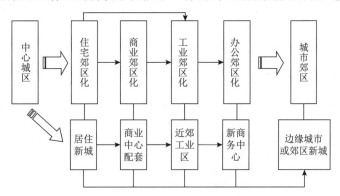

图 11.3　西方大城市的郊区化演变过程

由于中心城区的高地租以及办公空间拥挤造成的交通不便,加上现代通信技术的发展,某些办公部门不再拘泥于城市中心区位,逐步向城区搬迁。经过"住宅-商业-工业-办公"的功能先后外迁,城市郊区不再是城市边缘的扩展,而是成为拥有各种城市功能的综合型、独立型中心,形成边缘城市或郊区新城。

尽管西方发达地区的郊区化过程在发展机制,如主导城市(大城市主导还是中小城市主导)、政府作用(政府推动还是市场导向)、空间增长(连续性发展还是跳跃式扩展)等方面不尽相同,但却也有某些共性:都是在经过经济高度发展和高度城市化之后的功能外迁;都是迫于居住、交通和环境的压力,以追求更加舒适的生活工作空间为目的;居住、商业、工业等的外迁大都导致了中心城区的衰败或停滞;城市整体格局也由单中心向多极化发展。

与西方郊区化相比,中国郊区化过程截然不同,其模式继承了苏联、东欧和新兴工业化国家的某些规律(表11.5)。具体来说,中国的郊区化发展具有以下特征:①以工业的疏散与外迁为主导。中国目前仍处在快速城市化与工业化阶段,加快工业发展带动城市经济增长仍是第一要务,城市发展计划大多从属于工业发展计划。因此,中国的郊区化并非像西方国家在经济高度发达和高度城市化的背景下进行,无论大城市或中小城市都在大力发展工业,而在地租影响、环境压力之下,工业逐步外迁至城市郊区。②强烈的"被动"郊区化色彩,即政府的推动作用占据重要位置。政府出于环境考虑下的"退二进三"指令,迫使工业向郊区迁移,而政府为吸引外资和促进经济增长而制定的企业税收、财政支持、用地指标等各项优惠政策促进各类开发区蓬勃发展。③中心区与郊区同步发展。相比于西方郊区化导致的"空心化",中国城市在工业外迁的同时中心区不但没有衰落反而持续保持繁荣,而郊区建设速度逐渐赶超市区建设速度,差距日益缩小,出现中心商业发展与郊区化发展并存的局面。

表 11.5　国内外郊区化与新区建设的差异比较

项目		西方郊区化	中国郊区化
迁移时间		20 世纪 50 年代以来	20 世纪 80 年代以来
初始动力		中心区的社会、交通、环境压力;私家车普及;郊区廉价土地	土地有偿使用制度;中心区土地功能置换与改造;环境追求
郊区化过程	外迁时序	住宅-商业-工业-办公	工业-居住-商业-行政办公-其他专业化功能
	主导城市	大城市或中小城市	大城市主导
	政府作用	自发外迁为主,部分政府引导	政策规划引导,被动有组织外迁
	郊区化政策	人口郊区化政策	工业企业郊区化政策
郊区化结果	中心城区	中心区衰败或停滞,出现空心化	中心区持续繁荣,以商贸金融为主
	郊区新城/新区	由单一居住向综合功能转型,形成郊区新城或边缘城市	由工业区向多功能配套综合发展,形成工业新区、服务型新区、综合型新区,基础设施较滞后

我国北京、上海、广州等大城市已经先后进入了工业和人口郊区化的阶段（图11.4）。
从工业郊区化情况来看，北京早在20世纪80年代初就有工业郊区化态势。1982年
北京中心区工业总产值占全市比重为34.90%，而近郊区和远郊区的比重达到42.07%和
23.03%，同时期的上海、广州中心区工业总产值比重都在70%以上；90年代至21世纪
初期，北京市的工业不断从中心区向近郊区，甚至向远郊区外迁，其他两市工业则主要
向近郊区外迁；到2010年，北京的工业总产值在中心区、近郊区和远郊区的比重分别
达到6.14%、27.78%和66.08%，说明北京工业目前集中在远郊区，这主要得益于北京
南部新区以及房山区、通州区等地工业园区的承载；同时期上海和广州的工业总产值
在近郊区的比重分别为62.12%和61.96%，两市中心区比重都降至10.00%以内，这得
益于同处两市近郊区的上海浦东新区和广州萝岗新区及各工业园区的建设。

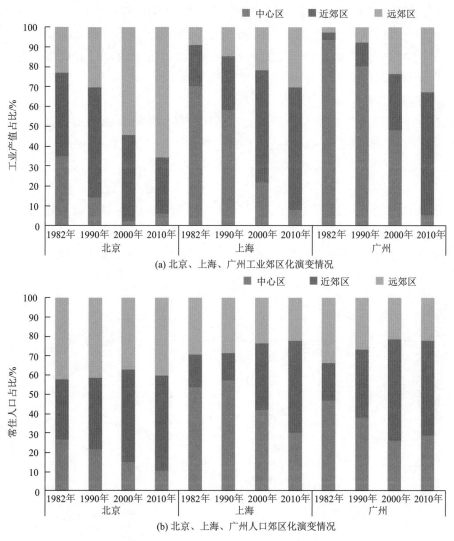

(a) 北京、上海、广州工业郊区化演变情况

(b) 北京、上海、广州人口郊区化演变情况

图11.4　北京、上海、广州工业与人口郊区化演变情况

从人口郊区化看，北京中心区人口比重从1982年的26.71%降至2010年的11.02%，而近郊区、远郊区的人口比重从30.57%、42.72%调整至48.72%、40.26%，说明北京已较早进入人口郊区化；上海、广州两市中心区人口比重在1982年都处于50%左右，到2010年都降到25%～35%，相应地，近郊区人口比重则从1982年的不到20%，都快速提升至40%～50%，远郊区的人口比重则维持在20%～30%，说明两市中心区人口下降主要是迁移到了近郊区。

虽然从全国来看，北京、广州、上海等全国性特大城市已出现不同程度的工业和人口郊区化现象，但在我国特有经济政策或新区（开发区）发展政策的支撑下，许多大城市甚至中小城市都将工业发展计划作为首选，并逐步将工业外迁至郊区，形成特殊的"工业郊区化"发展态势。通过比较各种功能类型新区数量与规模演变特征，工业新区早在20世纪80年代中期就已出现，并且在90年代迎来了发展高峰；以居住和商业发展为主导的服务型新区在80年代末至90年代初出现，在2000年以后呈现明显增加趋势；行政迁移型新区和中央商务区导向型新区最早在90年代中后期开发，近年来仍在不断增长之中；大学园区则起步建设于90年代后期，在90年代末至21世纪初出现"大学城开发热"，近年来有所缓和。

因此，中国郊区化大致经历"工业郊区化—居住郊区化—商业郊区化—行政办公郊区化—商务郊区化—其他专业化功能郊区化"的外迁过程（图11.5）：①工业郊区化。大型企业在地租导向以及政府导向（政策吸引与"退二进三"指引）下选址在郊外，建设各类政策开发区。②居住郊区化与商业郊区化。大部分城市最早的居住和商业外迁源于郊区工业新区的职工居住区配套建设与服务配套建设。而对于经济发达的城市或传统工矿城市，由于政府的政策引导和地租导向的影响，城郊开始大规模兴建住宅，发展房地产，而同时私人交通工具的普及也促使人们追求环境较好的郊区居住环境。③行政办公郊区化。部分城市出于规避中心城区交通、产业

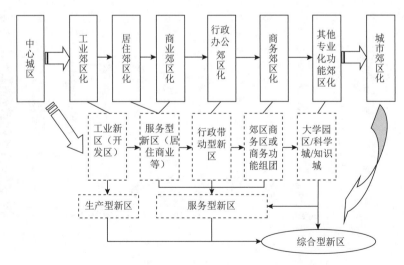

图11.5　中国城市的郊区化演变与新区形成机理

压力以及带动新区发展诉求，将行政办公机构迁往郊区，带动相关部门及相关产业外迁。④商务郊区化。随着金融保险、会展会议、中介服务等快速发展，原有中心城区空间狭小、地价高涨、交通拥挤，无法满足产业发展需求，于是城市在维持中心城区中央商务区发展的同时，将部分商务功能向近郊区分散，形成城市的次级商业商务中心。⑤其他专业化功能郊区化。基于城市特殊专业化需求，发展大学园区、科学城或知识城等。

　　同时，郊区新区的渐趋综合化态势越发明显。随着中心区各项功能的外迁，郊外新区逐渐从以工业园区为载体的生产型新区，发展为以第三产业为功能导向的服务型新区，最终逐渐发展成为兼具生产、生活及各项专业化功能的综合型新区。

第四节　案例分析：广州开发区

一、发展背景与概况[①]

　　从 1949 年起，广州经历了从单中心、带状组团式到多中心网络式的空间结构转变，对应的城市用地拓展模式也从单核拓展发展为多极核拓展（图 11.6）。在这样的背景下，"新城"开发活动从无到有，在郊区相继形成了工业区、卫星城、开发区、郊区大盘和综合新城等空间组织模式。综合新城的产生和发展是广州城市空间扩展和城市功能转移的结果。

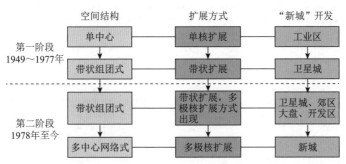

图 11.6　广州的郊区化演变与新城形成机理

　　1984 年，广州经济技术开发区选址在黄埔区的东缘、珠江主流和东江北干流交汇处，即现在的西区，与广州市区中心相距约 35km，具有明确的地域界限。开发区交通条件良好，广深高速、广惠高速、广园快速路和广九铁路等都从区内通过，黄埔新港也位于开发区内，且有港口铁路专用线与广九铁路相连。同时开发区周边分布了众多

---

① 王峰玉.2005.广州开发区的发展、空间演变与空间效应研究.广州：中山大学硕士学位论文。

的高等院校和科研机构，是广州智力资源最丰富密集的地区之一，也是高新技术产业发展的科研和人才培训基地。

经过 30 多年的发展，凭借着优惠的政策、优越的区位条件和广州市大都市的地位，开发区发展迅猛，用地范围几经扩大，管理方式不断创新，经济实力日益雄厚。开发区的用地范围从孤立封闭的西区，发展到包括西区、科学城、东区、永和区以及萝岗等街镇在内的 200km² 连片区域，进而设立了以开发区为依托的萝岗区（2014年已与黄埔区合并，设立新的黄埔区）；开发区的管理方式不断创新，实现了经济技术开发区与高新区、保税区和出口加工区 4 个国家级经济功能区"四区合一"，即四块牌子、一套管理机构、覆盖四块区域，成为当时全国享受优惠政策最多的开发区之一。开发区逐步形成了以大项目、大企业为依托，以重点行业为龙头的快速发展局面，各项经济指标在全国 56 个国家级开发区中一直名列前茅，目前已形成光电子、生物医药、特种钢、汽车、食品、饮料、精细化工、电子及电器制造、机械制造、包装材料等主要产业链，成为广州市吸引外资、发展现代工业和高新技术产业、开展对外贸易的主要基地、重要的经济增长点，是推进广州东部地区工业化、城市化的主要力量。

二、发展阶段[①]

依据产业规模、发展速度和空间拓展等几方面，广州开发区的发展大体上可分为四个阶段（表 11.6）。

表 11.6　广州开发区的发展阶段划分

项目		单一生产功能阶段	功能多样化阶段	城市功能自立化阶段	城市功能提升阶段
发展时间		1984～1991 年	1992～2004 年	2005～2013 年	2014 年至今
生产功能	产业类型	劳动密集型	资金密集型	知识密集型	国际制造业和现代服务业
	用地布局	集中于工业起步区	跳跃式的快速扩张	用地集约化程度大幅度提高	用地结构优化
管理政策	管理政策	—	四区合一	五区合一	萝岗区与黄埔区合并
	用地布局	独立园区	一区多园	行政区	行政区合并

① 黎格伶 . 2008. 广州市新城发展研究——基于三类新城的分析 . 广州：中山大学硕士学位论文.

续表

	项目	单一生产功能阶段	功能多样化阶段	城市功能自立化阶段	城市功能提升阶段
生活功能	功能定位	为工业区配套	为工业区配套	为城市服务	广州东部门户
	用地布局	在开发区零散布局	在开发区零散布局	市级—区级—居住区级三级综合布局，用地集约化程度大幅度提高	职住平衡
总结	功能类型	单一生产功能	工业功能为主，生活功能为辅	从多元城市功能到具备完整的城市功能	高质量的城市功能
	用地布局	单一工业用地	工业用地为主，生活用地为辅	工业用地和生活用地趋于平衡	产城融合

（一）单一生产功能阶段（1984～1991年）

第一阶段以劳动密集型工业为主体。广州开发区从1985年开始有企业入驻，工业生产项目由此逐年增多，但由于开发初期的基础设施水平较低，整体环境质量不高，难以吸引高水平的大型跨国公司，总体上企业规模不大，中小型企业占了绝大比重。从产业构成来看，这一时期以劳动密集型和资本密集型的工业生产为主，产业类型较为杂乱，有食品、电子（组装加工为主）、日用化工、建材、纺织服装等行业，其中纺织业最多，占全部投产企业的21.19%，劳动密集型企业占绝大比重。从业人口也随着工业生产的增长从无到有逐年增加，至1990年年底约为1万人。由于企业多属劳动密集型，人口整体素质不高。

该时期土地开发范围仅限于西区，开发区的重点建设集中在工业，呈现出单一工业生产区的性质，从已开发土地的功能结构看，工业用地占绝大比重，生活公用设施水平很低，处于起步开发阶段，不具备一般意义的城市功能。以工业发展为主的发展方针，使得开发区过度偏重其工业生产的功能，而忽视城市功能的开发。虽然短期内有助于促进工业发展，但从长期来看，一方面会使开发区缺少新的经济增长点，缺乏持续发展的后劲；另一方面，城市功能缺失，开发区就业者不愿意在开发区居住，加大开发区与主城之间的交通通勤压力，也使开发区缺少人气，反过来又进一步制约其城市功能的开发。

（二）功能多样化阶段（1992～2004年）

1992年中国掀起了新一轮改革开放的热潮。跨国公司在中国竞相投资，大量外资开始流入中国，从1993年开始广州开发区实际利用外资开始剧增。大型跨国公司开始投资于广州开发区，如宝洁公司、松下电器公司等。工业生产向产业化、规模化方向转变，整体产业结构升级换代，逐步形成了精细化工、电子信息、生物医药、食品饮料、金属冶炼及加工、汽车及零部件六大产业群，工业生产脱离了以劳动密集型为主的低水平阶段而向技术密集型转变。同时，从业人口在这期间迅速增长。

自 2002 年 6 月，广州经济技术开发区、广州高新技术产业开发区、广州出口加工区、广州保税区先后合并，实行四区合一的管理体制，即四块牌子、一套管理机构，按"资源共享，优势互补，协同发展"的思路统筹开发建设。

工业生产用地在这一阶段迅速扩张，广州东南部地区出现了新塘工业加工区和新沙工业区等大量的工业区。在 1991 ～ 2000 年短短的十年间，萝岗区范围内设立了广州高新技术产业开发区、广州保税区和广州出口加工区三个国家级经济功能区，工业开发开始突破西区的起步工业区，形成四个独立的工业片区：永和区、东区、西区和科学城。工业区总体布局呈跳跃式发展趋势。

（三）城市功能自立化阶段（2005 ～ 2013 年）

随着广州科学城的建设，高新技术产业迅速崛起，而较早入区的劳动密集型企业因劳动力成本、生产运营费用的增加或污染等开始迁出开发区或转产技术含量更高的产品。从产值上看，这一时期食品、化工、电子通信成为开发区的优势行业，其中以电子通信行业增长最为迅速，这显示了知识密集型产业在迅速增长。这一阶段从业人口较前一阶段增长速度趋缓，从业人口的整体素质有明显的改观。

2005 年 4 月经国务院批准，广州行政区划再次进行调整，由广州开发区、白云区钟落潭镇九佛管理区和增城市中新镇镇龙管理区共同组成萝岗区，形成"五区合一"管理模式，总面积达 393km^2。

这一时期工业用地的开发在上一阶段快速、跳跃式发展的基础上进入优化调整阶段。随着原有部分企业的增资扩建，零乱的空间得以填空补实。随着城区用地功能布局的优化调整，开发区对工业区项目选址和建设的规划控制力度加强，工业用地集约化程度进一步提高。例如，广州科学城严格管制土地用途和动工、竣工期限，依法处理和收回闲置用地，并为此制定了六大措施。工业用地产出率是工业增加值与工业用地面积的比值，可以用来反映用地的集约化程度。广州开发区工业用地产出率逐年上升，远远高过广州的平均水平，但与发达国家差距较大，还达不到国外 20 世纪 80 ～ 90 年代的产出率水平，集约化发展还有进一步发展的空间。

（四）城市功能提升阶段（2014 年至今）

2014 年，原黄埔区、萝岗区合并，成立新的广州市黄埔区，该区成为广州战略空间布局调整的关键地区，见证了由外贸大港到工业大区的发展历程，将承担起再向科技强区转型发展的重大使命。在这样的背景下，广州开发区的区域重要性再次提升，以发展成为广州东进的门户区为目标。

新黄埔区的成立意味着广州开发区的服务空间进一步扩张，有了更大的市场基础。在行政区合并的管理模式下，广州开发区进一步发展新兴产业，塑造城市竞争力。广州开发区延续了知识密集型的产业类型，在此基础上发展国际制造业与现代服务业。

制造业与服务业水平向高端化发展。制造业领域内率先发展智能装备、数控与机器人、生物与健康、新材料、超清显示等新兴战略产业。服务业领域开始向商贸物流、科创金融等高端现代服务业拓展。

这一时期用地结构进一步优化，除了满足基本生活需求外还强调品质提升。新城生态、交通、居住、休闲娱乐功能有了更高的发展需求，对应的用地结构进一步优化与完善，在城市功能自立的基础上着重于城市功能进一步提升。这一时期强调产城融合的发展理念，产业有活力，是新城的经济增长极。城市功能也不断提升，不仅仅是产业功能的配套，相关的商业游憩功能也成为不可忽视的经济发展动力。

从广州开发区的发展阶段来看，广州开发区的发展是一个不断从专业新城向综合新城发展的过程，随着老城区各项功能的外迁，广州开发区逐渐从以工业园区为载体的生产型新区向多功能配套综合发展，第三产业比重逐步提高，服务导向开始突显，最终由工业新区逐渐发展成为兼具生产、生活及各项专业化功能的综合新区。

三、产业特征

总体上看，广州开发区的产业在发展过程中具有下列特征：①产业集群程度提高，企业规模扩大。汽车、电子信息等产业集聚程度不断提升，逐渐形成具有全球竞争力的产业集群体系。与此同时，这些产业内的光宝集团、台湾大众、本田等一系列企业规模与体量进一步扩张。广州开发区吸引了一批大体量的规模型企业，并为这些企业进一步发展壮大提供了优质的空间平台。②高新技术产业逐渐兴起。广州科学城等高技术含量、知识密集型产业落户其中，并逐渐发展，产业比重不断提高，成为广州开发区产业转型的重要基地，为经济持续增长、创新持续产生提供了强劲的动力。③服务业类型逐渐多元，城市服务功能提升。生产性服务业、现代服务业体系日趋完善，逐渐涵盖了金融、会计、咨询、审计、会展、商务商贸等一系列服务体系，丰富了新城产业类型，塑造了新的经济增长极。

广州开发区从单一的工业型专业新城发展成为综合新城的演变过程中，体现着明显的产业带动型模式。在向综合新城转型的过程中，广州开发区修建并完善基础设施，对单一的产业空间进行改造。通过产业结构调整、促进产业集群，从单一生产功能阶段的劳动密集型产业集群开始过渡到功能多样化阶段的劳动与资本密集型产业共存。在这一过程中，产业上仍以第二产业为主，第三产业逐渐发展，支柱产业成型；用地上仍以工业用地为主，公共设施用地增多，生产生活服务配套设施逐渐增多，但规模小、层次低，仍不能满足需求。当广州开发区开始向城市功能自立化阶段和城市功能提升阶段过渡时，产业上开始以资本、技术密集型产业为主，同时不再局限于广州的城市产业发展格局，而是更强调与区域产业的配套。同时房地产业、旅游业、商贸服务业和社区服务业等生活性服务业迅速发展，将原来的工业空间逐步打造成为居住空间、旅游空间和商业空间，以加快其向城市的空间转型。在这两个过程中，现代服务业，尤其是生活性服务业的发展对开发区空间的转型有着重要的推动作用。

四、空间演变[①]

（一）地域空间一体化

从广州开发区的发展历程中不难看出，广州开发区在不断经历区域整合，从最开始的园区合并到行政区合并，广州开发区的管辖空间逐渐扩张，辐射范围也持续增长。广州开发区的体制优势与产业优势有向外辐射的机遇与空间，与周边地区的空间联系不断加强，形成互相依赖共赢的发展局面。

（二）内部功能综合化与空间布局多样化

广州开发区早期定位于工业区，以单一的工业生产功能为主。随着广州开发区的不断发展，城市功能需求开始多元化，相应的用地结构也开始多元化，空间布局开始多样化。通过规划，整合了多个片区，调整了原有空间布局结构。为了增强投资吸引力，集聚高端要素，广州开发区逐渐完善居住、交通、游憩、商业、教育、金融等多个领域，保证合理的公共服务设施用地，提高用地布局的质量。相应地，新城发展定位也从服务于自身、服务于广州提高至区域门户。

（三）空间环境内涵化

广州开发区早期发展动力来源于国际劳动分工带来的招商引资，企业落户门槛低，污染高。随着广州开发区功能不断扩展，产业不断升级，相应地，人居环境也不断提高。原来的工业区逐渐发展成集居住、游憩、交通、就业于一体的现代新城，居民生活品质不断提高，社区文化氛围逐渐加强。自然与人文环境质量不断提升。

五、影响因素[②]

从市场和政府的互动角度上看，广州开发区综合化转型的影响因素主要有政治权力的运作、经济转型、环境可持续与社会发展多元化（图 11.7）。

通过政治权力的运作，政府主导了大城市内部工业外迁和外部工业化，由此产生广州开发区的建设需求。在这一阶段内，广州开发区以工业为主要产业类型，功能类型单一。

随后在经济转型的驱动下，通过政府规划和政策引导与市场因素的运作，以及工业发展的拉动，基本的商业和居住功能也随之配套发展，形成了以工业为主、基本商业和居住功能为辅的结构。1991 年，《关于全面进行城镇住房制度改革的意见》的颁布标志着我国城镇住房制度进入全面推进和综合配套改革的新阶段，打破了原有的住房分配制度，极大地促进了房地产市场的发展。因此，随着行政力量引导下的就业空

---

① 王峰玉 . 2005. 广州开发区的发展、空间演变与空间效应研究 . 广州：中山大学硕士学位论文。

② 黎格伶 . 2008. 广州市新城发展研究——基于三类新城的分析 . 广州：中山大学硕士学位论文。

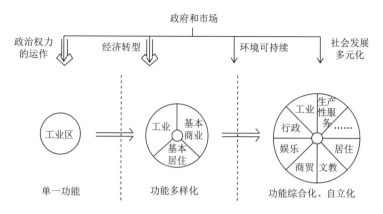

图 11.7　广州开发区综合化转型的影响因素

间外移，居住及配套商业空间也在市场力量作用下开始从母城向新区外移。1993 年，市政府提出市区以第三产业发展为主，市区原有的国有工厂企业开始在政府的指导下逐渐外迁。广州政府通过"关闭""破产""兼并""产权转让"等手段推进工业用地外迁。因此，这一阶段高污染的工业开始有所外迁，同时商业和居住功能在这一阶段开始迅速发展。尽管其他类型的产业与用地也有所扩张，但是并未形成规模化的效应。这一时期开发区生活功能仍旧缺乏，需要依托于母城，因此带来很多实际问题，也制约了工业区的发展。

在环境可持续与社会发展多元化的驱动下，产业进一步转型，向低污染高附加值的知识密集型产业过渡。同时，城市功能也渐趋多元和完备，以满足高素质的人口需求。广州发展战略和萝岗总体发展战略确立了广州东进与建设和谐新城的目标，引导了房地产商、服务行业的进入，带动了新城的开发和建设。政府还通过外围重大项目的开发，带动城市功能和空间向外扩展，并依托这些大型设施扩展教育、高端服务等城市功能和用地空间。这时的政府和市场已经形成良好的互动关系，政府吸收了城市建设的经验，对城市的综合功能进行全面考虑；市场从城市规划中理解政府的发展意图，并寻找最有价值的发展区位进行投资开发。

第十二章 新城对城市发展的影响

本章将着重分析说明新城建设与发展可能给新城与母城带来的差异化影响，表现在产业及功能、人口分布、空间结构、交通、环境等方面，这将有助于综合研判与评估新城建设的影响，为后续研究新城建设可能产生的问题奠定基础，也将有助于更为科学合理地分析新城未来的发展前景。

第一节 新城对城市产业及功能的影响

一、增强产业竞争力

（一）引入先进产业，促进新城产业转型升级

1. 引入先进制造业

工业新城引入先进产业，在发展过程中始终坚持"以产兴城、以城带产、产城融合、城乡一体"的发展理念，推动新城产业转型升级，增强产业竞争力。其影响机理主要表现在以下方面：

第一，要素资源配置为引进高端产业添加新动力。工业新城运营商具有较强的产业规划和产业开发能力，能够以更高的定位和更宽广的视野对新城产业发展进行产业规划、承接产业转移。工业新城运营主体通过建设产业园区搭建承接产业转移的平台和载体，从基础设施的改善到营商软环境的优化，不断完善产业落地条件。

第二，产业集群培育为产业转型升级注入新动能。以产业为先导，围绕主导产业，按照资源集约利用、功能集合构建、企业集中布局、产业集群发展的原则，促进产业链上的企业相互协作，通过共享、配套、融合，形成完整的产业链，带动研发创新力量和服务体系集聚，集成构建现代产业体系，使产业链不断整合、完善和延长，培育形成特色的产业集群。高质量的产业集群赋予新城相关产业发展新动能，推动新城经

济高质量发展。

第三,城市品质提升为产业转型升级增添新活力。工业新城在推动产业发展的同时,通过建设功能完善、服务优质、环境优美、品质高尚的城市经济发展核心区,吸引高新技术产业人才集聚,提高居民生活品质,促进现代服务业快速发展,推动新城产业升级。

第四,完善的配套服务功能为产业转型升级提供保障。工业新城从全方位、全流程的角度考虑,注重构建功能复合化、环境细节化的综合性配套服务,同步打造宜居的综合性社区,将建设目标锁定在完善城市功能、提升环境品质方面。在"产城融合"策略的指导下,运用新型的城市营销手段,通过不断完善基础设施、公共服务设施、积极优化升级城市功能,并通过配套服务功能的完善来反哺推动原有产业功能的转型升级。

以新郑产业新城来说,产业规划之初充分依托区位优势、市场潜力、产业基础,率先发展新郑临空经济,做好产业服务、产业承载建设等板块规划,打造郑州南部新型增长极,推动中部电子信息产业集群发展。通过产业集群打造来推动城市经济发展,围绕"中原经济区 IBD"的产业定位,通过创新驱动、全球招商、产业载体、全程服务,着力构建"2+3"的产业发展体系,初步形成电子信息产业集群和智能装备制造产业集群两大主导产业,同时瞄准现代物流、生物医药、都市食品三大辅助产业,打造新郑新兴经济增长极。其中,电子信息产业已形成"一芯一屏"的产业大格局。依托郑州航空港区智能终端产业、郑州车载电子产业,对接相关科研机构,打造电子信息产业全行业闭环。在产业发展的同时,大力推进城市建设,提高城市承载力。

2. 引入临港产业

一些新城依托海港(河港)、航空港、铁路港而建设,相应的海港(河港)、航空港与铁路港的产业被引进与培育起来。

1)海港(河港)产业群

临港新城在发展过程中更多地呈现出依赖岸线资源和外来产业驱动,受临港产业、港口的影响较深,其初衷是为了服务港口或者临港工业区。随着港口物流运输业等的发展,相关企业、配套产业建立,临港产业得到发展,从而促进临港新城逐步形成与不断发展。

以深圳海洋新城来说,战略定位是要建设以创新服务和科技研发为核心的海洋新城,努力打造"蓝色创新海湾""湾区海洋门户",将海洋新城建设成引领国家海洋战略的前沿平台。努力构建"2+3+2"的产业体系,即以海洋高端智能设备和海洋电子信息两大产业为核心亮点;以海洋专业服务、海洋文化旅游和海洋高端会务三大产业为基础支撑;以海洋生态环保和海洋新能源两大产业为潜力储备。海洋新城产业空间以研发设计和专业服务为主,兼顾适量高端制造功能。在海洋新城重点建设项目中,中欧蓝色产业园，努力形成以海洋高端智能设备、海洋新能源、海洋电子信息（大数据）、海洋生态环保和海洋专业服务为主导的蓝色产业集群；深圳海洋国际会议中心，重点发展商务、会议、旅游等，努力为举办国际峰会论坛、新闻发布会、企业年会等大型活动提供高标准的空间支持。

2）航空港产业群

空港新城在发展过程中，得益于航空运输产业的大力发展，逐步形成航空配套产业、临空性制造产业集群及现代服务业等与航空相关的产业集群，进而形成以临空产业为主导，多种产业有机关联结合的产业体系，规模扩大后易于形成临空经济区，带动周边产业多样化发展，空港产业结构完善、种类齐全、集聚效应明显。机场对空港新城产业集聚与快速发展起到重要作用。

以西咸新区空港新城来说，其发展定位是国际机场城市、西咸大都市的门户和重要的国际航空枢纽，集聚综合性交通枢纽、高端产业集聚区、低碳空港都市区等功能。产业发展形成以战略性新兴产业、高新技术产业、高端制造业、物流商贸、商务办公、现代服务业、文化旅游、节能环保产业为主导的，具有区域影响力的知识创新中心、高端制造业中心和具有区域吸引力的现代服务业中心。空港新城是以机场交通功能为核心，大力发展航空客运、货运，形成多样化的城市功能区，包括综合保税区、空港国际商务居住区、大型会展休闲区、产业区、物流区、新丝路国际社区、北部生态区。

3）铁路港产业群

高铁站点对新城建设起到推动作用，为高铁站及其周边地区的发展提供了硬件基础条件。通过借助高铁快速的通勤能力，密切联系区域间经济，加深区域间分工协作，促进各种生产要素的快速流动，为新城建设提供软性人文条件。高铁站点集聚大量人力、物资、资金等要素，有助于促进相关产业，如工业机械、钢铁等的发展，也有助于集聚商业、住宿业等。受到高铁快速发展的影响，高铁周边及郊区也逐渐成为重要的通勤住宅区和新兴商务区，其在一定程度上有助于促进形成高铁新城。

以南京南部新城为例，南京南部新城依托高铁枢纽南京南站，围绕"枢纽经济平台、人文绿都窗口、智慧城市典范"的战略发展定位，致力于打造以商务商贸业为主导、以文化创意产业和健康休闲产业为亮点、具有枢纽经济特色的现代服务业体系，努力发展成为南京的"城市新中心、文化新地标、产业新高地"。南京南站连接8条高等级铁路的国家铁道枢纽站，在南部新城产业规划中，提出依托高铁枢纽，打造枢纽经济平台。南京南部新城在产业发展方向上，着力打造创新经济高地、创意文化地标、智慧城市典范；在产业发展体系上，构建以商务总部经济为核心，以文化创意、健康休闲为特色的"1+2"产业体系；在文化创意领域上，整合自身历史文化资源禀赋，融入国际文化元素，打造涵盖文娱设计、时尚传媒和文体服务的国际文化演绎中心；在健康休闲领域，充分发挥自然资源和区位交通优势，融合健康医疗与零售商业，发展以智慧医疗、医药咨询、健康检测为主的医疗产业。

3. 引进商业服务业

商务区集聚了新城高端功能，是新城经济活动的重要组成部分，也是新城经济发展的增长点，商务区现代化的商务功能和设施提供了城市高效运行的经济平台，能够产生集约经济效益，扩大新城经济活力，增加财政收入。商务区还是新城发展凝聚力的重要体现，它创造全新的新城形象，吸引国内外资本投资，为经济发展增添活力。商务型新城的建设必须要综合考虑区域影响力、区位优势、市场基础、经济实力、基础设施、人才资源等。

《北京城市总体规划（2016年—2035年）》指出，要高水平规划建设北京城市副中心。围绕对接中心城区功能和人口疏解，发挥对疏解非首都功能的示范带动作用，大力促进行政功能与其他城市功能有机结合，以行政办公、文化旅游、商务服务为主导功能，形成配套完善的城市综合功能。通过有序推动市级党政机关和市属行政事业单位搬迁，带动中心城区其他相关功能和人口疏解，初步建成国际一流的和谐宜居的现代化城区。构建以北京城市副中心为交通枢纽门户的对外综合交通体系，打造复合型交通走廊。重点打造运河商务区和文化旅游区，其中，运河商务区是承载中心城区商务功能疏解的重要载体，建成以金融创新、高端服务、互联网产业为重点的综合功能片区，集中承载服务京津冀协同发展的金融功能；文化旅游区以北京环球主题公园及度假区为主，重点发展旅游服务、文化创意、会展等产业。

4. 引进科教文卫产业

大学城有众多高校云集，是以科教文卫功能为主的区域，集聚效应明显。有着内在联系的高等院校相对集中，可以产生多方面的集聚效应，如在教育资源和人才资源方面的集聚效应。大学城在经济区域所发挥的集聚作用主要表现在大学的人才集聚及知识信息服务等方面，知识信息的多样性和专业性有助于促进区域产业集聚，转变产业结构。

大学城有助于第三产业集聚发展。随着大学城的建设，高校学生、教职工、家属纷纷进入大学城，形成强大、稳定的消费市场，有助于带动区域经济发展。大学城环境优美，文化氛围浓厚，可带动周边房地产业发展，提升土地升值潜力。大学城建设在带动房地产、交通等快速发展的同时，也带动餐饮业、住宿业、旅游业等飞速发展，拉动了与居民区息息相关的配套的菜场、医院、物流中心、购物场所等相关产业迅速发展，加快了经济建设。此外，发展成熟的大学城通常会有多样化的服务企业，如零售、餐饮、医疗、环卫、文艺等生活服务业和邮电、广告、公交等商业类服务业，以及咨询公司、人才市场等中介机构类服务业，其也会推动新城发展。

大学城有助于高新技术产业发展。发育条件较好的大学城能够吸引较大的企业布局在其周边，使大学园区关联产业充分发挥其对城市化的推动作用。大学城的高端服务业不仅可以服务于制造业，而且可以服务于大学本身的教学和科研，甚至在大学城出现一些总部经济。大学城培育众多高新技术产业所需要的人才和科研成果，形成以市场为导向的人才和成果的供需关系，从而有助于催化与孵化高新技术企业。此外，高学历、高素质人才工作生活在条件现代化、环境优雅的环境里，有助于产生新的创意，激发创造欲望，也有助于促使科研成果转化就近完成，提高成果转化效率。

以山西大学城来说，其在推动科教文卫产业持续发展的同时，也在完善城市建设，改善医疗条件，提升城市功能，进行医疗、文化设施、学校等相关规划。大学城产业园具有强大的产业吸附力和强劲的发展动力，在拉动人口集聚与促进经济发展方面发挥了重大作用。大学城产业园拥有五个重点项目，分别是：金科山西智慧科技城项目，以"智能制造、智慧城市、健康科技"三大产业为主导，着力构建智能设备、智慧医疗、生物医药、物联网、机器人、企业总部等"产学研"体系平台，打造战略性新兴产业集群；伊甸城文化娱乐公园项目，为山西大学城配套服务的综合商业项目；平安晋中物流园项目，以综合金融服务为特色的新型物流基地；苏宁集团山西地区物流中心一期项目，是集电子商务、物流配送、采购结算等服务为一体的多功能区域运营中心；颐乐嘉医疗康健科研中心项目，将打造山西第一家集肿瘤治疗、研究、康复及医疗养老于一身的国际化医疗中心。此外，大学城产业园区周边也在打造其他产业园区：汇通产业园区，重点发展装备制造、医药食品、电子信息、节能环保、冶金制品、农副产品加工、新材料等工业主导产业和现代物流产业；潇河产业园区，重点发展电子信息、先进装备制造、生物医药、现代新材料及现代物流。通过加强科学研究与生产应用的紧密联系，形成产业园区相互协调、布局合理、功能完善、运行高效的产业发展体系。

5. 引入文旅产业

旅游型新城以文旅产业为主导，吸引相关产业、高新技术产业入驻，从而带动新城产业发展。精品文化产业、文化旅游项目能够带动城市发展，提升城市品牌，增强城市竞争力。旅游型新城产业在发展过程中，早期呈现出对自然资源和人文资源的强烈依赖性，旅游资源分布往往制约着旅游产业发展、空间布局。旅游相关产业的发展和旅游配套产业的完善，如物流业、住宿业、餐饮业、文创业等，将拉动新城经济发展。加之旅游地原有的丰富的旅游资源也会吸引部分高新技术产业入驻，进而促进新城产业结构更为完善和相对合理。此外，文旅产业导向的新城开发往往重视对原生环境的保护、对地域文化传统的弘扬、对产业转型升级的促进，这将推动旅游型新城经济发展。

以湖北鄂州的梧桐湖新城为例，通过合理利用滨湖资源，打造水生态展示馆、游艇码头；建设新华医院、创意城等商业综合体，满足区域发展需求，提升区域价值；引进高科技创业产业，促进新城可持续良性发展；引进高等院校、科研机构等，聚集高质量人才，将梧桐湖新城打造成集度假、商业、旅游、居住为一体的国际一流滨湖生态城。新城宜居优势突显，在不改变原有湖泊资源，对湖泊的水质进行优化外，还建设了游艇码头、梁子湖水生态展示馆、湖泊公园，打造了活力小港、生态小港、文化小港，形成了自然、生态、绿色的滨水廊道，使滨湖生态城形象深入人心。产业、商业、教育多头发力提升新城价值，东湖高新科技创意城吸引众多企业竞相入驻；立体浮岛式度假商业链、科技创意城、游艇码头、沙滩浴场等众多度假类配套设施逐步兴建。

（二）增强产业竞争力

新城作为区域城市化中产业集聚的规模化发展空间，其在产业体系构建和经济发展过程中，会受到母城的直接和间接的集聚效应。母城的直接集聚效应是由行政职能带动工业、教育和文化等向母城集聚，间接集聚效应是由母城的基础设施、环境优势吸引人才、市场和科研机构集聚。位于母城周围的新城中的各类产业园区的建设与发展，为母城城市化进程中产业集聚和城市功能提升提供了发展空间和规模平台。此外，新城也是区域城市化的人口集聚和转移的接纳地，随着母城进入由向心集聚为主向离心扩散为主转变的阶段，工业、居住等功能向新城扩散，部分同新城产业相关性较强的制造业企业迁移到新城，新城成为城市内外人口集聚和扩散的主要接纳地，集聚大量的人口、劳动力要素，带动新城经济发展，有助于产业结构优化升级和支柱产业变迁。

根据波特"钻石模型"理论可知，产业竞争力是由生产要素，相关配套产业，市场需求，企业发展战略、企业结构和同业竞争等主要因素，以及机遇、政府等两个辅助因素共同作用而形成的。其中，四个主要因素相互影响，共同决定产业竞争力水平的高低。但在中国新城建设发展过程中，政府行为、生产要素、相关配套产业、企业发展战略和企业结构对提升产业竞争力均具有重要的影响作用（图 12.1）。

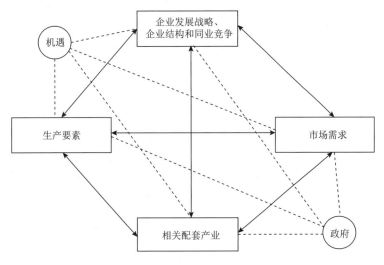

图 12.1　波特"钻石模型"

1. 生产要素的支持

生产要素包括人力资源、自然资源、知识资源、资本资源以及基础设施，可划分为初级生产要素和高级生产要素。初级生产要素是指先天拥有或不用付出太大代价就能得到的要素，如自然资源、地理位置、非技术工人等。高级生产要素指通过长期投资或培育才创造出来的要素，如现代通信、信息、交通等基础设施，高素质人才，研究机构等。在发展初期，充裕及低廉的初级生产要素对新城产业发展尤为重要。为了吸引企业入驻，地方政府以城镇基准地价甚至低于城镇基准地价或无偿使用等形式为企业提供发展用地，极大地降低了企业入驻成本。然而，随着产业结构的升级，初级生产要素的重要性正日渐下降，高级生产要素对于产业竞争的提升越来越重要。地方政府和企业在人才吸引和技术培训等方面采取多种措施，以保障产业结构的转型升级。部分企业在生产或管理过程中大力推广信息化，以降低企业的劳动力成本，提高生产和管理效率。

以佛山高新区为例，其在发展初期产业主要是加工制造业，因此对劳动力的需求较大。近年来，佛山高新区积极构建创新平台，着力推动移动互联网、云计算、大数据、物联网等与制造业融合发展，支持企业信息化、智能化成果应用，改造企业生产工艺和业务流程，大力发展以数控装备、3D打印和工业机器人为重点的智能装备制造业、机械设备制造业、汽车整车及零部件制造业、新材料、光电及显示照明、生物医药及医疗器械业等主导产业优势突显，集群发展势头强劲。此外，佛山高新区推动大数据、互联网、人工智能与实体经济融合发展，引领产业"智造"发展，助力工业经济高质量发展，目前形成了"一区五园"的格局。2018年，在全国综合排名中，佛山高新区前进至第25名，拥有国家级孵化器14个、省级及以上工程技术研究中心307个，集聚世界500强投资企业77家、高新技术企业1500多家。

2. 相关配套产业的集聚

相关配套产业的集聚为产业间紧密合作提供了可能性，有利于产业集群的培育，这对以产品开发和技术创新来提升市场竞争力的行业尤为重要。地理位置邻近、文化背景相似，有利于在新产品开发和技术创新过程中各种正式与非正式信息的交流，有利于共同设计和开发新产品。此外，相关配套产业的集聚还有利于专门化服务设施和机构的发展，促进区域产业体系优势互补。由于产业集聚可以促进企业共享区域公共设施、市场环境和外部经济，降低信息交流和物流成本，形成区域集聚效应、规模效应、外部效应和区域竞争力。因此，在新城发展过程中，地方政府通过完善基础设施，提供各种优惠政策，吸引与主导或支柱产业相配套的产业集聚，打造拥有各自特色的生产基地或服务基地等。

为了培育发展珠江西岸"先进装备制造业产业带"上的重要节点，佛山高新区为入驻的高新技术企业给予了信贷、进出口、用地、税收、金融等方面的优惠政策。佛山高新区目前已形成了汽车制造及零部件、光电显示、新能源、新材料、生物医药、高端装备制造、现代服务业、家电等多个产业集群，特别是装备制造产业高度集聚发展，初步形成集"研发、工程设计、精密加工、系统集成、核心零部件"于一体的装备制造产业链（表12.1）。

表 12.1 佛山高新区产业发展布局

园区名称	重点发展产业
南海园	光电、汽车及零部件、先进装备制造业、新材料、环保、生物医药、生产性服务业等
禅城园	生产性服务业、高端装备制造业、新型信息服务业、传统优势产业、汽车及零部件等
顺德园	传统优势产业、先进装备制造业、环保与新能源、生物医药、生产性服务业等
高明园	传统优势产业、新材料、光电、汽车及零部件等
三水园	光电、汽车及零部件、生产性服务业、生物医药、先进装备制造业等

3. 政府的扶持

新城产业在发展过程中也受到政府扶持的影响。在新城建设过程中，政府给予了新城产业用地与税收优惠和财政支持，以及完善的供水、供电、通信等基础设施。新城内部交通体系的逐步完善、多样交通组合方式的创新，既有利于提升新城交通配置水平，也能够集约土地资源，提升通勤效率，实现城市紧凑发展，促进经济发展。

以苏州工业园区为例，为了发展高新技术产业，苏州工业园区制定了产业促进优惠、人才吸引优惠、租金优惠、科技经费支持、投融资支持、独特的公积金、上市公司特别扶持和科技领军计划等政策（表 12.2）。苏州工业园区在 2016 ～ 2019 年连续四年在国家级经济技术开发区综合考评中位列第一，在国家级高新区综合排名第五；总部企业和功能性机构的数量占江苏省的 17%，位列江苏省第一，建设海外创新中心 4 家；纳米技术应用、人工智能产业、生物医药初具规模。

表 12.2 苏州工业园区的科技发展优惠政策

政策类型	政策相关内容
产业促进优惠	企业所得税优惠政策；增值税费部分退还政策；部分营业税免征等
人才吸引优惠	购房补贴、优惠租房；薪酬补贴、博士后补贴；专项补助、落户、入学等
租金优惠	软件企业租金减免优惠政策
科技经费支持	申请地方政府无偿启动经费补助政策；经费匹配等
投融资支持	成立专门性创投引导基金；中小企业贷款担保政策等
独特的公积金	两种比率自行选择
上市公司特别扶持	财政扶持奖励；土地出让金政策优惠等
科技领军计划	启动资金政策；股权投资优惠；贷款担保政策等

4. 企业发展战略、企业结构的优化

公司负责人经营理念的差异，会导致具有相同产业的公司在发展目标、策略及组

织形式等方面相差较大。而产业竞争优势正是各种差异条件的最佳组合。若某产业公司在发展目标、策略及组织形式等方面的选择与本地区产业竞争优势资源相符合，则该产业竞争优势较为明显。新城中的商务型新城和生产型新城分别集聚着资本雄厚的先进性生产服务业和高端制造业。这些企业经营理念与国外知名公司接轨程度较高或基本一致，能较为全面地评价自身存在的优劣势，能够提供高质量的服务和产品，有助于提高产业竞争力。

以广州汽车集团股份有限公司（简称广汽集团）为例，该公司自成立以来，秉持自身的企业发展理念和文化，坚持合资合作与自主创新共同发展，形成了以整车（汽车、摩托车）制造为中心的完整的汽车产业链条，已发展成为国内产业链完整的汽车集团之一。随着广汽集团规模的壮大，内部组织架构日显臃肿。为了实现集团管理水平优化、提高业务运作效率，2013年广汽集团大幅度地调整内部组织架构，不再保留广汽工业集团，同时对高管人员编制进行重新设定。2019年广汽集团汽车销量居于全国前五。

二、形成新的产业区，重塑城市功能分区

大部分新城是为了发展产业而建立的，因此随着新城的建设，单一的工业新城不断出现。单一的工业新城经过长期的发展，相关的功能与要素在此集聚，逐渐向综合功能区转化，最终新城的出现重塑了城市的功能。新城与母城功能演进主要是通过外溢与承接的互动向前发展的。一方面，母城功能的调整有助于新城的发展，由于母城功能外溢赋予新城发展活力，大量的产业、人口、资本等流向新城，形成新城发展的原动力。另一方面，新城的发展也有助于母城功能的优化提升，新城的产生与功能的发育是城市结构不断优化的结果。城市功能的外溢是指城市内的某种功能或职能在城市外围寻求新的发展空间，随着城市规模的扩大，城市功能需要不断强大，从而辐射到周边地区。

（一）新的产业区的出现

1. 以工业为主的新区

对于临港新城来说，其早期通常依赖港口、岸线优势，大力发展港口物流运输业，加强对内、外交通的联系，积极吸引大型工厂入驻，并围绕核心龙头企业来发展产业配套企业，这一时期港口是核心区域，规模相对较小。然后，随着港口产业和临港产业的发展，产业结构得到优化，产业规模扩大，对城市影响力增强，新城规模有所扩大。随着越来越多的产业集中在临港新城，相关的配套服务产业、产业研发中心、城市建设等大力发展，港城融合加强，临港新城逐渐走向城市综合功能区，新城产业也由早期的临港产业向综合性产业转变。

2. 以服务业为主的新区

对于商务型新城来说，其产业区功能以第三产业为主，商务功能占主导地位。大量的金融、服务、商业等办公机构和众多的公司总部（运营中心、代表处、办事处）等集聚于此，有助于促进第三产业发展；其具有鲜明的商务功能，经济控制能力突出，空间上具备高可达性、高聚集性与高辐射性；迅速增多的金融机构、跨国公司以及大量现代生产服务业和商务机构，通过通信网络联系、掌握和管理全球性的经济活动，大量多样化的专业服务支持，包括法律、会计、咨询也都因需要接近管理和金融服务业而集聚在商务型新城区内。土地呈现出稀缺高价状态，单位土地开发强度大，对外交通需求较强，"潮汐式"交通特征明显。

3. 以科教文卫产业及相关产业为主的新区

对于大学城来说，众多高校、科研机构等云集在大学城，为新城提供了众多的技术、人才要素，为产业创新提供了便利条件，随着新的产品、技术、专利等大力发展，可以直接将技术、产品等转化为生产力，完善高新技术产业的空间布局。在大学城周边设置高新技术园区，有助于提高园区人才储备能力、开发创新能力，也有助于将高校应用研究与科技成果就地就近转化为现实生产力。此外，大学城的建设还有助于提高城市新区的教育水平和文化氛围，提升新区的吸引力，促进城市化进程，集聚大量高校学生、教职员工、家属等人力资源，进而带动房地产、餐饮、旅游等相关产业快速发展。

4. 以文旅产业为主的新区

对于旅游型新城来说，通过开发利用新城原有的自然风光、人文景观、文化遗迹等资源，大力发展旅游产业，来带动新城经济发展。此后，随着基础设施的逐步完善，公共交通网络的通达，旅游产业带动房地产业、住宿餐饮业、物流交通业、服务业等大力发展，同时新城优美的自然景观也会吸引部分高新技术产业入驻新城，带动新城产业升级。随着新城影响力增强，部分总部经济出现，产业继续优化升级，文化创意产业、现代服务业、金融业等大力发展，旅游型新城产业更为高端化、现代化。

5. 综合性新区

对于工业新城来说，其产业区功能逐步完善，对母城的依赖性减弱。工业新城不再是单一的工业用地，生活、商业用地比重增大，形成了一系列金融、保险、商品零售业等；开始发挥对母城的产业、人口疏解的作用，除就业人口增多外，居住人口也开始增多；与母城进入全面互动阶段，承担母城一部分生产、生活、服务功能，部分发展较好的工业新城已经成为城市重要的功能区，也成为地区发展的增长极；随着工业新城逐渐重视产城融合，产业区承担的功能扩展呈现多元化，产业生产功能、商业休闲功能、办公酒店功能以及居住功能得到大力发展，产城融合推进速度加快。其空间格局从独立的点状向多中心片状转变，形成了功能和结构完善且相对独立的城镇单元。

（二）使城市功能有序化

1. 新城的建设有序

办公业、工业等从市中心逐渐搬迁到新城，降低了企业生产成本，提供了产业发展空间，有利于新城形成集聚经济和规模经济，推动城市边缘区开发，从而使市中心区的功能布局有序化。新城建设也有助于人口和产业在空间上均衡发展，推动城市结构由单中心向多中心发展。新城功能从早期的以吸纳大城市过剩人口和产业为主转向协助大城市经济复兴，新城规模扩大、范围更广。新城功能的多样化也导致新城建设中出现了诸多科技新城、旅游型新城等，其加快了城市的经济繁荣和现代化进程。新城所倡导的人与自然、经济、社会协调发展的规划理念对其他地区的城市建设仍具有重要的启示和借鉴作用。

随着中心城区人口和产业逐渐被疏散、转移到土地价格低廉的中心城区外围新城，新城逐渐承接母城各项城市功能（如制造业、传统商贸服务业），新城自身功能结构和定位也发生变化，新城不仅成为第二产业的转移地，而且为第二产业的发展提供各类服务，新城的功能从承接母城制造业单一功能逐步向综合性的区域方向发展和完善。新城与母城之间的关系也由单向从属关系逐步变为依附共生关系，形成协作互补、分工合理的城市功能系统。新城的建立有利于实现多中心、组团式的城市空间结构，使新城成为城市新的空间增长极或城市中心。

以北京为例，北京作为全国政治中心、文化中心、国际交往中心、科技创新中心，以建设国际一流的和谐宜居之都为发展目标，承载诸多城市功能，且城市空间扩张为"摊大饼"式，城市功能过于集中，导致职住失衡较为突出，交通、生态环境等压力巨大。《北京城市总体规划（2016年—2035年）》提出要强化多点支撑，提升新城综合承接能力。新城要围绕首都功能，承接发展与首都定位相适应的科技、文化、国际交往等功能，提升服务保障首都功能的能力；应对承接中心城区人口和本地城镇化双重任务，着力推进产业、居住、人口、服务均衡发展，营造宜居宜业环境。顺义、亦庄、昌平、大兴、房山的新城是承接中心城区适宜功能、服务保障首都功能的重点地区（表12.3）。

表12.3　北京部分新城的功能定位

新城名称	功能定位
顺义	港城融合的国际航空中心核心区；创新引领的区域经济提升发展先行区；城乡协调的首都和谐宜居示范区
亦庄	具有全球影响力的创新型产业集群和科技服务中心；首都东南部区域创新发展协同区；战略性新兴产业基地及制造业转型升级示范区；宜居宜业绿色城区
昌平	首都西北部重点生态保育及区域生态治理协作区；具有全球影响力的全国科技创新中心重要组成部分和国际一流的科教新区；特色历史文化旅游和生态休闲区；城乡综合治理和协调发展的先行示范区

新城名称	功能定位
大兴	面向京津冀的协同发展示范区；科技创新引领区；首都国际交往新门户；城乡发展深化改革先行区
房山	首都西南部重点生态保育及区域生态治理协作区；京津冀区域京保石发展轴上的重要节点；科技金融创新转型发展示范区；历史文化和地质遗迹相融合的国际旅游休闲区

2. 疏导旧城功能，旧城功能逐渐有序化

新城建设疏散了市中心人口，有效缓解了大城市集中式发展造成的规模扩大而带来的交通拥挤、住房紧张、人口密集、地价上涨、环境恶化等种种环境问题，改善了城市生活质量，提高了城市整体形象，促进了城市化健康发展。

城市内部功能分区得以重新塑造。随着工业化和城镇化的不断推进，城市产业结构和用地布局发生了明显变化，城市内部功能空间出现重组。由于地租上涨及居民对高生活质量的追求，在旧城更新改造的推动下，母城区工业逐步向土地价格低廉的中心城区外围转移，与之配套的基础设施和生活配套、商业也随之转移，出现了工业的郊区化。母城区城市功能逐渐由工业生产型向服务管理型转型，原有工业用地转变为居住或商业用地。随着老城区城市功能向外疏散，整个城市内部专业功能分区日益明显，形成了集购物、用餐、娱乐于一体的购物中心、商业金融中心、封闭式居住小区、教育设计研发区、行政办公中心等。

三、改善城市功能，提升城市形象

在经济全球化背景下，各城市处于激烈的竞争环境之中。除了通过大力发展高新技术产业来提升自身竞争力之外，部分城市试图通过构建良好的软环境和硬环境提升城市形象，以吸引投资者和人才。商务型新城通常紧邻老城区，是现代服务业集中地，是地方政府提升城市形象的重点地区，通常被赋予更高的功能定位（如钱江新城功能定位为杭州政治、文化新中心和长江三角洲南翼区域中心城市的中央商务区）。国内商务型新城建设发展不乏成功案例，如广州珠江新城、杭州钱江新城和郑州郑东新区等。从城市形象的系统结构来看，与母城相比，商务型新城在城市职能形象、形态形象、文化形象等方面具有一定的优势。

（一）提升城市职能形象

城市职能形象反映了某城市在国家或区域城市体系中所处的地位。一个城市的职能形象首先来源于其在某个城市体系中的预先定位，而城市职能形象设计就是使城市现实功能形象与其设定或理想功能形象相符。

高新技术产业开发区通常是高技术含量、高附加值产业云集之地。因此，这些新城的发展可直接提升整个城市的经济实力。商务型新城职能专业化突出，是现代生产性服务业的集中地，是城市参与经济全球化的重要平台。杭州钱江新城重点发展金融、会展、商贸、文化等服务业，是杭州城市最重要的发展空间和平台之一及未来重要的增长极。杭州市大力完善钱江新城的基础设施，通过举办第七届中国艺术节及西湖博览会开幕式等扩大其影响力，2016年9月成功举办了G20杭州峰会，大大提升了钱江新城的国外知名度。

（二）改善城市形态形象

城市形态形象反映了一个城市在整体上的形态和形式上的形象，如大城市与小城市形态形象，组团型城市与聚集型城市形态形象，点状城市和线状城市形态形象，等等。

新城规划紧跟现代化城市规划思潮，强调宜居、宜工、宜娱，用地布局较为合理，并配备充裕的公共空间、绿地和市政设施等物质要素，以及建设标志性建筑物。这些物质要素的建设可使新城甚至整个城市的面貌焕然一新，有助于吸引高端制造业、现代服务业和高端人才入驻。新城标志性建筑物可成为城市对外宣传的重要名片之一。上海浦东新区的东方明珠电视塔，选用具有东方特色的圆体作为基本建筑线条，两颗红宝石般的球体被高高托起，形成"大珠小珠落玉盘"的意境，做到现代科技与东方文化的融合。

（三）提高城市文化形象

城市文化形象反映城市在文化追求与文化积淀方面的总体形象，能够反映城市形象系统的延续性和长期性特征。城市的市民文化修养往往难以在短时间内得到改变，部分历史遗存一旦被破坏也难以恢复。此外，部分新城由于受到国际化风格影响，新城风貌丧失地域特色，割裂了新城与母城的人文历史和空间的联系，造成新城居民缺乏地域归属感，导致新城人文居住环境和文化氛围的缺失。

为了保持城市文脉的延续性和本土性，在开发建设过程中，部分新城被赋予地方文化特色。例如，佛山新城在开发建设过程中注重本土岭南文化风格的延续，建设岭南新天地，将岭南窗花、佛山剪纸和年画等元素艺术化地运用于文化中心的建筑设计和滨河景观带的景观设计中，充实了佛山新城的城市品牌在视觉识别上的差异化内涵，使新城更有历史底蕴和文化内涵，平添了新城的质量和厚重感。除此之外，商务型新城和大学城等均是高素质人才集中地，居民文化水平较高，对文学和艺术等文化产品需求较多。为了满足居民对精神文化消费的需求，地方政府通常在新城建设博物馆和艺术展览中心等文化设施，这都有助于改善城市文化形象，提升城市文化品质。

第二节　新城对城市人口分布的影响

一、新城吸引了外来人口，使城市总人口增加

很多新城的设立主要是为了产业开发，而产业的发展需要劳动力。因此，新城在建设过程中，以及新城的产业发展会吸引大量的外来人口。

以广州为例。2010～2019年广州总人口从1270.08万人增加到1530.58万人，人口大幅度增加。外来人口空间分布总体上表现出近郊集中和远郊分散的特征。旧城区街道外来人口（户籍登记非居住地）总数均在4000人以下，而增城经济技术开发区（新塘镇）、广州出口加工区（夏港街道）、广州大学城（小谷围街道）和南沙经济技术开发区（南沙街道）外来人口总数均超过了60000人，特别是增城经济技术开发区外来人口达到了179900人，占常住人口的比重为45.98%，而珠江新城（猎德街道和冼村街道）因较高的房租和房价，对外来人口的吸引力较弱，故外来人口相对较少。

从省内外来和省外外来人口数量空间分布来看，省内外来人口集中在中心城区周边地区，省外外来人口集中分散在远郊。其中，省内外来人口居住在增城经济技术开发区和广州大学城的数量较多，省外外来人口居住在增城经济技术开发区、广州出口加工区和南沙经济技术开发区的数量较多。省内和省外外来人口空间分布差异的主要原因可能是广州作为广东省省会城市，改革开放过程中省内外来人口率先向其中心城区集聚，由于地方文化和血缘的影响，随后其亲邻朋友多向中心城区及其附近集聚，快速地融入城市生活。而省外外来人口群体以低技能务工者为主，主要从事劳动密集型制造业和零售、餐饮等低端服务业，多居住在远郊区生产型新城及其周边地区。这些地区市政配套设施建设不足、公共设施建设相对滞后，租房便宜，对省外外来人口更具有吸引力。

二、新城疏散了旧城区人口，降低了人口密度

中华人民共和国成立至改革开放，受计划经济影响，中国城市土地的经济属性长期未受到重视，城市规模扩张受到严格控制，人口与产业大量集中在旧城区。改革开放后，外资的大规模涌入，推动了城市开发建设，人口和产业在向城市集聚的同时也由旧城区向郊区扩散，中心城区周边地区各种新城的出现加快了旧城产业和人口转移。从产业和人口转移的先后次序来看，旧城人口向新城集聚是紧随产业转移之后出现的。当新城生活性设施日益完善后，新城逐渐演变成产城融合的城市，新城对旧城人口的吸引力增大。旧城人口向新城迁移的动力主要来源于旧城的居住拥挤、卫生环境较差和就业机会已饱和等"推力"，以及新城的良好生活环境、较多发展机会、较低房价等"拉力"（图12.2）。

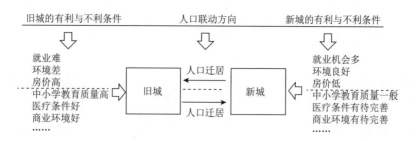

图 12.2　旧城与新城吸引人口迁居的影响因素

以广州为例，1982～1990 年人口增长最高年递增率街镇主要集中在旧城区，较高年递增率街镇集中在中心城区，负年递增率街镇集中在旧城区。1990～2000 年最高年递增率街镇由旧城区外移至中心城区和近郊区，负年递增率街镇仍主要集中在旧城区（周春山和边艳，2014）（图 12.3）。2000～2010 年年递增率较高的中心城区增长率在下降；

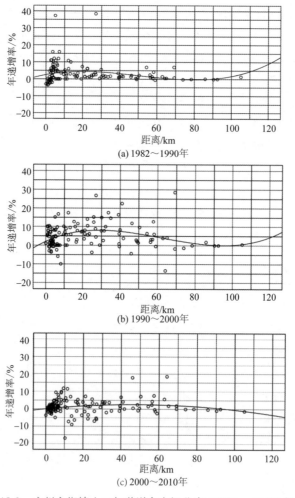

图 12.3　广州市街镇人口年递增率空间分布 (1982～2010 年)

近郊区出现高年递增率；负年递增率仍主要集中在旧城区，但下降幅度加快。从人口密度来看，1982～2010年广州中心城区人口密度逐渐下降，但仍高度密集，近远郊区人口密度趋于上升；人口密度较高的街镇逐渐向外推移，人口密度向东和向北增长较快，尤其是沿天河区黄埔大道和沿白云区广花高速沿线增长比较明显，同时海珠区和芳村区人口密度都有不同程度的增加（图12.4）。综上所述，1982～2010年广州市人口增长较快的街镇由中心城区逐渐向近郊区和远郊区扩散，负年递增率街道一直分布在旧城区。这说明了旧城区人口向基础设施配套完善的近郊区天河新区和白云新城等新区或新城及其他开发建设区疏散较为明显。

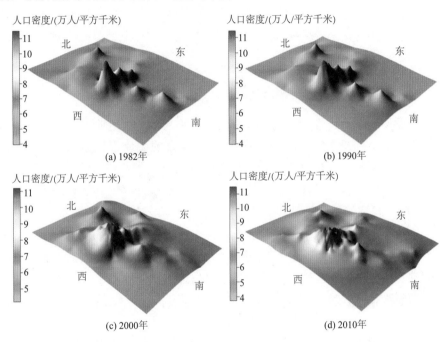

图12.4　广州市人口密度三维模型(1982～2010年)

三、新城发展重构城市人口结构

新城的建设吸引了外来人口，也引起了旧城区人口疏散，新城成为旧城区原居民和外来务工者的集聚地，新城的发展改变了人口的年龄、性别、就业和素质等结构。

（一）新城人口年龄结构与旧城区存在明显差异

新城的建设发展创造了大量就业机会而成为旧城区原居民和外来务工者追逐的地方。由于新城就业岗位主要面向青壮年，故其人口年龄结构为年轻型。此外，大学城承担培育人才的职能，招收的学生都是青年，故其年龄结构为典型的偏年轻型。而旧城区城市化水平较高，老年人口比重较高，加上新城对青壮年的吸引，旧城区人口年龄结构更趋于老年型，老年化较为突出。第六次全国人口普查数据显示，2010年广州市中心城区老年人口比重超过10%的有44个街道，占街道总数的41.51%，其中旧城区街道人口老年化较为突出，海珠区南华西街道、越秀区诗书街道和六榕街道老年人口比重均超过了15%。而珠江新城、广州大学城和广州保税区等新城（新区）老年人口比重较低，其中广州大学城（番禺区小谷围街道）老年人口比重仅为0.74%。主要原因为大学城人群以18～24岁的青年学生为主。从劳动力人口比重来看，2010年广州中心城区劳动力人口比重低于或等于79.22%的有48个街道，占街道总数的40.57%，其中旧城区街道劳动人口比重普遍低于80%。而珠江新城、广州大学城和广州保税区等新城（新区）劳动力人口比重较高，均超过了80%，其中大学城劳动力人口比重达到了97.90%。这进一步说明了新城人口年龄结构类型偏成年型，旧城区则偏老年型。

（二）不同产业结构新城的性别比不同

不同产业发展对人口性别的需求差异较大。绝大部分制造业工作岗位面向男性，特别是钢铁、冶金和煤炭等重工业新城较为突出，故其男女性别比偏高。当然，以轻工业为主的生产型新城对女性劳动力需求较多，如1990年西安灞桥区纺织城男女性别比为96.80。以服务业为主的新城，所提供的工作岗位为年轻女性所青睐，故其男女性别比较低。以广州珠江新城（猎德街道和冼村街道）、增城经济技术开发区（新塘镇）、南沙经济技术开发区（南沙街道）、广州出口加工区（夏港街道）和黄埔永和经济区（永和街道）为例，珠江新城是广州中央商务区的组成部分，产业发展以高端服务业为主，对女性劳动力的需求较多。而增城经济技术开发区重点发展汽车、摩托车及其零部件制造，南沙经济技术开发区支柱产业为塑料、化工、电子、食品加工和船舶制造等，广州出口加工区则重点发展精细化工和食品饮料，黄埔永和经济区已成为汽车配件、食品药品、精细化工等产业集群。这些生产型新区支柱产业工作岗位需要较强的体力劳动，对男性劳动力需求相对较大。2010年，珠江新城男女性别比为113，而增城经济技术开发区、南沙经济技术开发区、广州出口加工区和黄埔永和经济区男女性别比均高于珠江新城，分别为115、127、132、145。特别是黄埔永和经济区男女性别比高达145，远高于全国平均水平105.2。

（三）新城与旧城的产业从业人口比重呈现不同特点

旧城区产业"退二进三"导致从事服务业的人口比重较高。而新城因功能差异，就业人口结构存在不同。承接旧城制造业转移的生产型新城第二产业从业人口比重偏高，而被赋予较高的城市职能。以广州为例，从三次产业结构来看，2010年广州越秀区和荔湾区第三产业从业人员比重超过了70%，其中越秀接近90%。而天河区拥有广州市中央商务区，第三产业从业人口比重也达到了80.16%，远高于全市平均水平53.23%。而工业新城集聚的黄埔区、萝岗区和南沙区第二产业从业人口比重分别为

52%、53.87% 和 66.63%，均高于全市平均水平 38.72%。从行业结构来看，越秀区和荔湾区常住人口从事商业服务、办事和专业技术岗位的比重较高，天河区常住人口主要从事的行业与旧城区基本相同，而生产型新城集中的黄埔区、南沙区和萝岗区常住人口主要从事生产运输设备操作，其次为商业服务。

（四）不同产业类型新城的人口素质有较大差别

新城功能定位的不同导致其对人口素质要求迥异。一般而言，劳动密集型产业集中分布在生产型新区。这些产业对劳动力技能要求较低，准入门槛也较低，是外来流动人口首选的行业。而商务型新城、行政型新城及交通枢纽型新城集中了高端服务业，为制造业的产品设计与研发及融资等提供服务，需要高素质人才，人口素质整体偏高。第六次全国人口普查数据显示，2010 年广州珠江新城（猎德街道和冼村街道）大学本科学历以上人口数量占 6 岁及以上人口总数的比重为 23.31%，远高于增城经济技术开发区（新塘镇）水平的 3.02%、广州出口加工区（夏港街道）水平的 9.62%、南沙经济技术开发区（南沙街道）水平的 3.22% 和黄埔永和经济区水平的 1.12%。增城经济技术开发区、南沙经济技术开发区和黄埔永和经济区初中及以下学历人口比重较高，均超过 55%。由此可见，生产型新区人口素质的短板将制约着制造业的可持续发展，不利于参与全球市场经济竞争，特别是作为广东自由贸易试验区核心之一的南沙经济技术开发区。

四、采取积极措施，增强新旧城之间人口联动发展

新城建设与发展对城市人口合理的重构有积极的作用。然而，新城的建设是一个长期的过程，其对旧城人口的吸引力逐步显现，必须采取积极措施，增强新旧城之间的人口联动发展。

新城、旧城之间人口联动发展表现在新城的"引"与旧城的"疏"两个方面。新城应该积极创造条件，吸引人口从旧城区迁移过来；旧城区人口密度过高，需要疏解部分人口到新城来。

第一，旧城应该确保合理的人口规模，保证人口容量与服务设施相匹配，因此需要研究旧城的适度人口规模，对人口密度过高的局部地区进行人口疏解，转移部分人口到新城。历史城区应该降低现有开发强度，以维持历史城区的机理和社会网络，通过对用地功能的调整，适当降低人口强度，增加社区公园和绿地；非历史城区应该基本维持现有开发强度，适当调整人口发展政策，不能任由人口无限制增长。

第二，新城应该大力完善生产和生活配套设施，加强民生设施的提供，如商业、教育、医疗和文化体育等设施，发展综合配套服务，才能吸引中心城区人口落户。南沙新区在"十三五"期间不断完善生活配套设施建设，如医疗服务、金融机构、教育机构、水陆空交通、生态景观廊道等。在旧城日益拥堵的情况下，居民已经有外迁的需求，从而形成人口联动的"推力"，但是往往人口外迁规模不大，基本原因是新城发展不够

完善，没有形成足够的"拉力"。

第三，人口结构的优化是旧城和新城的关键任务。一般来说，一个地区发展的最终决定力量是人力资源，旧城人口结构的优化和提升是旧城区作为国家中心城市核心区的重要一步，也是旧城区城市更新成功与否的关键。以广州为例，在策略上，广州旧城区可以与产业提升相配合，采用"迁出一批、留下一批、引进一批"的方式，过滤老城人口，改善目前人口老龄化和低素质化的问题，焕发老城活力，达到人口结构调整的目的。对于南沙新区来说，为了打造面向世界的粤港澳全面合作的国家级新区，南沙新区对人口素质的要求较高，未来不仅可以承接中心城区人口，也会引入港澳及外籍人士。一定时期的人口结构总是与其对应的经济发展水平密切关联，未来南沙新区作为国家级新区，将有利于人口结构的优化，并通过人口联动带动中心城区人口结构的优化（表12.4）。

表12.4 广州旧城区人口发展调整策略

旧城区	荔湾旧城区	越秀旧城区	海珠旧城区
更新重点	基本保持旧城区现状人口规模，通过调整人口结构，逐步改变人口老龄化的现状，提升旧城活力	基本稳定现有居住人口，局部地区可适当抽疏，重点疏解高峰时期的就业人口、建设通勤交通带来的设施和城市环境压力	不再增加旧城常住人口，通过产业发展和就业机会的增加，实现人口的本地就业，从而带动消费的提升
与新区联动策略	部分人口迁往新区，实现人口结构调整	部分优质产业外迁新区，降低就业人口通勤强度	发展新产业，吸引本地居住人口在本区就业

第三节　新城对城市空间结构的影响

城市空间结构是城市中物质环境、功能活动和文化价值等组成要素之间关系的表现方式。新城在分担主城区的部分功能、疏散截留中心城区人口的同时，必然会对原有的城市内部与区域的空间结构产生影响。首先，在城市尺度，城市空间结构由单中心向多中心或组合型演变；在区域尺度，新城作为区域增长极，引领城市的空间协调与组群集聚，促进同城化或城市群的形成。

一、城市内部空间结构的重构

按照新城与主城中心的区位关系，可以将新城分为边缘型新城、近郊型新城和远郊型新城，其距离分别是 0 ～ 5km、5 ～ 20km、20km 以上。不同的空间拓展模式对新城空间的独立性、功能的综合性、设施的共享性、投资成本和建设速度均产生影响，继而对城市总体空间结构产生不同影响。目前，中国新城的发展以近郊型新城为主，占56.32%；远郊型新城和边缘型新城数量相差不多，分别占23.09% 和20.59%。

不同等级的城市新城建设采取不同模式。第一类：全国性的特大城市、区域性大城市、东部地区的主要沿海城市以及一些特殊类型城市，如北京、天津、上海、大连等，通常会选择远郊扩展作为主要手段，同时也会伴随近郊扩展来建设城市新城，距离一般超过20km。第二类：区域性的重要城市，如省会城市、东部沿海大部分城市，如哈尔滨、重庆、沈阳、青岛等选择近郊扩展进行新城建设，距离一般在10～20km。第三类：一般性城市，特别是中西部地区的大部分城市，一般以边缘或5～10km的近郊扩展为主进行新城建设，占到全国地级以上城市的近60%。第四类：主要是一些发展条件比较有限的城市，不具备大规模开发新城的机遇与条件，一般以圈层拓展模式进行城市建设。

（一）边缘型新城强化单中心结构

1. 边缘型新城特点

边缘型是紧邻中心城区（一般5km以内）建设新城的模式。该类新城由于距中心城区较近，能够充分享受到原有中心城区的交通基础设施和公共服务设施，从而可以减少新城的投资建设成本，能够在较短时间内迅速形成规模；同时，在空间独立性和功能综合性上，边缘型新城对主城有较强的依赖性，往往会根据近期城市的发展诉求，选取一两种功能作为城市发展的补充，其他功能会依赖于主城来完成，所以其独立性和综合性都相对较差。因此，边缘型新城具有典型的生活（或生产）外置性、弱独立性、弱综合性、强共享性以及节约成本等特征。

边缘型新城一般属于中心城区的重要组成部分，与主城共享基础设施，可大大降低投资成本，在相对较短时间内形成规模。因此，大部分服务型新城或经济实力有限，尚处于发展初期的中小城市所建设的新城都属于该模式。边缘型新城适合有以下特点或需求的城市：①有加快经济增长诉求，但自身经济实力有限；②城市规模较小，可迅速扩大城市规模；③对区位和资源要求有所限制，如智力资源需求（邻近高校等）、交通邻近需求（高速公路出口、铁路站点等）等；④有特殊战略意义的需求。

2. 空间演化过程

边缘型新城的发展强化了城市的单中心结构，其空间演化过程可以分为以下四个阶段（图12.5）。

（1）建设起步阶段：主城向外围郊区建设单一功能的工业区或居住区。

（2）共享整合阶段：与城市边缘的工业园区或村镇共享交通、公共设施等，并进一步整合形成生产型或服务型新城。

（3）逐步融合阶段：边缘型新城与中心城区的规模不断扩大，两者接壤地区成为重点建设区域，互动效应得到增强。

（4）单中心强化阶段：中心城区扩张，直至"吞噬"边缘型新城，进而整合形成更大的中心城区。

许昌市城乡一体化示范区前身是许昌新区，规划面积186km^2，位于许昌市北外环

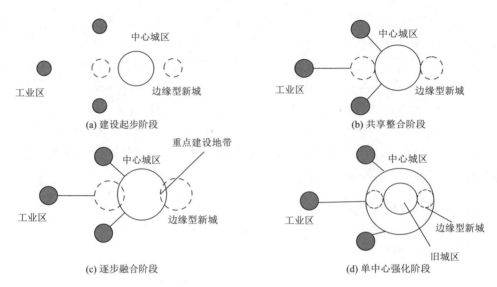

图 12.5　边缘型新城与城市单中心空间结构强化的演变模式

线以北,以工业和居住为主,区域内有中原电气谷核心区、许昌市商务中心区。2017年 6 月,被国务院批准为国家双创示范基地。示范区的功能定位是"四区一基地",即许昌市"三化"协调发展先导区、现代化复合型功能区、城乡统筹发展先行区、对外开放示范区和全国重要的输变电装备制造业基地。

许昌市城乡一体化示范区与主城区之间仅以北外环线为界,其紧邻中心城区,为边缘连续式新城。示范区的区位条件优良而且土地资源充裕,吸引了一批企业,示范区已成为许昌市深层次对外开放的重要窗口和创新创业高地。2018 年,许昌市城乡一体化示范区生产总值完成 96 亿元,固定资产投资增速全市排名第三,服务业增速全市排名第一,一般公共预算收入全市排名第二,税收收入全市排名第一。随着许昌市原中心城区和示范区的建成区规模的扩大,最终新城与旧城连成一片,中心城区的综合功能得到极大强化(图 12.6)。

图 12.6　许昌市中心城区边缘型新城与单中心模式强化

（二）近郊型新城促进多中心结构形成

1. 近郊型新城的特点

近郊型新城是在城市近郊（一般 5 ～ 20km，根据城市自身情况有所差异）开发的新城。该类新城与主城的距离适中，既可以共享部分主城的原有交通与公共设施，节约城市建造成本，还可以与主城保持相对的独立性，有利于新城未来向综合型转型。此外，适中的地理位置也有利于避开工业生产等对中心城区的不利影响以及减少远距离开发后劲不足造成的"圈而不发"的建设风险。

近郊型新城适合有以下需求和特点的城市：①大中型城市，经济基础较好；②有产业外迁、转型的诉求，如"退二进三""腾笼换鸟"；③有可以借助的河流、山体等天然地理屏障，可实现新城、主城的空间独立性；④有打造综合新城、实现多中心发展的诉求。

2. 空间演化过程

近郊型新城促进多中心结构形成，其空间演化过程可以分为以下四个阶段（图 12.7）。

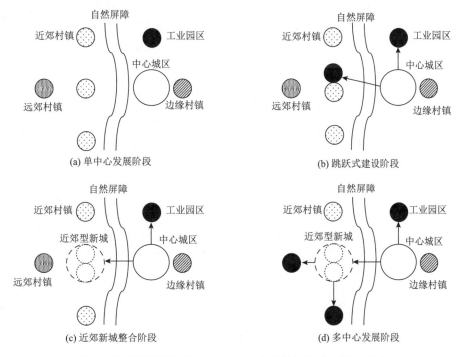

图 12.7　近郊型新城与城市多中心空间结构形成的演变模式

（1）单中心发展阶段：在主城边缘地区开发新城。

（2）跳跃式建设阶段：在河流、山体等自然地理屏障阻隔的近郊开发建设新城，如工业区。

（3）近郊新城整合阶段：近郊新城整合其周边村镇，并继续发展。

（4）多中心发展阶段：中心城区与新城形成两个增长极，并可以各自向外围扩展。

长沙是湖南省省会、长株潭城市群的中心城市、实施中部崛起规划的重要城市。只有完善长沙市的综合功能，提高区域内首位度，才能充分发挥区域带动能力。然而，中心城区需要提升环境质量，强化综合服务功能，发展信息、金融、商务、行政办公等高端现代服务业，建设副中心、发展新城来承担其他功能，因此长沙市市区构建了"一主两次六组团"的多中心城市空间结构（图 12.8）。其中，"一主"为河东主城；"两次"为河西新城和星马新城；"六组团"包括高星组团、暮云组团、捞霞组团、坪浦组团、黄花空港组团、黄榔高铁组团；各级中心、组团都有自然屏障直接阻隔。

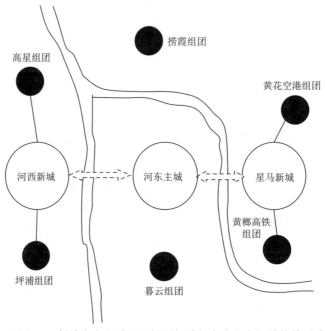

图 12.8　长沙市中心城区近郊型新城与多中心空间结构的形成

河西新城和星马新城与中心城区间有地理屏障阻隔，属于近郊型新城，两个副中心新城的发展有效承担了中心城区的部分功能，并与中心城区错位发展，实现功能互补。河西新城与河东中心城区有湘江和岳麓山阻隔，由湘江新区、金洲新区、宁乡经济技术开发区、长沙大学城等整合而成，其核心为湘江新区；在保护好岳麓山风景名胜区和其他原生态水系的条件下，充分利用周边科研院校的优势以及国家级高新技术开发区的有利条件，大力发展新兴产业和现代服务业。星马新城则以星沙国家级经济技术开发区、隆平高科技园为依托，扩大高新技术产业基地建设规模，利用对外交通便捷的优势条件，推进新型产业、新技术农业、航空科技产业、生产性服务业和文旅休闲产业的发展。

（三）远郊型新城构建组合型结构

1. 远郊型新城的特点

远郊型新城是在远郊地区（一般离中心城区 20km 以上）建设开发的新城。这类新城距离中心城区较远，设施共享性较差，建设成本较高，几乎无法利用中心城区的各种资源进行开发建设，因此其综合性要求较高。远郊型新城在发展之中也与自身周围的城镇、开发区、新区等构成了新的中心－边缘结构。由于远郊型新城的综合性要求较高，因而在远郊型新城的实际开发中，需要优先投入大量资金进行全新的基础设施和社会公共服务设施建设，甚至修建高速路或快速路，加强与中心城区的交通联系。与此同时，由于前期的投入成本巨大，如果吸纳资金的能力不强的话，容易拖长新区的建设周期，影响新城的建设规模，并且使城市的"反馈"作用也相应延长。

因此，远郊型新城的开发要求具备较强的空间独立性与综合性，同时也对中心城区的经济实力和区位优势提出了较高要求。多数城市往往选择有一定区位优势的郊县，或者具有资源、区位和政策多重优势的远郊工业园或开发区作为远郊跳跃式新城的建设基础。远郊型新城的开发适宜性较为苛刻，适合有以下需求和特点的城市：①主城经济实力强，具有远距离大规模开发新城的能力；②原有建成区面积较大，需要开辟新城以调整城市发展空间的需求；③全国性或区域性的中心城市，通过建设新城，实现城乡统筹发展，加强城镇一体化、区域一体化。

2. 空间演化过程

远郊型新城构建组合型结构，其空间演化过程可分为以下四个阶段（图 12.9）。

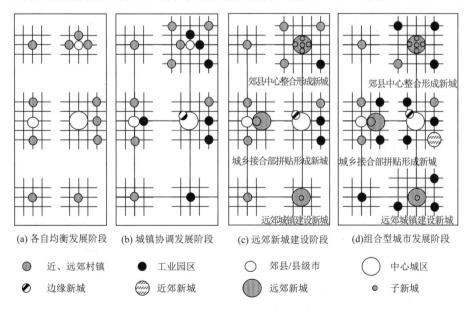

(a) 各自均衡发展阶段　　(b) 城镇协调发展阶段　　(c) 远郊新城建设阶段　　(d)组合型城市发展阶段

图例			
近、远郊村镇	工业园区	郊县/县级市	中心城区
边缘新城	近郊新城	远郊新城	子新城

图 12.9　远郊型新城与城市组合型空间结构形成的演变模式

（1）各自均衡发展阶段：远郊城镇处于初级发展阶段，相互联系较弱，主城以连续性、近郊扩展为主。

（2）城镇协调发展阶段：主城与远郊城镇的联系逐渐加强，在远郊地区布局小型工业园区或开发区。

（3）远郊新城建设阶段：主城在远郊城镇或郊县建设新城，模式包括由郊县县城与边缘工业园整合形成远郊新区，由郊县边缘工业园区、郊县部分村镇、中心城区部分村镇拼贴形成远郊新城，直接以较为成熟的工业园区、大型开发区为基础建设远郊新城。

（4）组合型城市发展阶段：形成中心城区、远郊新城的组合形态。

广州市的规划目标是形成"一脉三区、一核一极、多点支撑、网络布局"的网络化城市结构 [图 12.10（a）]。其中，"一核"为中心城区，是承担行政管理、科技创新、总部金融、文化交往、休闲娱乐等核心功能的地区；"一极"为南沙副中心，是粤港澳大湾区国际航运、金融和科技创新功能的承载区、先进制造业发展区、高水平对外开放门户，其作为粤港澳大湾区的重要发展极，同时承接和支撑广州中心城区核心功能外溢，建设广州国家中心城市发展的新动力源和增长极。南沙新区原为广州市郊区城镇，与广州中心城区的距离较远，拥有较为完整的居住、就业、基本公共服务设施，属于远郊型新城。南沙新区位于广州市最南端，距离中心城区约 50km，1993 年国务院批准设立广州南沙经济技术开发区，2005 年国务院批准设立广州市南沙新区，2012 年将南沙新区设立为国家级新区。南沙新区有南沙港快速路、南岗大道、S358 省道等多条干道与广州中心城区连接。

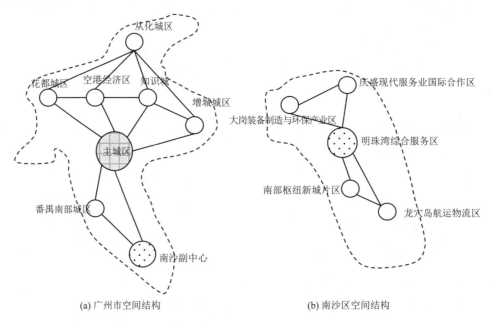

(a) 广州市空间结构   (b) 南沙区空间结构

图 12.10 广州市远郊新城及组合型空间结构的形成

随着南沙新区的不断发展，其自身也形成"一核四区"的空间结构 [图 12.10（b）]。"一核"为明珠湾综合服务区，是南沙新区的综合服务中心。"四区"为龙穴岛航运物流区、南部枢纽新城片区、大岗装备制造与环保产业区、庆盛现代服务业国际合作区，相当于南沙新区的 4 个副中心。

二、区域城市空间结构的重构

改革开放之后，中国城镇化速度显著提升，城市之间的联系日益密切，在部分城市化发展较为成熟的地区出现了同城化、城市群。新城作为区域的增长极，引领城市的空间协调与组群集聚，成为同城化和城市群新城构建的重要的空间载体。

（一）城市间的新城促进同城化

随着城市经济的快速发展，城市化进程不断加快，特别是在快速交通的支撑下，城市联系日益密切。一些城市由于深厚的历史文化渊源、连绵的地域连接空间、互补的产业发展需求、紧密的社会生活联系，逐渐出现了同城化的空间发展战略契机。同城化是社会经济发展到一定阶段的重要趋势之一，是城市扩大空间规模、优化空间布局、整合空间资源以及增强区域竞争力的重要手段。

城市间的连接地区是实现同城化战略的重要区域。根据用地条件、区域格局的不同，其空间发展模式也存在差异。

（1）空间对接模式：对于地理毗邻、实体空间连片接壤的同城化城市，由于边界模糊，不存在较为明显的空间连接带，不适宜通过建立城市新区来带动同城化发展，这类区域往往采用"空间对接"的模式进行建设，即以商业设施、重要基础设施等为契机，重点整合数个区域进行共同建设，其开发重点体现在产业功能优化、道路交通对接、公共设施整合、生态保护等领域，如广佛同城。

（2）新城建设模式：对于存在一定空间距离、连接地带尚未开发或城镇化水平较低的同城化城市，一般通过在城市空间连接带共建生产型新城的方式推动同城化战略的实施建设。以生产型新城为空间载体的模式，既有利于整合连接带的地域，为产业发展提供更多的拓展空间和产业选择，提高城市的共同参与热度，又有利于建立相对独立、自行管理的组织管理机构，提高工作效率，成为强化双方区域合作的"试验区"。大多数同城化城市属于这种模式，如郑汴同城、西咸同城、乌昌同城、沈抚同城等。

新城建设模式的同城化发展可以分为以下四个阶段。

（1）起步期：以道路交通、公共设施一体化建设为导向，同城化城市以各自自发建设为主，在工业产业郊区化过程中，将工业园区相向发展，设置在空间连接带上，形成各自的产业功能区。

（2）合作期：以推进功能一体化发展为导向，以共建城市交界地带新的城市增长点为重点，以合作探索共建工业园区、承载城市新兴职能为主要内容。

（3）融合期：在共建工业园区基础上，协同制定产业发展、行政管理、公共服务等政策，促进城市其他方面，如设施、生态、服务、资源等的融合与一体化，以创建生产型/综合型新区为主要内容。

（4）成熟期：以体制机制创新为导向，形成同城化协调机制，同时注重城乡一体化的发展，全面形成同城化和一体化。

为了加快中原崛起，积极推动中原城市群建设，郑州、开封两市在空间连接带共同成立了郑汴新区，联合打造区域增长极（图12.11）。郑汴新区由郑州新区和汴西新区组成，区域规划面积2077km²。其中，郑州新区规划面积1840km²，包括郑东新区、郑州经济技术开发区、郑州国际物流园区、郑州国际航空港区、中牟产业园；汴西新区规划面积237km²，在郑汴产业带规划的基础上，与郑州新区在空间上实现对接。郑汴新区的建设有效推动了郑汴一体化，率先在交通、金融、电信同城等方面进行了积极探索，也在空间上实现了两市的连接。

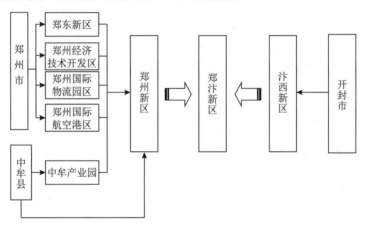

图 12.11　郑汴一体化与郑汴新区的建设

（二）城市群的新城推动城市群连接

在更大尺度的区域空间上，特别是在经济相对发达、人口相对密集的地区，若干都市区在更大范围连绵发展，经济社会文化交流合作日益紧密，从而形成了城市群。在这些区域内部的城市往往以核心城市的新城建设为导向，采取空间近邻、产业配合的发展战略开发各自新城，这些城市新区空间布局呈现出区域化的组群发展态势，出现跨区域集聚的"新城组群"。这些"新城组群"是大范围"城市群"的空间"缩影"，是城市群体分工合作的"示范区"和"先行区"，推动着城市群的进一步发展壮大。

在长株潭城市群区域一体化和"两型社会"综合配套改革试验区的政策背景下，长株潭地区也逐渐了成立了一大批以先进制造业、汽车零配件、新材料、能源环保等为主导的新城，包括长沙大河西先导区、长沙北部新区、长沙经济技术开发区、株洲新区、湘潭河东新区、湘潭昭华新区、益阳东部新区7个新城在内的大型"新城组群"（图12.12），规划总面积达 1845.80km²。这些新城组群位于长株潭城市群的核心地区，有效带动了城市群的发展。

1. 株洲新区
2. 湘潭河东新区
3. 湘潭昭华新区
4. 长沙大河西先导区
5. 益阳东部新区
6. 长沙北部新区
7. 长沙经济技术开发区

0　25　50　　100 km

图 12.12　长株潭城市群的新城组群推动城市群融合

第四节　新城对城市交通的影响

新城分担主城区的部分功能，对原有的城市空间结构产生影响，促使城市空间结构由单中心向多中心或组合型演变，而城市空间结构决定了交通流向和交通量。因此，新城通过重塑城市空间结构影响城市交通。

一、交通流向复杂化，提高交通效率

（一）初始单中心城市交通流向呈放射状

单中心城市在空间上有一个就业高度集中的区域，称为中央商务区。城市居民大多居住在中央商务区之外，每天通勤至中央商务区上班。因此，单中心城市的交通流向最为显著的特征是交通流向的有序性，其呈放射状并形成明显的"潮汐式"交通，即在早、晚或假期出现中央商务区与外围居住区之间的单方向的巨大交通流量，另一方向上的流量却并不大；而且在单中心城市中，越靠近城市中心交通越拥堵，交通通行效率越低，这也是许多城市规划成为多中心结构的主要原因之一。

（二）新城多中心化后交通流向随机分散

新城的建设促使城市的空间结构发生改变，城市形态逐渐由单中心向多中心转变。随着副中心的崛起，城市各中心之间的人员、物资流动强度发生变化，原本聚集在城市中心区的交通流量也开始趋于分散。在一个多中心城市中，人们的出发地和目的地高度分散，导致交通流向逐渐由单中心放射型向随机型转变，原来单中心模式下的"潮汐式"交通流和中心城区交通拥堵得到了一定程度的缓解，交通通行效率得到提升。1980年之后，荷兰西部兰斯塔德城市群中城市居民的出行行为约57%发生在郊区之间，而在中心城区和郊区之间的通勤行为约只占到出行行为的41%。对比广州1984年与1998年两次出行调查数据发现，随着城市空间结构由单中心向多中心转变，原中心城区（荔湾区、越秀区、东山区）的交通吸引量由71.4%下降至51.5%，而1984年天河区和黄埔区的交通吸引量之和仅为7.1%，1998年仅天河区的全日吸引量就已达到12.1%，海珠区与原中心城区的交通流量也由1984年的46.9万人次/日增长至1998年的62.6万人次/日。

多中心城市中各个中心的规模存在差异，导致其交通模式也存在一定差异，其基本上可分为两类：均衡多中心模式和组合型模式。均衡多中心模式中各中心之间的规模差异较小，城市中的居民可以较为方便地到达任何一个中心，交通流呈现随机状态。组合型模式具有一个较强的主中心，因为主中心能提供更多的就业机会，所以产生的交通流呈现随机状与放射状相互混合的状态（图12.13）。

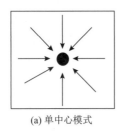 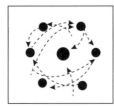 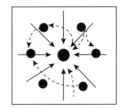

(a) 单中心模式　　　　(b) 均衡多中心模式　　　　(c) 组合型模式

图 12.13　不同城市空间结构的交通流向模式

二、重视公共交通，私人汽车出行率提高

受到土地资源稀缺性的影响，中国的新城开发主要为公共交通导向模式。但随着新城发展带来的多中心化，公共交通需要投入更多资金才能保持其便利性，而且在新城发展初期，当地的公共交通体系不十分健全，私人汽车出行极具便利性和舒适性，导致公共交通出行比例下降，私人汽车出行率提升。

（一）以公共交通导向型开发为主导模式

与西方典型的低密度蔓延和以小汽车通勤为主的特征不同，因为人地关系和土地资源稀缺性的问题，中国城市的多中心结构建设需要走一条高密度开发、功能独立并且以公共交通为主导的新城发展之路。公共交通导向型开发（transit-oriented development，TOD）模式是中国新城开发的主导模式，其中主要的公共交通为地铁、轻轨、有轨电车等轨道交通，快速公交系统（bus rapid transit，BRT）等公路交通。TOD模式首先发展快速公共交通，以快速公共交通站点为新城中心，在其周围连接新城内部的慢速公交系统，目标是建立集工作、生活、商业、文化、教育等为一体的新城，使居民在不排斥小汽车的前提下，能方便地选用城市公交、自行车、步行等多种交通方式。快速公共交通的建设有利于增强中心城区与新城的联系程度，促进中心城区与新城的资源相互流动，加快新城建设的步伐。

TOD模式在中国新城建设中已经得到了广泛的应用，主要的交通模式有地铁和BRT，如北京连接房山新城的房山线，上海连接松江新城的9号线、连接嘉定新城的11号线，广州连接番禺的3号线、连接南沙新城的4号线，合肥滨湖新城与中心城区有轨道交通1号线和多条BRT线路，香港东涌通过港铁东涌线与新界、香港岛相连接。

（二）新城带动私人汽车发展

轨道交通和快速公交系统等公共交通是连接人口密度较高的新城与中心城的理想交通方式。公共交通容量大，可以降低人均能耗、减少环境污染，但公共交通依然不能取代兼具方便性与舒适性的私人汽车。

对比中心城区和新城的交通出行方式可以发现，中心城区的公共交通出行比例相对较高，单人驾车的比例较低；而位于城市外围区及边缘区的副中心新城的私人汽车通勤比例相对较高，公共交通出行比例较低，主要原因是私人汽车提升了到达目的地的便捷度，尤其是在新城内部的公共交通体系不够完善的时期。挪威公共交通部门发布的一份研究报告显示，在城市中心区的企业员工中，公共交通的出行比例最高，而小汽车、步行以及自行车的出行比例随着与中央商务区距离的增加而增加。挪威奥斯陆不同位置的工作中心的交通出行结构有较大差异，两个位于中心城区中央商务区的工作中心的私人汽车通勤比例较低，而位于城市边缘区副中心的两个工作中心的员工的汽车通勤比例较高，公共交通通勤比例非常低。对墨尔本一个公司总部迁移的研究也发现，公司总部从中心城区迁移到郊区新城使得大多数员工的通勤距离都减少了，但员工出行方式也从公共交通使用者比例最高转变为私人汽车使用者比例最高。对哥本哈根一家公司的搬迁研究也得出了类似结论，就业迁移导致了个人的机动化交通方式显著增加，约有10%的员工在工作地迁移后新购置了私人汽车。

从城市尺度来看，随着新城的建设和发展，城市单中心性逐步弱化，尽管有大量投资和津贴，世界大多数城市的公共交通出行的比例依然降低，更加依赖于私人汽车。因为在单中心城市中，虽然居民的出发地不同，但却存在一组共同聚集的目的地，公共交通系统可以高效率地在单中心城市运作；但在多中心城市中，许多出行的出发地和目的地都是不尽相同的，因此存在大量出行者很少的线路，多中心城市中的公共交通系统需要更多的投入才能维持出行的便利度。在工作中心分散化的影响下，挪威奥斯陆小汽车的使用率从 25% 上升到 41%，而公共交通的使用率则从 61% 下降到 46%。对 1980 年旧金山湾区的研究发现，在湾区的 22 个子就业中心中，单独驾车通勤的比例有所增加，乘坐公共交通和合伙驾车的比例均有不同程度的下降，出行的方式由公共交通向私人交通转移。多中心化也使荷兰城市居民使用私人汽车的比例提高，同时也导致公共交通、步行、自行车等绿色出行方式的比重下降。不过，仍然存在少数的研究认为多中心化并未导致居民出行减少使用公共交通，对比巴黎 1971 ～ 1989 年的数据发现，虽然在所有出行中，郊区机动化的出行比例提高至 63%，然而公共交通所占的份额仍然维持在 31% 左右的高水平，这主要得益于巴黎市政府对公共交通系统持续不断的高额投资。

三、不同发展水平的新城对通勤时间和距离的影响存在差异

多中心的结构转移交通流向的作用已被证明，但多中心结构对通勤时间和距离的影响存在差异。对于多中心结构对通勤距离及时间的影响，可以从两个维度来理解和分析：一是从城市内部尺度，横向对比副中心新城和中心城区的通勤时间和距离；二是从整个城市的尺度，按时间发展，纵向比较该城市从单中心发展为多中心后的通勤时间和距离。对比国内外的研究发现，新城对于通勤时间和距离的影响主要取决于新城本身的发展水平，即其自身的综合功能是否完善。

（一）多中心结构对通勤时间和距离的影响存在差异

1. 城市内部尺度

从城市内部尺度来看，研究关于城市副中心新城与中心城区的通勤时间与距离发现了不同的现象。一些研究认为，随着城市内部居住分散化，如果工作地点位于远郊的新城而不是中心城区，那么平均通勤的距离和时间将会缩短。1980 年对洛杉矶的研究发现，中心城区的平均通勤距离高于其他副中心新城的平均通勤距离，多中心模式可以缩短通勤时间，郊区副中心新城就业者的通勤时间比中央商务区的就业者少几分钟。旧金山湾区的研究也有类似发现，其核心区通勤时间最长，而外围次中心新城的通勤时间最短，一个有等级的多中心结构有助于缩短通勤时间。

然而，也有不少研究发现，副中心新城的通勤距离和时间要高于中心城区，主要原因是副中心新城的综合功能较差，新城并没有实现居住与就业的平衡，外围的新城依然对中心城区存在较高的依赖性，因此反而延长了通勤距离。通过对加利福尼亚州南部地区凯撒基金会医院（Kaiser Foundation Hospitals）的工作人员在 1984 ～ 1990 年的通勤情况跟踪调查，发现工作在安纳海姆（Anaheim）和河滨市（Riverside）等郊区副中心新城的员工的通勤距离高于洛杉矶和圣迭戈市等中心城区的员工，因为洛杉矶医疗中心位于好莱坞，它的人口密度极高而且交通阻塞严重，工作人员为了避免拥堵

的交通而选择在医疗中心附近居住，而外围新城如河滨市的土地开发密度低，周边地区可提供的居住机会有限，因此工作人员不得不进行长距离的通勤。对挪威奥斯陆的研究发现，工作地点离中央商务区越远，平均通勤距离就越长，当工作地点与中心商业区的距离从 2km 增加到 12km 时，平均通勤距离将从 10.5km 增加到 12.4km。对广州的研究也发现类似现象，距离中心城区越近、人口密度越高、基础设施越完善区域的居民通勤距离越短，而人口密度处于增长阶段的外围新城，由于居住与就业之间的均衡性较弱，居民出行的通勤距离较长。

2. 城市尺度

从城市尺度来看，关于多中心结构是否可以优化单中心结构的通勤成本的研究也得出不同结论。一些研究发现，单中心城市的通勤距离和时间比多中心城市的长，且都随城市规模的扩大而延长。对美国大都市区居民的私人交通平均出行距离的分析发现，在美国东北部地区，随着城市规模的增大，居民的平均出行距离在增长，而在西部地区，城市规模的增加并未引起出行距离的增长；同时，对于具有相似规模的城市，在早高峰时段，西部城市要比东部城市的平均通勤距离短，正是西部多中心的形成造成了这种差异；随后进行的回归分析实证得到了类似结论，因为高密度单中心城市交通的严重拥堵，所以其通勤时间比多中心城市中低密度郊区社区的更长。对 17 个中国城市的研究表明，单中心城市的小汽车出行时间随着城市规模的增长而增加，而多中心城市的小汽车出行时间趋于稳定；而且在同一规模的前提下，组团城市较非组团城市的出行时间要短，大城市的差异最为显著，多中心大城市的出行时耗在 22min，单中心大城市则达到 30min。

然而，另外一些学者的研究发现却反驳了多中心结构可以优化出行效率的观点。在对 20 世纪 70 年代的美国和日本大都市区的研究中发现，它们的实际通勤距离约是单中心模型预测结果的 7 倍，研究的大都市区实际上是多中心的而不是单中心的，因此过度通勤的发现暗示了多中心的城市增长引起了更长的通勤距离。美国华盛顿都市区的平均通勤距离由 1968 年的 6.6 英里[①]上升到 1988 年的 8.8 英里，进而得出了分散化的效应就是增加了通勤距离的结论。

（二）综合新城优化通勤时间和距离

一些支持单中心结构的研究人员认为，多中心结构并未使就业和居住达到平衡，并且导致了城市居民通勤时间和距离的增加，因而在城市中更多地提倡单中心结构。多中心结构的支持者则认为，相比于单中心结构，多中心结构能够吸引就业机会远离城市中心，而家庭和企业总部通过周期性的调整空间位置来实现就业和居住的平衡，从而使区域内的交通总量趋于分散，达到缩短城市居民通勤距离和时间的目的。

---

① 1 英里＝ 1.609344 千米。

中国新城

　　由此可见，单中心结构的支持者和多中心结构的支持者产生分歧的主要原因在于副中心新城的发展水平，即新城的综合功能建设是否完善。如果副中心的发展水平高，功能完善，居民就近择业，那么多中心结构无疑会分散单中心结构所产生的交通量，从而达到缩短居民通勤时间和距离的目的；反之，如果新城的发展水平较低，仅仅具有单一的产业或居住功能，导致居住与就业占据城市的不同空间区域，居民的跨区域出行不仅没有使原有的交通问题得以解决，反而增加了居民的通勤距离和通勤时间，将会使城市交通更为拥挤。因此，改善交通出行的多中心结构的必要条件是建设功能复合的综合新城，实现职住平衡。

　　1988年，郑州市在位于西北郊的石佛镇和沟赵镇建立了省内第一个开发区——郑州高新技术开发区，开发区距离市中心约12km，产业以电子仪器、新能源和新材料、生物制药等为主，开发区的建设使制造业开始向城市郊区扩散，实现"跳跃式"新城开发模式。1993年，郑州市在城市东南郊和陇海铁路的南侧建立了郑州市经济技术开发区，开发区的产业以吸引外资企业、出口加工制造业等为主。进入21世纪后，郑州市作为国家级的中心城市和中原地区的经济中心，经济发展和城市建设提速，同时城市中心的交通环境恶化，人们的出行变得困难。为适应全球化的发展，融入世界经济，提升城市品位，郑州市把建设国家中心城市作为重点，积极打造承接东部地区产业转移基地，并于2001年在郑州国家经济技术开发区的基础上重新规划郑东新区，建设新城。郑州高新技术开发区、郑州市经济技术开发区和郑东新区均规划布局了产业、商业、居住和公共服务用地，努力打造综合新城，现在郑东新区已完全发展成为郑州市新的经济中心，改变了郑州市"单核心"的城市空间发展格局（图12.14），也有效缓解了旧中心城区的交通压力。

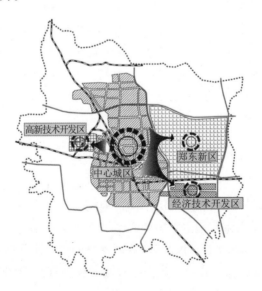

图 12.14　郑州市中心城区空间结构

鉴于只有职住平衡的多中心结构才可以解决过度通勤的问题，在规划新城时不仅仅只考虑产业的发展或居住的功能，还需要完善各类公共服务，如医疗、教育、商业、休闲娱乐等，降低对主城区的依赖性，打造综合新城。

第五节　新城对城市环境的影响

随着新城承担了部分中心城区的功能，中心城区的旧厂、旧村、旧城得以功能置换，从而实现了城市环境改造升级。同时也要注意到，新城建设中存在部分以牺牲环境为代价的扩张，如推山填湖、毁林扩张；新城的居民在生产生活中也会对环境造成一定污染，如工业开发区"三废"排放、私家车尾气排放等，新城发展与生态环境的和谐共存应成为城市设计师、建设者、居民共同关注的重点。

一、新城对生态环境有一定负面影响

新城的发展需要将自然环境改造为人工环境，而部分城市在发展新城时以经济发展作为首要目标，在急功近利的政绩要求下，在选址、规划和建设上过于追求速度与规模，忽略了对生态环境的保护，如对地形地貌进行简单的"推山填海"式的硬性改造，使地表植被、湿地、水体等具有重要生态服务功能的要素遭到破坏，这种做法会严重破坏生态平衡，降低生态环境自我调节的能力，提升生态风险。

同时，由于缺少严格的环保审核机制，为了招商引资，降低准入门槛，部分新城引进了一些不符合环保要求的企业，工业废气、废水、废料随意排放对水、大气、土壤等均造成污染。此外，新城与主城往往相隔一段距离，而且新城的公共交通基础设施不完善，导致居民出行严重依赖小汽车，增加了碳排放，加重了大气污染；同时，居民日常生活中生活垃圾和污水也会造成环境污染。

（一）生态风险增大

1.侵占生态用地

在建设成本和政绩的要求下，部分新城的开发盲目追求速度与规模，在不进行环境评价或忽略环境评价结果的同时，直接大量砍伐森林、破坏植被、填平湿地滩涂，导致水土流失日趋严重。据统计，为工程建设清理地面，一年间产生的土缝侵蚀相当于自然甚至农业数十年造成的侵蚀，平均来讲，新城建设期土壤侵蚀率是农田的10～350倍、是森林的1500倍。

在新城的建设过程中，一些地方片面追求增大城市面积，使得新城的建设呈现粗放式发展，城市新区建设演变成一场圈地运动。在城市新区建设中大面积的荒地、林地和耕地被占用，大量的土地资源浪费甚至威胁到城市粮食安全。

为解决中国黄土高原某城市发展空间不足、城景争地、交通拥堵、群众难以安居、革命旧址被挤压蚕食等问题，城市决定规划建设新区。黄土高原某城市新区一期工程建设面积 10.5km^2，于 2012 年动工，项目建设期 4 年，为中国湿陷性黄土地区"削山、填沟、造地、建城"规模最大的岩土工程之一。一期工程开始动工以后（图 12.15），山上的绿色植被为黄土所替代，山体变成了巨大的建设场地，工程建设对山体的原有植被造成了严重的破坏，大量的绿色植被被掩埋和移除，对生态环境造成了侵扰。

图 12.15　中国黄土高原某城市新区一期建设

新城的建设无法摆脱对土地资源的占用，因此需要在进行战略规划时统筹安排，尽最大可能少占耕地和林地，充分开发荒地和未利用土地，并对新城规划做出科学布局，节约用地。

2. 栖息地受到威胁

新城建设破坏原有的自然地表（如天然林地），侵占了野生动植物的栖息地，对生物多样性造成了严重的威胁。新城建设需要对原有的植被环境先破坏再重建，虽然按照规划对建成的新区进行绿化覆盖，重新恢复植被环境，但自然界本身就是一个复杂平衡的系统，在这个过程中，生物的生长环境被破坏，整个生态系统的良性循环间接受到影响，给资源环境带来深远的影响。

3. 热岛效应加剧

热岛效应（urban heat island effect）是指一个地区的平均温度高于周围地区的现象。热岛效应产生的主要原因是人类活动改变了城市地表的局部温度、湿度、空气对流等因素，进而引起的城市小气候变化现象。研究表明，城市地区的建筑施工场地、工业开发区、缺少绿化的城市道路、机场和火车站等建筑密度大的地区都是热岛效应容易产生的主要区域。

新城建设时导致土地覆盖变化是城市热岛效应产生的重要原因。城市人工地表面积的下垫面热力学性质不同于自然地表，硬化的水泥地面和建筑物的比热容较低，白天受太阳辐射后温度升高较快，温度明显高于水体或植被覆盖率较高的自然地表，从而形成热岛效应，如水泥和柏油路面的温度在地表温度中是最高的。

同时，新城生产生活需要消耗大量能源并产生热量，使得周围气温显著上升。此外，新城生产生活中污染物排放也会加剧热岛效应。城市排放的各种温室气体、光化学烟雾、气溶胶、粉尘、烟尘和各种污染物，不但会引起温室效应，而且还成为城市热岛效应产生的温床。全球变暖也将使热岛效应进一步增强，据估计，如果大气中二氧化碳含量增加一倍，城市热岛效应的强度会增加两倍。北京热岛效应的加剧与近些年周边新城快速发展有关，北京热岛效应的增温率为 0.23℃/10a，而建成区增温率为郊区的 8 倍。

城市公共绿地、树木和水面对热岛效应都有一定的缓解作用，因此在新城规划建设过程中，增加植被覆盖是减缓热岛效应的一个有效途径，如合理进行城市道路绿化，减少草坪面积并相应增加植树量等，从而在综合考虑各方面成本效益的前提下充分发挥城市绿化的作用。

（二）各类污染加剧

1. 空气污染

城市化是导致空气质量下降的主要原因。新城中大气污染物的来源分为固定源（如工厂、电厂、采暖锅炉、家庭炉灶等）和流动源（如各类交通工具）两类。大气污染物按其存在状态可分为两类：气溶胶状态和气体状态污染物，主要包括烟尘、二氧化硫、一氧化碳、氮氧化物、多环芳烃、氟化物、硫酸气溶胶和重金属等。

在新城中，对大气环境的影响以废气排放为主要方式。工业生产和城市取暖需要燃烧大量的煤、石油、天然气等燃料，在燃烧过程中不仅产生大量二氧化碳等温室气体，也会形成一氧化碳、二氧化硫、氮氧化物、有机化合物及烟尘等有害物质；此外，工业生产过程也会产生更多有害废气，如有色金属冶炼工业排出的含重金属元素的烟尘，磷肥厂排出的氟化物，酸碱盐化工工业排出的氯化氢及各种酸性气体。在新城的生活中产生的废气也不可忽视，汽车尾气排放已成为大气污染的主要污染源，其中主要污染物为一氧化碳、氮氧化物、含铅污染物和细微颗粒物；此外，家庭炉灶排气是一种排放量大、分布广、排放高度低、危害性不容忽视的空气污染源。这些有害气体中，有些在大气中会进一步反应生成新的污染物，如氮氧化物和某些碳氢化合物可在阳光照射下反应生成臭氧，这是低空臭氧的重要来源；大量温室气体与硫化物气体会引发温室效应、酸雨的次生污染。

此外，新城建设导致城市多中心化，尤其是就业多中心化和功能不完善的新城，会增加居民的通勤距离和小汽车出行的比例，汽车尾气的排放增多会加剧空气污染。中国 286 个地级市的实证分析证明，多中心和分散的人口分布会提升城市 $PM_{2.5}$ 的浓度。对中国北京、上海、天津、重庆、广州的研究发现，不规则的城市形态会增加空气污染天数。

城市中绿地能显著改善大气污染程度、降低固体颗粒物浓度，对于环境质量的提升有着良好的效果。研究表明，城市中绿地斑块面积越大、破碎程度越低，则其净化大气污染的能力越强。因此，在新城的建设中，应当布局完整的绿地系统。

2. 水污染

新城导致的水污染主要来源有以工业废水、生活污水排放等为代表的点源污染和以建成区为代表的面源污染，不断增加的污染物远远超过当地河流、湖泊或海洋的自净能力，从而引发水体的重金属超标和富营养化等污染问题。

点源污染方面，部分新城在招商引资时降低了环保准入门槛，或者对企业生产的环保督察机制不够完善，导致企业在生产过程中排放大量废水进入河流、湖泊、海洋。制革厂、造纸厂、金属电镀作业等工业所排放的污水中包括多氯联苯、二噁英等有机氯及汞、铅、铬、铜等重金属，即使通过严格的污染控制措施，工业污水的毒性有所降低，但工业污水的毒性依然是新城水体的主要威胁。同时，随着人口的集聚，新城日常生活所产生的生活污水量也显著提升，部分区域由于配套下水管网不完善，从而引发城市内部或者周边地区的水体污染。面源污染方面，地表灰尘作为污染物的重要载体，是城市典型的面源污染源之一。新城建设导致区域不透水面迅速增加，地表径流增多、地下渗水减少，在降雨径流的淋洗和冲刷之下，大气、地面的灰尘和地下掩埋垃圾的污染物形成地表径流，直接流入河流、湖泊水库和海洋等水体，从而造成水体的面源污染。

3. 土壤污染

新城的建设和发展不仅改变地表所覆盖土壤的结构，同时还使一些人工污染物进入土壤，给土壤造成不同程度的污染。

新城的工业废水、生活污水和地表污水渗入土壤或汇入河流、湖泊，随后随着农业灌溉迅速扩散污染农田，继而导致土壤肥力下降、农作物减产，甚至有毒有害物质会随着食物链进入人体并富集，对人体健康造成威胁。新城的发展必然会带来道路交通的建设，而交通是造成土壤污染的重要原因之一，汽车尾气排放和道路扬尘严重污染道路两侧土壤，许多研究发现，城市交通干线两侧土壤中重金属元素的含量要显著高于远离交通干线的土壤，上海市交通密集区土壤铅含量为 201.7mg/kg，明显高于工业区、居住区、商业区等，而上海市土壤的铅元素背景值仅为 25.02mg/kg。此外，新城生产生活中产生的工业矿渣、生活垃圾、城市建设残渣等固体废物垃圾的处理，还主要采取填埋的方式，随着降雨的渗入也同样会对土壤环境造成污染。

二、新城总体上对环境改善产生积极的作用

借助边缘型新城的建设，可对旧村、旧城进行更新改造来提升城市的建成环境质量。同时，新城的发展可以分担中心城区的部分生产生活功能，促使城市功能有序化，从而缓解城市的交通拥堵和环境污染等问题。

（一）城市更新带来城市环境升级

随着城市化快速推进，部分工业区、居住区的功能老化，不适应现代化城市社会生活，以新城建设为契机，通过拆迁、改造、投资和建设，以全新的城市功能替换功能性衰败的物质空间，使城市环境得到升级。

原来处于城市郊区的工业区逐渐与中心城市的其他功能区融合，而工业生产产生的大量废水、废气和废渣会直接污染中心城区的环境；而且由于周边土地价格的上涨，这些工厂无法继续扩大或改造升级生产，导致产品或产能落后。借着郊区新城建设的契机，位于老工业区的企业可以搬迁至新城，实现扩大生产，并且中心城区的生态环境可以得到直接的提升，减少了噪声、空气和水污染。但需要注意的是，工业企业搬迁后留下的"棕色土地"需要经过专业的环境修复后才可进行二次开发利用。同时，通过建设产业新城，可以实现污染排放的集中化，各企业可以共用污染处理设施以分摊成本，这样不仅可以将生态环境的影响降低到最小，而且可以降低生产成本。

部分城市周边地区的农村耕地被征收，但当地的农民却仍然留在原居住地，并且保有他们的宅基地，由此形成城中村；此外，一部分老旧小区由于当时规划水平有限、建设资金不足等问题，小区风貌已然落后时代发展。这些城中村和老旧小区的建成环境较差、治安混乱、市政基础设施薄弱、配套生活设施不足、缺少绿化和公共空间，严重影响了当地居民的生活。通过新城建设的契机，城中村和老旧小区可以进行拆迁重安置或改造升级，从而提升城市整体的建成环境质量。

广州钢铁厂于1957年开始建设，1958年投产，是广东省首个钢铁厂，也是当时华南地区最大的钢铁厂，拥有大量的储备用地。随着工厂的开工，噪声污染一直伴随，20世纪90年代到2000年前后，烟尘污染曾让广州钢铁厂厂区南边的西塱大桥村的村民不敢开窗，大量的废气排放和堆积成山的炉渣严重污染了周边的生态环境。随着环境保护日益得到重视，从2011年起，广州钢铁厂厂区的焦化厂、电炉厂、转炉厂、烧结厂、炼铁厂、燃气厂、维修公司陆续停产，至2013年实现全部停产，并搬迁至湛江市东海岛经济开发区。广州市也下定决心携手广州钢铁厂旧厂区与鹤洞、东塱和西塱旧村改造，合力打造广钢新城。广钢新城的定位为特色宜居新区、专业交易中心，配套建设5座三甲医院和32所学校，打造30万 m^{2}的广钢中央公园，其生态环境得到明显改善，将成为宜居生态之城（图12.16）。

猎德村位于广州市天河区珠江新城范围，是一个有着千年历史的岭南水乡，原有建筑都为高密度的农民自建住宅。猎德村在改造前是广州市"城中村"一个典型的缩影，城中村内环境脏乱差，治安复杂，卫生条件恶劣，消防设施不达标，违建问题突出，"握手楼""贴面楼"等比比皆是。2010年9月猎德村全面改造完成，村民顺利回迁，村内建成环境得到显著提升。猎德村共有37栋高层住宅，小区绿化率高，道路面积拓宽，基础设施配套齐全，村内有学校、幼儿园、文化活动中心、卫生服务中心、肉菜市场等生活服务设施，设施标准严格按照有关法规要求配置，在改造完成后，猎德村已基本融入珠江新城商务区。同时，改造后的猎德村的传统

（a）改造前

（b）改造后

图 12.16　广钢新城改造前后对比

文化得以延续并发扬，村内18座宗祠和家塾保存完整，猎德涌一河两岸形成了传统的历史文化街区，河涌东岸仍保留的少量"握手楼"被改造为猎德村博物馆；每年五月初五，在宗祠区背面新建的龙舟湖仍然会继续举行代表广州龙舟文化的龙舟盛典（图12.17）。

（a）改造前

（b）改造后

图 12.17　广州猎德村改造前后对比

（二）新城承接旧城功能促使城市功能有序

新城建设承接了中心城区的人口并承担了不适宜在中心城区布局的功能，如高铁站、污染较大的工业生产等。城市内部功能分区得以重新塑造，整个城市内部专业功能分区日益明显，中心城区城市功能逐渐由工业生产型向服务管理型转型，有效缓解了大城市集中式发展而带来的交通拥挤、环境污染等问题。

20世纪80年代初期，50%的工厂集中在北京中心城区，而到2000年，中心城区的工厂仅占全市9%，大型工厂已迁至外围新城。工业外迁至新城直接消除了中心城区的大型污染源，可以大幅提升中心城区的环境质量；同时，在产业新城实现集中排放、集中治理，可以将环境影响降低到最小。对北京、上海、广州、重庆和天津的城市形态与碳排放效率的关系研究发现，5个城市均经历了大规模的城市扩张和新城建设（图12.18），1990～2013年碳排放强度处于不断下降的状态（图12.19），具有复合功能的综合新城建设有效降低了碳排放强度。

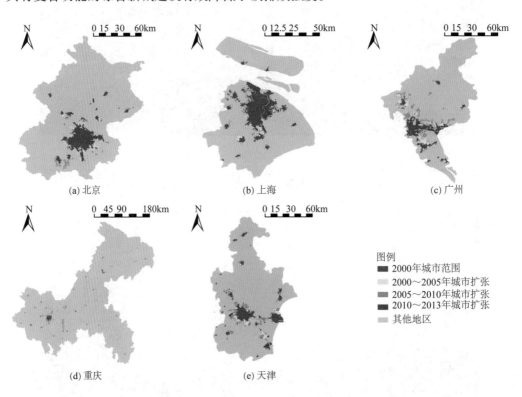

图 12.18　北京、上海、广州、重庆和天津的新城建设与城市扩张（2000～2013年）

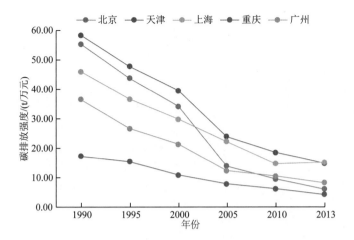

图 12.19　北京、上海、广州、重庆和天津的碳排放强度（1990～2013年）

第十三章 中国新城建设存在的主要问题

中国新城建设最突出、最核心的问题可以概括为"脱离实际、盲目跟风、贪大求全"。"脱离实际"指的是忽视客观规律，强力推进"造城"运动，从而导致资源浪费和"烂尾"现象；"盲目跟风"指的是"运动式"的新城建设浪潮，不顾区域的实际情况，从而导致新城在功能定位、产业类型和景观风貌等方面的趋同化倾向，其进一步演化为恶性竞争和特色丧失；"贪大求全"一方面指的是政府对于新城的定位和规模过于理想化和乐观，在建设资金不足时，出现"烂尾"现象，另一方面也是指新城的功能失衡，从而导致职住分离现象。本章从新城的规划、建设和管理三个方面论述中国新城建设存在的主要问题。

第一节 新城规划存在的问题

新城规划存在的问题主要体现在规划理念与新城选址、发展定位与产业选择、人口与用地规模、功能设置与用地布局、景观风貌等方面。规划理念落后于社会经济发展阶段，新城选址忽视客观规律，发展定位缺乏特色，产业选择同质竞争，人口与用地规模脱离实际，用地布局不尽合理，导致功能失衡、产城分离、景观风貌雷同、城市特色丧失。

一、规划理念与新城选址

（一）规划理念滞后于社会经济发展

工业化被认为是城市化的重要动力，特别是在城市化的初始阶段，工业化更是推动城市化最主要的动力。工业化进程是人类社会发展过程中十分重要的一个阶段，对人类社会产生了巨大影响。工业化时期，人口向城市迅速集中，城市规模迅速扩大，城市功能不断完善，城市逐渐成为社会经济生活的主要空间单元，人类社会自此进入

"城市时代"。以福特制为代表的标准化大生产代表了工业化时期最典型的生产方式。受此影响，工业化时期的城市空间结构呈"单中心、高密度、集中式"外延发展的特征，城市为工业生产服务，城市功能组织围绕工业生产进行。这种空间发展模式进入一定阶段后，容易演化为"摊大饼"式的城市发展模式。

改革开放后较长的一段时间内，中国社会经济快速发展，快速工业化进程带动了快速城市化进程。在"发展才是硬道理""以经济建设为中心"的总体方针的指引下，城市发展在很大程度上服务于经济增长与工业发展，这符合工业化初期的城市化基本特征，是由中国的具体国情决定的，其客观上促成了中国城市化取得的巨大成就。这一时期，主导中国新城规划的理念主要是现代主义所推行的"功能主义城市"的理念。

然而，随着中国经济社会发展水平进入新的发展阶段，部分地区，特别是东部沿海发达地区正在进入或已经进入后工业化时期，产业结构、社会结构等方面均明显不同于工业化时期，"功能主义城市"的新城规划理念暴露出一些突出的问题：小汽车导向下的交通发展模式，通过拓宽道路、延长道路线、新建公路等方法满足新增加的交通需求，其导致居民的日常生活和通勤严重超出步行可及范围；街区之间被多车道的宽阔路网分割，导致城市空间被割裂，形成功能单一的城市分区；新城原有的生态环境遭到破坏、生态脆弱性增强。

（二）规划设计理念脱离地区实际

规划设计理念是指导城市建设发展的核心思想，它决定城市发展的方向和风格特色。对于新城新区来说，一个好的设计理念不仅需要突显新区个性、形成地区特色，也需要贴合实际、具备可行性。然而，中国的新区新城的规划设计理念普遍存在过度求新、求异而脱离地区实际的问题，增加了新城新区的建设难度，甚至埋下隐患。

案例：中国华中地区某新区

华中地区某城是一座缺水的城市。在新区的规划设计过程中却忽视这一实际问题，将"水"作为核心规划设计要素。一方面，建设巨大的人工水体对新区自身来说是一种严重浪费，工程造价太大，也容易带来水体周边安全防护不足的隐患。另一方面，这样脱离实际、理想化的规划设计理念也为其他城市形成了不好的示范。许多城市的新区规划纷纷模仿，全国一度有几十个城市，包括西部沙漠中的城市，都在挖湖制造人工水域景观，没有水把地下水抽上来也要变成一个湖。

（三）新城选址忽视资源环境约束

对新城选址具有制约作用的资源环境要素有很多，包括地质条件、气候条件、水源条件等，它们对于新城的选址都具有十分重要的意义，应当给予充分考虑。然而，在以经济效益为第一原则的背景下，中国的新城选址对于资源环境因素的关注往往不够，从而导致后续一系列严重的资源环境问题。

1. 水资源

水资源是基础性自然资源，是人类生存和发展的物质基础。特别是在城市地区，人类活动高度集聚导致对水资源的需求和对水环境的影响更大，水资源与城市发展之间的关系更为密切。因此，水资源是城市发展的基础要素和必要条件。而中国的有些新城建设对水资源承载能力的认识不足，这就造成某些新城的建设规模与其水资源承载力不相适应，从而对新城的后续发展造成严重制约。

案例：中国西北地区某新区

西北地区某新区选址位于城市周边最大的一块盆地，地势相对平坦，比较适合开发建设，但干旱缺水是该盆地最突出的问题，有效降水少，地表水资源匮乏，地下水总硬度、矿化度等严重超标，水资源循环利用率低。为了解决该盆地缺水问题，国家实施了大规模的跨省引水工程，工程设计年引水量约 4.43 亿 m^3。新区建设时，实际利用约 2 亿 m^3，尚有 2 亿 m^3 左右可供利用。但是，跨省工程供水的季节性特征明显，用水较为粗放。季节性缺水问题成为新区建设与发展过程中难以避免的困扰。

2. 自然环境

城市的选址深受自然环境的影响。古今中外具有悠久历史的城市周边的自然环境都十分优越。没有良好自然环境的支持，城市是难以长久发展的，如历史上的楼兰古国最终被罗布泊沙漠所吞噬。

案例：中国西北地区某新区

沙尘是一种常见的大气污染物，对气候、健康和空气质量都有显著影响，如降低可见度、影响各种交通工具的使用等，沙尘还是某些疾病的诱因。西北地区是中国生态环境极其脆弱的地区，对人类活动的反应十分敏感。西北地区也是中国最具代表性的沙尘暴多发区。西部某新区选址距离沙漠仅 25 km，所在区域为半干旱大陆性季风气候区，降水稀少，气候干燥，土壤沙化严重，地表植被覆盖稀疏，单一物种的半自然生态系统抵御风沙的能力很弱，对其生态安全构成极大的威胁。

二、发展定位与产业选择

中国新城的发展定位表面上看起来都十分的"高大上"，但往往经不住推敲。许多新城在发展定位上高度雷同，这意味着新城的特色和核心竞争力并未得以体现。这就造成了数量众多的新城都朝着同一方向发展，从而导致重复建设和恶性竞争。在产业选择方面也是如此，各地新城都盲目追求产业的高端化，而罔顾当地的发展条件，结果是各新城在产业方面的无序竞争。此外，新城产业发展存在许多不确定因素，如世界经济大环境变化、国家宏观调控政策等，新城产业选择的盲目性还体现在大多未能充分考虑这些不确定性，从而导致产能过剩。

（一）定位同质化，创新不足

新城的目标定位对于新城发展具有十分重要的意义，目标不清、定位不明会严重制约新城的长远发展。盲目跟风建设直接导致地方政府没有完全搞清楚建设新城的目的究竟是什么，而是直接照搬已有新城的做法。目前，国内许多新城都提出要打造各级各类示范区，争当试点。然而，示范、试点的意义本来就在于个别案例的探索性尝试，如果遍地都是示范区的话，显然是脱离实际的做法，"试点""示范"也就失去了原有的意义。

中国的新城建设是典型的政府主导型的"新城运动"，新城等级与行政级别挂钩，几乎每一级政府都有对应级别的新城，这就造成新城数量众多，遍地开花。区域范围内的各类资源都是有限的，新城数量众多会导致对资源的激烈争夺。并且，由于新城功能定位相同或相近，资源的需求结构高度雷同，这就会导致资源配置的不合理，即某些资源需求旺盛、供不应求，而某些资源需求不足、供过于求，这些都是盲目跟风的后果，也是资源低效利用的表现。

新城定位同质化的原因在于盲目跟风，盲目跟风的原因在于急于求成。而一旦抱着急于求成的心态建设新城，新城的"新"就失去了其应有之意，新城的创新功能就会淡化。建设新城的一个重要原因在于国家赋予其改革创新的任务，这里的创新主要是指政策层面的创新，是对新的发展模式的探索性尝试，是希望新城新区闯出一条具有突破性意义的发展道路。创新功能淡化，自主创新能力不强，"等""靠""要"现象比较普遍，新城多倾向于争取国家的政策支持，而自主创新的意识不足，导致发展后劲不足。

作为新产业、新技术、新人才聚集区，新城新区本应是"精而强"的改革先锋，但现实却是"多而滥"，创新的口号开始空泛化。管理体制是新城新区发挥改革创新功能的重要前提保障，而新城新区的管理体制也存在从最初的高效非传统体制向传统行政体制回归的趋势。新城发展到一定阶段以后，基本上又成为一个全新的行政区，人员固化、效率降低等现象逐渐显现，创新创业意识明显降低。

案例：中国东部地区某高铁沿线高铁新城

中国东部地区某条高铁线路平均不到 30km 就有一个站点，以列车时速 300km 计算，12min 就要停靠一个站点。如果所有的高铁新城都瞄准相同或类似的定位，显然会带来恶性竞争和重复建设的问题。然而，现实就是如此，大部分高铁新城的定位都以居住、就业服务等功能为主，特色不足。其中，交通枢纽、商务办公、商业金融、商贸服务、总部经济、文化休闲娱乐、旅游集散、居住生活成为高铁新城最主要的功能类型。位置邻近的城市或地区在资源、条件、发展环境等方面本就有较大的共性，倘若在规划定位上没有错位竞争的意识，将导致资源与人力过度消耗、功能雷同，必然带来城市竞争力过剩、后续发展途径少以及区域内重复建设等问题。

（二）产业同质化，无序竞争

很多新城的决策者和规划者错误地认为新城的产业一定要走高端路线，要与国际接轨，都寄希望于各类"高大上"的产业，如信息、新材料、生物、医药等。产业选择求新求全，而忽视了真正重要的本地特色。殊不知，在全球化时代，真正能在世界城市网络中与国际接轨的只有少数几个节点城市，其他大部分城市都需要通过这少数几个节点城市与国际交流。因此，新城的产业并不是越"高大上"就越好，应当是越符合当地实际、发挥当地优势的才越好。

新城产业同质化的后果是资金、技术、人才等本应集聚的要素被分散，同时缺乏合理的分工和有效的合作，造成低水平的重复建设和生产，这与国家"化解过剩产能"的方针是相违背的，不利于资源的优化配置，也不利于集聚经济和规模经济的形成。

新国际劳动分工以来，包括中国在内的发展中国家承接了全球价值链中的大量中低端环节，具体而言，就是要素密集型产业。只要有土地、劳动力资源，在国外技术和市场的支持下，这些要素密集型产业普遍都发展得不错，这也是改革开放以来中国众多开发区、产业园等产业型新城新区取得成功的根本原因。2008年国际金融危机后，国际经济形势发生深刻变化，投资和市场双双萎缩，这直接影响到中国经济的发展。在此背景下，全国各地，特别是东部沿海发达地区普遍都在进行产业结构调整，试图以新兴的知识密集型产业替换传统的要素密集型产业。然而，与要素（劳动力、土地）密集型产业不同，知识密集型产业对发展环境的要求更高，土地、劳动力所能发挥的作用相对有限，需要包括政府、企业、高校等在内的区域创新体系来支撑。

目前比较普遍的情况是，新城新区的创新体系不完善，生产性服务业发展不足。这样的发展环境是不适合高端产业发展的，导致大部分新城新区仍然以发展第二产业为主，第三产业发展不尽如人意。更为严重的情况是，部分新城新区仍然在力推石油化工等产能过剩性产业，不仅面临严峻的市场环境，而且资源环境制约明显。

（三）规划定位脱离实际，有名无实

由于各地所处的发展阶段不同，发展环境各异，并非所有地方都具备发展高端产业的条件。然而，大多数新城新区都会盲目追求高端的规划定位，如很多新城新区都冠以"高新技术园区""低碳生态之城"等名号，但实际上并不能吸引足够的高新技术企业，不得已的做法就是什么样的企业都可以进驻，导致实际发展情况与最初的规划定位偏离越来越大，造成"高端的新城"有名无实以及"高端定位，低端发展"的问题。

案例：有名无实的低碳生态新城

低碳生态城市的发展理念是人与自然和谐相处，实现人地和谐，而在实践中部分低碳生态城市的建设却具有盲目性。一方面，有的城市在生态脆弱区和禁止开发区选址进行新城建设，这样容易破坏自然环境、降低地区生物多样性，进而损害区域生态系统，违背低碳生态建设的初衷。另一方面，部分新城新区虽然名为低碳工业园区或生态工业园区，但内部企业并未引进低碳技术和生态环保技术进行设备更新、生产工艺改进，导致生产的产品仍然是低端不低碳的产品，发展的仍然是不生态的产业，与规划定位不符。

三、人口与用地规模

中国的新城建设具有较大的盲目性，同时存在急功近利的弊端。因此，新城规划的人口与用地规模普遍偏大，属于典型的粗放型发展模式，脱离实际需求，违背精明增长的理念。

（一）人口集聚效应有限，人口增长目标难以实现

规划提出要建设成为人口超过 20 万人、50 万人的新城普遍存在，甚至有新城提出要建设成为百万人以上的大城市。然而，人口规模增长目标没有实现的情况也大量存在，如滨海新区、两江新区、南沙新区和天府新区规划人口年增量为 20 万～ 35 万人，而实际人口年增量仅为 5 万～ 15 万人（图 13.1）。与此相对应的是各新城，特别是

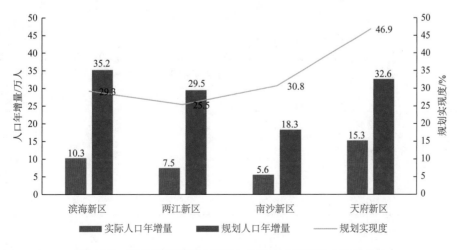

图 13.1　部分国家级新区规划人口规模实现情况（2015 年）

中小城市的新城本身就已经存在人口总量小、人口外流的现实问题。与此同时，刚刚建设起来的新城对于中心城区居民以及外来人口，特别是外来高端人才的吸引力十分有限，新城人口还是以当地城镇居民、征地拆迁安置农民为主，因此新城的人口"从哪来"是一个十分关键的问题。正是因为缺少对这一问题的考虑，才造成"鬼城"的出现。

案例：上海郊区新城

第六次全国人口普查数据显示，2010 年上海市常住人口超过 2300 万人，其中五分之一左右集中在郊区新城，与第五次全国人口普查数据相比增长了将近 1 倍。但每个新城的情况却存在较大差异：宝山、松江、闵行、嘉定的人口增幅最大，这四个新城的人口数占郊区新城人口总数的比例超过 70%，新城吸引人口的能力与其距中心城区的距离成反比。因此，可以得出结论，2000～2010 年，上海郊区新城的人口增长主要是人口近郊蔓延的结果，新城自身对于人口的吸引力有限，人口集聚效益尚不明显。

（二）"土地财政"现象突出，规划用地规模普遍偏大

"土地财政"是中国地方政府重要的财政收入来源，指的是与国有土地使用权出让相关的政府收入，属于预算外收入。2000 年以后，大部分地方政府的"土地财政"收入已经超过预算内财政收入，占比达到 60% 以上，成为地方政府重要的财政资金来源。正是由于"土地财政"在地方政府财政收入中至关重要的地位，地方政府才往往倾向于多征地、多卖地，土地实际上成为地方政府所掌握的最重要的资源。新城的开发建设恰好迎合了地方政府卖地增收的客观需要，因此在新城规划阶段，地方政府往往通过扩大用地规模的方式尽可能多地将土地纳入新城范围内，这就造成规划的新城用地规模大于实际需求（表 13.1）。

表 13.1　各级新城、新区数量与规划面积汇总

级别	数量 / 个	规划面积 /km²		
		均值	极大值	极小值
国家级	737	339.23	82402	0.2
省级	2467	33.61	3484	0.04
市级	63	90.95	1840	0.66
总计	3267	103.66	82402	0.04

在已经获批的 19 个国家级新区中，面积超过 2000 km² 的有 4 个，面积在

$1000 \sim 2000 \ km^2$ 的有 7 个，面积在 $1000 \ km^2$ 以下的有 8 个。400 多平方千米在国家级新区中算是最小的面积，可见新城规划用地面积普遍偏大（表 13.2）。

表 13.2 国家级新区规划用地一览表

国家级新区名称	规划面积 /km^2	国家级新区名称	规划面积 /km^2
江北新区	2451	西咸新区	882
金普新区	2299	兰州新区	806
滨海新区	2270	南沙新区	803
西海岸新区	2127	长春新区	499
福州新区	1892	哈尔滨新区	493
贵安新区	1795	湘江新区	490
天府新区	1578	滇中新区	482
舟山群岛新区	1440	赣江新区	465
浦东新区	1210	雄安新区	2000
两江新区	1200		

四、功能设置与用地布局

可以简单地将新城的功能分为生产和生活，中国的新城建设普遍存在这两类功能不协调的问题，表现为新城的功能单一。以生产功能为主的新城通常居住及其配套服务功能不足，导致人口在新城就业、在老城居住。以生活功能为主的新城通常有大量的房地产楼盘，居住容量大，但也存在生活配套服务欠缺的问题，这类新城的问题在于无法提供足够的就业岗位，对于人口的吸引力十分有限。同时，以上两种新城都会促使新城与主城之间"钟摆式"通勤交通的产生，加剧交通拥堵和空气污染。

新城发展的成败本质上是"人"的问题，有人气的新城才算是成功的新城。因此，新城发展的一大问题就是如何吸引人口到新城就业、居住、生活。新城在开发建设初期，往往容易被单纯地定位为"卧城"或"产业城"。然而，新城应当是一个功能复合、能实现自我服务的完整城市。一方面，新城应承担中心城区的部分功能，以提供足够的就业岗位；另一方面，新城的功能设置和用地结构应当完善、合理，兼顾生产和生活的需要，促进产城融合，以不断促进人口集聚，使其真正成为城市的有机功能体。

长期以来，中国新城的产业和人口发展协调程度低，造成产城分离、职住不平衡的现象，从而衍生出一系列的城市社会问题。产业新城一般都有足够的就业岗位吸引人口，但往往由于生活配套设施和公共服务的供给不足而无法留住人口，尤其是高层次人才。居住新城一般都比较适合生活居住，但内部所能提供的就业岗位十分有限，居民不得不在外就业。以上两种情形中，新城均严重依赖于母城，因而会形成"钟摆式"的通勤交通需求，加剧本已十分严峻的城市交通问题。更为严重的情况是，部分新城既没有产业支撑，也没有生活配套，结果是既无法提供足够的就业岗位，也无法满足居住的需要，逃不过成为"鬼城"的宿命。

（一）产业支撑乏力，就业岗位不足

城市起源于劳动分工，生产力水平的提高是城市出现的根本原因。产业发展对新城具有基础性支撑作用。新城要想吸引人口集聚，一个重要前提就是提供充足的就业岗位，而就业岗位与产业的强弱直接相关。因此，新城必须构建符合自身实际、具有足够竞争力的产业体系，才能提供充足、稳定的就业岗位，人口才会相对稳定地集中在新城。

中国的新城大部分还是有产业基础的，产业新城更是中国新城的重要组成部分。但问题在于，新城的产业发展不能很好地跟上经济形势的发展，应对风险的能力明显不足，滞后性明显，这就造成新城产业竞争力不足，产业发展不可持续，提供的就业岗位不稳定。更为严重的情况是部分新城受土地财政的影响相对较大，房地产化倾向明显，无实体经济支撑，很难提供充足的就业岗位，导致新城发展缺少有效动力和内在支撑。

新城严重滞后的人口城市化与过度的土地城市化形成鲜明对比，具体表现为新城人口规模普遍偏小。人口规模小造成新城基础设施等资源的低效利用和浪费，不利于生活性服务业的进入和发展，严重制约新城人气的提升。

案例：中国华北地区某新城

2009年，华北地区某城市提出建设现代化国际新城，规划面积约155km²，规划人口规模为2020年达到100万人。在规划建设的初期，该新城一度陷入产业支撑不足的困境。

一方面，该新城的支柱产业仍然是第二产业，第三产业的作用发挥不足。2005～2012年，该新城的第二产业所占比重逐年上升，第三产业所占比重基本保持不变。到2012年时，第一产业、第二产业、第三产业占地区生产总值的比重分别为4.3%、49.7%、46.0%。

另一方面，该新城住宅和产业不匹配，导致新城"有城无业"，陷入"卧城"的困境。该新城的房地产开发投资总额和房地产销售面积均呈现出连年增长的态势。住宅开发使该新城在短时间内吸引了大量的外来人口，但是规划产业的落实和企业的入驻却严重滞后。其中一个最主要的原因就是，城市功能的不完善和基础设施的不健全极大地制约了产业转移。对于企业而言，产业转移是一件关乎企业未来的大事，一两条优惠的产业政策对企业的吸引力有限，只有当转移的成本低于不转移的成本时，企业的产业转移才会真正实现。

（二）公共服务不足，日常生活不便

城市化的核心问题是如何将人口留在城市。那么，新城发展的核心问题就在于如何将人口留在新城。产城融合是新型城镇化的重要内涵，这与中国新城发展的实际有关。

改革开放后，首先出现的新城是各级各类开发区，而开发区属于产业类新城，主要功能定位是发展工业，其土地利用结构以工业用地为主，居住用地、商业用地以及公共服务设施用地所占比重较低，城市功能不完善。此时的开发区所能提供的就业岗位数量是可观的，能够解决大量人口的就业问题。但是，这些就业人口中的绝大部分是流动人口，生活非常不便利、生活质量很低，也很难长期留在新区内生活。从目前的标准来看，这肯定不是新城建设的本意。良好的产业体系所提供的就业岗位吸引人口到新城工作，但如何将人口留在新城长期生活就是另外一个问题了。

类似开发区这类产业类新城具有鲜明的时代特征，是特定历史条件下的产物，在当时也确实发挥了重要作用。但是时代在发展、社会在进步，现在的新城应当是以人为本的新城、既宜业又宜居的新城。然而，中国新城的建设路径依赖性十分明显，始终摆脱不了开发区的烙印，大部分仍然以生产功能为主，以发展经济为目标，没有很好地考虑人的实际需求。人才公寓等居住配套建设滞后，教育、医疗、文化、公共交通等公共服务配套不完善，宜居程度较低。公共服务配套不完善主要体现在两个方面：一是"量不足"，中小学及幼儿园学位、医院床位等相对紧缺，导致"入学难""看病难"等问题；二是"质不高"，部分新城虽然在公共服务供给总量上基本能够满足社会需求，但公共服务的质量与中心城区相比仍然有较大差距，三甲医院、重点学校等优质公共服务资源明显不足。公共服务具有很强的马太效应，新城的公共服务本身就明显落后于老城，加之规划建设时的忽视，新城很难与老城相抗衡，也就难以吸引人口至新城。

即使定位为居住主导的新城，也同样存在生活不便的问题，这主要体现在交通方面。居民在老城就业、在新城居住，每天需要往返于老城和新城之间，这就对二者之间的交通联系提出了较高的要求。部分新城在这方面十分欠缺，与外界的交通联系不便，居民出行难，自然就不愿意在新城居住。这类新城往往也较容易发展成为"鬼城"。

受通勤距离和生活便利程度等方面因素的影响，新城对于中心城区居民、外来高端人才的吸引力短期内无法与中心城区相比。新城人口以当地城镇居民、征地拆迁安置农民以及外来务工人员为主。这样的人口结构所带来的消费及服务需求是十分有限的，也难以支撑新城产业的发展。

案例：华南某开发区早期的职住失衡问题

华南某开发区于 1984 年设立，具有设立较早、规模较大、发展较好的特点，并于 2005 年在开发区的基础上成立行政区，开始由开发区向具有地方政府的行政区转型发展，是较早向综合新城转型的典型开发区。

　　该开发区向综合新城转型的过程中遇到的职住平衡瓶颈在中国早期的开发区中颇具典型性。主要原因在于：一是准政府组织模式，导致不具有完整的社会职能；二是工业区发展思路，导致缺乏完整的社会功能配套。高比例的工业用地和通勤人口是职住失衡的主要表现。该开发区 2003 年居住用地占建设用地的比例仅为 4%，而工业用地占 44%，居住用地比例过低，居住和工业用地的比例严重不平衡；住宅建设长期滞后于厂房建设（图 13.2），并且针对居住在区内的就业人口的规划居住用地标准过低，导致在区内居住的人口生活质量难以得到很好的保障；此外，居住在区外的就业人口在开发区总就业人口中所占比例高达 50%，其带来了大量的通勤交通量，给城市交通的发展造成了困难，也导致了流动人口大幅增加、城市消费能力低下、各类服务业的发展面临困境的社会问题。

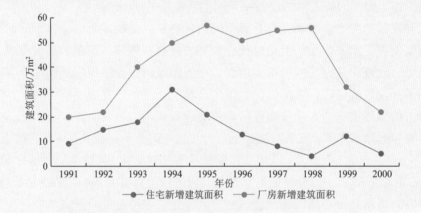

图 13.2　华南某开发区住宅与厂房新增建筑规模比较（1991～2000 年）

　　从华南某开发区的经验教训可以看出，职住关系在以开发区为先导的新城向综合新城转型的过程中是一个非常关键的问题，在规划建设中必须予以重视，避免其成为城市良性发展的阻碍。

五、景观风貌

　　"千城一面"是改革开放以来中国城市规划存在的较为突出的问题，新城规划同样未能逃出这一怪圈。中国的新城规划普遍存在景观同质化问题，对于地域特色的挖掘和表现不足。现代感、秩序感是新城作为崭新城市区域的典型特征，也是新城与老城的明显区别。追求现代感和秩序感本身无可厚非，但部分新城在规划过程中"贪大求洋"的倾向比较严重，规划设计往往采用国际竞赛的方式，甚至直接聘请国外企业进行规划设计，导致规划设计缺乏对新城所在地的地域特色的深入理解和研究，大多停留在物质功能组织的层面。而且随着新城数量的不断增长，新城规划也逐渐进入模式化的瓶颈期。然而，城市特色对于新城而言至关重要，富有国际感、现代气息的物质性规划对于新城而言显然是不够的。

中国的新城规划正在经历一场特色危机，而隐藏在这场特色危机背后的是 GDP 导向下新城建设的急于求成。那些最能体现新城地域特色的人文、自然要素没有能够出现在新城规划中，更多的只是现代化国际城市样板简单的"复制 - 粘贴"。

中国历史悠久、幅员辽阔，各地区在人文、自然景观方面存在较大的差异，地域特色十分鲜明。其实，只要站在城市发展的视角，重视地域特色，发掘人文、自然特色要素，就能形成新城景观的特色风格。

第二节　新城建设存在的问题

新城建设在中国不乏成功的实践案例。然而，每个城市都有其独特的发展特点和发展规律，新城建设并不一定适合每一个城市，即使是适合建设新城的城市，也应当结合其实际情况，选择合理的新城建设模式。新城在建设方面存在的问题主要体现在以下几方面。

一、土地资源利用粗放，空间利用效率较低

建设用地数量快速增加、盲目扩张是新城开发建设中存在的突出问题。通过对原环境保护部环境工程评估中心"十一五"期间审核过的 28 个开发区规划环评报告书的统计发现，28 个开发区规划开发面积是国家核准面积的 4.3 倍；已开发面积是国家核准面积的 3.2 倍，占其所在城市建成区面积的 14%。各级政府在新城开发建设中通常会预先大面积圈占土地，但由于招商引资进度难以控制等，土地闲置现象在部分新城较为突出，从而造成土地资源的浪费。经统计分析，2010 年全国 90 个国家级经济技术开发区的单位面积增加值为 11.22 亿元 / 平方千米，仅略高于我国全部地级以上城市建成区的平均单位面积增加值（10.60 亿元 / 平方千米）；西部地区经济技术开发区的单位面积增加值甚至低于地级市平均水平。此外，部分新城土地利用粗放还表现在低价出让工业用地、商业用地违规返还、以租代征农用地等方面。一些新城的"以地招商"行为影响了投资环境，出现了少数不良企业"假投资、实圈地"的违规行为。个别新城利用地方融资平台拍得的土地用于融资抵押，影响了土地市场的公平性。

新城建设中存在土地资源利用粗放、空间利用效率较低的问题，其原因主要在于地方利益驱动和规划管控不力两个方面。为了吸引外资，国家曾给予地方政府较大的自主权，允许新城开发建设在项目审批、税收、融资、土地使用等方面享有一定的优惠政策。然而，在以 GDP 为导向的绩效考核机制下，个别地方把新城建设作为"政绩工程"和"形象工程"，把招商引资额作为政府官员的考核指标。此外，现行财税体

制是分税制下的中央和地方分成，一些省、市规定，在地方分成收入中，谁引来资金，谁享受税收，这就鼓励了各级政府纷纷设立各类新城，走上"减税招商""以地引资"的粗放发展模式。在这一背景下，尽管各地政府普遍为新城设立了较高的发展目标，并征用了大量土地，但并没有掌握能够保证规划目标实现的经济资源。一旦规划定位脱离当地的经济社会发展实际，就会出现开发现状与规划目标明显偏离的现象。其结果是新城数量过多、土地利用效率低下、资源浪费严重，不仅难以实现国家赋予新城开发建设的政策目标，而且可能成为诱发社会矛盾和环境风险的导火索。

规划管控不力是导致新城建设中土地利用粗放、空间利用效率低的另一个重要原因。我国的新城选址普遍远离母城，因而其用地扩张阻力较小。国务院或省级人民政府对各类新城的最初核准面积一般不超过 $10km^2$，并且明确规定了四至范围和发展定位。但是，随着入驻企业数量的增加和基础设施的完善，区域内房地产开发逐渐升温，其间地方政府往往会将一些周边的村、镇、街道划归新城管理，新城的实际管辖范围不断扩展，城市规划和土地利用规划则被迫调整。在这一过程中，基础设施建设速度普遍难以跟上新城的扩张速度。尽管一些新城的建设内容与早期规划定位明显不同，但从实际情况来看，在新城用地规模突破原批准范围后，常常仍以国务院或省级政府批复的名称来开展工作，这样不仅合法性不足，而且容易引发新一轮的扩张。

二、自然规律认识不足，生态建设有所失当

新城建设是人类对生态环境进行改造的过程，大规模的人类活动和生态环境的冲突势必对两者造成不同程度的影响。这种影响的负面效应主要表现在生态功能削弱、环境污染增加等方面。

一方面，新城开发建设可能削弱区域原有的生态功能，导致区域环境失衡。新城占用农业、林业等自然用地，使其转变为城镇建设用地。农林等自然用地具有强大的生态功能，在净化空气、涵养水源、保持水土等方面发挥着重要作用，其生态功效不容忽视。随着农林用地的减少，其所担负的生态功能也被不断削弱。同时，新城的扩张和新城区域交通路网系统的发展使得周边的绿色空间受到侵占，人为地割裂了原有的区域绿色空间，进而影响区域生态环境的整体稳定性。新城建设施工对自然景观的改造活动会影响施工区域的植被覆盖度，也会影响区域自然组分之间的物质和能量交换，进而削弱自然生态系统对区域生态环境安全的维护功能。

另一方面，新城开发建设可能使环境污染增加，降低生活质量。随着宏观经济环境的变化，各地新城的产业竞争加剧，招商引资竞争激烈，导致个别新城在经济发展的压力下降低环保门槛、放松环保管制，允许不符合环保要求的工业企业"落地"。有的新城距母城过远，采取"摊大饼"式的低密度开发模式，且缺乏快速轨道交通系统，居民通勤严重依赖于小汽车，增加了碳排放和大气污染。在新城建设步伐加快的同时，施工造成的泥土粉尘漫天飞扬，对空气质量造成较大影响。新城建设中各项基础设施的建设施工周期较长，作业过程中产生的噪声对居民生活造成干扰。这种以牺牲环境

质量为代价的新城建设活动显然不符合可持续发展的理念。

案例：华北某新区

　　华北某新区是海港型新区，大规模的填海工程使滨海滩涂湿地面积急剧萎缩，生态岸线资源遭到破坏，从而破坏了鱼、虾等海洋生物的生存环境，同时也削弱了滨海湿地作为鸟类栖息地的功能，进而使生物多样性遭到破坏。石油化工产业是该新区产业结构中重要的组成部分，相关重化工业的发展带来了较大的污染防治压力。该新区14个入海排污口中，污染级别为C级的有8个，污染级别为D级的有6个，且有13个存在超标排放现象，造成重点入海排污口邻近海域全部劣于第四类海水水质标准。大量的污染物入海，使近海受到严重污染，并成为近岸海域水质污染重灾区。2001年以来，该新区近岸地区几乎每年都会发生赤潮灾害，自然岸线保有率急剧萎缩至5%以下，海洋渔业资源明显衰退。

三、招商引资层次不高，区域创新能力不强

　　招商引资是促进区域经济快速发展的快捷之路，在弥补建设资金不足、调整产业结构、促进城市建设、增加财政收入等方面发挥着举足轻重的作用。一些新城的招商引资行为出于"政绩考核"动机，脱离本地实际，盲目制定招商引资计划，着重强调数量规模。为争引项目，一些新城在土地、税收、财政等方面推出一系列的地方性优惠政策，一再降低招商引资门槛，滥用优惠政策，把招商引资演变成低水平的让利竞赛，造成招商引资竞争秩序混乱。此外，招商引资项目缺乏评估、论证，不能有效利用本地资源，导致新的环境污染或资源浪费。招商引资落地的项目投资规模小，重复建设导致产能过剩，促进本地产业结构调整和升级的作用微弱，不利于提升新城产业创新发展的综合能力。

　　新城产业快速聚集需要有一定规模的产业经济总量、一定数量的产业关联企业、一定程度的产业链发展态势等产业基础。目前，中国多数新城仍然处在产业积累阶段，产业基础不强是突出问题，具体表现在：经济总量偏小，企业数量少、实力弱，缺乏龙头企业；产业结构趋同，产业特色不明显，产业结构缺乏统一规划，不同地区出于自身利益而各自为战，彼此之间缺乏合理分工，造成重复建设和资源浪费，难以形成规模经济效益；产业集群内企业根植性较差，产业关联度不高，产业带动力较弱；产业集聚的机制缺失，专业化分工协作的产业网络尚未形成，技术溢出效应与学习效应不明显。此外，从产业集聚技术创新效应来看，中国新城产业集聚的区域创新系统还比较薄弱，产业集聚的技术创新能力不强，产业集聚被锁定在全球价值链底端。产业集聚区内的企业大多缺乏自主创新能力，技术水平和研究开发投入不够，区域合作创新机制不完善，企业之间的知识交流和合作创新严重缺乏，园区产业集聚的技术创新网络尚未全面形成。

第三节　新城管理存在的问题

新城管理方面存在的问题主要表现在管理模式、土地管理及社会管理等方面。

一、管理模式

新城的管理模式指的是政府、企业等主体在新城运行机制、管理权限等方面关系的总和。目前，中国的新城管理模式总体上包括政府行政型、企业经营型和政企互补型（表 13.3）。其中，政府行政型为绝大多数新城所采用。这三种模式各有侧重、优点各异，但随着社会经济的发展，新城管理所面临的形势日益复杂，三种模式都显现出共同的不足，即与周边区域之间的协调机制不完善，导致恶性竞争出现，降低资源配置的科学性。

表 13.3　中国主要的新城管理模式对比分析

类别	政府行政型	企业经营型	政企互补型
管理机构	上级政府领导小组＋新城政府	类似新城开发公司	新城政府＋新城建设开发公司
侧重点	政府多层次管理	企业化经营管理	宏观政府控制，具体企业化管理
主要管理方式	行政命令	市场调节	行政命令＋市场调节
主要优点	整体性强，易协调	结构精简，高效灵活	政企优势互补
主要不足	缺乏多层面协调机制，成本较高	宏观控制力不足	政府越位、缺位
共同不足	新城与周边区域之间的协调机制不完善		

目前，中国的新城绝大多数由政府直接领导，在新城层面设立代表政府实施管理的管理委员会等机构，负责征地拆迁、规划建设、项目审批等工作。这种管理体制在新城开发建设中发挥了重要的作用，但在市场转型阶段也暴露出一些不足。

第一，经济功能区与行政区协调难度大。由于工作性质、发展目标等方面的差异，新城管理机构与当地政府（通常是乡镇政府）缺乏必要的协调机制，利益关系难以理顺，从而制约彼此发展。

第二，政府行政型的管理模式虽然能够集中力量进行新城开发建设，但同时也存在管理僵化的问题。这会导致新城管理对外部环境变化的适应力不足，政府会出现缺位、错位和越位的问题，无法满足新城发展的需要。

第三，"条块分割"。新城建设涉及各级地方政府、新城管理委员会、新城开发公司、市政、交通、城建、城管、环保等多部门，由于涉及的主体众多，各部门之间的协调成本较高，在很大程度上影响了新城开发建设的效率。

第四，"体制回归"。与传统的政府行政体制相比，新城的行政体制在新城设立初期还是具有一定优势的，突出地体现为新城行政创新多、效率高。而随着新城的发展，思想和人员相对固化，新城的先进体制开始向传统行政体制回归，管理体制的改革与创新开始明显不足。

2017年2月，国务院办公厅印发的《关于促进开发区改革和创新发展的若干意见》（以下简称《意见》）为各类开发区和新城深化管理体制改革明确了方向。《意见》指出，开发区管理机构作为所在地人民政府的派出机关，要按照精简高效的原则，进一步整合归并内设机构，集中精力抓好经济管理和投资服务，焕发体制机制活力。各地要加强对开发区与行政区的统筹协调，完善开发区财政预算管理和独立核算机制，充分依托所在地各级人民政府开展社会管理、公共服务和市场监管，减少向开发区派驻的部门，逐步理顺开发区与代管乡镇、街道的关系，依据行政区划管理有关规定确定开发区管理机构管辖范围。对于开发区管理机构与行政区人民政府合并的开发区，应完善政府职能设置，体现开发区精简高效的管理特点。对于区域合作共建的开发区，共建双方应理顺管理、投入、分配机制。各类开发区要积极推行政企分开、政资分开，实现管理机构与开发运营企业分离。

二、土地管理

中国城市新城的土地管理机构设置与职责权限划分在不同的新城管理体制下有着不同的表现。在企业经营型模式下，往往通过在新城开发公司内部设立征地拆迁部、规划建设部等协调机构来负责征地拆迁、土地储备、土地出让等事务；同时，新城所在城市土地行政主管部门负责行政审批等事项。在新城政府或新城管理委员会模式下，主要由所在城市土地行政主管部门向新城派驻分支机构，负责新城的土地行政管理工作；此外，新城政府或管理委员会通过设立土地储备中心等职能机构履行征地拆迁、土地开发经营等职责。

中国新城在土地管理方面最突出的问题是发展与保护的权责错位。大多数新城都设有管理委员会作为上级政府的派出机构来承担新城的开发建设管理工作，但一般情况下新城并不是严格意义上的行政区，与固有行政区政府的权责相互分离，这样不利于土地管理和耕地保护。部分新城的土地管理机构设置不规范、职权划分不清，使得耕地保护责任目标的主体不明确。部分新城的土地管理机构享有用地报批、土地供应、土地登记等权限，因此造成土地利用总体规划的编制主体与实施主体不一致。

此外，当前大多数新城的土地利用总体规划仍然延续传统的计划分配式指标控制，与市场经济条件下"功能现代、结构复杂、开放多元、有偿高效"的土地利用模式存在一定差距。从土地利用总体规划与城市规划的协调情况来看，二者之间仍存在着用地规模控制指标不统一、用地标准不一致、编制不同步等诸多问题。

三、社会管理

经过长期的发展，新城已经不再仅仅是产业发展的高地，也成为各种利益关系的聚集地、社会矛盾和冲突的多发地，新城的社会管理问题主要体现在以下两个方面。

第一，原住居民合法权益保障问题。新城建设高潮使得全国各地的征地拆迁规模大、速度快，征地拆迁涉及的农民数量众多。虽然国家对于征地补偿有明确的法律规定，但实际操作中仍存在土地权属、回迁安置等方面的纠纷，这给失地农民权益保障带来不确定性。新城建设巨大的土地需求以及有限的建设用地供应量，使得地方政府通过各种方式寻找建设用地指标，城乡建设用地增减挂钩政策被地方政府充分利用，并进行"迁村并点"，过度挤占农民生活及生产空间。此外，原住居民存在结构性失业问题。一方面，大部分失地农民在职业技能和受教育程度上与新城就业岗位的需求有不小的差距，这些农转非居民面临结构性失业的风险。一部分农转非居民在新城闲置土地上自主开辟农田，对新城后续开发建设造成干扰。另一方面，新城吸引落地的新产业在一定程度上会对原有产业造成冲击。面对新城开发中产业升级的诉求，原有产业若未能及时转型，将面临外迁或淘汰的压力。而原有产业所吸纳的劳动力多为当地原住居民，部分居民可能因为产业外迁而失业。

第二，外来人口管理服务的问题。目前，中国大多数新城中存在大量外来务工人员，其中又以青壮年劳动人口为主。新城人口结构的单一化特征使得新城易出现社会失范与失序现象，这给新城的社会治安管理与社区发展带来较大挑战。一方面，大量进城务工的农民群体或失业者在短时间内难以融入城市生活，难以享受与本地户籍人口同等的福利，处在社会管理的边缘和社会治理的盲区，外来流动人口违法犯罪现象突出，私营经济组织中治安问题明显，新城社会治安面临威胁。另一方面，部分新城缺乏特色鲜明的文化环境，既不利于形成新城的核心竞争力，也不利于培育外来人口的认同感和归属感，降低了新城居民参加社区活动和事务的意愿。这些因素增加了新城社区治理的难度，不利于外来人口更好地融入新城，也成为吸引老城居民迁入的障碍。

第十四章　中国新城发展展望与思考

中国新城建设是一个持续的过程。随着经济全球化进一步发展，信息技术的进步，以及中国经济发展进入新常态，中国新城建设也出现了新的趋势，其中，智慧新城、低碳和生态新城成为新城发展的新潮流。除此之外，本章对新城建设体系、建设动力、土地利用模式、新城与母城的关系以及新城发展的政策建议进行了思考。

第一节　中国新城发展的新背景

一、经济全球化

经济全球化与区域经济一体化成为世界经济发展的主流。在经济全球化背景下，发达国家逐渐将劳动密集型、资本密集型产业向欠发达地区转移。另外，发达国家的专业技术人才也逐渐在世界范围提供技术支持，成为"无国界居民"。经济要素在全球范围内的快速流动，使得跨国公司，跨国的人才、资本和信息等向中国流动。这种经济要素在全球城市体系比较优势下的梯度流动，让中国城市迎来了发展的机遇。改革开放以来，中国经济高速增长，2010年中国经济总量首次超过日本，成为世界第二大经济体。在经济全球化的背景下，中国经济实力的不断攀升进一步推动了中国与世界经济体系的交流与合作。

在原有城市空间发展受限、难以继续容纳新的产业空间与企业落户的情形下，为了实现全球经济要素在城市内的集聚，在全球竞争中具有核心竞争力，塑造城市增长极，新城建设成为城市扩展空间的普遍做法。通过新城建设扩展城市建设用地，既能接纳新的产业类型和企业落户，也能为母城的功能与人口外迁提供空间载体，优化母城的城市空间结构与用地结构。"腾笼换鸟"为吸引高端要素提供更为优质的空间载体。从工业开发区到综合新城的演变，意味着新城所承接的产业类型在不断提升，所提供的城市功能也在不断丰富。尤其是在凯恩斯主义经济与空间扩张的导向下，在提升城市综合竞争力、土地财政和招商引资的引导下，新城建设蓬勃发展。

二、新常态下中国经济发展

中国目前已经入经济新常态，不再片面追求经济增长，开始着眼于经济的可持续发展。一方面，目前我国大部分新城都是在已有经济开发区的基础上产生和发展起来的，是通过在城市边缘或郊外划出一小块相对独立的区域，制定土地、税收等优惠政策吸引外商投资，促进城市经济发展，使之成为城市招商引资、高新技术产业研发、大型工业项目建设的主要空间承接地。以天津滨海新区为例，滨海新区的 GDP 增速不仅领跑于天津各区县，更是在全国保持领先地位。滨海新区对全市经济发展的龙头带动作用明显，已成为天津市最重要的经济增长极和促进环渤海经济圈区域发展的核心力量，曾被称作"中国经济第三增长极"（图 14.1）。

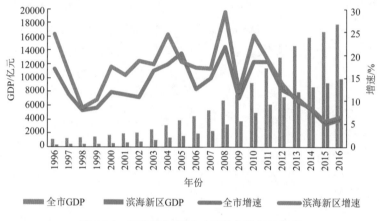

图 14.1　天津滨海新区对天津市的经济贡献

另一方面，我国绝大部分城市都开发建设了规模不等、功能各异的大量产业开发区或新城。新城的建设一方面出于对提升城市竞争力、疏解中心区人口的需要，另一方面也是地方政府为了加大招商引资力度以及获取土地财政收入的地方开发行为。在分税制改革带来的地方利益的驱动下，土地出让金越来越成为地方政府预算外财政收入的主要来源，对地方城市经济发展的作用日趋明显。正是地方政府对土地出让金的依赖性越来越大，才促使地方政府在巨大的财政压力下，运用各种政府手段扩大出让土地，以维持城市发展的各类资金需求。作为特殊的政策性区域，之前的开发区或者在开发区基础上转型而成的新城，都可以享有各级政府制定的诸多如税收、土地等优惠政策。因此，各级政府通过加大新城基础设施建设力度、营造良好的投资环境，以吸引外商或民间投资。新城的建设无疑是促使地方政府获得城市运作资金的重要途径。

我国在经济新常态的经济发展过程中，出现了经济增长速度变化、结构优化、动力转换等现象。因此，经济发展的同时需要强调人地产城的协调发展，通过生态环境保护、产业结构转型来实现经济的转型与可持续发展。

一是在我国新城开发建设的过程中加强产业结构更新换代。目前我国大多数大城市仍处于产业结构调整升级之中,中心城区第二产业尤其是制造业的外迁是主要趋势。作为空间载体的新城可以为外迁的各类产业提供用地支持。因此,通过"腾笼换鸟"的方式来促进母城产业转型是新城建设的重要原因。

二是适应当前国际发展的需要。伴随着经济全球化和信息革命的浪潮,生产要素的全球流动带来了资源要素的空间重新优化配置,相关产业链也出现了空间分异。生产性服务业(如金融、国际贸易、科研设计等)开始逐渐向北上广深杭等大城市集聚。

为了应对知识经济与信息时代新的机遇与竞争,许多大都市将提高创新能力、发展知识型和高新技术产业作为重要的发展导向,并进一步提出了诸如科学城、科技产业园区、大学城、智慧新城、生态新城等新城建设理念。以广州知识城为例,广州知识城的发展需要融入全球要素流动网络、吸引高端要素的集聚,进而发展成为重要节点。这就需要广州知识城提供多元化的高端服务,如信息资讯服务、研发服务、文化交流等,广州作为国家中心城市具备这个基础和优势,从而能为知识城的发展创造更好的条件。广州知识城体现了现代知识型新城的开发理念,将高科技、国际化、信息产业化等现代元素导入新城开发,极力打造集科技创新、高端人才聚合、高端居住生活理念的现代新城。

三、中国人口增长与迁移

中国是一个人口大国,20世纪60～70年代的生育高峰既带来了巨大的人口压力,也为改革开放后经济的发展带来了丰富的劳动力资源(图14.2)。

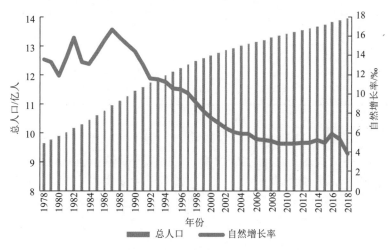

图 14.2　中国人口增长情况（1978～2018年）

20世纪90年代以前采取限制人口流动的措施,形成了城乡二元结构。到了20世纪90年代以后,随着经济特区和各类开发区的不断发展,以劳动密集型产业为主的外向型经济逐渐壮大,出现了全国范围的"民工潮"。经济特区、经济技术开发区等在

1992 年开始实行有效的城镇户籍制度，对新城人口发展起到了重要作用。

2000～2010 年，我国以常住人口衡量的人口重心向东南方向移动，意味着人口整体向东南沿海地区流动。人口分布变动的格局与经济高速增长的区域分布是一致的。

1990～2016 年，中国老龄化系数总体呈现波动上升的变化趋势，表征中国老龄化程度逐步加重。从变化趋势来看，中国老龄化发展趋势日趋严峻，人口红利的逐步消失与老年人口抚养负担的加重将对经济社会发展带来诸多挑战，成为未来中国经济社会发展必须要认真对待的问题。

四、城市建设用地供给

1978 年改革开放以前我国土地施行行政划拨制度，土地经济价值被忽视。土地功能分区混杂，用地效益低下，城市空间增长表现为边缘蔓延及填充式发展，城市呈现单中心扩张的现象。1978 年后，我国经济蓬勃发展，连续 30 年 GDP 高速增长。在工业化和城镇化的驱动下，建设用地大幅度增加。从 1981～2017 年近 40 年的发展情况来看，城市建设用地扩张明显超前于人口扩张（表 14.1），土地资源日益短缺。

表 14.1　中国建设用地及城镇人口增长情况（1981～2017 年）

时间跨度	建设用地面积			城镇人口		
	起始年 /km²	截止年 /km²	年均增长率 /%	起始年 / 万人	截止年 / 万人	年均增长率 /%
1981～1990 年	6720.0	11608.3	6.26	20171	30195	4.58
1991～2000 年	12907.9	22113.7	6.16	31203	45906	4.38
2001～2010 年	24192.7	39758.4	5.67	48064	66978	3.76
2011～2017 年	41805.2	55155.5	3.13	69079	81347	1.83
1981～2017 年	6720.0	55155.5	6.02	20171	81347	3.95

经济发展对生态环境造成了巨大的压力。为了解决经济发展与生态环境保护的矛盾，2018 年，我国组建自然资源部，将城乡规划纳入自然资源部管理。新的国土空间规划整合原来的城市规划、土地规划等多种规划，全面优化空间资源配置，谋求建设用地开发与山、水、林、田、湖、海的全域统筹，高水平谋划未来发展蓝图。

五、区域一体化

当今世界面临百年未有之大变局，全球治理体系和国际秩序变革加速推进，世界新一轮科技革命和产业变革同我国经济优化升级交会融合，"一带一路"建设深入推进。随着经济全球化与区域经济一体化的发展，城市群内部的竞争与合作成为新的研究焦点。新城建设也应该在这种城市群尺度上的区域一体化范畴内进行考虑,对应的生产、生活功能应该在城市群尺度上进行重新思考。随着城市治理体系不断完善,治理能力不断提高,城市群一体化发展迈上新的台阶。

我国各地城市群区域一体化也有着诸多实践。从京津冀、长江三角洲、珠江三角洲、成渝城市群、北部湾等城市群概念的提出,再到《粤港澳大湾区发展规划纲要》《长江三角洲区域一体化发展规划纲要》等文件相继出台,足以表明我国区域一体化发展有了长足的进步。

在这样的背景下,新区建设不再单纯服务于单个城市或者母城区,而是服务于更大尺度的区域,新城建设也因此迎来更大的发展机遇。以粤港澳大湾区范围内的广州南沙新区为例,从空间形态上看,南沙新区位于的珠江口恰好是粤港澳大湾区的几何中心。从新城定位上看,在粤港澳大湾区一体化发展中,南沙新区的建设着眼于为整个粤港澳大湾区提供服务,定位于粤港澳全面合作的国家级新区,是珠江三角洲世界级城市群的枢纽型城市[①]。因此,南沙新区不仅仅是广州的新城,同时也是整个粤港澳大湾区的新城。

第二节 智慧城市与新城建设

一、智慧城市的理念与发展

工业革命造就了工业文明,也出现了工业时代的创新形态,即创新1.0。创新1.0是自工业时代沿袭下来的面向生产、以生产者为中心、以技术为出发点的相对封闭的创新形态。

随着信息技术的发展,我们所在的工业社会城市正在转向智慧城市,出现信息时代、知识社会的创新形态,即创新2.0。创新2.0则是与信息时代、知识社会相适应的面向服务、以用户为中心、以人为本的开放的创新形态。

智慧城市就是运用信息和通信技术手段,感测、分析、整合城市运行核心系统的各项关键信息,从而对包括民生、环保、公共安全、城市服务、工商业活动在内的各种需求做出智能响应。其实质是利用先进的信息技术,实现城市智慧式管理和运行,实现信息化与城市化的高度融合,进而为城市中的人创造更美好的生活,促进城市和谐、可持续发展。智慧城市将成为一个城市整体发展的战略,其作为经济转型、产业升级、城市提升的新引擎,达到提高民众生活幸福感、企业经济竞争力、城市可持续发展的目的,体现了创新2.0时代的城市发展理念和创新精神。

---

① 《广州南沙新区城市总体规划(2012—2025年)》。

　　智慧城市的发展趋势要求我们重新审视传统城市的发展。世界发达国家都在大力发展智慧城市（表 14.2）。智慧城市建设已在全球近百个国家展开，其综合效果显著。交通：高峰车流下降 18%，碳排放下降 14%；电力：能耗降低 15%，电费下降 10%；医疗：诊断和运营效率提升 10%；供应链：成本下降 30%，库存下降 25%；零售：销售额提升 10%。

表 14.2　世界主要智慧城市特征

智慧城市 / 国家	居民 / 土地规模	独特的定位	主要 / 显著的计划
阿姆斯特丹智慧城市 / 荷兰	1659.5 万人 /219km²	已有城市的智慧化项目	气候街道项目：智慧电网、智慧交通 / 物流；可持续能源项目：智慧电网、智慧电器；智能大厦项目：智慧建筑
马斯达尔市 / 阿联酋	5 万人（9 万名工人）/7km²	世界首座零碳、零废、无车城市，全部采用可再生能源	智能电网城市规划（使用空间信息）、智慧电器；无人驾驶电动车辆
普兰尼特谷 / 葡萄牙	1.1 万人 /21.1 km²	城市操作系统和绿色技术能量自产，50% 盈余外销	智能电网支撑下的生态城市
横滨市 / 日本	42 万人 /60 km²	以大幅减排为基础，为国际社会建立"低碳社会"典范	智能电网；社区能源管理系统；家居管理系统（智慧电器）；100% 电动车辆
赫尔辛基 / 芬兰	58.9 万人 /214 km²	智能移动应用	信息共享项目 赫尔辛基保健及智慧城市空间
新加坡 / 新加坡	50 万人 /637.5 km²	按照全球宜居城市指数，被评为亚洲最宜居城市、世界第三宜居城市	下一代全国宽带网络；电子政务体系

　　我国也在大力发展智慧城市。2016 年 10 月 9 日，中共中央政治局就实施网络强国战略进行第三十六次集体学习，习近平总书记主持学习并发表重要讲话强调，我们要深刻认识互联网在国家管理和社会治理中的作用，以推行电子政务、建设新型智慧城市等为抓手，以数据集中和共享为途径，建设全国一体化的国家大数据中心，推进技术融合、业务融合、数据融合，实现跨层级、跨地域、跨系统、跨部门、跨业务的协同管理和服务。

二、智慧城市与中国新城建设

　　改革开放尤其是 21 世纪以来，我国城镇化建设成果突显。作为在郊区空地进行集中大面积城镇化建设的区域，新城起到了提升城市综合竞争力、疏解城市人口的作用。一方面，随着城市人口的急剧扩张，人口密度大幅升高，出现了交通拥堵、城市热岛、环境污染等"大城市病"，为了解决一系列城市发展过程中的问题，智慧城市应运而生。

　　《国家新型城镇化规划（2014－2020 年）》明确提出"推进智慧城市建设"，要求"统筹城市发展的物质资源、信息资源和智力资源利用，推动物联网、云计算、大数据等新一代信息技术创新应用，实现与城市经济社会发展深度融合"，促进"城市规划管理信息化、基础设施智能化、公共服务便捷化、产业发展现代化、社会治理精细化"。增强城市要害信息系统和关键信息资源的安全保障能力。

智慧新城与新城建设不谋而合。在新城开发建设过程中,利用先进的信息技术手段,智慧城市可以实现城市的智能管理,用科技改变人们的生活方式,创造更加优质的生活品质,实现新城的可持续发展。

(一)深圳坪山智慧新城建设[①]

2009 年,拥有 168km^2 和约 65 万人口的深圳市坪山新城建立,并于 2010 年邀请 IMB 公司进行新城规划建设。这是当时国内最早进行智慧新城建设的案例之一。随后,《智慧坪山五年建设规划》于 2012 年通过评审,正式开始了坪山新城智慧城市的开发历程(表 14.3)。

表 14.3 深圳坪山新城智慧城市建设历程

时间	发展历程
2010 年	IBM 公司为坪山新城做了智慧城市五年建设规划
2011 年	把智慧城市信息化发展作为跨越式发展的举措
2012 年	坪山新城正式成为住房和城乡建设部首批国家智慧城市试点之一
2013 年	坪山新城成为深圳市"织网工程"综合试点示范区,并于 2013 年底完成"织网工程"基础平台建设
2014 年	坪山新城的建设实践被评为"2014 年度中国智慧城市十大解决方案"之一

坪山智慧新城通过统一建设的平台、网络、标准来实现统一的规划和管理,在新城范围内实现数据共享和业务协同管理,通过调用全区的资源用大数据等方法解决新城问题。通过公共 WiFi 建设,医疗、交通、城市管理等领域的业务智能处理,实现智慧城市建设。

(二)广州中新知识城智慧城市建设

按照 2015 年智慧广州规划,广州将通过人才吸收和培养,以新型技术、产品、服务和产业的突破及开发为手段,实现智慧城市的可持续发展。主要计划有智慧居民服务、先进技术开发、因特网商业城市、传统和战略产业的智慧型发展等。其中,广州中新知识城无疑是一个重要试点。

广州中新知识城定位为"智慧城市"、"生态城市"和"学习城市"。广州中新知识城的定位是广东经济升级和环境转型的典范和催化剂,并为更加广阔的珠江三角洲地区提供了一个独特的商业平台。作为一片"绿地",广州中新知识城具备成长为

① 2015 年 9 月 18 日羊城晚报《用智慧崛起的深圳东部新城》。

可持续发展的未来城市的潜力。知识、人才和生态这些相互依赖的发展需求为从总体规划和城市设计到具体城市管理等每一阶段提出了需要考虑的建设需求。一个高品质的生活环境会吸引人才，而一个高品质的商业环境则会吸引知识企业。广州中新知识城的建设就是要打造一个良性的自我循环来推动其经济增长，知识人才吸引更多的知识企业，而更多的知识企业又吸引更多的知识人才。

广州中新知识城智慧城市框架是以高层图形化方式展示广州中新知识城智慧城市开发的九大焦点主题（图 14.3）。而这九大焦点主题则源于确定问题、机遇和约束条件的愿景设定过程，并包括"居民"、"政府"和"企业"三大利益相关群体及"技术有利因素"这一基础层次。

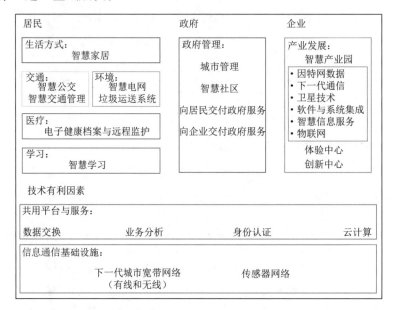

图 14.3 广州中新知识城智慧城市框架

第三节 生态城市与新城建设

一、生态城市的理念与发展

生态城市的兴起源于城市中人与环境的紧张关系。1971 年，联合国教科文组织开展了一项国际性的研究计划——"人与生物圈计划"（MAB），提出要从生态学角度来研究城市，并明确指出应将城市作为一个生态系统来进行研究。1984 年的 MAB 报告中确定了生态城市规划的五项原则：生态保护战略、生态基础设施、居民的生活标准、文化历史的保护、将自然融入城市。1992 年，联合国环境与发展大会之后，生态城市理念得到全世界的普遍关注与认同。生态城市具有如下内涵：①生态城市是用生态学理论指导城市建设与发展的；②生态城市强调人与环境的和谐共生，并反思人对环境的支配关系；③建设生态城市的目的是让人类能可持续的、更高品质的生活与发展；④生态城市不是纯自然的生态，而是自然、社会经济复合共生的；⑤生态城市的理论应该是动态的，因为生态学理论是动态发展的，对城市的认识与研究也是动态变化的。

生态新城作为城市空间可持续扩张的一种新形式和新城新区建设的重要主导方向，在解决城市就业、优化空间结构等方面取得了重要成就，正在成为中国新城新区建设的一个发展方向。

二、生态城市与中国新城建设

（一）东莞松山湖高新技术产业开发区

2010 年 9 月，占地面积约 1000hm² 的东莞松山湖高新技术产业开发区成立，松山湖处于广东省东莞市大朗、寮步和大岭山三镇交界地，分别距离广州、深圳和东莞城区 83km、25km 和 35km。

从开发目标和原则上看，松山湖将建设成为产城融合、集约紧凑、生态持续的国际创新城区[1]。《东莞市松山湖近期建设规划（2017—2020 年）》突出生态优先、绿色发展、集约节约、立体开发的理念，探索建立生态保护跨镇补偿机制，强化规划对山水生态空间、城市发展空间、公共生活空间布局的统筹，完善公共服务和基础设施布局，切实以空间治理方式的转变助推城市品质提升。坚持"节约优先、保护优先、自然恢复"为主的方针，形成资源节约和环境保护的空间格局、产业结构、生产方式和生活方式，实现绿色低碳循环发展，使功能区天更蓝、山更绿、水更清、环境更优美。

在河网密布的珠江三角洲地区，松山湖的相关规划还专门关注水环境综合治理专题。通过对流域水文、生态本底、污染特征、规划建设等因素的系统研究，科学划分水环境协同治理单元，提出基于城市污水系统、面源污染控制、海绵城市建设、水生态修复、水资源高效利用相互耦合的水环境区域协同治理总体策略、建设标准、技术路线、分区方案，为后续功能区水环境治理及水生态修复的工程实施方案奠定基础[2]。

从空间组织模式上看，松山湖以生态低碳作为产业园区的发展目标和原则。以松木山水库为生态绿心，构建起内疏外密的圈层结构，将人工环境与自然生态有机统一，优质的环境吸引高端要素，优质的产业又减少对环境的污染。松山湖的空间结构可以概括为生态核心区、内圈层、外圈层。具体来说，生态核心区以生态涵养为主要核心

---

① 《东莞市松山湖近期建设规划（2017—2020 年）》。

② 《东莞市松山湖功能区国土空间总体规划指引（2020—2035 年）及各镇（园区）国土空间总体规划（2020—2035 年）工作方案》。

功能，其由生态核心绿地及水源保护区构成，是松山湖的中心区。内圈层是集科教、研发、休闲娱乐、居住为一体的低密度开发区。外圈层则是产业布置区域，属于中密度开发区，其生态环境受人工环境影响较大，但仍旧限制污染产业开发，以减少对生态环境的压力。

从经济产业与生态环境的互动关系上看，松山湖强调科技产业园与生态环境的包容性。从曾经的水库发展成为国家生态工业示范园区，园区产业经济实现高效益、低消耗、低排放、高度重复利用。在松山湖的发展历程中，生态环境与产业相互依存、相互促进，优质高效的产业会减少对环境的污染，而优质的人居环境又会进一步吸引高技术人才和产业等高端要素的集聚。在《东莞市松山湖近期建设规划（2017—2020年）》中，根据近期建设发展目标提出围绕六大核心功能打造主题产业园区：现代服务业生态产业带（松湖北部D区）、电子信息产业园（台科园）、生物技术主题产业园（三角地、东阳光片区）、总部经济园（南湖片区）、金融服务园（金多港片区）、中以合作水治理产业园。通过功能优化，进一步发挥松山湖低碳生态新城的潜力。

（二）珠海横琴新区[①]

珠海横琴新区成立于2009年12月，是继天津滨海新区和上海浦东新区之后第三个国家级新区。横琴新区位于广东省珠海市南部的横琴岛上，在珠江口西岸，东与澳门相望，西临磨刀门水道，南抵我国南海，北与珠海南湾城区相邻。其面积约86km²，东西宽约7km，南北长约8.6km，海岛岸线长约76km。

在生态功能上，横琴新区通过经济转型实现生态宜居。横琴新区推行可持续的经济发展方式，通过集约、优化资源利用方式，打造宜居宜人的生态绿色空间，强调人与自然的和谐共生，致力于将横琴新区建设成为环境友好的低碳岛、宜居宜业的生态岛、山水交融的示范区。除此之外，横琴新区还通过港澳的辐射影响，大力培养休闲、旅游、度假等高附加值、无污染产业类型，打造与港澳配套衔接的度假旅游胜地与活力滨海新城。

在空间布局上，横琴新区采用组团式空间布局结构。其利用山水本底资源作为生态隔离屏障，采用紧凑、集约的城市建设模式，通过在各组团空间内布局适当的产业体系与协调空间组织模式，构建起"一心多核，三带四轴，七片区"的空间结构。①"一心多核"：以休闲区为中心，打造多个核心节点。核心休闲区由水体为自然本底要素构建，通过水体系统向外辐射，构成4条自然发展轴带，连通多个人工岛，形成生态过渡空间，在保护自然空间的同时也构建了各人工岛的发展动力。②"三带四轴"：为了进一步推动各人工岛之间的联系，推动各岛的发展与建设，利用3条公共交通和部分开放空间构成的带状区域为纽带，将各岛有机联系起来，并依托各自的环境资源禀赋、区位交通特征，对核心休闲中心区实现功能扩散，构建起了4

---

① 资料来源：《横琴总体发展规划》。

条轴线，即商业发展轴线、商务服务发展轴线、海洋科技及海洋旅游发展轴线和综合服务发展轴线。③"七片区"：通过功能联系与整合，对各项城市功能实现合理划分与空间布局，打造了7个具体的功能片区，即核心休闲区、休闲旅游度假区、海洋健康休闲区、中央商务区核心区、海洋生态研发技术区、会议会展服务区和综合服务区。

在新城建设理念上，利用已有的山水本底资源，充分结合近年来包括海绵城市、城市蓝绿脉等在内的低碳、绿色、生态的发展理念，建立资源节约循环的发展模式（如低能耗发展、水循环、垃圾循环等）。依据海绵城市建设理念，以绿地作为城市建设的重要空间利用方式，通过植草沟、下凹式绿地、雨水湿地等空间利用方式与排水组织模式改变新城地表径流，建设起依托于绿地，集自然存积、渗透、净化功能于一体的海绵城市体，着力打造城市绿脉，构建以公共绿地为绿脉核心、滨水防护绿地为各区域纽带、城市公园为生态绿肺、城市建设与自然环境网络相互渗透的绿地系统，并将这些各层次的绿地资源与健身步道及人工建筑有机结合，实现绿化、休闲、娱乐、健身等功能的有机整合，塑造由康体绿道系统（游憩集会广场、滨水地带的林荫步道等步行系统）将自然资源要素（海岸、山峰、河流、湿地等）与人文资源要素（建筑、开放空间等）串联起的网络型格局，实现城市功能复合、生活圈便利的高品质生活生产空间。着力打造城市蓝脉，通过将新城内外水系畅通，将人工生态湿地和自然水系连通，严格控制水体环境质量，建设中水收集、处理及使用的水循环系统，有意识营造包括亲水生活岸线在内的多样化、多层次的亲水空间，实现新城内水资源的节约、循环利用与水质保护。

第四节　中国新城建设的思考

一、新城建设体系

改革开放以来，我国经济高速发展，城市规模不断扩大，城市空间发生剧烈变化，旧城区的发展空间也日趋饱和。为了打破旧城区发展的瓶颈，各类新城诸如开发区、工业园区、卫星城、大学城等相继涌现，实现了产业和其他城市功能的外迁与优化，其在城市空间扩散中起到了重要作用，并逐渐改变了以往我国城市以单一填充式空间增长为主的发展模式，促成了我国城市外延式空间扩展模式出现。

新城的类型不断发展和多元，从最开始的以经济功能为主导的开发区型的工业新城逐渐演变发展为以外贸、科教、生活、交通等功能为主导的保税区、大学城、居住新城、空港和海港新城等，以及综合多种功能的综合新城，从而发展成庞大的体系。

因为不同类型新城建设规模不同，建设目的和初始动力也不同，所以其规划设计和发展模式也必然有所差异。在进行新城规划的过程中，必须充分考虑城市发展的需求，以及新城建设的实际条件，因地制宜，使得新城建设能够真正发挥提升城市综合竞争力、缓解城市人口拥挤、促进城市土地高效利用等作用。

二、新城建设动力

新城的建设动力由多种要素构成。与西方城市强调人口疏解、注重生态需求和政策管理的动力机制有所不同，我国新城空间产生的原因既包括提升城市竞争力和促进产业结构调整升级的经济需求、疏解旧城区拥挤人口的社会需求，又包括适应经济全球化和信息化革命的时代需求，还包括土地财政和招商引资的地方开发行为以及大事件营销的驱动。不同的城市规模和类型、不同的区域发展条件，其空间产生的动力原因具有趋同性也具有差异性。

首先，培育新的核心竞争力是重要因素。20 世纪 80 年代产业开发区的建设实践表明，经济发展目标是城市发展和新城建设的首要目标。通过新城建设培育起的新的城市增长极与旧城一起构成城市的多中心结构。作为政策性极强的开发区域，新城的经济增长速度和开发强度都是其他地区所无法比拟的。

其次，在促进产业结构调整、疏解旧城区人口、适应全球化需求等方面，大城市和中小城市具有较大的差异性。一方面，旧城人口持续增长，对旧城的合理环境容量造成了巨大的挑战，部分大城市开始出现了旧城区人口过于拥挤带来的一系列社会、交通和环境问题，急需对旧城区人口实行有效引导和疏解。另一方面，工业化后期发展中，第三产业对空间有更高的需求，旧城迫切将效益低、污染高、用地粗放的工业迁往新城，实现产业疏解。另外，随着大城市经济日益全球化的发展诉求高涨，各类新兴国际化和信息化城市功能出现。因此，新城在旧城疏解的发展需求下成为重要的人口和产业空间载体。相比之下，我国大部分中小城市仍处在快速城市化和工业化的发展阶段，中心区人口仍处在向心集聚阶段，服务业发展水平仍然有限。这些中小城市在促进产业结构升级、疏解旧城区人口上的诉求并不强烈，新城的建设仍以提升城市竞争力、促进经济发展为主。

最后，新城的产生也存在一定弊端，集中体现在以"土地财政"为目的的地方开发行为。近年来，新城开发带来的一次又一次的土地蔓延式"圈地热"就是这一动因的集中表现。"土地财政"是一种透支型土地开发模式，长期依赖土地出让收益支撑地方财政收入势必造成日后"竭泽而渔"的窘境。这种开发动力还易于造成地方"炒作"土地，低买高卖，导致地方权力的随意性和滥用性。

三、新城土地利用模式

在新城的土地利用过程中，有些新城盲目开发建设，过度扩张建设用地，造成农林绿地侵占、环境污染、用地结构不合理、土地利用低效与粗放等严重的问题。对新城土地利用模式还需要更多的思考。

（一）关注用地布局，提高土地利用效率

针对新城开发过程中通常会遇到的开发强度不足、用地结构不合理、布局杂乱相互干扰等问题，新城土地利用需要强调节约集约利用土地。在国家宏观政策调控的背景下，新城空间扩展与土地资源稀缺性的矛盾会进一步突出。新城开发需要划定合适的城市增长边界，通过限制土地盲目扩张，由增量土地的关注视角转向存量土地利用，从土地存量的角度出发，提高用地集约程度，合理设定土地开发强度，引导土地开发向集约紧凑发展。如何通过土地扩张和土地利用情况的模拟，划定合理的城市增长边界，倒逼土地利用结构优化发展或许是值得思考的问题。

（二）关注生产生活生态，实现产城融合

新城在开发过程中，往往出现"鬼城"、工业孤岛、交通拥堵等问题，归根到底是新城功能单一造成的，而产城融合日渐成为解决这些问题的重要手段。但是如何合理规划生产功能与生活功能的配套以实现产城融合是值得认真商榷的规划重点。产城融合需要同时关注产业功能与其他城市功能的同步发展与协调共生。产业为新城发展带来活力与就业群体，城市功能为产业留住劳动力，为实现可持续发展提供保障，两者互动实现以产兴城、以城促产。通过协调构建起与城市发展相适应的产业和城市功能，实现功能上的契合，提高产业活力与生活品质。合理安排配套服务设施，公共服务设施的配套应遵循社会公平的原则，强调公共服务均等化。在新城开发过程中，根据新城的人口、经济发展预测合理安排各类公共服务设施。关注生态环境保护和建设，新城的地理空间往往位于郊区地带，接近城市周边农村地区，拥有丰富的自然生态资源，在新城开发过程中应当特别注意对景观环境的保护，构建人地关系和谐共处的新城。

（三）关注新城区域效应，承载区域功能

在区域一体化发展的背景下，新城的定位应当在服务于城市的基础上，强调区域服务的效应。一方面，强化新城与周边地区尤其是母城的空间联系。新城发展不是孤立的，是与城市其他空间互动关联的，应加强新城与周边地区尤其是中心城市的互动联系。新城土地利用与周边地区土地利用息息相关，因此新城土地利用应当与周边地区土地利用相互协调。另一方面，新城的发展不能"就新城论新城"，也不能只关注新城在城市的定位，应当从区域整体角度出发，关注新城在区域的定位。在要素充分流动的全球化时代中，单独的城市很难具备完整的产业链环节，重要的产业规划往往是从区域协同发展的角度出发，实现产业资源的配置。作为城市扩张的新空间，新城土地应当具备承载区域产业的能力。随着战略新兴产业的强化布局，新城的优质土地空间应当积极主动地去承载相应的产业服务功能。

（四）扩展垂直空间，丰富土地利用模式

新城土地利用还停留在对平面空间的利用上，如何在不扩展新城用地范围、不疏

散新城核心功能和人口的前提下，将居住、休闲、游憩、就业等功能在新城实现立体式整合同样是新城土地利用的新思路。垂直空间的高效利用可以为人口密度高、城市空间有限的区域提高城市品质提供解决之道。在我国人口密度高、土地公有的实际情况下，新城在垂直空间上大规模实现城市功能的整合，对提高土地利用效率、优化用地布局、提高绿化面积、提升居民满意度、促进城市可持续发展等有多大的作用是需要进一步探讨的。平面田园城市向"垂直花园城市"过渡或许是中国新城需要努力尝试的方向，城市管理主体如何对垂直空间做精细化、长期化的投资和运营也需要进一步的研究。

四、新城与母城的关系

新城在分担旧城区功能、疏解城市人口的同时，引发了城市与区域空间形态的重构效应。一方面，在城市尺度，城市空间由单中心结构向多中心结构，甚至向组合型城市的空间形态转变逐渐成为主流趋势，而新城则成为城市外延式扩展的体现。另一方面，在区域尺度，从城市城镇化的发展到同城化的出现，以及连片的区域城市的形成，都体现着城市产业和人口的聚集与扩散效应，作为区域重要增长极的新城发挥着重要的作用，其推动着城市的空间协调与组群集聚。新城的建设必须考虑到其与母城的关系，要促进新城与母城共同繁荣与发展。

边缘连续模式指的是紧邻建成区开发新城的模式，一般距离母城5 km以内。因为离母城较近，通常由母城满足其生活功能，其本身功能较为单一，独立性较弱。其以母城卫星城的形式存在于母城周边，作为母城功能的一种补充。

近郊跳跃模式指的是在城市近郊开发新城的模式，一般距离母城5～20km。这个距离使得新城与母城之间有一定的空间隔离，新城需要提高自身的功能完整性与独立性。但是，新城仍旧能够继续获得母城的医疗、教育等资源，与母城保持一定的空间联系。

远郊跳跃模式则是指在远郊地区开发新城的模式，一般距离母城20 km以上。较远的空间距离使得新城必须发展完整的城市功能以保障新城居民的基本生活需求，同时也支持新城产业的可持续发展。新城有较高的独立性，但是基础设施建设成本高昂，需要合理规划，构建与母城的交通联系。新城前期投入成本高，需要有极强的资本吸引力，同时新城建设后人口与产业的迁移也是需要重点考虑的问题。人口与产业迁移周期越长，新城收回建设成本的周期也就越长。因此，多数新城往往选址于有一定区位优势的郊县地区，或者是具有资源、区位和政策多重优势的远郊工业园或开发区。

五、新城发展的政策建议

新城的开发与建设能否持续，关键在于有没有一套有效的新城发展政策进行支撑。

（一）改革新城组织管理体制

目前，我国新城开发的空间组织模式主要有三种：市场型模式、开发区型模式和政区型模式。三种模式的空间组合方式、组织管理架构、职能分工以及优缺点都存在显著差异。

市场型模式是典型的建、管分离体制。通常的建设方式是开发建设指挥部（党工委）与城市建设投资公司合作共建。其中，开发建设指挥部（党工委）负责组织协调、统筹规划、招商引资等工作；城市建设投资公司则负责相关的基础设施建设以及投融资工作；相应的人口、教育、文化等社会管理事务由各自所属行政区进行管理；市、区政府及相关职能部门直接负责审批事项，一般不设置派出机构。

在开发区型模式中，新城一般通过"党工委—管理委员会—市（区）派驻机构"的结构来实施管理。其中，党工委负责协调新城的干部管理、重大经济社会问题、纪律检查等工作；管理委员会负责处理新城规划建设、产业招商引资等相关事宜。对应的行政区则同样负责各类社会管理事务，同时还会设立开发建设领导小组，由市区人民政府以及发改、国土等部门一同构成。

在政区型模式中，新城一般采用"区委（党工委）—区政府（管理委员会）"的区（开发区）政（行政区）合一的结构体系。政府与管理委员会的关系是"一套人马，两块牌子"，统筹新城发展的经济与社会管理各项事务。

新城的建设必须考虑区域与城市的特殊条件，按照"理顺关系、权责一致、执行顺畅、提高效能"的原则，通过合理明晰的权责划分体系来建设权责相当的管理体制。

（二）创新新城土地管理制度，提高土地利用效率

在新城发展过程中，土地管理问题是必须解决的空间问题。如何通过土地制度改革破除约束土地有效利用和保护的体制机制、保障和促进新城建设的科学发展成为新城发展值得深思的问题。通过一系列的土地管理制度创新，协调好土地利用在规划管理、土地流转、征地补偿、拆迁安置、耕地保护等方面的权责与管理方式。

（三）创新新城的区域共享机制，实现效益最大化

一是创新区域政策共享机制。在城市群区域一体化的背景下，区域政策共享有两点需要理解。首先，对于区域各地的政策应当通过统一的制度平台与框架实现协调与融合。其次，还需要考虑新城在地缘上与其他区域的关系，扩大新城优惠政策的辐射范围，形成辐射带动作用。

二是创新区域利益共享机制。通过利益共享机制消除发展冲突。通过发展成果由区域共享来实现区域的合作，避免恶性竞争。通过共建合作区，实现产业与人口的定向迁移，这样既能满足迁出地"腾笼换鸟"的需要，也能满足迁入地的发展需求。

三是创新区域产业转移机制。对新城新区的产业有所斟酌。通过政策约束与政策优势积极引导新城新区的产业，实现高质量发展与转型，通过行政与市场的力量推动产业迁移与结构重组。积极鼓励优势企业做大最强，积极培育新兴战略企业，积极引导低效产业外迁腾退。

（四）建立低碳生态、智慧型的城市功能

一是建设以低碳生态为目标的现代化新城。新城规划要提出生态保护要求，合理规划保障新城的生态空间。对新城具体建设过程中的能源使用、资源循环利用进行规范，推动绿色循环、低碳产业发展，建设绿色生活服务体系。二是推动新一代信息技术服务，建设智慧新城，实现对新城的有机监测与管理服务。推动新城的智慧规划与管理，实现公共服务共享化、产业发展的高端化和现代化、新城城市治理的现代化和精细化。

（五）落实人才吸引政策，留住人才，集聚人气

一是完善人才市场、人才的使用和保障机制。加快建立落实人才引进与落户的相关优惠政策，用产业吸引人才，用高质量的生活品质留住人才。二是完善人才培养的体制机制。21世纪的竞争是关乎人才的竞争。通过在新城中布置科教智慧园等措施，整合资源形成体系。强化对办学单位的资格认定、资质审批和质量考核，使职业教育规范有序发展。职业教育培养出来的高技术人员，通过科研、生产、教育等途径重新服务于新城甚至整个城市，从而实现有机互助。

参考文献

阿·鲁·约安尼相, 1961. 傅立叶传. 汪裕荪译. 北京: 商务印书馆.

敖丽红, 肖倩, 邵祥东. 2012. 经济开发区和非开发区分异: 对辽宁省省域内分区战略的反思. 中国软科学, (9): 124-134.

白小明, 吴中兵. 2019. 产业新城 PPP 模式下政府——市场长效协作机制的实现路径. 中国经贸导刊 (中), (11): 6-8.

白雅文. 2013. "高铁热" 引发新城革命. 中国科技财富, (1): 80-85.

包蓉, 罗小龙, 吉玫成, 等. 2015. 解读权力变迁下的新城空间生产——以南京市为例. 地域研究与开发, 34(1): 60-64.

薄文广, 殷广卫. 2017. 国家级新区发展困境分析与可持续发展思考. 南京社会科学, (11): 9-16.

卞显红, 王苏洁. 2003. 城市旅游空间规划布局及其生态环境的优化与调控研究. 人文地理, 18(5): 75-79.

曹洪涛, 储传亨. 1990. 当代中国的城市建设. 北京: 中国社会科学出版社.

曹贤忠, 曾刚. 2014. 基于熵权 TOPSIS 法的经济技术开发区产业转型升级模式选择研究——以芜湖市为例. 经济地理, 34(4): 13-18.

曹允春, 谷芸芸, 席艳荣. 2006a. 中国临空经济发展现状与趋势. 经济问题探索, (12): 4-8.

曹允春, 席艳荣, 李微微. 2009. 新经济地理学视角下的临空经济形成分析. 经济问题探索, (2): 49-54.

曹允春, 杨震, 白杨敏. 2006b. 提高临空经济区核心竞争力研究. 经济纵横, (15): 21-23.

曹允春, 踪家峰. 1999. 谈临空经济区的建立和发展. 中国民航大学学报, (3): 60-63.

柴彦威, 陈零极, 张纯. 2007. 单位制度变迁: 透视中国城市转型的重要视角. 世界地理研究, 16(4): 60-69.

柴彦威, 刘天宝, 塔娜, 等. 2013. 中国城市单位制研究的一个新框架. 人文地理, 28(4): 1-6.

柴彦威, 刘志林, 沈洁. 2008. 中国城市单位制度的变化及其影响. 干旱区地理, (2): 155-163.

陈岗, 黄震方. 2010. 旅游景观形成与演变机制的符号学解释——兼议符号学视角下的旅游城市化与旅游商业化现象. 人文地理, (5): 124-127.

陈汉欣. 1999. 中国高技术开发区的类型与建设布局研究. 经济地理, (1): 6-10.

陈浩. 2019. "一带一路" 背景下中哈霍尔果斯国际边境合作中心发展对策研究. 国际经济合作, (3): 105-112.

陈红霞, 西宝. 2008. 快速城市化背景下新城发展研究. 哈尔滨工业大学学报 (社会科学版), 10(5): 34-38.

陈嘉平. 2013. 新马克思主义视角下中国新城空间演变研究. 城市规划学刊, (4): 18-26.

陈利顶, 孙然好, 刘海莲. 2013. 城市景观格局演变的生态环境效应研究进展. 生态学报, (4): 1042-1050.

陈群民, 吴也白, 刘学华. 2010. 上海新城建设回顾、分析与展望. 城市规划学刊, (5): 79-86.

陈世莉, 陶海燕, 李旭亮, 等. 2016. 基于潜在语义信息的城市功能区识别——广州市浮动车 GPS 时空数据挖掘. 地理学报, 71(3): 471-483.

陈雪萍. 2014. 关于城市新城新区建设的若干思考. 求知导刊, (12): 24.

陈艳, 谭建光, 鲍宇阳, 等. 2013. 城市化对旅游的影响及其反馈机制研究进展. 北京师范大学学报: 自然科学版, 49(6): 613-618.

陈昱, 朱梦珂, 苏旭阳. 2019. 高质量发展背景下产业新城土地利用效率提升研究. 郑州轻工业学院学报 (社会科学版), 20(5/6): 97-103.

陈再齐, 闫小培. 2015. 海港新区经济发展的空间特征及规划应对——以广州南沙区为例. 规划师, 31(5): 86-91.

程连生. 1998. 中国新城在城市网络中的地位分析. 地理学报, (6): 481-491.

崔功豪, 马润潮. 1999. 中国自下而上城市化的发展及其机制. 地理学报, 54(2): 106-115.

邓毛颖, 谢理, 林小华. 2000. 基于居民出行特征分析的广州市交通发展对策探讨. 经济地理, 20(2): 109-114.

邓启明, 孙仁兰, 张秋芳. 2012. 国家海洋经济发展示范区建设中的国际合作问题研究——以宁波市核心示范区为例. 宁波大学学报 (人文科学版), 25(2): 101-105.

丁成日. 2010. 城市空间结构和用地模式对城市交通的影响. 城市交通, 8(5): 28-35.

丁建明. 2007. 试析我国城市化进程中新城建设. 现代城市研究, 22(4): 79-81.

董磊磊, 潘竟虎, 冯娅娅, 等. 2017. 基于夜间灯光的中国房屋空置的空间分异格局. 经济地理, 37(9): 62-69, 176.

董仁才, 李欢欢. 2018. 关于城市新区生态规划关键问题探讨. 生态经济, 34(7): 143-147.

杜志威, 张虹鸥, 叶玉瑶, 等. 2019. 2000 年以来广东省城市人口收缩的时空演变与影响因素. 热带地理, 39(1): 22-30.

段进. 2011. 当代新城空间发展演化规律. 南京: 东南大学出版社.

范凌云, 雷诚. 2008. 滨海新城的发展策略. 城市问题, (12): 39-44.

方创琳, 马海涛. 2013. 新型城镇化背景下中国的新区建设与土地集约利用. 中国土地科学, (7): 4-9.

方创琳, 王少剑, 王洋. 2016. 中国低碳生态新城新区: 现状、问题及对策. 地理研究, 35(9): 1601-1614.

方大春, 孙明月. 2014. 高速铁路建设对我国城市空间结构影响研究——以京广高铁沿线城市为例. 区域经济评论, (3): 136-141.

方豪杰, 程炜. 2008. 基于大型基础设施项目布局的新城规划——以江苏省大丰市海港新城概念规划为例. 江苏城市规划, (3): 16-18.

费孝通. 1984. 小城镇大问题. 江海学刊, (1): 6-26.

冯奎. 2015. 中国新城新区转型发展趋势研究. 经济纵横, (4): 1-10.

冯奎, 郑明媚. 2015. 中国新城新区发展报告. 北京: 中国发展出版社.

付磊, 柏巍, 马小晶. 2012. 中新广州知识城规划方案的演变分析. 城市规划学刊, (S1): 70-74.

傅崇兰. 2005. 新城论. 北京: 新华出版社.

高超, 金凤君. 2015. 沿海地区经济技术开发区空间格局演化及产业特征. 地理学报, 70(2): 202-213.

高国力. 2012. 科学管理和引导城市新区的开发建设. 中国发展观察, (10): 36-39.

高楠, 马耀峰, 李天顺, 等. 2013. 基于耦合模型的旅游产业与城市化协调发展研究. 旅游学刊, 28(1): 62-68.

葛丹东, 黄杉, 华晨. 2009. "后开发区时代"新城型开发区空间结构及形态发展模式优化——杭州经济技术开发区空间发展策略剖析. 浙江大学学报 (理学版), 36(1): 97-102.

葛敬炳, 陆林, 凌善金. 2009. 丽江市旅游城市化特征及机理分析. 地理科学, 29(1): 134-140.

耿海清. 2013. 我国开发区建设存在的问题及对策. 地域研究与开发, (1): 1-4.

顾朝林. 1999. 中国城市地理. 北京: 商务印书馆.

顾朝林. 2017. 基于地方分权的城市治理模式研究——以新城新区为例. 城市发展研究, 24(2): 70-78.

顾朝林, 甄峰, 张京祥. 2000. 集聚与扩散——城市空间结构新论. 南京: 东南大学出版社.

顾竹屹, 赵民, 张捷. 2014. 探索"新城"的中国化之路——上海市郊新城规划建设的回溯与展望. 城市规划学刊, (3): 28-36.

广州大学城发展规划编制工作组. 2002. 对广州大学城发展规划的思考. 城市规划, (5): 94-96.

郭伟, 孙鼎新. 2014. 高速铁路背景下新城发展模式探析. 中国集体经济, (31): 10-12.

韩民春, 蔡宇飞. 2013. 地区专业化与产业结构趋同——以国家级新城为例. 中国流通经济, 27(5): 51-55.

何艳, 张瑜. 2012. 临空经济区发展的动力因素研究. 地域研究与开发, 31(2): 37-40.

何勇. 2015. 新城建设资金"难"的问题与对策. 经营管理者, (25): 206.

何则, 杨宇, 刘毅, 等. 2020. 面向转型升级发展的开发区主导产业分布及其空间集聚研究. 地理研究, 39(2): 337-353.

何志军, 钱检, 黄扬飞. 2005. 大学城的土地空间布局模式探讨——以杭州大学城为例. 规划师, 21(4): 34-36.

贺传皎, 邹兵, 王吉勇. 2012. 我国出口加工区转型发展的功能选择与规划对策——以深圳出口加工区为例. 规划师, 28(3): 55-59.

胡森林, 曾刚, 滕堂伟, 等. 2020. 长江经济带产业的集聚与演化——基于开发区的视角. 地理研究, 39(3): 611-626.

黄胜利, 宁越敏. 2003. 国外新城建设及启示. 现代城市研究, 18(4): 12-17.

黄翔, 柯丹. 2001. 论发展旅游业对全面推进城市化的作用. 华中师范大学学报 (自然科学版), 35(2): 225-228.

黄跃. 2015. "立体城市"的土地利用之道——以日本东京六本木新城为例. 中国土地, (6): 19-21.

黄震方, 吴江, 侯国林. 2000. 关于旅游城市化问题的初步探讨——以长江三角洲都市连绵区为例. 长江流域资源与环境, (2): 160-165.

吉玫成, 罗小龙, 包蓉, 等. 2015. 新城发展的时空差异: 对我国东中西三大区域的比较研究. 现代城市研究, (9): 81-86.

纪晓岚. 2004. 论城市的基本功能. 现代城市研究, (9): 34-37.

贾康, 吴昺兵. 2019. PPP 模式推动产业新城发展的问题与优化建议. 经济纵横, (12): 25-32, 2.

贾艳杰, 魏秋霞. 2002. 天津滨海新区区域经济特点、问题与对策. 经济地理, (4): 399-402.

姜斌远. 2006. 广州临空经济区发展的基本思路. 集团经济研究, (1): 33-35.

姜德辉. 2006. 关于曹妃甸临港经济区建设的思考. 商场现代化, (23): 229.

蒋亚平, 叶红玲. 2008. 30 年土地制度改革的历史记忆——原国家土地管理局局长邹玉川访谈录. 国土资源, (12): 20-22.

金碚. 2018. 以创新思维推进区域经济高质量发展. 区域经济评论, (4): 39-42.

金继晶, 邹卓君, 刘天雄. 2009. 由产业园向新城区转型的规划途径探讨——以库尔勒经济技术开发区为例. 规划师, 25(6): 25-30.

孔翔, 顾子恒. 2017. 中国开发区"产城分离"的机理研究. 城市发展研究, 24(3): 31-37, 60.

孔翔, 杨帆. 2013. "产城融合"发展与新城的转型升级——基于对江苏昆山的实地调研. 经济问题探索, (5): 124-128.

赖建波, 潘竟虎. 2019. 基于腾讯迁徙数据的中国"春运"城市间人口流动空间格局. 人文地理, 34(3): 108-117.

李百浩, 彭秀涛, 黄立. 2006. 中国现代新兴工业城市规划的历史研究——以苏联援助的 156 项重点工

程为中心 . 城市规划学刊 , (4): 84-92.

李冰洁 , 杨习铭 . 2019. 中哈霍尔果斯国际边境合作中心发展模式研究 . 对外经贸实务 , (11): 28-31.

李道勇 , 贾东 , 任利剑 . 2017. 多中心背景下大都市区空间战略转型的国际经验与启示——基于轨道交通与新城建设的视角 . 现代城市研究 , 32(6): 47-55.

李德华 . 2001. 城市规划原理 . 北京 : 中国建筑工业出版社 .

李光全 . 2015. 中国新城新区行政管理体制创新面临的问题与破解对策——以青岛蓝色硅谷为例 . 城市 , (6): 48-51.

李广斌 , 王勇 , 袁中金 . 2006. 城市特色与城市形象塑造 . 城市规划 , 30(2): 79-82.

李国芳 . 2014. 变消费城市为生产城市——1949 年前后中国共产党关于城市建设方针的提出过程及原因 . 城市史研究 , (2): 1-11, 244.

李建波 . 2003. 对完善我国新城管理模式的一些新思考 . 现代城市研究 , (4): 18-21.

李建伟 , 刘科伟 , 刘林 . 2016. 城市新区与城市功能的关联耦合机制 . 地域研究与开发 , (1): 15-19.

李力行 , 申广军 . 2015. 经济新城、地区比较优势与产业结构调整 . 经济学 : 季刊 , (2): 885-910.

李闽榕 . 2011. 大力发展海洋经济构建蓝色经济示范区 . 发展研究 , (6): 13-19.

李南 , 刘嘉娜 . 2014. 临港产业共生的理论溯源与经验证明 . 环渤海经济瞭望 , (11): 47-50.

李鹏 . 2004. 旅游城市化的模式及其规制研究 . 社会科学家 , (4): 97-100.

李铁 . 2014. 城市新区 , 怎样从 "边缘" 到 "前沿" . 协商论坛 , (5): 40-41.

李小建 , 李国平 , 曾刚 . 2006. 经济地理学 . 北京 : 高等教育出版社 .

李晓敏 , 王林彬 . 2013. 中哈霍尔果斯国际边境合作中心定位及其前景展望 . 中国经贸导刊 , (2): 10-13.

李学杰 . 2012. 城市化进程中对产城融合发展的探析 . 经济师 , (10): 43-44.

李郇 , 李灵犀 . 2006. 国内城市新区开发的政府与市场的互动机制与模式——以广州琶洲地区开发为例 . 热带地理 , 26(3): 243-247.

李政新 . 2005. 我国出口加工区的成长动因与主要类型 . 地域研究与开发 , (6): 7-10.

李志刚 , 吴缚龙 , 肖扬 . 2014. 基于全国第六次人口普查数据的广州新移民居住分异研究 . 地理研究 , 33(11): 2056-2068.

连远强 . 2013. 集群与联盟、网络与竞合 : 国家级扬州经济技术新城产业创新升级研究 . 经济地理 , 33(3): 106-111.

林康 , 尤崧涛 , 陈琼秀 . 2000. 论世界自由贸易区与我国保税区的功能和作用 . 国际贸易问题 , (3): 34-38.

林丽华 , 黄华梅 , 王平 , 等 . 2017. 生态建设理念在区域建设用海规划中的实践探讨——以横琴南部滨海新城区域建设用海规划为例 . 生态经济 , 33(10): 231-236.

林学椿 , 于淑秋 , 唐国利 . 2005. 北京城市化进程与热岛强度关系的研究 . 自然科学进展 , 15(7): 882-886.

刘爱荣 , 潘丽娜 , 李艳伟 . 2013. 新建开发区社会管理创新研究——以沈本新城城镇化建设为例 . 辽宁科技学院学报 , (4): 31-33.

刘畅 , 李新阳 , 杭小强 . 2012. 城市新区产城融合发展模式与实施路径 . 城市规划学刊 , (S1): 104-109.

刘纪远 , 张增祥 , 徐新良 , 等 . 2009. 21 世纪初中国土地利用变化的空间格局与驱动力分析 . 地理学报 , (12): 1411-1420.

刘继华 , 荀春兵 . 2017. 国家级新区 : 实践与目标的偏差及政策反思 . 城市发展研究 , 24(1): 18-25.

刘剑锋 . 2007. 从开发区向综合新城转型的职住平衡瓶颈——广州开发区案例的反思与启示 . 北京规划建设 , (1): 85-88.

刘珂, 乔钰容. 2019. 产业新城对我国县域产业转型升级的影响机理与路径研究. 郑州轻工业学院学报 (社会科学版), 20(5/6): 90-96.

刘士林, 刘新静, 孔铎, 等. 2016. 2015 中国大都市新城新区发展报告. 中国名城, (1): 34-48.

刘士林, 刘新静, 盛蓉. 2013. 中国新城新区发展研究. 江南大学学报 (人文社会科学版), 12(4): 74-81.

刘天宝, 柴彦威. 2012. 地理学视角下单位制研究进展. 地理科学进展, 31(4): 527-534.

刘天宝, 柴彦威. 2013. 中国城市单位制研究进展. 地域研究与开发, 32(5): 13-21.

刘希雅, 王宇飞, 宋祺佼, 等. 2015. 城镇化过程中的碳排放来源. 中国人口资源与环境, 25: 66.

刘欣葵. 2009. 从区域城市功能对接看新城发展——以北京新城建设实践为例. 广东社会科学, (2): 25-29.

刘亚臣, 马晓晖, 韩凤. 2008. 市场导向的新城管理模式初探——以沈抚新城管理模式为例. 中国市场, (14): 10-11.

刘晏伶, 冯健. 2014. 中国人口迁移特征及其影响因素——基于第六次人口普查数据的分析. 人文地理, (2): 129-137.

刘洋. 2006. 谈临空经济与临空经济区的发展. 商业时代, (35): 87-89.

刘业辉. 2014. "产城一体" 空间布局模式与产业新城规划编制策略——以都匀市甘塘产业新城为例. 武汉勘察设计, (5): 39-42.

刘玉燕, 刘浩峰. 2006. 城市土壤 Pb 污染特征及影响因素分析. 干旱环境监测, 20(1): 8-11.

鲁春阳, 杨庆媛, 靳东晓, 等. 2010. 中国城市土地利用结构研究进展及展望. 地理科学进展, (7): 861-868.

陆林, 葛敬炳. 2006. 旅游城市化研究进展及启示. 地理研究, 25(4): 741-750.

罗小龙, 梁晶. 2015. 开发区的第三次创业. 北京 : 建筑工业出版社.

骆王丽. 2013. 基于新城建设的旅游产业发展路径与策略研究——以无锡锡东新城为例. 中国商贸, (27): 126-127.

吕刚, 唐德善. 2008. 基于航空都市区理论的空港新城建设研究——以南京市为例. 经济师, (7): 28-29.

吕晓, 赵雲泰, 张晓玲. 2014. 我国城市新区发展中的土地利用和管理问题研究综述. 经济体制改革, (1): 39-43.

麻学锋, 孙根年. 2012. 张家界旅游城市化响应强度与机制分析. 旅游学刊, 27(3): 36-42.

马博. 2010. 中国跨境经济合作区发展研究. 云南民族大学学报 (哲学社会科学版), 27(4): 117-121.

马士江. 2011. 高铁枢纽带动的新城综合交通发展战略思考——以上海市松江新城为例. 上海城市规划, (5): 45-51.

马晓龙, 李秋云. 2014. 城市化与城市旅游发展因果关系的判定及生成机理研究——张家界案例. 地理与地理信息科学, 30(4): 95-101.

马玉龙, 丁守中. 2011. 新城区域城市管理问题的探索与实践——以杭州市钱江新城为例. 现代城市, (4): 44-46.

买静, 张京祥, 陈浩. 2011. 开发区向综合新城区转型的空间路径研究——以无锡新区为例. 规划师, (9): 20-25.

穆旸. 2020. 产业新城综合开发 PPP 项目风险管理研究. 企业改革与管理, (3): 35-36.

宁越敏. 2006. 上海大都市区空间结构的重构. 城市规划, (S1): 44-45.

宁越敏, 武前波. 2011. 企业空间组织与城市—区域发展. 北京 : 科学出版社.

彭华, 何瑞翔, 杨继荣. 2016. 全域旅游时代 : 热问题, 冷思考——兼论桂林旅游发展模式与思路. 社会科学家 (增刊): 8-17.

彭剑波 . 2014. 建城方略——中国新城新区开发运营策划实战 . 北京 : 清华大学出版社 .

彭恺 . 2015. 空间生产视角下的转型期中国新城问题研究新范式 . 城市发展研究 , (10): 63-70.

彭文英 . 2009. 北京新城环境及建设问题探讨 . 城市 , (10): 61-66.

乔平平 . 2016. 综合保税区在区域经济发展中的作用探析——以南阳卧龙综合保税区为例 . 现代商业 , (23): 73-74.

秦学 . 2001. 我国城市旅游研究的回顾与展望 . 人文地理 , 16(2): 73-78.

仇保兴 . 2004. 城市经营、管治和城市规划的变革 . 城市规划 , 28(2): 8-22.

全毅 . 2013. 中国对外开放与跨境经济合作区发展策略 . 亚太经济 , (5): 107-114.

饶传坤 , 陈巍 . 2015. 向新城转型背景下的城市开发区空间发展研究——以杭州经济技术开发区为例 . 城市规划 , (4): 43-52.

任春洋 . 2003. 新开发大学城地区土地空间布局规划模式探析 . 城市规划汇刊 , (4): 90-92, 94-96.

任旺兵 , 申玉铭 . 2004. 中国旅游业发展的基本特征、空间差异与前景分析 . 经济地理 , 24(1): 100-103.

芮明杰 . 2006. 产业竞争力的"新钻石模型". 社会科学 , (4): 68-73.

沈宏婷 . 2007. 开发区向新城转型的策略研究——以扬州经济开发区为例 . 城市问题 , (12): 68-73.

沈怡辰 , 臧鑫宇 , 陈天 . 2019. 我国高铁新城建设的现状反思与优化路径 . 西部人居环境学刊 , 34(4): 57-64.

沈正平 , 陈伟博 . 2015. 新城新区产城融合的新途径 . 中国名城 , (10): 30-36.

盛亦男 . 2013. 中国流动人口家庭化迁居 . 人口研究 , 37(4): 66-79.

史官清 , 张先平 , 秦迪 . 2014. 我国高铁新城的使命缺失与建设建议 . 城市发展研究 , (10): 1-5.

史晋川 . 2002. 制度变迁与经济发展 : 温州模式研究 . 杭州 : 浙江大学出版社 .

孙久文 , 蒋治 . 2019. 沿边地区对外开放 70 年的回顾与展望 . 经济地理 , 39(11): 1-8.

孙群郎 . 2006. 当代美国郊区的蔓延对生态环境的危害 . 世界历史 , (5): 15-25.

孙秀林 , 周飞舟 . 2013. 土地财政与分税制 : 一个实证解释 . 中国社会科学 , (4): 40-59, 205.

谭志华 . 2016. 三线城市旧城改造与新城建设存在的主要问题及对策 . 中华建设 , (5): 70-71.

汤培源 , 周彧 . 2007. 基于新城市主义理念的新城规划与建设的反思 . 现代城市研究 , (12): 18-24.

汤宇卿 , 王宝宇 , 张勇民 . 2009. 临空经济区的发展及其功能定位 . 城市规划学刊 , (4): 53-60.

唐行智 . 2012. 矛盾・问题・路径 : 国家高新区社会管理探讨 . 管理现代化 , (4): 3-5.

唐行智 , 姜月忠 . 2012. 论国家高新区社会管理问题 . 内蒙古社会科学 (汉文版), (6): 103-106.

陶建强 . 1998. 土地开发模式与浦东新区的形成和发展 . 城市发展研究 , (1): 48-51.

陶卓民 , 薛献伟 , 管晶晶 . 2010. 基于数据包络分析的中国旅游业发展效率特征 . 地理学报 , 65(8): 1004-1012.

万婷 , 陈志浩 . 2016. 基于圈层模式下的"高铁新城"城市空间发展模式探索 . 山西建筑 , 42(3): 5-6.

万霞 , 陈峻 , 王炜 . 2007. 我国组团式城市小汽车出行特性研究 . 城市规划学刊 , 3: 86-89.

汪劲柏 , 赵民 . 2012. 我国大规模新城区开发及其影响研究 . 城市规划学刊 , (5): 21-29.

汪涛 , 曾刚 . 2003. 新加坡产业竞争力的钻石模型分析 . 世界地理研究 , 12(4): 9-16.

汪昭兵 , 杨永春 . 2008. 探析城市规划引导下山地城市空间拓展的主导模式 . 山地学报 , 26(6): 652-664.

王峰玉 , 赵淑玲 . 2008. 广州开发区的发展演变与空间效应研究 . 云南地理环境研究 , 20(3): 76-83.

王桂新 , 黄祖宇 . 2014. 中国城市人口增长来源构成及其对城市化的贡献 : 1991～2010. 中国人口科学 , 2: 116-126.

王宏远 , 樊杰 . 2007. 北京的城市发展阶段对新城建设的影响 . 城市规划 , 31(3): 20-24.

王慧 . 2006a. 开发区发展与西安城市经济社会空间极化分异 . 地理学报 , 61(10): 1011-1024.

王慧 . 2006b. 开发区运作机制对城市管治体系的影响效应 . 城市规划 , (5): 20-27.

王缉慈 . 1998. 高新技术产业开发区对区域发展影响的分析构架 . 中国工业经济 , (3): 54-57.

王向东 , 匡尚富 , 王兆印 , 等 . 2000. 城市化建设和采矿对土壤侵蚀及环境的影响 . 泥沙研究 , (6): 39-45.

王宇彤 , 张京祥 , 陈浩 . 2018. 从产业新城 PPP 透视城市治理结构的变迁——基于增长联盟的视角 . 规划师 , 34(12): 127-132.

王战和 , 许玲 . 2006. 高新技术产业开发区与城市社会空间结构演变 . 人文地理 , 20(2): 65-66.

王志刚 , 胡志欣 . 2006. 城外城里——浅析新城市主义对城郊居住区开发的影响 . 城市环境设计 , (1): 44-47.

文爱平 . 2008. 新城 : 单一造城 VS 职住平衡 . 北京规划建设 , (3): 190-193.

吴得文 , 毛汉英 , 张小雷 , 等 . 2011. 中国城市土地利用效率评价 . 地理学报 , (8): 1111-1121.

吴俊勤 , 凌利 . 2000. 试论城市生态环境资源保护和利用综合性规划 . 规划师 , 16(2): 88-91.

吴良镛 . 1992. 城市规划理论 • 方法 • 实践 . 北京 : 地震出版社 .

吴鸣 . 2019. 新城新区开发建设中的问题、对策及思考 . 商讯 , (15): 115-116.

吴穹 , 仲伟周 . 2018. 城市新区 : 演进、问题与对策 . 青海社会科学 , (2): 87-92.

吴思东 , 曾志伟 . 2007. 迈向国际化的旅游型新城规划的探索——张家界阳和国际旅游商务区规划 . 中外建筑 , (5): 41-44.

武前波 , 陈前虎 . 2015. 发达国家与地区新城建设特征及其经验启示 . 中国名城 , 10(3): 69-74.

武廷海 , 杨保军 , 张城国 . 2017. 中国新城 : 1979 ~ 2009. 城市与区域规划研究 , 9(1): 126-150.

肖郴松 . 2004. 大学城集成效应及其问题的思考 . 同济大学学报 (社会科学版), (6): 27-31.

肖映霞 . 2010. 乌鲁木齐市旧城改造与新城建设中的问题及对策 . 商业经济 , (12): 40-41.

谢春山 , 李璐芳 . 2006. 论区域旅游产业空间布局的动力机制及发展趋势 . 辽宁师范大学学报 (社会科学版), 29(1): 30-33.

邢佰英 . 2017. 我国新城新区低碳发展的实践、问题及对策 . 宏观经济管理 , (11): 46-51.

邢海峰 . 2004. 新城有机生长规划论 . 北京 : 新华出版社 .

徐菊芬 , 朱杰 . 2008. 中国城市居住分异的演化与特征 . 城市问题 , (9): 96-101.

徐晓明 . 2016. 大型居住区景观环境建设模式——以杭州市丁桥大型居住区 (一期) 景观环境建设为例 . 安徽农业科学 , 44(26): 157-160.

许爱萍 . 2019. 产城融合视角下产业新城经济高质量发展路径 . 开发研究 , (6): 65-71.

许爱萍 , 成文 , 柏艺莹 . 2019. 产城融合型园区 : 发展经验的本质透视与借鉴 . 甘肃理论学刊 , (6): 116-121.

许辉 . 2008. 综合型旅游开发区的初步研究——以长春净月潭旅游经济开发区为例 . 东南大学学报 (哲学社会科学版), 10(6): 177-178, 190.

许学强 . 1997. 城市地理学 . 北京 : 高等教育出版社 .

许学强 , 周一星 , 宁越敏 . 2009. 城市地理学 . 北京 : 高等教育出版社 .

许学强 , 朱剑如 . 1988. 现代城市地理学 . 北京 : 中国建筑工业出版社 .

闫小培 , 魏立华 , 周锐波 . 2004. 快速城市化地区城乡关系协调研究——以广州市 "城中村" 改造为例 . 城市规划 , 28(3): 30-38.

闫永涛 , 吴天谋 , 刘云亚 , 等 . 2010. 基于圈层影响模式的空港经济区规划——以广州空港经济区为例 . 规划师 , 26(10): 57-61.

严圣阳 . 2018. 新常态下城市新区投融资模式分析 . 全国流通经济 , (31): 92-94.

杨建锋 . 2011. 临港新城区域发展功能再定位的思考 . 中国港口 , (12): 25-26.

杨卡 . 2012. 我国大都市郊区新城社会空间研究 . 长春 : 吉林大学出版社 .

杨清可 , 段学军 , 王磊 , 等 . 2018. 基于"三生空间"的土地利用转型与生态环境效应——以长江三角洲核心区为例 . 地理科学 , 38(1): 97-106.

杨伟 , 宗跃光 . 2009. 河口港城市港城关系建设——以长三角港城南通为例 . 南通大学学报 (社会科学版), 25(2): 16-21.

杨雪锋 , 林森 . 2017. 新城新区产城分离现状、原因及对策 . 行政科学论坛 , (4): 51-57.

杨友孝 , 程程 . 2009. 从支柱产业角度透视主导产业选择——以广州花都临空经济区为例 . 国际经贸探索 , (8): 27-31.

叶昌东 , 周春山 . 2013. 转型期广州城市空间增长分异研究 . 中山大学学报 (自然科学版), (3): 133-138.

叶昌东 , 周春山 , 李振 . 2012. 城市新区开发的供需关系分析 . 城市规划 , (7): 32-37.

殷冠文 . 2019. 地方政府主导下的资本循环与城市化 : 以鄂尔多斯康巴什新区为例 . 地理科学 , 39(7): 1082-1092.

殷洁 , 罗小龙 . 2015. 大事件背景下的城市政体变迁——南京市河西新城的实证研究 . 经济地理 , 35(5): 38-44.

于洪俊 , 宁越敏 . 1983. 城市地理概论 . 合肥 : 安徽科学技术出版社 .

于涛 , 陈昭 , 朱鹏宇 . 2012. 高铁驱动中国城市郊区化的特征与机制研究——以京沪高铁为例 . 地理科学 , 32(9): 1041-1046.

于一洋 . 2019. 如何看待新一轮产业园区的转型 . 中国房地产 , (32): 10-14.

于志勇 , 郭子文 . 2019. 城市文化与旅游产业融合发展探究——以天津市滨海新区为例 . 领导科学论坛 , (21): 29-33.

遇大兴 , 孙振亚 . 2019. 基于空间句法的广州大学城空间布局现状评价及优化策略 . 中国名城 , (10): 55-62.

袁海琴 , 方伟 , 刘昆轶 . 2017. 国家级新区的背景、问题与规划应对——以南京江北新区为例 . 城市规划学刊 , (6): 68-75.

约翰斯顿 R J. 2004. 人文地理学词典 . 柴彦威 , 等译 . 北京 : 商务印书馆 .

曾光 , 吴颖 , 许自豪 . 2017. 我国 17 个国家级新区建设经验、教训及对赣江新区的启示 . 金融与经济 , (7): 87-92.

张国俊 , 黄婉玲 , 周春山 , 等 . 2018. 城市群视角下中国人口分布演变特征 . 地理学报 , 73(8): 1513-1525.

张捷 . 2003. 当前我国新城规划建设的若干讨论——形势分析和概念新解 . 城市规划 , 27(5): 71-75.

张捷 . 2009. 新城规划与建设概论 . 天津 : 天津大学出版社 .

张捷 , 赵民 . 2005. 新城规划的理论与实践 . 北京 : 中国建筑工业出版社 .

张梦颖 . 2017. 上海临港新城港城联动发展研究 . 中国市场 , (2): 97-98.

张敏 , 顾朝林 . 2002. 农村城市化 : "苏南模式"与"珠江模式"比较研究 . 经济地理 , 22(4): 482-486.

张萍 . 2012. 我国新城规划建设中的交通问题思考 . 上海城市规划 , (4): 106-108.

张文忠 . 2007. 宜居城市的内涵及评价指标体系探讨 . 城市规划学刊 , (3): 30-34.

张文忠 . 2016. 宜居城市建设的核心框架 . 地理研究 , 35(2): 205-213.

张文忠 , 尹卫红 , 张景秋 , 等 . 2006. 中国宜居城市研究报告 . 北京 : 社会科学文献出版社 .

张晓平 . 2002. 我国经济技术开发区的发展特征及动力机制 . 地理研究 , 21(5): 656-666.

张晓平 , 刘卫东 . 2003. 开发区与我国城市空间结构演进及其动力机制 . 地理科学 , (2): 142-149.

张学勇，李桂文，曾宇 . 2011. 我国大城市地区新城发展模式及路径研究 . 规划师 , (5): 93-98.

张艳，姚欣悦 . 2018. 居住郊区化背景下职住关系的人群分异——以北京市天通苑地区为例 . 北京联合大学学报 , 32(2): 17-27.

张艳，赵民 . 2007. 论新城的政策效用与调整——国家经济技术与高新产业新城未来发展探讨 . 城市规划 , 31(7): 18-24.

张云彬，吴伟 . 2010. 基于城市形象系统结构的城市形象建设研究 . 规划师 , 26(12): 110-113.

赵冰，曹允春，沈丹阳 . 2016. 港－产－城视角下临空经济的新模式 . 开放导报 , (2): 70-74.

赵睿，焦利民，许刚，等 . 2020. 城市空间增长与人口密度变化之间的关联关系 . 地理学报 , 75(4): 695-707.

赵燕菁 . 2001. 高速发展条件下的城市增长模式 . 国外城市规划 , (1): 27-33.

赵雲泰，张晓玲，杜官印，等 . 2015. 我国城市新区发展态势及其土地利用管理问题研究 . 国土资源情报 , (11): 10-16.

郑国，王慧 . 2005. 中国城市开发区研究进展与展望 . 城市规划 , (8): 51-58.

郑静，薛德升 . 2000. 论城市开发区的发展：历史进程、理论背景及生命周期 . 世界地理研究 , 9(2): 70-86.

郑思齐，张英杰 . 2010. 保障性住房的空间选址：理论基础、国际经验与中国现实 . 现代城市研究 , 25(9): 18-22.

中国大百科全书编委会 . 1985. 简明不列颠百科全书：第 8 卷 . 北京：中国大百科全书出版社 .

周春山 . 2007. 城市空间结构与形态 . 北京：科学出版社 .

周春山，边艳 . 2014. 1982～2010 年广州市人口增长与空间分布演变研究 . 地理科学 , 34(9): 1085-1092.

周春山，叶昌东 . 2013a. 中国城市空间结构研究评述 . 地理科学进展 , 32(7): 1030-1038.

周春山，叶昌东 . 2013b. 中国特大城市空间增长特征及其原因分析 . 地理学报 , 68(6): 728-738.

周榕，庄汝龙，黄晨熹 . 2019. 中国人口老龄化格局演变与形成机制 . 地理学报 , 74(10): 2163-2177.

周少雄 . 2002. 试论旅游发展与城市化进程的互动关系 . 商业经济与管理 , (2): 55-58.

周素红，程璐萍，吴志东 . 2010. 广州市保障性住房社区居民的居住－就业选择与空间匹配性 . 地理研究 , 29(10): 1735-1745.

周素红，闫小培 . 2006. 广州城市居住－就业空间及对居民出行的影响 . 城市规划 , (5): 13-18, 26.

周素红，杨利军 . 2005. 广州城市居民通勤空间特征研究 . 城市交通 , 3(1): 62-67.

周文斌 . 2002. 北京卫星城与郊区城市化的关系研究 . 中国农村经济 , (11): 72-78.

周一星 . 1995. 城市地理学 . 北京：商务印书馆 .

朱竑，贾莲莲 . 2006. 基于旅游"城市化"背景下的城市"旅游化"——桂林案例 . 经济地理 , 26(1): 151-155.

朱良，张文新 . 2004. 北京城市郊区化对郊区生态环境的影响与对策 . 环境保护 , (1): 30-32.

朱孟珏，李芳 . 2017. 1985-2015 年中国省际人口迁移网络特征 . 地理科学进展 , 36(11): 1368-1379.

朱孟珏，周春山 . 2013a. 从连续式到跳跃式：转型期我国新城空间增长模式 . 规划师 , (7): 79-84.

朱孟珏，周春山 . 2013b. 国内外城市新区发展理论研究进展 . 热带地理 , (3): 363-372.

朱孟珏，周春山 . 2013c. 我国城市新区开发的管理模式与空间组织研究 . 热带地理 , 33(1): 56-62.

朱铁臻 . 2010. 城市发展学 . 石家庄：河北教育出版社 .

朱小波，周宇霆 . 2013. 中外城市化过程中土地利用模式比较研究——从土地利用与保护政策的角度 . 现代物业 , (11): 64-68.

庄国宝, 任道远. 2016. 新城区建设中规避生态环境负效应的对策研究. 牡丹江大学学报, (10): 12-14.

Aarhus K. 2000. Office location decisions, modal split and the environment: the ineffectiveness of norwegian land use policy. Journal of Transport Geography, 8(4): 287-294.

Bell D A. 1991. Office location-city or suburbs? Transportation, 18(3): 239-259.

Bertaud A. 2003. The Spatial Organization of Cities: Deliberate Outcome or Unforeseen Consequence? World Development Report 2003: Dynamic Development in a Sustainable World Background, World Bank. Washington D. C., USA.

Cervero R, Landis J. 1992. Suburbanization of jobs and the journey to work: a submarket analysis of commuting in the San Francisco bay area. Journal of Advanced Transportation, 26(3): 275-297.

Cervero R, Wu K L. 1997. Polycentrism, commuting, and residential location in the San Francisco bay area. Environment and Planning A, 29(5): 865-886.

Cervero R, Wu K L. 1998. Sub-centring and commuting: evidence from the San Francisco bay area, 1980-1990. Urban Studies, 35(7): 1059-1076.

Fan C C. 2005. Of belt and ladders. State policy and uneven regional development in post-mao China. Annals of the Association of American Geographers, 85(3): 421-449.

Giuliano G, Small K A. 1991. Subcenters in the Los Angeles region. Regional Science & Urban Economics, 21: 163-182.

Giuliano G, Small K A. 1993. Is the journey to work explained by urban structure? Urban Studies, 30(9): 1485-1500.

Gordon P, Kumar A, Richardson H W. 1989. Congestion, changing metropolitan structure, and city size in the united states. International Regional Science Review, 12(1): 45-56.

Gordon P, Wong H L. 1985. The costs of urban sprawl: some new evidence. Environment and Planning A, 17(5): 661-666.

Usterud Hanssen J. 1995. Transportation impacts of office relocation: a case study from Oslo. Journal of Transport Geography, 3(4): 247-256.

Levinson D M, Kumar A. 1994. The rational locator: why travel times have remained stable. Working Papers, 60(3): 319-332.

Li S, Zhou C, Wang S, et al. 2018. Dose urban landscape pattern affect CO_2 emission efficiency? Empirical evidence from megacities in China. Journal of Cleaner Production, 203: 164-178.

Li Y, Zhu K, Wang S. 2019. Polycentric and dispersed population distribution increases pm2.5 concentrations: evidence from 286 chinese cities, 2001-2016. Journal of Cleaner Production, 248: 119-202.

Lin G C S. 2009. Scaling-up regional development in globalizing China: local capital accumulation, land-centred politics, and reproduction of space. Regional Studies, 43(3): 429-447.

Lin G C S, Li X, Yang F F, et al. 2015. Strategizing urbanism in the era of neoliberalization: state power reshuffling, land development and municipal finance in urbanizing China. Urban Studies, 52(11): 1962-1982.

Naess P. 1996. Workplace location, modal split and energy use for commuting trips. Urban Studies, 33(3): 557-580.

Roell H A. 1982. Wasteful commuting. Journal of Political Economy, 90(5): 1035-1053.

Schwanen T, Dieleman F M, Dijst M. 2001. Travel behaviour in dutch monocentric and policentric urban systems. Journal of Transport Geography, 9(3): 173-186.

Strand A, Nielson G, Loseth O E. 1992. Urban Development and Transport in the Largest Urban Regions in Norway: Perspective on Driving Forces and Tools for Management. Oslo: Ministry of Transport.

Wachs M, Taylor B, Levine N, et al. 1993. The changing commute: a case-study of the jobs/housing relationship over time. Urban Studies, 30(10): 1711-1729.

Wang S, Wang J, Fang C, et al. 2019. Estimating the impacts of urban form on CO_2 emission efficiency in the Pearl River Delta, China. Cities, 85(2): 117-129.

Wu F. 2002. China's changing urban governance in the transition towards a more market-oriented economy. Urban Studies, 39(7): 1071-1093.

Zhou C, Chen J, Wang S. 2018a. Examining the effects of socioeconomic development on fine particulate matter (pm 2.5) in China's cities using spatial regression and the geographical detector technique. Science of the Total Environment, (619-620): 436-445.

Zhou C, Li S, Wang S. 2018b. Examining the impacts of urban form on air pollution in developing countries: a case study of China's megacities. International Journal of Environmental Research and Public Health, 15(8): 1565.

Zhou C, Wang S, Wang J. 2019. Examining the influences of urbanization on carbon dioxide emissions in the Yangtze River Delta, China: Kuznets Curve relationship. The Science of the Total Environment, 675: 472-482.

索 引